大数据与人工智能技术丛书

大数据分析

——预测建模与评价机制

◎ 张聪 曹文琪 张俊杰 喻子言 著

清華大學出版社
北京

内容简介

本书将基础理论和算法实现相结合，介绍了关于大数据分析中的相关知识，全面、系统地介绍有关算法的实现过程，并对算法在相关实例上的应用结果进行分析。全书共8章，内容包括差异化空间插值模型的理论原理、利用空间信息的大数据分析预测过程、协作复合神经网络模型的基础架构、利用相关特征的大数据分析预测过程、并行支持向量机的基本原理、并行支持向量机下的风险分类评价研究、集成学习与贝叶斯优化的相关理论和结合贝叶斯优化与集成学习的大数据评价研究等知识。书中每种算法都以伪代码的形式进行描述并附有相应的实例。

本书主要面向广大从事大数据分析、机器学习、数据挖掘或深度学习的专业人员，从事高等教育的专任教师，高等院校的在读学生及相关领域的广大科研人员。

图书在版编目(CIP)数据

大数据分析：预测建模与评价机制/张聪等著．—北京：清华大学出版社，2023.1
（大数据与人工智能技术丛书）
ISBN 978-7-302-61027-4

Ⅰ.①大…　Ⅱ.①张…　Ⅲ.①数据处理　Ⅳ.①TP274

中国版本图书馆CIP数据核字(2022)第098447号

责任编辑：陈景辉　张爱华
封面设计：刘　键
责任校对：韩天竹
责任印制：曹婉颖

出版发行：清华大学出版社
网　　址：http://www.tup.com.cn，http://www.wqbook.com
地　　址：北京清华大学学研大厦A座　　**邮　　编**：100084
社 总 机：010-83470000　　**邮　　购**：010-62786544
投稿与读者服务：010-62776969，c-service@tup.tsinghua.edu.cn
质量反馈：010-62772015，zhiliang@tup.tsinghua.edu.cn
课件下载：http://www.tup.com.cn，010-83470236
印 装 者：大厂回族自治县彩虹印刷有限公司
经　　销：全国新华书店
开　　本：185mm×260mm　　**印　　张**：20.75　　**字　　数**：477千字
版　　次：2023年1月第1版　　**印　　次**：2023年1月第1次印刷
印　　数：1～2000
定　　价：89.90元

产品编号：091469-01

前 言

随着信息技术的快速发展，特别是云时代的来临，“大数据”这个概念受到越来越多人的关注，通过对大数据进行挖掘分析，可以帮助各个行业获得更好、更快的发展，例如消费行业可以利用大数据为消费者提供精准的营销；互联网行业可以利用大数据为人们提供更为方便的人机交互体验等，因此如何利用大数据创造出更多的价值是目前的研究重点。

目前，对大数据的分析主要体现在两方面，分别为大数据预测与大数据评价。为了让更多人了解与掌握大数据分析的相关知识，本书的内容也主要从这两方面进行展开，首先介绍大数据分析中的基础知识，然后针对相关算法的实现过程进行说明，最后对算法在相关实例上的应用结果进行分析。

本书主要内容

第1～4章的内容围绕大数据预测的相关知识及其应用展开，分别为差异化空间插值模型的理论原理、利用空间信息的大数据分析预测过程、协作复合神经网络模型的基础架构以及利用相关特征的大数据分析预测过程。目前，越来越多的数据都与空间信息直接相关，例如人们的消费数据、微博等社交软件上的社交数据等，而对这些空间信息数据的利用经常会被忽视，因此在第1章与第2章中将主要介绍基于深度强化学习算法提出的差异化空间差值模型及其在空间大数据分析预测上的相关应用。另外，最常见的预测类型是利用数据之间特征的相关性进行分析预测，而随着人工智能技术的发展，人工神经网络与群智能优化算法在大数据预测上的研究与应用也越来越多，因此在第3章与第4章中介绍人工神经网络与群智能优化算法的相关知识并提出了一种新的协作复合神经网络模型，之后以土壤重金属含量预测为例，详细说明使用该模型利用数据特征信息进行大数据分析预测的相关过程。

第5～8章的内容围绕大数据评价的相关知识及其应用展开，分别为并行支持向量机的基本原理、并行支持向量机下的风险分类评价研究、集成学习与贝叶斯优化的相关理论以及结合贝叶斯优化与集成学习的大数据评价研究。大数据评价主要是以事物本身评价的标准作为相关依据对数据信息进行划分，因此，对大数据进行评价的过程等同于对大数据进行类别划分的过程，即大数据分类。与大数据预测一样，人工智能算法与大数据分类的结合也是目前研究的热门话题之一，最常见的如支持向量机、随机森林等，本书也将围绕人工智能算法与大数据分类的相关知识展开介绍。在第5章中除介绍支持向量机的基本原理外，还提出一种可用于大数据分类的并行支持向量机模型。第7章则是围绕集成学习与贝叶斯优化这两种机器学习方法进行具体的说明与改进，而在第6章与第8章中，均以土壤重金属数据为例，详细介绍使用第5章与第7章中的相关模型进行土壤污染风险评价的过程。

通过对大数据分析预测模型及评价机制的相关介绍，旨在帮助读者能够进一步了解大数据分析的相关知识,同时掌握人工智能技术在大数据分析应用上的相关方法,为读者从事与大数据分析相关的学习与工作带来一定的帮助。

本书特色

(1) 难度适中,简单易行。

本书主要讲解当前应用广泛的大数据分析相关算法。算法的学习难度适中,便于读者仿照算法原理进行实验过程的复现。

(2) 结合项目,注重应用。

本书以知识点与实战项目案例相结合的方式,由浅入深地带领读者掌握大数据分析技术,旨在培养读者学以致用的能力。

(3) 横向比较,突出差别。

本书配有知识扩展内容,通过横向比较,对同一类型的不同算法,以案例形式向读者展示不同算法的应用。

(4) 语言简洁,易于理解。

本书语言简洁精炼,以便学生在学习过程中明确本书的重点内容,更好地掌握大数据分析技术。

配套资源

本书提供部分源代码。获取源代码方式:先刮开并用手机版微信 App 扫描本书封底的文泉云盘防盗码,授权后再扫描下方二维码,即可获取。

源代码

读者对象

本书主要面向广大从事大数据分析、机器学习、数据挖掘或深度学习的专业人员,从事高等教育的专任教师,高等院校的在读学生及相关领域的广大科研人员。

本书是 2018 年湖北省技术创新重大专项“武汉城郊农田土壤重金属积累特征及风险评价”(基金号:2018ABA099)团队成员共同努力的结果。另外,本书在写作过程中参考了网络上的部分优质资源,在此一并表示感谢。

由于作者团队能力有限,书中难免存在疏漏与不妥之处,敬请各位读者批评指正。

作　者

2022 年 10 月

目录

第 1 章

差异化空间插值模型的理论原理

在对大数据进行分析与预测时，深度学习技术已经被证明具有较好的应用效果，因此本章将围绕大数据分析预测时使用到的差异化空间插值模型展开介绍，主要内容分为自适应深度强化学习算法、自调整反距离加权插值模型以及几种常用强化学习算法三部分。

1.1 自适应深度强化学习算法

1.1.1 概述

人工智能技术领域的研究重点之一就是实现一种完全独立并且可以自主学习并更新的类人智能体。这样的类人智能体不仅可以依照之前正在执行的活动和环境反馈，学习当前任务下问题的最优解决方案，还可以依照这些最优解决方案进行反复的实验和不断的修正。随着深度强化学习技术的出现，这个目标实现的步伐大大加快。其中，深度强化学习系统中的深度学习组成部分使用了深度卷积神经网络，这种特点使得深度强化学习系统具有强大的表征策略和状态的能力，可以广泛应用于模拟各种现实生活中复杂决策的过程。另外，强化学习能力可以有助于让智能机器人自主学习，与环境互动，通过不断的试错来促进整个系统的进步。深度强化学习技术作为人工智能科学研究方向各个领域的一项重要组成部分，已经被普遍认为是推动类人智能发展的关键，受到了学术界和行业界的广泛重视。

强化学习与传统的机器学习不同，强化学习技术本身就是一种自监督的学习技术，强化学习过程中的智能体一方面可以自主地与周围的环境进行互动，观察并及时获取周围的环境反馈；另一方面，智能体基于之前的行为和环境所反馈的奖励信号进行学习和训练，并且根据这些信息优化其之后的行动策略。早期的强化学习方法基于最优控制理论，将强化学习的序列决策问题描述为自适应动态规划（Adaptive Dynamic Programming,

ADP)问题。研究人员以此结果为依据,对序列学习决策性问题的分析进行推广,得到了基于行动策略的强化学习任务,并且还提出了各种新的用于解决这些任务的策略性搜索算法。更进一步地,为了深刻地了解搜索到的行动策略的好坏,研究人员在实践中引入了价值函数作为行动策略评估的标准,提出了 Q 学习(Q-Learning)等一系列经典的强化学习模型。评估是事实判断,是对收到的信息按照一定的程序进行分析、研究的过程。当前强化学习的探索正步入与深度学习融合的时期。由于传统的深度强化学习技术方法局限于对行动策略的表征能力,仅仅只能解决或处理一些较为简易的决策性问题,深度学习的兴起和出现大大地打破了这一局限。深度强化学习与其他深度学习技术紧密的结合为人工智能技术及其应用注入了新的活力。

深度强化学习模型虽然在虚拟环境中决策性的问题中都会表现得较为出色,例如,网络游戏中的决策,但对于其他许多决策性问题,特别是真实环境中的决策性问题中的表现欠佳。例如,在机器人控制领域中,机器人就需要根据自己的状态和工作环境信息来对下一步所需执行的动作进行决策。在这个看似简单的操作过程中,不仅要求机器人完成针对性行动策略的执行和评估工作,还需要完成针对性行动策略的评估和优化。基于价值函数网络的机器人强化学习模型中,机器人只能够在一次运动-观察的循环中获得一个训练样本数据。而在基于深度策略搜索的机器人强化学习模型中,机器人需要经过多次运动-观察的循环之后才能够获得一个训练样本数据。因此,为了训练得到性能更加优秀的深度强化学习模型,需要大量训练样本数据,也就需要消耗大量的模型训练时间。一种较为可行的解决办法就是在虚拟环境中直接进行模拟训练和学习,将已经训练良好的模型放置在真实的环境下进行微调。然而,这很大程度上依赖于环境模拟器对现实环境的仿真和分析能力,高性能通用模拟器的设计和开发也因此受到了强化学习研究人员的广泛关注。

在本章中,为了加速深度强化学习模型训练时的收敛速率,通过对竞争深度 Q 网络模型进行了改进,提出了一种名为自适应深度 Q 网络的深度强化学习模型。

1.1.2 竞争深度强化学习算法原理

强化学习(Reinforcement Learning,RL)是一种由动物心理学和控制理论等相关学科结合发展而形成的机器学习方法。在学习的过程中,强化学习的智能体(Agent)通过不断试错的方式进行学习,寻求在当前环境中获得累积奖赏最大的策略。强化学习框架如图 1.1 所示。在当前状态 s_t 下,总体采取行为 a_t,并根据状态转移函数 P,环境状态将从 s_t 转到 s_{t+1},同时环境会根据在状态 s_t 下采取行为 a_t 的情况,反馈给智能体一个奖励信号 r_t。智能体多次循环执行这一过程,以获得最大化累积奖励为目标,通过不断训练,最终得到该过程的最优策略。

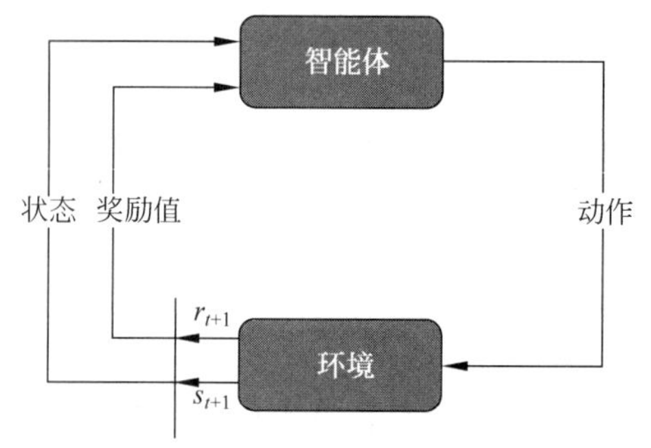

图 1.1 强化学习框架

在常见的基于价值函数近似的深度强化学习模型中,Q 网络的输出层直接输出一个动作值,该动作值指导智能体在当前状态执行相应的动作。然而,对于许多状态,模型没有必要估计每个动作选择的价值。例如，在 Enduro 游戏环境中，知道是向左还是向右移动只有在碰撞突出时才很重要。在一些状态，知道该采取什么行动是至关重要的；但在许多其他状态，行动的选择对所发生的事情没有影响。但是，对于基于自举的算法，状态值的估计对于每个状态都非常重要。

竞争深度 Q 网络模型通过对网络结构的调整实现了对每个状态的状态值的估计，竞争深度 Q 网络模型框架如图 1.2 所示。竞争网络的较低层是原始深度 Q 网络中的卷积网络层，在连接卷积网络层之后的是两个全连接层，而不是用单个全连接层连接卷积网络层。这两个全连接层具有不同的作用，一个全连接层具有提供价值函数估计的能力，另一个全连接层具有提供优势函数估计的能力。最后，两个全连接层组合形成单个输出 Q 函数。和深度 Q 网络模型的输出 Q 函数一样，竞争深度 Q 网络模型的 Q 函数是一组 Q 值，每个动作对应一个 Q 值。最后使用竞争深度 Q 网络模型的 Q 函数辅助智能体进行动作决策。

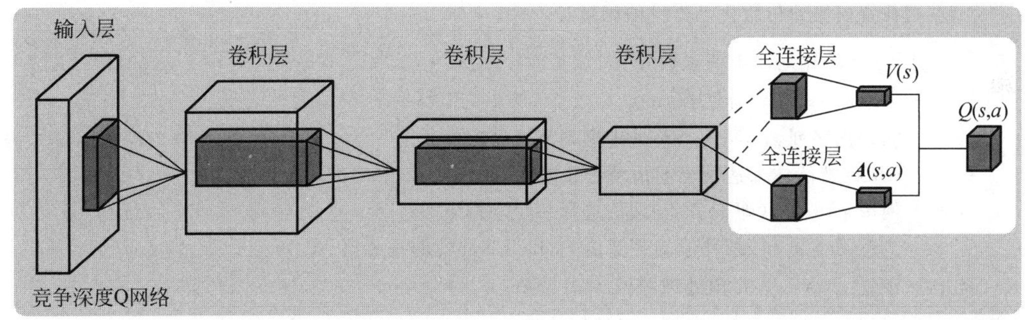

图 1.2　竞争深度 Q 网络模型框架

由于竞争深度 Q 网络的输出是 Q 函数，因此可以使用现有的许多算法对网络进行训练，比如双深度 Q 网络和 SARSA 算法。

由图 1.2 可知，第一个全连接层的输出是一个标量 $V(s;\theta,\beta)$，第二个全连接层的输出是一个矩阵 $\boldsymbol{A}(s,a;\theta,\alpha)$。其中 θ 表示卷积层网络的权重，β 和 α 分别代表两个全连接层网络的权重。利用上述定义，可以得到当前网络结构下的 Q 函数输出公式：

$$Q(s,a;\theta,\alpha,\beta)=V(s;\theta,\beta)+\boldsymbol{A}(s,a;\theta,\alpha) \tag{1.1}$$

其中，s 表示输入的状态，a 表示输入的动作。

此时，仍然不能断定 $V(s;\theta,\beta)$ 是状态价值函数的近似值，或者断定 $\boldsymbol{A}(s,a;\theta,\alpha)$ 提供了优势函数的合理估计。因为公式(1.1)的计算是不可逆的，换句话说，给定一个确定的 Q 函数，不能唯一地确定该 Q 函数中 $V(s;\theta,\beta)$ 和 $\boldsymbol{A}(s,a;\theta,\alpha)$ 的值。在 $V(s;\theta,\beta)$ 上加上一个常数，并且在 $\boldsymbol{A}(s,a;\theta,\alpha)$ 中减掉相同的常数，两个结果相加，常数抵消，仍然得到一个相同的 Q 函数。这种可识别性的缺乏导致了模型并不能拥有较为理想的性能。为了解决这个可识别性问题，在网络的最后一个模块实现正向映射：

$$Q(s,a;\theta,\alpha,\beta)=V(s;\theta,\beta)+\left(\boldsymbol{A}(s,a;\theta,\alpha)-\max_{a'\in\boldsymbol{A}}\boldsymbol{A}(s,a';\theta,\alpha)\right) \tag{1.2}$$

现在，取当前状态中最大 Q 函数值对应的动作时，最大 Q 函数值和价值函数输出值相等。因此 $V(s;\theta,\beta)$ 提供价值函数的估计，而另一部分产生优势函数的估计。

在实际应用中,通常使用平均值代替最大值求解 Q 函数。经过实验证明,虽然减去优势函数的平均值有助于增加公式的可识别性,但是这样的操作并不会改变优势函数的相对等级和最终的 Q 函数。另外,Q 函数的计算是作为网络的一部分来看待和实现的,并不是作为算法的单独计算步骤。竞争深度 Q 网络的训练和标准的神经网络一样,可以直接使用反向传播算法自动计算和更新网络参数和权重,无任何额外的监督和算法修改。由于竞争深度 Q 网络与常见的标准 Q 网络具有相同的输入和输出接口,因此可以将所有学习算法与 Q 网络(如双深度 Q 网络和 SARSA 算法)进行结合用来训练竞争深度 Q 网络。

竞争深度 Q 网络算法(算法以伪代码形式描述)如算法 1.1 所示。

算法 1.1　竞争深度 Q 网络算法

将经验回放池 D 初始化为容量 N

用任意权值 θ 初始化动作价值函数 Q

用 θ^- 初始化动作价值函数 $\hat{Q}$

while(未达到预训练次数) do

　初始化序列 $s_1=\{x_1\}$,预处理序列 $\phi_1=\phi(s_1)$

　while(智能体未达到当前情节终止状态)do

　使用 ε-greedy(即 ε-贪婪)算法选择一个动作 a_t

　执行动作 a_t,得到环境的奖赏值 r_t 和当前环境的观测值 X_{t+1}

　设置 $s_{t+1}=s_t$,并预处理图像 $\phi_{t+1}=\phi(s_{t+1})$

　将$(\phi_t,a_t,r_t,\phi_{t+1})$存储到经验回放池 D 中

　从 D 中抽取 minibatch 个样本$(\phi_j,a_j,r_j,\phi_{j+1})$

　将取出的样本输入 Q-估值网络得到 $Q(\phi_j,a_j;\theta)$

　if 在 $j+1$ 步回合结束 then

　　$y_j=r_j$

　else

　　$y_j=r_j+\gamma\max_{a'}\hat{Q}(\phi_{j+1},a';\theta^-)$

　end if

　对损失函数 $L=(y_j-Q(\phi_j,a_j;\theta))^2$ 中的参数 θ 执行梯度下降步骤

　每步将 $\hat{Q}$ 重置为 Q

　end while

end while

输出结果

1.1.3 状态值重利用

在深度强化学习网络模型对一些任务进行训练和学习时,在一定情况下,模型收敛较慢甚至存在不收敛的现象,并且在收敛之后智能体的状态并不总是能保持在最优解附近。针对这一问题,提出了一种可以加速深度强化学习模型收敛速率、提高深度强化学习模型

收敛后的稳定性的方法，该方法名为状态值重利用法。由于智能体在一些状态下，知道应该采取什么行动是至关重要的，但在许多其他状态，行动的选择对所发生的事情没有影响，基于这样的发现竞争深度Q网络模型被提了出来。然而，智能体在一些任务中，可以根据Q网络的价值函数部分输出值判断当前所处状态的优劣，然后通过状态值和当前状态下采取动作得到的反馈对当前状态下所执行动作进行学习。

例如，在一些参数估计的任务中，当智能体通过价值函数输出值判断出当前状态为较优状态，即智能体所搜索的参数与理论最优参数较为接近，智能体如果执行动作后，环境反馈的奖励值为正数时，可以选择适当地增强环境反馈的奖励值。如果当智能体通过状态值判断出当前状态为较差状态时，可以适当地减小环境对智能体所执行动作的奖励值，根据上述思想提出了状态值重利用法。

状态值重利用法将当前状态下执行动作后获得的奖励值和Q网络中价值函数部分的输出部分结合，形成最终的总奖励值，使用总奖励值代替原来的环境奖励值训练智能体。不仅如此，总奖励值还将参与Q网络的权重更新过程。当每轮训练结束时，深度强化学习根据总奖励值计算Q网络的误差，然后通过反向传播算法对整个神经网络进行权值更新，如此循环，直到智能体达到最优状态或者训练次数达到预定数值。

但是，由此得到的总奖励值不会跟随状态信息和动作信息一起存储到经验池，这是因为如果将当前状态下环境反馈的奖励值和状态值结合得到的总奖励值存储到经验池中，当下次训练时，从经验池中抽取到的样本中将包含总奖励值的样本，此时再将Q网络的状态值与总奖励值相加，得到的奖励值将会逐渐失去其原本的意义。当同一个训练样本被多次取出进行训练后，该训练样本的奖励值将会不断改变，从而影响深度强化学习模型的收敛过程。由于代表了当前状态信息的状态值和环境根据动作反馈的奖励值结合，增强了状态与动作的内在联系，并间接强化了各种状态下动作对环境的影响，智能体在较好的状态下执行动作时，对环境反馈的奖励更加敏感，使智能体更加谨慎地采取动作；反之，在较差状态时，智能体对环境的奖励不敏感，可以有更多可能的探索，从而提高模型的收敛速度。

由于状态值重利用法仅仅在算法层面改变了奖励值的计算公式，并没有对深度强化学习模型中Q网络的网络结构进行改动，因此状态值重利用法可以和其他改进方法同时使用，包括更好的记忆回放策略、更好的探索策略和内部惩罚机制等。

根据上述方法可以构造出在使用了状态值重利用法的深度强化学习模型中奖励值的计算公式：

$$R(s,a,p)=r(s,a,p)+\lambda V(s;\theta,\beta) \tag{1.3}$$

其中，s 表示当前状态；a 表示在当前状态下执行的动作；p 表示在当前状态 s 下执行动作 a 后环境转移到下一状态的概率；$r(s,a,p)$ 为环境对动作的奖励值；$V(s;\theta,\beta)$ 表示Q网络中价值函数部分的输出值；λ 是调节因子，其作用是确定环境反馈的奖励值在总奖励值中占主导地位，防止因价值函数的状态值过大，导致对环境反馈奖励信号失去敏感，从而使Q网络无法收敛。

除此之外，在不同的任务中，环境反馈的奖励值的范围是不同的，甚至在相同任务中，不同训练阶段下环境反馈的奖励值的范围也是不同的。调节因子需要根据不同任务或不同阶段下环境反馈的奖励值的范围和对应状态下Q网络的状态值的范围进行适当的缩放,使环境反馈的奖励值和Q网络的状态值的比例一直维持在合理的范围内,达到环境反馈的奖励值一直处于主导地位,Q网络的价值函数输出值一直处于辅助地位的效果,从而避免因环境反馈的奖励值所占太大或者太小而影响模型收敛。

1.1.4 动态模糊隶属度因子

在使用状态值重利用法对竞争深度Q网络模型进行优化时,需要将Q网络的状态值与环境反馈的奖励值按照一定比例进行结合,该过程中最为重要的是调节因子的确定。然而,在实际的实验过程中,Q网络的状态值与环境反馈的奖励值以固定的比例进行结合虽然可以在一定程度上加快模型的收敛速率,并且可以使智能体在模型收敛后一直维持在可以接受的范围,但是当调节因子取较大值时,环境反馈的奖励值在总奖励值中的比例减小,Q网络的状态值在总奖励值中的比例增大,导致智能体在训练初期对环境反馈的奖励不敏感,无法根据环境的反馈进行快速且有效的学习。不仅如此,Q网络在训练初期并不完善,不一定可以准确判断出当前环境的优劣程度,因此,较大的调节因子会对模型的收敛速率造成负面影响。当调节因子取较小值时,环境反馈的奖励值在总奖励值中的比例增大,Q网络的状态值在总奖励值中的比例减小,导致智能体在训练后期对Q网络的状态输出值不敏感,Q网络的状态输出值不能起到辅助环境反馈的奖励值对智能体进行增强奖励或惩罚的作用,仍然不能达到加速深度强化学习模型收敛速率的效果。

显然,在训练初期,Q网络的参数刚开始调优,还处于学习状态,网络的性能并不理想。此时,Q网络中价值函数部分的输出并不能准确地评估当前状态信息。因此,在这个阶段应当减少价值函数的状态值在总奖励值中的比例,从而增强智能体对环境的感知能力。此时,智能体主要根据环境反馈的奖励值进行学习。在训练中期,智能体对当前环境和任务有了基本的了解,真正开始对任务进行学习,Q网络的参数开始朝最优解方向移动。不仅如此,随着训练进程的推进,Q网络的性能越来越优良,对当前状态信息的评估也越来越准确。此时应该适当增大调节因子,提高价值函数的状态值在总奖励中的比例,使调节因子可以增强环境对智能体所执行动作的奖励或惩罚。在训练后期,Q网络的参数已经趋于最优解并保持稳定,此时调节因子应当趋于合理范围内的最大值,并基本保持在最大值。

根据上述思想,可以构造出一种能够动态改变Q网络的状态值与环境反馈的奖励值的结合比例的因子,称为动态模糊隶属度因子。动态模糊隶属度因子可以根据训练过程自适应改变自身的大小,并且符合上述三个训练阶段中对调节因子大小的调节要求。

动态模糊隶属度因子的计算公式为:

$$\delta=\frac{1}{2}-\frac{1}{2}\cos\left(\frac{\pi}{n_{\text{total}}}\times n\right) \tag{1.4}$$

其中,n 表示当前的训练步数;n_{total} 表示在搭建模型时预设的总训练步数。由公式(1.4)可知,动态模糊隶属度因子会因为当前的训练步数 n 的变化而发生改变。并且当前的训练步数 n 较小时,动态模糊隶属度因子趋近于零,随着当前的训练步数 n 的增大,动态模糊隶属度因子会逐渐增大。直到训练步数 n 趋近于预设的总训练步数 n_{total},动态模糊隶属度因子逐渐趋近于最大值 1。

1.1.5　自适应深度 Q 网络

在使用深度强化学习模型对一些参数估计类的任务学习时，深度强化学习模型优势会出现收敛较慢或者收敛之后不能保持在最优解状态附近，状态值重利用法的提出在一定程度上解决了这一问题。基于状态值重利用法，通过将动态模糊隶属度因子代替原来的调节因子，提出了自适应深度 Q 网络模型。

由于状态值重利用法并没有涉及竞争深度 Q 网络模型中网络结构的改动，因此自适应深度 Q 网络模型中的网络结构和竞争深度 Q 网络模型相同。但是在每轮训练之后，利用奖励值对 Q 网络进行权重更新时，需要使用状态值重利用法对奖励值重新进行计算。不仅如此，状态值重利用法中的调节因子应该替换为可以根据训练情况进行调整的动态模糊隶属度因子。

自适应深度 Q 网络模型的框架流程如图 1.3 所示。

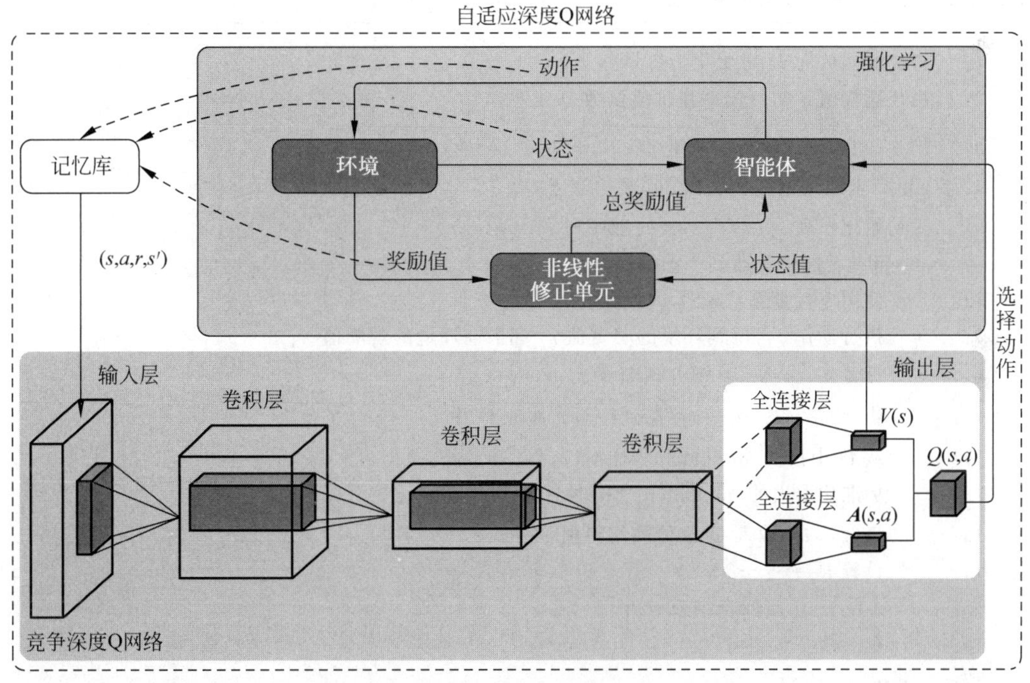

图 1.3　自适应深度 Q 网络模型的框架流程

如图 1.3 所示，在训练开始阶段，智能体使用感知器收集当前环境的状态信息，并使用 ε-贪婪算法选取需要执行的动作。在智能体执行选取的动作之后，环境会根据智能体的状态信息和执行的动作向智能体反馈一个奖励信号，该奖励信号一般称为奖励值。如果奖励信号为积极奖励时，奖励信号可以称为奖励信号。如果奖励信号为消极奖励时，奖励信号则称为惩罚信号。将当前状态信息和所执行的动作输入 Q 网络中，Q 网络中价值函数的输出值为状态值。将状态值和奖励值同时输入非线性调整单元中进行计算，得到总奖励值。在每轮训练结束后，总奖励值将参与 Q 网络的权重更新过程。当智能体每次执行动作并得到环境的反馈之后，需要将当前状态信息、执行的动作信息、环境的反馈信息和执行动作后的状态信息存储到经验库中。当经验库中的样本容量达到经验库的总容量时，智能体才开始进行学习。在非线性修正单元中，先计算当前状态下动态模糊隶属度因子的值，然后将环境反馈的奖励值与Q网络的状态输出值按照公式(1.5)进行结合，计算得到最终的总奖励值，达到根据训练过程的推进，自适应地对环境反馈的奖励值与状态输出值的结合比例进行调节。

自适应深度Q网络模型的总奖励值的计算公式为：

$$R(s,a,p)=r(s,a,p)+\delta V(s;\theta,\beta) \tag{1.5}$$

其中，s 表示当前状态；a 表示在当前状态下执行的动作；p 表示在当前状态 s 下执行动作 a 后环境转移到下一状态的概率；$r(s,a,p)$ 为环境对动作的奖励值；$V(s;\theta,\beta)$ 表示Q网络中价值函数部分的输出值；δ 是调节因子。

自适应深度Q网络模型算法如算法1.2所示。

算法1.2　自适应深度Q网络模型算法

将经验回放池 D 初始化为容量 N
用任意权值 θ 初始化动作价值函数 Q
用 θ^- 初始化动作价值函数 $\hat{Q}$
while(未达到预训练次数)do
　初始化序列 $s_1=\{x_1\}$，预处理序列 $\phi_1=\phi(s_1)$
　while(智能体未达到当前情节终止状态)do
　　使用ε-贪婪算法选择一个动作 a_t
　　执行动作 a_t，得到环境的奖赏值 r_t 和当前环境的观测值 X_{t+1}
　　设置 $s_{t+1}=s_t$，并预处理图像 $\phi_{t+1}=\phi(s_{t+1})$
　　将$(\phi_t,a_t,r_t,\phi_{t+1})$存储到经验回放池 D 中
　　从 D 中抽取minibatch个样本$(\phi_j,a_j,r_j,\phi_{j+1})$
　　标准化取出的minibatch个样本中的 r_j 得到 r_j'
　　将(ϕ_j,a_j)输入Q-估值网络得到 SV_j
　　设置 $R_j=r_j'+\delta*\mathrm{SV}_j$
　　if 在 $j+1$ 步回合结束 then
　　$y_j=R_j$
　else
　　$y_j=R_j+\gamma\max_{a'}\hat{Q}(\phi_{j+1},a';\theta^-)$
　end if
　对损失函数 $L=(y_j-Q(\phi_j,a_j;\theta))^2$ 中的参数 θ 执行梯度下降步骤
　每步将 $\hat{Q}$ 重置为 Q
 end while
end while
输出结果

1.1.6 对比实验

为了验证提出的自适应深度Q网络模型比常见的深度强化学习模型具有一定的优势，本次实验分别使用深度Q网络模型、双深度Q网络模型、竞争深度Q网络模型和自适应深度Q网络模型对同一参数估计任务进行训练和学习，比较各个模型在训练时智能体所估计参数的性能。本次实验的参数估计任务为估算空间插值算法中常用的反距离加权法的超参数，在模型训练和学习时，将模型在每个时刻学习到的超参数记录下来并且将学习到的超参数代入反距离加权法中，计算出使用当前学习到的超参数对数据进行插值时得到的预测值，然后将得到的预测值与插值点的观测值做比较，并通过计算得到预测误差。使用上述方法，观察并记录在每轮训练结束后，各个模型学习的超参数所对应的预测误差。本次实验使用两个不同的数据集：第一个数据集为武汉城郊农田土壤重金属含量数据集；第二个数据集为宁夏银川市市区表层土壤重金属含量数据集。

实验环境如下：处理器为AMD2600，主频为3.4GHz，内存为24GB。由于模型中使用深度神经网络，大多采用矩阵运算，因此使用了GTX1660图形处理器对模型进行辅助加速运算。

1. 数据预处理

由于本次实验使用的数据集为土壤重金属含量数据集，数据集中的部分地理数据并不适合直接输入深度强化学习模型中训练和学习，需要进行进一步的处理，将经纬度数据转换为笛卡儿坐标系下的坐标数据。为了可以在完整地表示所有地理数据的同时，减小所有地理数据的量级，经过转换后的坐标数据需要减去对应坐标轴上最小的数据值。换句话说，将转换后的空间坐标点整体向坐标原点平移。这样不仅没有损失数据集中地理数据的空间信息，还降低了数据输入深度强化学习模型后的一些不必要的计算成本。

对于不同的数据集，还需要进行相应的缺失项填补处理。当数据集中的数据量较大时，可使用均值插补、众数插补或中位数插补，有时可以根据情况直接对缺失数据的样本进行删除操作，此方法仅适用于缺失项的属性含有大量缺失值的情况。有时可以根据情况删除含有缺失项的特征，此方法适用于缺失项的属性仅含有少量有效值或者有效信息的情况。由于本次实验所使用的数据集中含有缺失项的数据样本数目极少，因此可以采用直接删除的方法对数据集中的数据进行处理。

另外，在数据集中，不同的特征对应数据值的范围不同，需要将不同特征对应的数据值进行标准化处理。标准化处理的方法分为min-max标准化和z-score标准化两种。由于本次实验使用的数据集为土壤重金属含量数据集，因此每个样本的数据为正值，所以选取min-max标准化对数据进行预处理。经过标准化后的样本属性数据具有相同的数据范围。

在一些数据集中，会有一些数据样本存在数据噪声，数据噪声的存在会严重影响深度强化学习模型的训练和学习，会使模型的学习结果产生较大的偏差。因此在大部分实验中，去除数据噪声是数据预处理阶段必不可少的操作。但是，本次实验由于所使用数据集的数据来源可靠，数据收集方法严谨，因此不需要对该数据集进行数据噪声处理的操作。

由于在采集数据之前，研究人员对研究区域进行了细致的划分并对需要采集数据的地点进行了规划，因此不需要担心因为数据集不均衡而导致深度强化学习模型向极端方向收敛的问题。

2. 深度强化学习模型构建

由于本次实验使用了四种不同的深度强化学习模型，因此需要建立四种深度强化学习模型分别对任务进行训练和学习。在四种深度强化学习模型中最经典的是深度Q网络模型。深度Q网络模型的出现在深度强化学习的发展历程上具有里程碑的意义。双深度Q网络模型是在深度Q网络模型的算法层面进行改进得到的，而竞争深度Q网络模型是在深度Q网络模型的网络结构上进行改进得到的。不仅如此，深度Q网络模型、双深度Q网络模型、竞争深度Q网络模型和自适应深度Q网络模型都是基于价值函数近似的深度强化学习模型。然而，基于价值函数近似的深度强化学习模型适合在动作空间为离散型的任务进行学习，在本次实验中，对算法的最优参数估计的任务基本上可以归类为动作空间连续的任务，所以需要在构造深度强化学习模型时，对智能体的动作空间进行离散化。对动作空间进行离散化的好处是可以将无限的状态空间近似映射到有限的状态空间中，简化任务的复杂度，减少深度强化学习模型的学习时间，降低整个学习过程的时间成本。

在本次实验中，四种深度强化学习模型的任务相同。因此，深度Q网络模型和双深度Q网络模型的网络结构需要保持一致，竞争深度Q网络模型和自适应深度Q网络模型的网络结构也需要保持一致。并且，四种深度强化学习模型中，Q网络的卷积层的层数和卷积神经元的个数都需要保持一致。这样可以尽可能使四种深度强化学习模型的量级保持一致，避免深度强化学习模型由于模型整体量级不同导致各个模型学习速率不同而违反了对比实验中的单一变量原则。除此之外，各个模型使用的训练环境也必须保持一致。

在本次实验的训练环境中，智能体需要同时估计反距离加权法的最优幂指数和最佳加权点个数，而对于估计反距离加权法的最优幂指数，智能体的动作空间为[−0.1,0,0.1]，对于估计反距离加权法的最佳加权点个数，智能体的动作空间为[−1,0,1]。因此，智能体在训练环境中动作空间的动作种类为9。智能体的当前状态信息为反距离加权法的幂指数参数值和加权点个数，状态空间的维度为2。训练环境中对智能体执行动作后的奖励值的计算公式为：

$$r = |c - c_0| - |c' - c_0| \tag{1.6}$$

其中，c 为智能体在上一状态时进行插值时得到的预测值；c'为智能体在当前状态下进行插值得到的预测值；c_0 为当前插值点的观测值。

因为四种模型的输入和输出的数据类型和接口相同，所以当使用不同模型对任务进行训练时，可以不对训练环境进行任何修改，直接使用同一训练环境。但是值得注意的是，在每次更换模型进行训练时，需要重置训练环境，避免上个模型的训练结果对当前模型的训练造成影响。

3. 模型参数初始化

为了避免不同的初始参数对实验结果的公平性造成影响，本次实验中所有的模型初始参数应保持一致。在训练环境中的参数，包括智能体的初始状态信息、样本数据的抽取顺序等参数，需要进行统一。在模型初始化时，包括设定的最大训练次数、经验库的最大容量值、模型的学习率、采取动作时 ε-贪婪算法的参数以及模型中 Q 网络的初始化权重都需要保持一致。模型初始化参数如表 1.1 所示。

表 1.1　模型初始化参数

参　数	值	注　释
STATE_NOW	[2,15]	智能体初始状态
RANDOM_SEED	1	随机种子
TOTAL_STEP	5000	最大训练轮数
MEMORY_SIZE	500	记忆库的最大容量
BATCH_SIZE	64	每轮训练抽取样本的数量
REPLACE_TARGET_ITER	200	Q 目标网络两次权重更新之间的训练轮数之差
LEARNING_RATE	0.001	神经网络的学习率
E_GREEDY	0.9	ε-贪婪算法中的概率因子

4. 武汉市数据集上的参数估计对比实验

为验证自适应深度 Q 网络模型相较于其他常见深度强化学习模型在性能上的优越性，本次实验分别使用深度 Q 网络模型(DQN)、双深度 Q 网络模型(DDQN)、竞争深度 Q 网络模型(DuDQN)和自适应深度 Q 网络模型(ADQN)对反距离加权法参数估计任务进行训练和学习。根据上述方法对实验过程进行观察和记录，重金属镉(Cd)、铬(Cr)、镍(Ni)和铅(Pb)数据集上的模型训练情况如图 1.4～图 1.7 所示。图中，横坐标表示训练轮数；纵坐标表示使用当前状态信息进行反距离加权法预测时，预测值与插值点的观测值之间的误差，单位为 mg/kg。为了可以更加清晰地呈现出每轮训练时预测误差和当前训练轮数的关系以及预测误差在整个训练过程中的变化趋势，对所有的折线图进行了平滑处理，并且仍然保留了未经平滑处理时的预测误差变化图。平滑处理之前的预测误差折线在图中以半透明形式呈现，其颜色和平滑处理后的曲线颜色相同，但并没有在图例中标出，其目的是在保证图形可读性的前提下，降低图形中的冗余信息，使图形更加简洁且易于理解。

四种深度强化学习模型在对不同重金属含量数据集进行参数估计时，训练情况如表 1.2 所示。表 1.2 中展示了各种模型在对不同重金属含量数据集训练时的收敛时间，单位为 s，精度为 0.01。同时，每个实验重复进行 10 次，表中记录各个模型在 10 次重复实验中的最小收敛时间和 10 次重复实验中的平均收敛时间。在实验中，模型可能在进行最大训练轮数的训练之后，仍然不能达到收敛状态。为了更加统一且直观地展示模型的训练情况，当模型在进行最大训练轮数的训练之后仍未收敛，在记录该模型的收敛时间时，统一以“≫”形式表达。

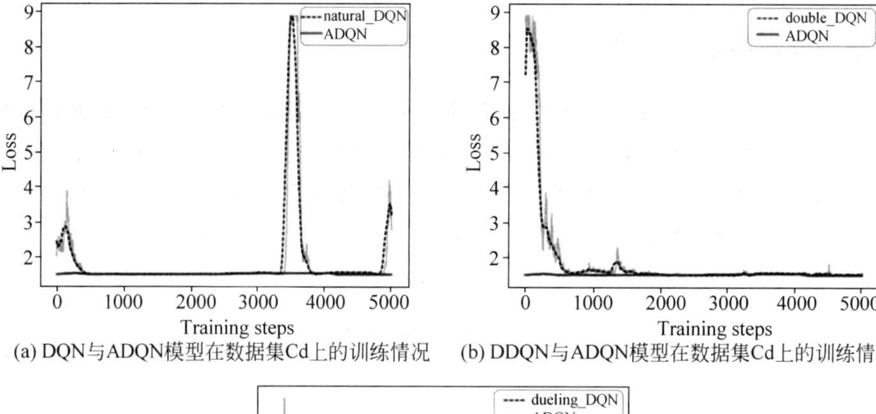

(a) DQN与ADQN模型在数据集Cd上的训练情况　(b) DDQN与ADQN模型在数据集Cd上的训练情况

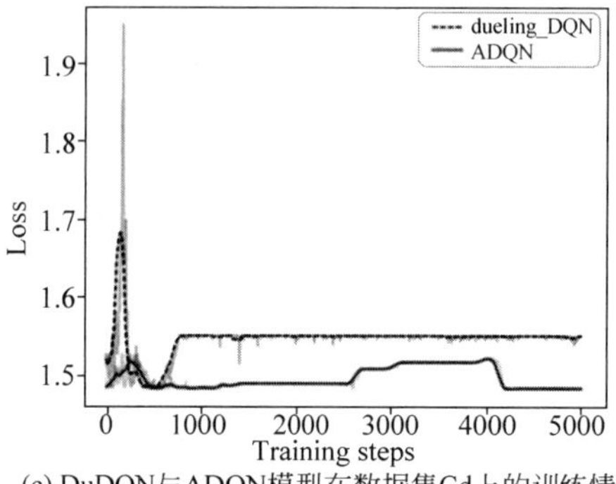

(c) DuDQN与ADQN模型在数据集Cd上的训练情况

图 1.4　三种模型与自适应深度 Q 网络模型在数据集 Cd 上的训练比较情况

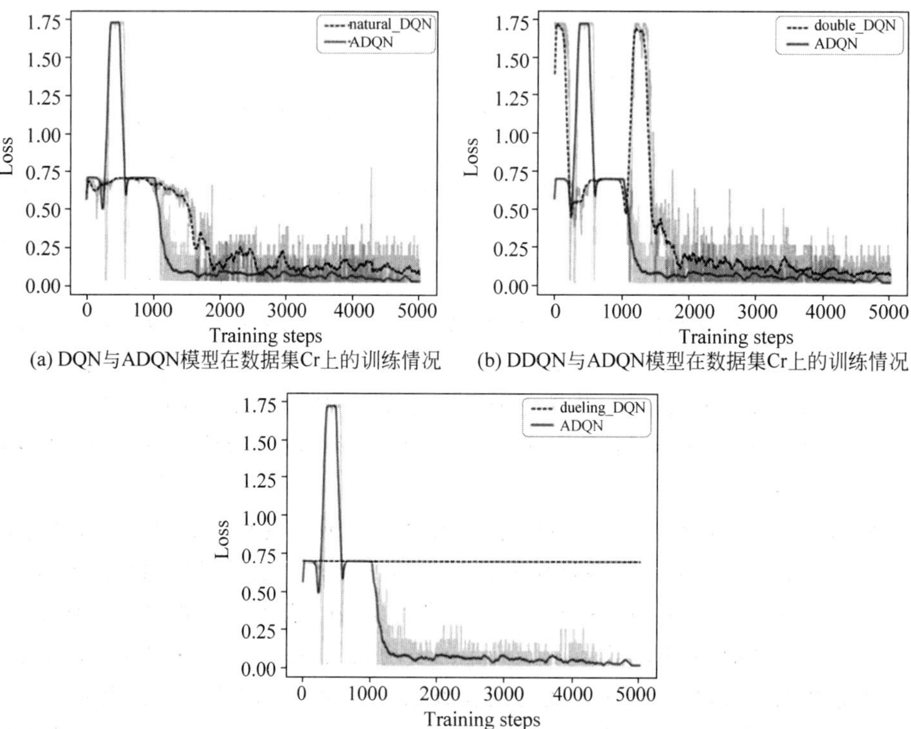

(a) DQN与ADQN模型在数据集Cr上的训练情况　(b) DDQN与ADQN模型在数据集Cr上的训练情况

(c) DuDQN与ADQN模型在数据集Cr上的训练情况

图 1.5　三种模型与自适应深度 Q 网络模型在数据集 Cr 上的训练比较情况

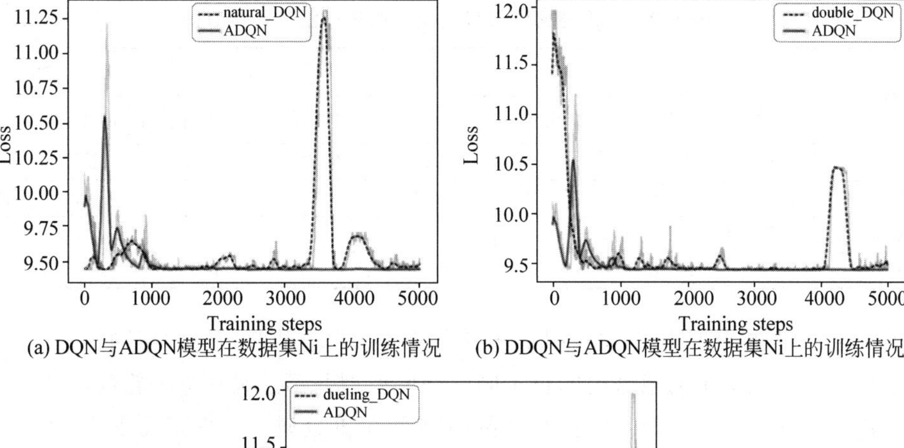

(a) DQN与ADQN模型在数据集Ni上的训练情况　(b) DDQN与ADQN模型在数据集Ni上的训练情况

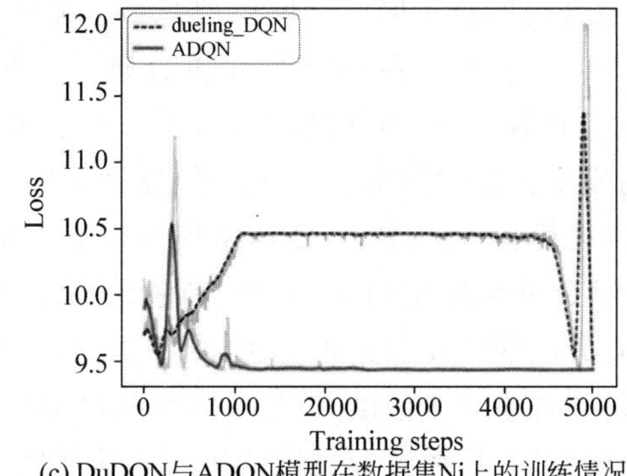

(c) DuDQN与ADQN模型在数据集Ni上的训练情况

图 1.6　三种模型与自适应深度 Q 网络模型在数据集 Ni 上的训练比较情况

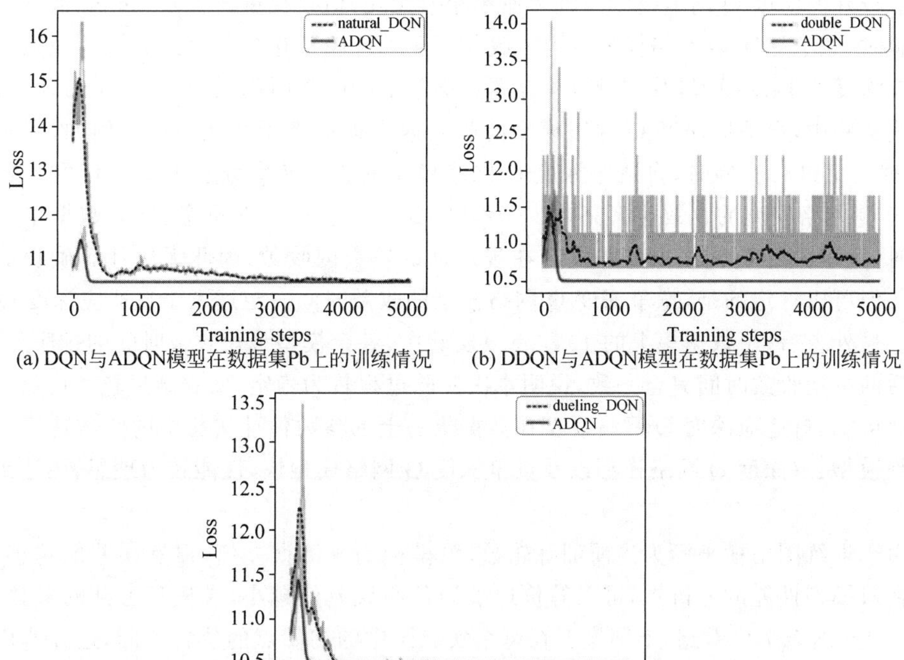

(a) DQN与ADQN模型在数据集Pb上的训练情况　(b) DDQN与ADQN模型在数据集Pb上的训练情况

(c) DuDQN与ADQN模型在数据集Pb上的训练情况

图 1.7　三种模型与自适应深度 Q 网络模型在数据集 Pb 上的训练比较情况

表 1.2 深度强化学习模型在数据集一上的收敛时间 单位：s

模型	Cd		Cr		Ni		Pb	
	最小值	最大值	最小值	最大值	最小值	最大值	最小值	最大值
DQN	4.35	4.68	19.50	20.97	6.60	7.10	6.77	7.28
DDQN	4.42	4.76	17.79	19.13	6.39	6.88	9.33	10.04
DuDQN	5.57	5.99	≫	≫	≫	≫	7.45	8.02
ADQN	3.56	3.83	15.22	16.37	3.67	3.95	4.59	4.94

由表 1.2 可知，不同模型在相同重金属含量数据集上的收敛时间不同，同一模型在不同重金属含量数据集上的收敛时间也不同。一些模型并不总是在训练轮数达到预设的最大训练轮数之前收敛，例如竞争深度 Q 网络模型在重金属 Cr 和 Ni 数据集上进行训练时，智能体并没有在训练轮数达到 5000 时达到收敛状态。对于深度 Q 网络模型，其在重金属 Cd 和 Pb 数据集上的模型收敛时间略小于双深度 Q 网络模型和竞争深度 Q 网络模型，但大于自适应深度 Q 网络模型，说明深度 Q 网络模型在重金属 Cd 和 Pb 数据集上对任务的学习速率高于双深度 Q 网络模型和竞争深度 Q 网络模型，但是低于自适应深度 Q 网络模型。同理可知，双深度 Q 网络模型在重金属 Cr 和 Ni 数据集上对任务的学习速率高于竞争深度 Q 网络模型，并且略高于深度 Q 网络模型的模型学习速率，但两者相差不大。对于竞争深度 Q 网络模型，其模型对参数估计任务的学习速率随着重金属含量数据集的改变产生巨大的改变，因为竞争深度 Q 网络模型在重金属 Pb 数据集上的收敛速率和性能较好的深度 Q 网络模型的收敛速率相差无几，但是在重金属 Cr 和 Ni 数据集上进行实验时，竞争深度 Q 网络模型迟迟未收敛直至训练轮数达到预设最大训练轮数。对于自适应深度 Q 网络模型，其在所有重金属数据集上的收敛时间最短，模型学习速率最快。在一些实验中，自适应深度 Q 网络模型的收敛速率远远高于其他模型。例如，在重金属 Ni 数据集上进行实验时，自适应深度 Q 网络模型的收敛速率分别比深度 Q 网络模型和双深度 Q 网络模型的收敛速率高 44.37%和 42.59%。由于在重金属 Ni 数据集上进行实验时，竞争深度 Q 网络模型并没有在规定训练轮数内收敛，因此无法计算确切的收敛时间。但可以肯定的是，竞争深度 Q 网络模型的收敛时间一定远大于自适应深度 Q 网络模型。另外，在每个数据集上的 10 次重复实验中，各个模型最短收敛时间的排序和 10 次实验后的平均收敛时间完全一致，说明本次实验过程较为稳定，实验结果较为可靠。综合表 1.2 可知，自适应深度 Q 网络模型在数据集一上的参数估计实验中的收敛速度比深度 Q 网络模型、双深度 Q 网络模型以及竞争深度 Q 网络模型快，性能较为理想，已达到实验预期。

由于训练图中横坐标为当前训练轮数，纵坐标为预测误差值，显然误差值越小越好，因此在对模型性能的分析中，可以等价理解为预测误差值越小，模型学习到的参数越好。由图 1.4～图 1.7 可看到，不同模型在每个实验图中的初始点的位置不同，这并非由于每个模型在训练开始前的初始参数不同造成的，而是因为在模型真正开始训练之前，会让智能体进行随机决策执行动作，直到经验库中的样本数量达到经验库容量上限时，模型开始训练，此时开始对训练情况进行记录，所以当智能体初始化并经过若干次的随机决策后，智能体的状态自然会不同，即由于训练时不同的初始状态不会影响实验结果的公平性。

另外，智能体在训练开始阶段时的状态并不能影响模型的性能评价结果。评价是价值判断，是运用标准对事物的准确性、实效性、经济性以及满意度等方面进行评估的过程。例如在图1.6(a)和图1.6(c)中，深度Q网络模型和竞争深度Q网络模型在训练开始时的初始值比自适应深度Q网络模型的低，但是仍然可以得出，在这种情况下自适应深度Q网络模型的收敛速率高于深度Q网络模型和竞争深度Q网络模型，并且在智能体达到收敛状态后的稳定性方面，自适应深度Q网络模型依然优于深度Q网络模型和竞争深度Q网络模型。

由图1.4～图1.7可知，各个模型并不能在每次实验中达到最优解状态，这种情况在图1.4(c)和图1.5(c)中尤为明显，并且在图1.4(c)中竞争深度Q网络模型在训练开始一段时间后已经达到最优解状态，但是最终并没有保持在该状态，反而稳定在一个次优解状态。在图1.4(c)中自适应深度Q网络模型的预测误差曲线的形状与图1.4(a)和图1.4(b)中的不同，这是因为自适应深度Q网络模型的预测误差与竞争深度Q网络模型的较为接近，图1.4(c)中可以清晰地看到其误差在0到1.9之间，远远小于其他两个模型的预测误差范围。

由图1.5和图1.6可知，在模型的训练过程中，模型的预测误差并不是呈单调递减，向误差最小的方向收敛，有时会在某个阶段表现出停止学习的状态，而有时会在已经达到最小误差之后朝着误差较大的方向移动。模型之所以会表现出停止学习的状态，可能是因为智能体当时的状态下，达到了参数估计任务中的局部最优值，智能体会将局部最优值当作全局最优值后，再继续进行训练就无法使智能体脱离局部最优状态。然而在图1.5中，自适应深度Q网络模型最终脱离了局部最优状态，继续进行训练时，模型的预测误差减小，说明其继续朝着全局最优值进行收敛。产生这种情况可能是因为随着训练轮数的增加，自适应深度Q网络模型中的动态模糊隶属度因子逐渐增大，导致环境反馈的奖励值对智能体的刺激减小，智能体可以“大胆”地进行动作决策，使其“跳出”局部最优状态对智能体的束缚。

由图1.5～图1.7可知，在智能体达到最优状态之后，并没有保持在最优状态，而是在最优状态附近波动，有时甚至返回了较差的初始状态。这是因为智能体在进行动作决策时，使用的是ε-贪婪算法。也就是说，智能体每次进行动作的选择时，有一定的概率会随机选择，而不是在所有情况下都是根据Q网络的输出进行动作决策。使用ε-贪婪算法可以在一定程度上减少智能体陷入局部最优状态，但是也同时让智能体执行了一些不必要的动作，降低了模型的收敛速率。模型在达到最优解状态后又返回到较差的状态可能是因为智能体并没有学习到最优解状态的特征，然后就被其他状态覆盖了。由图1.5(a)和图1.5(b)中的半透明曲线可知，虽然自适应深度Q网络模型、深度Q网络模型和竞争深度Q网络模型在收敛后的状态都会在最优解状态浮动，但是自适应深度Q网络模型的变化范围明显比其他两个模型的小，说明自适应深度Q网络模型在收敛后的稳定性方面比其他两个模型优秀。

综合图1.4～图1.7，在数据集一上的实验中，自适应深度Q网络模型的收敛速率高于其他三个深度强化学习模型，并且具有一定的能力避免局部最优解的陷阱。不仅如此，其在模型收敛之后的稳定性高于深度 Q 网络模型、双深度 Q 网络模型和竞争深度 Q 网络模型。

5. 在银川市数据集上的参数估计对比实验

为了验证自适应深度 Q 网络模型的普遍适用性，减少实验偶然性，本次使用相同方法在宁夏银川市市区表层土壤重金属含量数据集上进行对比实验。不仅如此，深度 Q 网络模型、双深度 Q 网络模型、竞争深度 Q 网络模型和自适应深度 Q 网络模型的初始参数和训练环境不进行任何修改，与在武汉数据集上的实验保持一致。为了提高各个模型在任务中的学习难度，使不同模型之间收敛速率差异更加明显，本次实验在数据预处理阶段并未对重金属含量数据进行标准化处理，并且选取数据范围不同的三种重金属含量数据进行实验。根据上述方法对实验过程进行观察和记录，重金属砷(As)、镉和铬数据集上的模型训练情况如图 1.8～图 1.10 所示。图中，横坐标表示训练轮数；纵坐标表示使用当前状态信息进行反距离加权法预测时预测值与插值点的观测值之间的误差，单位为 mg/kg。为了可以更加清晰地呈现出每轮训练时，预测误差和当前训练轮数的关系以及预测误差在整个训练过程中的变化趋势，对所有的折线图进行了平滑处理，并且仍然保留了未经平滑处理时的预测误差变化图。平滑处理之前的预测误差折线在图中以半透明形式呈现，其颜色和平滑处理后的曲线颜色相同，但是并没有在图例中标出，其目的是在保证图形可读性的前提下，降低图形中的冗余信息，使图形更加简洁，易于理解。

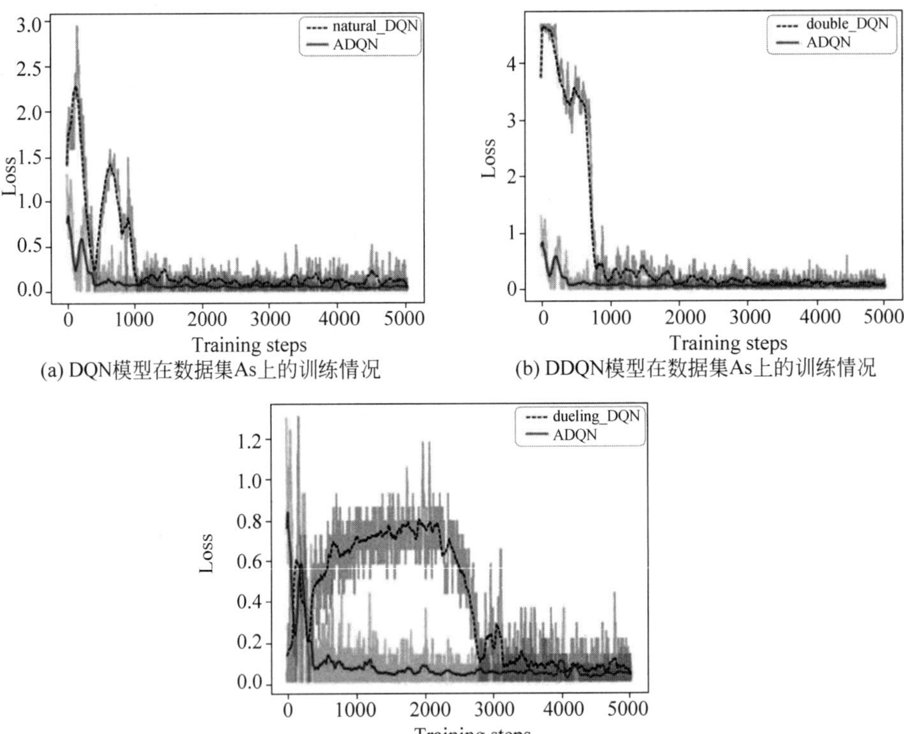

(a) DQN模型在数据集As上的训练情况

(b) DDQN模型在数据集As上的训练情况

(c) DuDQN模型在数据集As上的训练情况

图 1.8 三种模型与自适应深度 Q 网络模型在数据集 As 上的训练比较情况

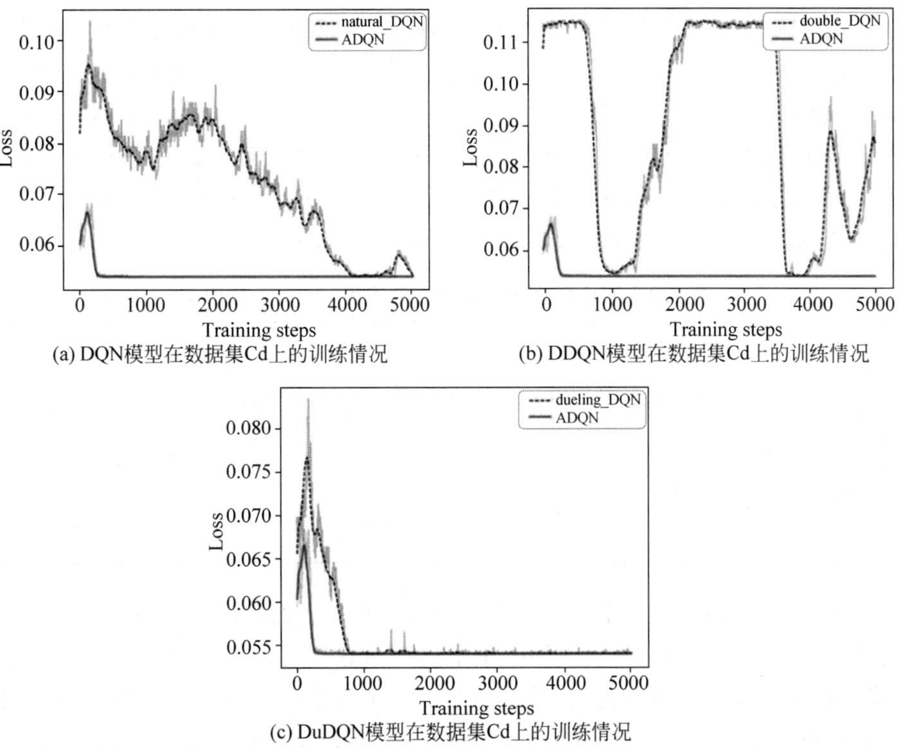

(a) DQN模型在数据集Cd上的训练情况

(b) DDQN模型在数据集Cd上的训练情况

(c) DuDQN模型在数据集Cd上的训练情况

图 1.9 三种模型与自适应深度 Q 网络模型在数据集 Cd 上的训练比较情况

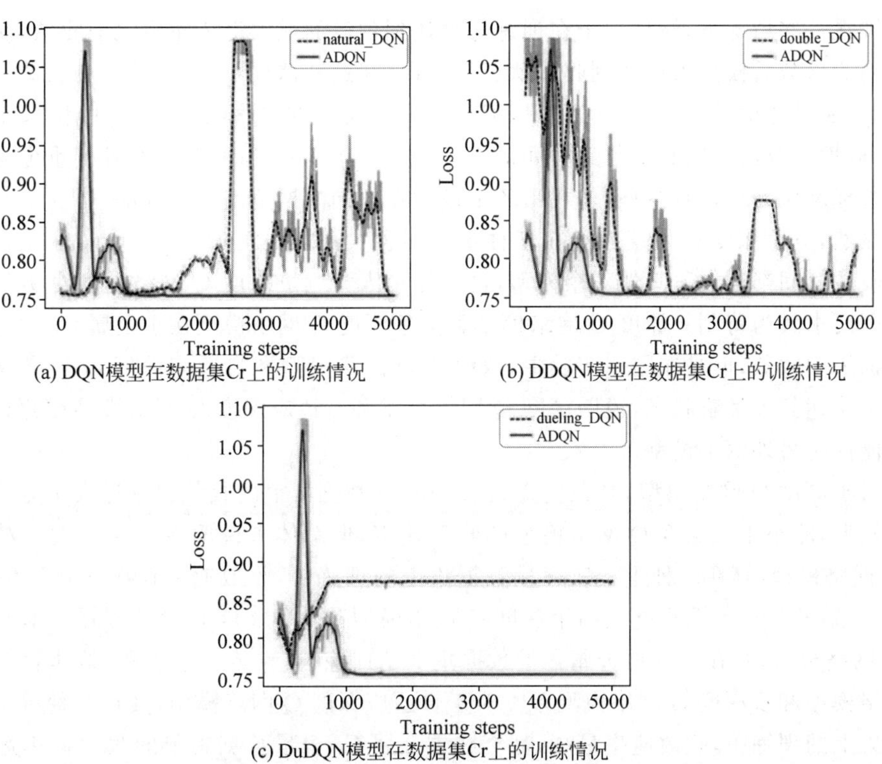

(a) DQN模型在数据集Cr上的训练情况

(b) DDQN模型在数据集Cr上的训练情况

(c) DuDQN模型在数据集Cr上的训练情况

图 1.10 三种模型与自适应深度 Q 网络模型在数据集 Cr 上的训练比较情况

四种深度强化学习模型在对不同重金属含量数据集进行参数估计时，训练情况如表1.3所示。表1.3中展示了各种模型在对不同重金属含量数据集训练时的收敛时间，单位为s，精度为0.01。同时，每个实验重复进行10次，表中记录各个模型在10次重复实验中的最小收敛时间和10次重复实验中的平均收敛时间。在实验中，模型可能在进行最大训练轮数的训练之后，仍然不能达到收敛状态。与表1.2相同，当模型在进行最大训练轮数的训练之后仍未收敛，在记录该模型的收敛时间时，统一以“≫”形式表达。

表1.3 深度强化学习模型在数据集二上的收敛时间 单位：s

模型	As		Cd		Cr	
	最小值	平均值	最小值	平均值	最小值	平均值
DQN	6.23	6.9	12.53	13.75	≫	≫
DDQN	6.15	6.75	13.96	15.88	8.76	9.39
DuDQN	15.68	17.17	32.46	≫	≫	≫
ADQN	5.34	5.87	11.03	12.21	2.61	2.89

在表1.3中，不同模型在不同的重金属含量数据集上的收敛时间不同，不同的收敛时间代表着不同模型的收敛速率。在同一重金属含量数据集上的实验中，模型的收敛时间越短，代表该模型的收敛速率越快，反之亦然。表1.3中，平均值属性中的值由在相同数据集上进行重复10次实验后取其平均值得出。最小值属性中的值则是取这10次重复实验中的最小收敛时间。由于每次实验使用不同的初始参数和训练环境的参数，因此可能会出现在一些情况下，模型并未在训练轮数达到预设的最大训练轮数之前收敛，而在改变其他初始参数后模型很快达到收敛状态。因此，在这种情况下，模型的平均收敛时间无法计算，按照上述记录方法以“≫”记录，但是记录该模型的最小收敛时间时，将未收敛实验除去，取模型收敛的实验中收敛时间最小值。在本次实验中，并没有对各种重金属含量数据进行标准化处理，因此更能体现出各个模型在不同数据范围上的性能。

显然，竞争深度Q网络模型在三种重金属含量数据集上的训练中，最小收敛时间和平均收敛时间都远大于其他三个模型，这可能是因为竞争深度Q网络模型对实验数据值的范围要求较为苛刻。深度Q网络模型和竞争深度Q网络模型在重金属Cr含量数据集上的训练中收敛，但是在同一实验中，双深度Q网络模型和自适应深度Q网络模型的智能体很快达到最优解状态，说明深度Q网络模型和自适应深度Q网络模型在此数据集上的性能优于另外两个模型。

对于深度Q网络模型，其在重金属As和Cd数据集上的收敛速率远大于竞争深度Q网络模型，略小于双深度Q网络模型的收敛速率，但总体来说两者差距不大。对于双深度Q网络模型，其在三种重金属含量数据集上的训练中，收敛速率仅次于自适应深度Q网络模型，并且在不同程度上高于深度Q网络模型和竞争深度Q网络模型。对于竞争深度Q网络模型，其在三种重金属含量数据集上的训练中，收敛速率较慢，整体表现比深度Q网络模型和双深度Q网络模型差。对于自适应深度Q网络模型，其在三种重金属含量数据集上的训练中，收敛速率最高，甚至在重金属Cr含量数据集上的收敛速率远远高于其他三个模型。

无论比较各个模型在训练过程中的平均收敛时间还是最短收敛时间，分析得到的结果相同，说明在实验中并没有极端情况出现，实验设计合理，实验结果的可靠性较高。综合表 1.3 可知，自适应深度 Q 网络模型在数据集二上的参数估计实验中的收敛速率在不同程度上高于深度 Q 网络模型、双深度 Q 网络模型以及竞争深度 Q 网络模型。

本次实验的结果和在武汉市数据集上进行实验的结果大致相同，说明自适应深度 Q 网络模型在模型收敛速率方面确实较深度 Q 网络模型、双深度 Q 网络模型以及竞争深度 Q 网络模型有一定优越性。并且值得注意的是，在两次实验中对不同重金属含量数据进行学习时，没有对模型的初始参数进行改动，说明相同的模型和相同的初始参数可以自适应不同的训练数据，自适应深度 Q 网络模型具有较好的广泛适用性。

由于本次实验中模型的任务和武汉数据集上的实验一致，并且观察记录的指标和武汉数据集上的实验相同，因此在对模型性能的分析中，观察指标依旧是预测误差，而且预测误差值越小代表模型学习到的参数越好，智能体的状态与最优解状态越近。由图 1.8～图 1.10 可看到，不同模型在每个实验图中的初始点的位置不同，在一些情况下，自适应深度 Q 网络模型的初始状态优于其他模型，而在一些情况下，其他模型的初始状态优于或等于自适应深度 Q 网络模型，例如在重金属 As 数据集上的训练时，竞争深度 Q 网络模型的初始状态对应的预测误差小于自适应深度 Q 网络模型。在重金属 Cr 数据集上的训练时，竞争深度 Q 网络模型的初始状态对应的预测误差与自适应深度 Q 网络模型相差无几。但是实验的结果并没有随着初始状态优劣的改变而改变，而且在对武汉数据集上的实验结果进行分析时也从原理上解释了初始状态不同的合理性，说明了初始状态并不影响模型的性能比较。

由图 1.9 和图 1.10 看出，深度强化学习网络模型并不能在每次训练中达到最优解状态并保持在最优解状态附近。其中，在图 1.10(c)中，竞争深度 Q 网络模型的初始状态离最优解状态较近，但是在最后的训练中，智能体慢慢朝着远离最优解的方向收敛，最终智能体的状态保持在次优解状态附近。出现这种现象可能是因为智能体在训练开始前随机执行动作，偶然到达最优解状态附近，但是在从记忆库中抽取样本进行训练时，并没有抽到对到达最优解状态有益的样本，因此模型并没有学习到那些关键样本导致智能体朝着远离最优解的方向收敛。在图 1.9(b)中，双深度 Q 网络模型在训练前期和中期的表现和图 1.10(c)中竞争深度 Q 网络模型一致，但是两者不同的是：双深度 Q 网络模型的智能体在陷入局部最优解状态一段时间后，智能体“跳出”该状态到达全局最优解状态，而竞争深度 Q 网络模型的智能体在陷入局部最优解状态一段时间后，一致保持在该状态直至训练结束。从图 1.9(b)中可以看到，双深度 Q 网络模型的智能体在陷入局部最优解状态后，预测误差呈折线，说明双深度 Q 网络模型的智能体还在不断尝试“跳出”该状态，而在图 1.10(c)中竞争深度 Q 网络模型的智能体并没有进行所谓的尝试，这并非说明双深度 Q 网络模型对全局最优解的搜索能力强于竞争深度 Q 网络模型，这可能是因为竞争深度 Q 网络模型在训练时遇到的局部最优解状态较为复杂。

如图 1.8～图 1.10 所示，每个模型在每次训练前期，状态都会有波动，并非直接向最优解状态收敛，这是由于在此过程中，Q 网络的权重在逐渐更新。在 Q 网络的权重调优之前,根据Q网络的输出值进行动作决策的智能体必然会执行不合适的动作。由图1.8可知,智能体在达到最优解状态后并不是一致稳定在最优解状态,而是在最优解状态附近波动,这是由于智能体在进行动作决策时,使用的是ε-贪婪算法。图中明显可以看出,其他模型误差值的总体变化幅度大于自适应深度Q网络模型,说明自适应深度Q网络模型在收敛之后的稳定性高于其他三个模型。这可能是因为随着训练的进行,模型的训练轮数逐渐增大,对应的动态模糊隶属度因子自适应地变大,因此在环境反馈的奖励值与状态输出值进行结合时,状态输出值的占比增大,强化了环境对智能体执行动作的奖励值,使智能体更加谨慎选择和执行动作,提高了模型的稳定性。

综合图1.8～图1.10,在数据集二上的实验中,自适应深度Q网络模型的收敛速率高于其他三个深度强化学习模型,并且具有一定的能力避免局部最优解的陷阱。不仅如此,其在模型收敛之后的稳定性高于深度Q网络模型、双深度Q网络模型和竞争深度Q网络模型。本次实验的结果与在武汉市数据集上的实验结果大致相同,说明实验设计较为合理,实验结果的可靠性较高。

1.2 自调整反距离加权插值模型

1.2.1 概述

预测学主要是指阐述预测手段与方法的学科与理论。科学预测的研究方法主要是指通过科学的计算与判断,对未来几年中有可能会发生的状态进行一种类型的推测。根据当前事物发展的主要历史数据与其发展的环境,运用了定性和定量有机结合的研究方法,综合各种多方面的历史数据,来准确地揭示未来事物发展的客观规律及其变化,从而针对未来事物发展的概率和可能性做出一定的预测。预测方法既可以被认为是对当前事物发展的主要客观资料进行分析,甚至也可以被认为是运用传统的数学手段和方法通过对当前的历史信息和数据进行分析获取得出的结论,或者它是两种研究方法相互结合在一起。但无论是哪种情形,预测总会存在一些误差,故必须有期望值与误差的测量。预测周期的时间长短往往同样也是影响预测结果准确性和精度的重要决定性因素之一,预测的周期时间越短,所导致产生的各种预测结果的误差就越小;预测的周期越长,所产生的预测结果误差就越大,所以常常都会选择与长短时间内的预测结果相互进行结合,并且滚动式地进行预测的方法去对其进行需求预测,结合起来的预测结果也往往远远高于单个预测的结果。

预测方法可以依据预测目标的不同功能特征,把预测的方法划分成不同的类型。一般而言主要可以划分为两种:定性预测方法与定量预测方法。定性预测方法就是通过对人们自身的主观判断和经验来对事物未来发展趋势的方向做出判断。定性预测方法常被广泛应用于缺乏相关的资料以及历史数据,在此条件下通过对专家学者的实践经验做了深入的分析,来得到结论。定性预测方法通常包括德尔菲法、主观概率法、市场调研法、领先指标法、模拟推理法和对相关影响因素的分析法。定性预测方法大致可以划分为以下几方面。

(1) 重点强调对于一个事物的发展性质进行预测。根据国内外相关的研究者以及学术界专家的实践经验，在缺少大量的历史数据以及其中存在许多不稳定的影响因素时，定量预测常常无法提供一个比较准确的结果。这时定性的预测技术就是一种比较好的选择。

（2）强调对事物发展的趋势、方向和重大转折点进行预测。定性预测方法的优点在于灵活性较强。对于事物未来的发展方向预测时，人们能充分发挥自己的主观能动性。定性预测方法可以节省大量的人力物力以及时间。其缺点表现为它受人们的主观因素的影响较大。定性预测方法常常依赖于专家的知识和经验，由于缺乏相关的数学模型，因此很难在具体数据方面进行精确度量。

定量预测方法就是运用预测对象的历史数据以及现状，通过数学方法建立函数模型，从而得出预测对象的发展规律来进行预测。这种方法常用于预测对象具有较为丰富的历史数据，从而能为数学建模基础提供保障的情况。定量预测方法的特点可以归纳为如下几点。

（1）强调对事物发展的数量等各个方面进行较为精确的预测。这主要通过对于预测对象建立相对应的数学模型，从而可以对事物的发展情况进行更加准确的预测。

（2）强调对预测对象的历史数据进行利用。

（3）强调建立数学模型的重要性，并且要充分利用现代科学技术来解决数学问题中复杂的建模过程，利用计算机等高效的工具来为数学建模提供良好的技术条件。

定量预测方法的一个重要优点就是能够准确地描述和分析一个事物的未来和发展。它较少地依赖于实际生活中的经验等主观性因素，而是更多地依靠客观的数据信息，利用现代计算机科学技术对其进行了数学建模，从而可以预测得出结果。其最大的缺点就是对于预测者的要求相对比较高，需要有一个系统性的学习和掌握预测的知识和方法。这就需要许多重要的历史信息数据，以此作为整体性建模工具。但是当预测的对象在不同时间内的数据变异比较大时，定量预测方法很难取得令人满意的预测结果。

定量预测方法常用于空间预测领域中。并且，空间预测是空间和时空统计的核心。其共同的目标是预测在不可观测的位置上的空间过程，并研究感兴趣区域的空间依赖性。理想的空间预测不仅提供点预测，还提供分布信息，如用分位数或密度函数来量化不确定性、风险和极值。空间预测在地质和环境科学领域有着广泛的应用。由于近年来交叉学科的兴起，空间预测已经扩展到其他领域，如生物科学、计算机视觉、经济学和公共卫生。

空间预测中广泛使用的方法包括反距离加权法和普通 Kriging 插值。在使用普通 Kriging 插值进行空间预测时，通常假设协方差函数是平稳的，但物理过程往往是非高斯和非平稳的，而空间协方差随空间变化，例如，在城市和农村地区。对于反距离加权法，插值点的预测值是每个采样点的加权平均值，其优点是计算速度快，对插值数据集的大小没有严格要求，但是反距离加权法的插值过程与实际的物理过程无关。

近年来，由于机器学习的兴起，深度学习和深度神经网络在空间预测和分类中得到了广泛的应用，特别是在计算机视觉和自然语言处理中。深度神经网络不仅在线性和平稳性的空间特征方面是有效的，而且在非线性和非平稳性等复杂特征的预测以及使用 GPU 分析海量数据集时均有较高的计算效率。然而当使用深度空间数据进行预测时，存在一个障碍，那就是经典的深度神经网络不能直接包含空间相关性。深度神经网络在空间预测中的应用通常只包含空间坐标作为特征，利用这些特征进行空间预测可能还不够。最近，卷积神经网络(Convolutional Neural Network，CNN)被认为能够通过相关滤波器成功地捕捉图像处理中的空间和时间相关性。但是，该框架是针对特征空间较大的应用而设计的，对数据规模有严格的要求，因此它不适用于许多只进行现场观测和稀疏观测的空间预测问题。与 CNN 相比，空间预测的目的是考虑有限观测特征和稀疏观测条件下相应变量的空间相关性。

因此，在反距离加权法的基础上，结合深度强化学习网络的特点和反距离加权法的超参数，提出了一种能够实现差分空间插值的算法。该方法适用于非高斯数据，在插值前不需要对插值空间做任何假设。

1.2.2 反距离加权法

反距离加权法又称距离加权反比插值法，是基于拓扑定理的插值方法，其原理是通过计算未测点附近各点测量值的加权平均值进行插值，根据空间相关性原理，空间中的事物或现象越接近，它们越相似，则其在最近点的权重最大。反距离加权(IDW)插值可以明确地验证这样一种假设：彼此距离较近的事物要比彼此距离较远的事物更相似，当为任何未测量的位置预测值时，反距离加权法会预测位置周围的测量值，与距离预测位置较远的测量值相比，距离预测位置更近的测量值对预测值的影响更大，反距离加权法假定每个测量点都有一种局部影响，而这种影响会随着距离的增大而减小，由于这种加权方式为距离预测位置较近的点分配的权重较大，而权重却作为距离的函数而减小，因此称为反距离加权。除此之外，反距离加权法的插值误差对空间位置有很大的依赖性，当已知点均匀分布，且插值结果介于插值数据的最大值和最小值之间时，该方法效果良好。

$$y(x)=\frac{\sum_{i=1}^{n} m_i(x) y_i}{\sum_{i=1}^{n} m_i(x)} \tag{1.7}$$

$$m_i(x)=\frac{1}{[d(x,x_i)]^p} \quad (i=0,1,\cdots,n;\ p \in \mathbf{N}) \tag{1.8}$$

式中，x 表示需要预测重金属含量的点，也称为插值点；$m_i(x)$表示第 i 个采样点的重金属含量；n 表示选择用插值点加权的点的数目；$d(x,x_i)$是插值点 x 与采样点 x_i 之间的欧几里得空间(简称欧氏空间)距离。在公式(1.7)中，m_i 随着采样点和插值点之间的距离的增加而减小。反距离加权法的插值结果不仅与相邻的 n 个采样点有关，而且还受 p 值大小的影响。p 值越大，m_i 越小，说明插值点的预测值受相邻采样点值的影响较大，导致插值平面更加不光滑。当 $p=2$ 时，此方法称为反距离平方权重插值。常见的统计分析是通过均方根误差降至最小值来确定最佳幂值，均方根误差是在交叉验证过程中计算出的统计数据，它可以用于对预测表面的误差进行量化，通过对若干不同的 p 值进行评价，从而确定出可以生成最小均方根误差的 p 值。

由于彼此距离较近的事物比彼此距离较远的事物更加相似，因此，随着位置之间的距离增大，测量值与预测位置的值的关系将变得越来越不密切，为缩短计算时间，可以将几乎不会对预测产生影响的较远的数据点排除在外。邻域的形状限制了要在预测中使用的测量值的搜索距离和搜索位置，而其他邻域参数限制了将在该形状中使用的位置，因此，本节的主要优化目标是 n 和 p 值的大小，在后面的内容中将统称这两个参数为反距离加权法的超参数。

1.2.3　变异函数

变异函数(Variogram)是描述随机场和随机过程空间相关性的统计量，被定义为空间内两空间点之差的方差。在实际应用中，由于无法遍历空间内所有点，通过有限个采样数据计算的变异函数被称为经验变异函数。变异函数有时也被称为变差函数，在文献中通常记为 $2\gamma(s_1,s_2)$ 或者 $\gamma(s_1,s_2)$，变异函数的一半被称为半变异函数，二者本质相同仅存在简单的倍数关系。变异函数主要应用于随机场和随机过程的建模，在地统计学中，克里金法使用变异函数对空间场进行重构和插值，变异函数在稳定过程中存在许多经典模型，包括线性模型、指数模型、高斯模型等。

变异函数概念的提出者是地统计学家乔治斯·马瑟伦，在其 1963 年发表的著作 *Principles of geostatistics* 中，马瑟伦定义了变异函数的相关公式：

$$\gamma(\boldsymbol{h})=\frac{1}{V}\iiint_V[Z(s+\boldsymbol{h})-Z(s)]^2\mathrm{d}V \tag{1.9}$$

其中，s 为随机场 Z 中支撑集 V 内的一个点；$\boldsymbol{h}$ 为 V 内任意两点的向量。为与本章其他研究介绍中的符号保持一致，这里对原式的数学符号进行了修改。马瑟伦的定义等价于二阶稳定过程中变异函数的定义，而更一般的变异函数定义如下：

$$\gamma(s_1,s_2)=\mathrm{var}[Z(s_2)-Z(s_1)]=E[Z(s_2)-Z(s_1)+\mu(s_1)-\mu(s_1)]^2 \tag{1.10}$$

式中，E 和 var 表示数学期望和方差运算；μ 为随机场内特定点的数学期望。

当变异函数应用于二阶稳定过程时，由于随机场的数学期望处处相同，且协方差仅与两空间点所构成的向量 $\boldsymbol{h}=s_1-s_2$ 有关，此时变异函数可表示为：

$$\gamma(s_1,s_2)=\gamma_s(\boldsymbol{h})=E[Z(s_2)-Z(s_1)]^2 \tag{1.11}$$

更进一步地，当变异函数应用于具有各向同性的随机场时，由于协方差仅与两空间点的欧氏距离有关，与方向无关，此时的变异函数可表示为：

$$\gamma(s_1,s_2)=\gamma_i(|\boldsymbol{h}|) \tag{1.12}$$

变异函数及其有关概念在地统计学中是存在争议的，乔治斯·马瑟伦定义变异函数时，考虑到其计算了成对点间的方差，因而为描述单个点的方差，另外定义了半变异函数。但随后变异函数和半变异函数在地统计学文献中被长期混合使用，对阅读造成了一定困扰。有研究指出，变异函数完全具有半变异函数所表达的含义，而与半变异函数对应的概念“半方差”是不符合命名习惯的，因此要避免使用“半变异函数”的称谓。

下面将围绕变异函数的相关原理展开介绍。

1. 变异函数的性质

变异函数的数学本质是二阶矩，因此恒为非负。且由定义可知，理论上变异函数必定经过原点，为偶函数：

$$\gamma(\boldsymbol{h})=\gamma(-\boldsymbol{h}) \tag{1.13}$$

若随机场的协方差存在，则变异函数与协方差有如下关系：

$$\gamma(\boldsymbol{h})=C(s_1,s_1)+C(s_2,s_2)-2C(s_1,s_2)+(E[Z(s_1)-Z(s_2)]) \tag{1.14}$$

其中，$\boldsymbol{h}=s_1-s_2$，C 表示协方差函数。在二阶稳定过程中，上式可化简为：

$$\gamma(\boldsymbol{h})=2[C(0)-C(\boldsymbol{h})] \tag{1.15}$$

此时，变异函数仅是两点间向量的函数。需要指出，该性质的反结论不成立，即当变异函数仅是向量的函数并不能推出二阶稳定过程，满足该条件的随机过程被称为固有稳定过程(Intrinsically Stationary Process)。

2. 变异函数的参数

变程(Range)、块金(Nugget)和基台(Sill)是变异函数模型中较为常用的三个参数，共同决定变异函数模型的性能。

变程：区域化变量在空间上具有相关性的范围，在变程范围内，数据之间具有一定的相关性；而在变程外，数据之间毫无关联，即在变程以外的观测值并不会对估计结果产生任何影响。

块金：变差函数如果在原点间断，在地统计学中称为"块金效应"，表现为在很短的距离内有较大的空间变异性，无论 $\boldsymbol{h}$ 多小，两个随机变量都不相关。它可以由测量误差引起，也可以来自矿化现象的微观变异性。在数学上，块金相当于变量纯随机性的部分。

块金效应的标准尺度效应：若一个品位完全都是典型的随机变量，则不管其观测的尺度多少，所获得的实验变差函数的曲线总会非常接近纯块金效应的模型。例如，采样的网格尺寸过大时，将掩饰小尺寸的结构，而把在采样时尺寸内的任何一个变化都可以当作块金常数，此类现象即为块金效应的标准尺度效应。

基台：代表变量在空间上的总变异性大小，即变差函数在 $\boldsymbol{h}$ 大于变程时的值，为块金和拱高之和。

拱高为在取得有效数据的尺度上，可观测得到的变异性幅度大小，当块金等于 0 时，基台即为拱高。

3. 变异函数模型的计算流程

在实际应用中，随机场或随机过程的信息不是处处可用的，只能使用有限个样本点计算经验变异函数。在二阶稳定过程下，经验变异函数有如下表示：

$$\hat{\gamma}(\boldsymbol{h}+\delta\boldsymbol{h})=\frac{1}{N(\boldsymbol{h}+\delta\boldsymbol{h})}\sum_{i<j}[Z(s_i)-Z(s_j)]^2 \tag{1.16}$$

式中，N 为成对样本点(s_i,s_j)的数量。经验变异函数的计算使用离散化的 $\boldsymbol{h}$，其中 $\delta\boldsymbol{h}$ 是离散化的度量，被称为"跨度"或"带宽"。可以证明，带宽为 0 时的经验变异函数是对理论变异函数的无偏差估计(Unbiased Estimator)。因此，经验变异函数的代表性取决于可用样本点的数量和分布，充足的样本能够尽可能地缩小带宽，得到更加可靠的计算结果。

4. 变异函数模型参数估计

变异函数作为揭示空间数据相关性主要方向的工具，是地统计学中对一个区域内坡度的空间变异性的分析，因为它用于拟合观察到的现象的时间或空间相关性模型。许多地统计学方法需要计算空间变量的变异函数值，例如克里金插值法。在地统计学中，克里金法是从区域化变量理论推导出的插值方法，它依赖于用变差函数来表示属性的空间变化。克里金插值法基于变异函数进一步用于定义克里金函数的权重，最终对插值点的属性进行插值预测，因此，如何得到更好的变异函数模型是许多地统计学研究者需要研究的课题。变异函数模型是用于拟合观测现象的时间或空间相关性的关键函数，在地统计学中，较近的事物比较远的事物更相关。一个较好的相关地理分析变异函数模型将使结果分析更加准确，对地统计学和环境工程具有实用价值。

截至目前，国内外专家学者在构造性能良好的变异函数模型领域取得了较为丰硕的研究成果。现有研究大多将重点放在对变异函数单模型进行参数估计上，但是变异函数单模型很难描述在复杂现实情况下观测到这些现象之间的相关性。传统参数估计的方法主要是集中于在纯数学理论中的优化计算方法上，包括加权平均法、规划法、目标规划法、最小二乘法。随着深度机器学习技术的发展，一些研究还利用人工神经网络直接在克里金方法中拟合了变异函数离散点，也有一些研究是使用遗传算法、遗传规划和粒子群优化算法来计算变异函数模型的参量。与传统的方法相比，基于变异函数进化的算法一般可以较准确地计算和获得参数，但是需要花费大量时间。然而，深度强化机器学习模型强大的特征表示能力和自主学习能力正好可以有效解决这一问题，因此，为了在计算得出更准确参数的基础上同时降低计算所需要的精度，提出了一种基于自适应深度 Q 网络的变异函数参数计算方法。

为了能够更好地对其数据进行实时观测统计数据分析，需要选用最适合当前环境的实验变异函数模型和与其对应的模型参数去拟合实验变异函数离散点。通常情况下，不同的变异函数模型对应的最佳模型参数不一样。通常都选用某一理论变异函数模型，经验证明其拟合的效果也是很好的。为了求解最佳参数，需要采用一定的拟合标准。考虑到滞后距离分组后，各组 $N(h_i)(i=1,2,\cdots,m)$ 不一，对建立标准的影响程度也不等，可采用权重系数：

$$w(i)=\frac{N(h_i)}{\sum_{j=1}^{m}N(h_j)} \tag{1.17}$$

其拟合标准为：

$$C_w=\min\left\{\sum_{i=1}^{m}w(i)[\gamma^{\#}(h_i)-\gamma^{*}(h_i)]^2\right\} \tag{1.18}$$

式中，$\gamma^{\#}(h_i)$ 为实验变异函数曲线上点 h_i 的拟合值；$\gamma^{*}(h_i)$ 为点 h_i 上的变异函数离散点；C_w 即对拟合的变异函数拟合值与实际值的加权残差平方和取最小，也就是模型参数优化问题的目标函数。

在使用自适应深度 Q 网络模型估算变异函数模型参数时，训练环境的构造可以参考模型参数优化问题的目标函数。在智能体每次决策并执行某一动作时，环境需要根据智能体所执行的动作进行相应的反馈。针对变异函数模型参数估计任务，智能体的状态空间为需要估计的变异函数模型中各个参数的值。将智能体当前的状态代入变异函数模型中，得到智能体当前的状态对应的变异函数模型，通过公式(1.18)计算出当前状态的加权残差平方和。使用相同方法对下个状态进行处理，得到下个状态对应的加权残差平方和。根据模型参数优化问题的目标函数的优化方向可知，如果在智能体执行动作后，下个状态对应的加权残差平方和小于当前状态对应的加权残差平方和，环境将会反馈给智能体一个正向的奖励值。相反，如果在智能体执行动作后，下个状态对应的加权残差平方和大于当前状态对应的加权残差平方和，环境将会反馈给智能体一个负向的奖励值，即惩罚。因此，自适应深度Q网络模型的环境反馈的奖励值的计算公式为：

$$r(s,a)=\sum_{i=1}^{m}w(i)\{[\gamma^{\#}(s,h_i)-\gamma^{*}(h_i)]^2-[\gamma^{\#}(s',h_i)-\gamma^{*}(h_i)]^2\} \tag{1.19}$$

式中，s 表示智能体的当前状态；a 表示智能体当前状态下执行的动作；s'表示智能体在状态 s 下，执行动作 a 之后，智能体所进入的下个状态；$\gamma^{\#}(s,h_i)$为在使用当前状态 s 对应的实验变异函数曲线上点 h_i 的拟合值；$\gamma^{\#}(s',h_i)$为在使用下个状态 s'对应的实验变异函数曲线上点 h_i 的拟合值；$\gamma^{*}(h_i)$为点 h_i 上的变异函数离散点；r 表示环境对智能体在状态 s 下执行动作 a 的奖励值。

使用自适应深度Q网络模型对变异函数模型进行参数估计时，整个流程分为五个模块。

第一个模块为数据准备模块，用于对原始数据的预处理，得到经纬度数据在笛卡儿坐标系下的坐标数据。对原始数据集中的缺失值和异常值进行处理，最后进行标准化和归一化处理。

在地统计学和环境科学的数据集中，地理坐标数据是以经度和纬度数据形式记录的，需要将其转换为适合在机器学习模型中进行训练学习的笛卡儿坐标。不仅如此，由于数据库中数据的经纬度和海拔数据的数值范围不同，需要对这些数据进行标准化和归一化。并且使用剔除法对数据集中的缺失值进行处理，对于个别异常数据可进行删除或者均值填充处理。

第二个模块为变异函数离散点计算模块，用于计算变异函数空间离散点。

在此模块中，使用经过预处理的数据代入公式(1.16)中进行计算可以得到若干变异函数空间离散点，计算这些变异函数空间离散点和实验变异函数模型的残差平方和，残差平方和的大小是衡量不同参数下的实验变异函数模型性能的关键。

第三个模块为模型构建模块，用于构建自适应深度Q网络和训练环境并初始化网络参数。在该模块中包含三个步骤，分别为搭建训练环境、构建自适应深度Q网络和模型中参数初始化。

(1) 搭建训练环境。在使用深度强化学习模型对任务进行学习时，需要根据不同的任务搭建不同的训练环境，但是对于不同的任务，需要考虑和设计的参数种类是一致的，其中都包括智能体的状态空间、智能体的动作空间和环境对不同状态下对智能体执行的动作反馈的奖励值。在设计智能体的状态空间时，需要根据深度强化学习模型种类、任务中智能体的状态空间代表的意义和任务中智能体的动作空间对智能体的状态空间进行设计。以基于价值函数近似的深度强化学习模型为例，智能体的状态空间需要设计为离散空间，因为基于价值函数近似的深度强化学习模型中智能体的动作空间相当于一个表格，为离散空间，因此在这种情况下，智能体的状态虽然可能有无数个，但是其状态空间也只能为离散空间。然而基于策略搜索的深度强化学习模型和基于函数近似的深度强化学习模型不同，这种模型适合在连续的动作空间和状态空间中进行学习，但是得到一个性能较好的基于策略搜索的深度强化学习模型所需要的时间成本往往很高。对于变异函数模型参数估计的任务，智能体的状态代表变异函数模型的参数。由于变异函数模型中的参数为基台、变程和滞后距，因此智能体的状态空间的维度为3，分别代表当前状态下对应的变异函数模型的基台、变程和滞后距。显然，智能体的动作空间的维度也是3。智能体每次执行动作的意义是改变当前状态下的基台、变程和滞后距。由于自适应深度Q网络模型是基于价值函数近似的深度强化学习模型，因此智能体的动作空间为离散空间。对于环境反馈的奖励值，可以根据公式(1.19)进行设计和建模。

(2) 构建自适应深度Q网络。本次模型使用自适应深度Q网络模型，根据前面所述方法对模型进行搭建。由于不同变异函数模型对应的最优参数不同，因此需要根据变异函数模型的种类对自适应深度Q网络模型进行搭建。在自适应深度Q网络模型对任务进行学习时，一个模型只能对一种变异函数模型进行参数学习和估计。当使用自适应深度Q网络模型分别对变异函数单模型进行参数学习时，由于其参数个数和动作空间一致，可以使用同一个自适应深度Q网络进行参数学习。为了降低整个任务的学习时间，可以搭建多种相同的自适应深度Q网络模型，分别对不同变异函数模型的参数进行学习和估计。

(3) 模型中参数初始化。根据变异函数模型的种类，搭建了多个自适应深度Q网络模型。由于自适应深度Q网络模型强大的表征能力和学习能力，在模型初始化时，不同模型中的参数包括设定的最大训练次数、记忆库的最大容量值、神经网络的学习率、采取动作时ε-贪婪算法的概率因子以及模型中Q网络的初始化权重不需要重新设置。模型初始化参数如表1.4所示。

表1.4　模型初始化参数

参　数	值	注　释
RANDOM_SEED	1	随机种子
TOTAL_STEP	5000	最大训练次数
MEMORY_SIZE	500	记忆库的最大容量
BATCH_SIZE	64	每次训练抽取样本的数量
REPLACE_TARGET_ITER	200	Q目标网络两次权重更新之间的训练次数之差
LEARNING_RATE	0.001	神经网络的学习率
E_GREEDY	0.9	ε-贪婪算法中的概率因子

第四个模块为参数估计模块，使用自适应深度Q网络对各种变异函数模型的参数进行学习和估计。在变异函数模型中比较常用的有球状模型、指数模型、高斯模型和线性模型。

第五个模块为模型选择模块，当各个自适应深度Q网络模型对各种变异函数模型参数进行学习之后，分别记录各个自适应深度Q网络模型学习到的最佳参数。将学习到的参数分别代入对应的变异函数模型中，得到四个确定的变异模型。然后计算四个变异函数模型与变异函数空间离散点的残差平方和,比较并选择其中残差平方和最小的模型作为最终的变异函数模型。

5. 武汉市数据集上的变异函数模型参数估计实验

为验证基于自适应深度Q网络模型的变异函数模型参数估计方法比地统计学中常用的GS+软件内置的算法更加优秀,本次实验分别使用自适应深度Q网络模型和GS+软件内置的算法对不同的变异函数模型进行参数估计。根据上述方法进行实验,记录每个自适应深度Q网络模型在参数估计任务中学习到的最优参数,训练结束后,将最优参数代入每个自适应深度Q网络模型对应变异函数模型中,得到四个参数确定的变异函数模型。使用参数确定的变异函数模型和变异函数空间离散点做比较,再使用常见的地统计学分析软件GS+对相同的数据集进行分析,最终得到不同种类变异函数模型的最优参数。本次实验使用武汉市江夏区农田土壤重金属数据集,观察和记录模型训练之后各种变异函数模型的参数。GS+软件和自适应深度Q网络模型在各个变异函数模型上的参数搜索结果如图1.11所示,图中横坐标表示滞后矩,单位为m,精度为0.1;纵坐标表示变异函数值,单位为mg^2/kg^2,精度为0.1。图1.11(a)~图1.11(d)分别代表不同算法在指数变异函数模型、高斯变异函数模型、线性变异函数模型和球状变异函数模型上的参数估计结果。图中点代表根据公式得到的变异函数空间离散点,实线代表根据自适应深度Q网络搜索的变异函数模型参数得到的变异函数,虚线代表根据GS+软件得到的变异函数。

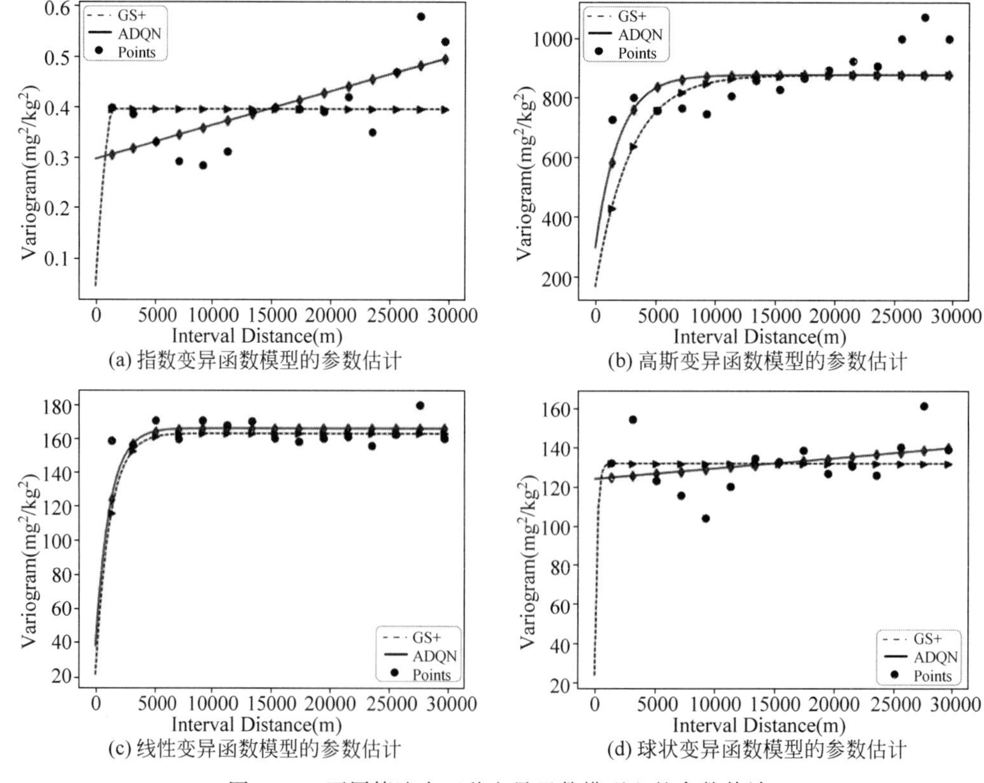

(a) 指数变异函数模型的参数估计

(b) 高斯变异函数模型的参数估计

(c) 线性变异函数模型的参数估计

(d) 球状变异函数模型的参数估计

图1.11 不同算法在四种变异函数模型上的参数估计

由图 1.11(a)可以看到，在滞后距较小时，代表自适应深度 Q 网络的实线与代表 GS+软件的虚线更加贴近变异函数离散点。这可能会导致使用自适应深度 Q 网络得到的变异函数模型在空间插值时，对采样点附近的插值点的插值效果优于 GS+软件的插值效果。由图 1.11(d)可知，对应自适应深度 Q 网络的实线和对应 GS+软件的虚线重合，说明在球状变异函数模型的参数估计中两种方法得到了相同的参数。这种现象可能是因为两种方法在本次参数搜索中都收敛到最优解或者局部最优解。综合图 1.11 可知，在对不同变异函数模型的四次参数估计中，自适应深度 Q 网络搜索到的模型参数对应的变异函数与变异函数离散点的分布特征大致相同，说明使用自适应深度 Q 网络估计变异函数模型参数的方法具有一定可行性，并且在一定程度上优于 GS+软件中的参数估计方法。

1.2.4　克里金法

克里金法又名克里格法，其英文名 Kriging 可能取自于在南非从事金矿业的工程师丹尼·克里格(Danie G. Krige)，以此以纪念其使用回归方法对随机空间场进行预测的开创性研究和探索。克里金法的主要理论提出者之一是法国著名统计学家乔治斯·马瑟伦(Georges Matheron，以下简称马瑟伦)，他在 1963 年所开始撰写的论文 *Principles of geostatistics* 中把克里金法直接定义为"对一个现有已知的数学样本假设进行直接加权计算平均以直接估计一个平面上的一个未知数学样本，并使得估计值与真实值的数学期望相同且方差最小的地统计学过程"。马瑟伦在提出的克里金法的理论基础上，使用了最佳的非线性无偏差的预测方法理论，为克里金法的科学研究发展奠定了坚实的理论基础。但是在这段很短的时间里，不同数学领域的诸多数学研究都已经获得了一种可以等价或者类似于克里金法的精确估算方法。

在大气科学领域，列夫·舍米诺维奇·加丁(以下简称加丁)在其 1963 年发表的著作 *Objective Analysis of Meteorological Field*(气象场的客观分析)中开展了与马瑟伦相同的工作。在该著作 1965 年的英语译本中，简单克里金被称为"最优插值(Optimum Interpolation)"，普通克里金被称为"归一化权重最优插值(Optimum Interpolation with Normalization of Weighting Factors)"，协同克里金被称为"最优空间场匹配(Optimum Matching of Fields)"。加丁在其著作中同样发展了克里金法的 BLUP 理论并讨论了克里金法在气象领域的应用。

在高斯过程领域，安德雷·柯尔莫哥洛夫和罗伯特·维纳在 20 世纪 40 年代开展了包括线性预测和 BLUP 理论在内的工作，并将其应用于时间序列数据中，被后世称为维纳-柯尔莫哥洛夫滤波器(Wiener-Kolmogorov Filter)的信号处理技术是与克里金法十分接近的求解系统。随后在 70 年代，高斯过程理论和贝叶斯推断被逐步应用于空间场的研究，促进了克里金法的发展。

1. 基础理论

克里金法的基础理论部分主要涉及随机变量、区域化变量、随机场以及固有平稳过程四个概念，下面将分别展开介绍。

(1) 随机变量。随机变量本身是一种实值变量，它们之间可以随时依据概率分布情况选取不同的计算值。随机变量的一次实现为根据概率选取一个确定的数值。随机变量分为两种：一种为离散型随机变量；另一种为连续型随机变量。

假设离散型随机变量 ζ 的所有可能取值为 $x_1, x_2, \cdots$，那么其相应的概率为 $P(\zeta = x_k) = p_k$，其中 $k=1,2,\cdots$，当级数 $\sum_{k=1}^{\infty} x_k p_k$ 绝对收敛时，称此级数的和为 ζ 的数学期望，记为 $E(\zeta)$，其计算公式为：

$$E(\zeta) = \sum_{k=1}^{\infty} x_k p_k \tag{1.20}$$

设连续型随机变量 ζ 的可能取值区间为 $(-\infty, +\infty)$，$p(x)$ 为其概率密度函数，若无穷积分绝对收敛，则称它为 ζ 的数学期望，记为 $E(\zeta)$，其计算公式为：

$$E(\zeta) = \int_{-\infty}^{+\infty} x p(x) \mathrm{d}x \tag{1.21}$$

数学期望是一组随机变量集合中最基本的数字特征，相当于一组随机变量集合以其取值概率为权重的加权平均数。

(2) 区域化变量。当一个变量为空间分布时，就称为区域化变量。该类型的变量主要体现了对象空间中某些特殊属性的变量大小和空间分布上的特征。矿产、地质、海洋、土壤、气象、水文、生态、温度、浓度等领域都具有某种空间属性。区域化变量具有双重性，观测前区域化变量 $Z(x)$ 是一个随机场，观测后是一个确定的空间点函数值。

区域化变量具有两个主要特点：第一个主要特点是区域化变量 $Z(x)$ 是一个随机函数，它往往具有局部的、随机的、异常的特点；第二个主要特点是区域化变量在通常情况下具有一般的或平均的结构性质。换句话说，区域化空间变量在点 x 处的随机量 $Z(x)$ 与偏离空间距离为 h 的点 $x+h$ 处的随机量 $Z(x+h)$ 具有某种程度的自相关性，而且这种自相关性依赖于两点间的距离 h 与变量特征。在某种意义上说这就是区域化变量的结构性特征。

(3) 随机场。当随机变量函数同时依赖于多个不同的自变量时，称为随机场。如具有三个自变量(空间点的三个直角坐标)的随机场。

(4) 固有平稳过程。当使用普通克里金法对空间场进行预测时，可以将空间场视为随机场。克里金法中随机场所相互对应的这个指数集通常作为地理坐标，而随机场内各个点的观测值都可以认为是一个随机变量，并且服从于特定概率性的分布。

根据地理学第一定律(The First Law of Geography)，地理空间上的任何观测值都具有相关性，并且距离比较近的观测值之间具有较强的关联性。随机场使用协方差函数对上述结论进行刻画，对应高斯过程回归(GPR)理论中的“核函数(Kernel Function)”。使用克里金法对随机场进行插值时，所使用的随机场满足两个假设：第一个假设为随机场的数学期望存在，且与位置无关；第二个假设为对随机场内任意两点，其协方差函数仅是点间向量的函数。满足上述假设的随机过程被称为固有平稳过程(Intrinsically Stationary Process)，二阶平稳过程(Second-order Stationary Process)是其特例。平稳高斯过程不仅被认为是严格的平稳过程，而且在很多问题中也被认为是一种理由充分的假设，因此有部分克里金法的研究完全基于高斯随机场而展开。

普通克里金法一般假设固有平稳过程是各向同性的，即它们的协方差函数只能是点之间关于欧氏距离的函数。对于各向同性随机场，可以直接使用变异函数进行空间建模，这样可以简化普通克里金法的求解过程。

2. 普通克里金法

普通克里金法是最早被提出且系统较为完整的克里金插值方法，而且伴随着统计科学技术的发展又衍生了一系列的变化与改进算法。普通的克里金理论是一种线性估计系统，它可以应用在任何能够满足不同的各向相关性假定的固有平稳随机场中。

各向同性假设下的固有平稳随机场中，数学期望与其位置无关，且协方差仅是点间距离 h 的函数。通常随机场的协方差函数 C 是未知的，需要使用变异函数作为近似，此时变异函数也仅与点间距离有关。

$$E[Z(s)]=\mu \tag{1.22}$$

$$\mathrm{var}[Z(s)-Z(s+\boldsymbol{h})]=2[C(0)-C(h)]=2\gamma(\boldsymbol{h}) \tag{1.23}$$

定义$\{Z(s_1,s_2,\cdots,s_n)\}$为 n 个样本$\{s_1,s_2,\cdots,s_n\}$的对应值，则普通克里金问题可表示为：

$$Z_0=\sum_{i=1}^{n}\lambda_i Z_i \tag{1.24}$$

式中，Z_0 是 Z 在插值点 s_0 处的预测值。由 BLUP 理论易证明普通克里金的无偏估计条件是所有权重系数之和为 1，即$\sum_{i=1}^{n}\lambda_i=1$。由此可使用拉格朗日乘数法得到普通克里金问题的方程组：

$$\begin{cases}\sum_{i=1}^{n}\bar{C}(x_i-x_j)\lambda_i-\mu=\bar{C}(x_0-x_j), \quad j=1,2,\cdots,n\\ \sum_{i=1}^{n}\lambda_i=1\end{cases} \tag{1.25}$$

式中，n 为采样点的个数，$\bar{C}=C(0)-\gamma(\boldsymbol{h})$。

该方程组也被称为普通克里金系统（Ordinary Kriging System），包含 $n+1$ 个方程以求解 n 个权重系数。常见的求解方式是将普通克里金系统写为矩阵形式并对矩阵求逆。求解后以矩阵形式表示的克里金权重为：

$$\boldsymbol{a}=[\boldsymbol{C}_0+(\boldsymbol{N}-\boldsymbol{C}_0^{\mathrm{T}}\boldsymbol{C}^{-1}\boldsymbol{N})(\boldsymbol{N}^{\mathrm{T}}\boldsymbol{C}^{-1}\boldsymbol{N})^{-1}\boldsymbol{N}]^{\mathrm{T}}\boldsymbol{C}^{-1} \tag{1.26}$$

式中，$\boldsymbol{C}$ 为协方差矩阵；$\boldsymbol{C}_0$ 为支点和样本协方差组成的列向量；$\boldsymbol{N}$ 为 n 个 1 组成的列向量。将所得权重代入先前公式中可以得到普通克里金的无偏估计 Z_0：

$$Z_0=\boldsymbol{C}_0^{\mathrm{T}}\boldsymbol{C}^{-1}\boldsymbol{Z}+(\boldsymbol{N}-\boldsymbol{C}_0^{\mathrm{T}}\boldsymbol{C}^{-1}\boldsymbol{N})(\boldsymbol{N}^{\mathrm{T}}\boldsymbol{C}^{-1}\boldsymbol{N})^{-1}(\boldsymbol{N}^{\mathrm{T}}\boldsymbol{C}^{-1}\boldsymbol{Y}) \tag{1.27}$$

由公式(1.27)易知，随机场的数学期望为 $\mu=(\boldsymbol{N}^{\mathrm{T}}\boldsymbol{C}^{-1}\boldsymbol{N})^{-1}(\boldsymbol{N}^{\mathrm{T}}\boldsymbol{C}^{-1}\boldsymbol{Y})$。如果已知该随机场的数学期望，那么普通克里金法将等同于简单克里金法。由于固有平稳随机场中的数学期望处处相等，因此简单克里金法自身满足最佳线性无偏预测条件，可以解得其克里金权重为：

$$\boldsymbol{a}=\boldsymbol{C}_0^{\mathrm{T}}\boldsymbol{C}^{-1} \tag{1.28}$$

3. 泛克里金

在已知随机场是各向同性的固有平稳过程和漂移量的叠加时，可以使用泛克里金对随机场进行建模。泛克里金假设漂移量是一系列已知解析函数 $f_l(s)$的线性组合：

$$Z(s)=\mu(s)+Y(s) \tag{1.29}$$

$$\mu(s)=\sum_{l=1}^{k}b_l f_l(s) \tag{1.30}$$

式中，$\mu(s)$是随机场的漂移；$Z(s)$是满足各向同性假设的固有平稳随机场。最常见的漂移是线性函数，对应具有线性趋势的随机场。泛克里金的问题表述和克里金方差与普通克里金相同，其无偏估计条件有如下表述：

$$\sum_{l=1}^{k}b_l\left[f_l(s_0)-\sum_{i=1}^{n}a_i f_i(s_i)\right]=0 \tag{1.31}$$

当 $f_1=1$ 且 $f_2,\cdots,f_k=0$ 时，泛克里金与普通克里金的无偏估计条件等价，因此普通克里金可以视为泛克里金的一个特例。

4. 神经网络克里金

神经网络克里金可见于大气科学研究中，也被人们广泛称为“直接神经网络残差克里金(Direct Neural Network Residual Kriging，DNNRK)”。神经网络克里金与回归克里金在逻辑上类似，即首先使用各类人工神经网络(Artificial Neural Network，ANN)算法对空间场进行建模，随后使用克里金法估计残差。

5. 贝叶斯克里金

贝叶斯克里金是使用贝叶斯推断(Bayesian Inference)的克里金法的统称。贝叶斯克里金使用由超参数(Hyper-parameter)的先验概率定义克里金系统的参数(权重系数)并估计其后验(Posterior)概率。贝叶斯克里金的先验概率通常为正态分布和 Gamma 分布。

常见的贝叶斯克里金框架包括 Kitanidis 算法和 Handcock 算法。其中，Kitanidis 算法要求随机场的协方差除尺度外已知，在实际应用中难以满足；Handcock 算法不要求协方差函数已知，而是将其表示为马顿核(Matérn Kernel)形式的高斯过程先验概率并使用极大似然估计(Maximum Likelihood Estimation，MLE)求解超参数。这两种算法都以高斯随机场为前提，且后者是与高斯过程回归等价的方法。对非高斯随机场，Handcock 算法有贝叶斯高斯变换(Bayesian Transformed Gaussian，BTG)算法；而对更一般的各向异性随机场，以及有同时包含空间和时间观测样本的情形，可以使用等级贝叶斯克里金(Herarchical Bayesian Kriging)，该方法可以对非平稳随机场使用，其中协方差函数完全由超参数进行模拟。

1.2.5 自调整反距离加权插值模型介绍

根据经典 IDW 算法的公式，经典反距离加权法的预测值仅仅与插值点周围的多个点的值有关，与任何物理过程无关。因此，经典反距离加权法在实际应用中往往不能适应复杂的地形结构,导致算法的插值效果不理想。而经典反距离加权法中的超参数在插值结果中起着极其重要的作用,在一定程度上可以反映当前插值环境的空间结构特征。所以可以考虑对不同的插值点使用不同的反距离加权法超参数,通过反距离加权法超参数将当前插值环境的空间结构融合到插值点的预测过程中。这种根据插值点当前的插值环境对插值点使用对应的插值超参数的插值模型称为自调整反距离加权插值模型。不同的插值环境对应不同的反距离加权法超参数,对不同的插值点使用合适的算法超参数,可以实现对插值区域的差异化插值。因此,对不同的插值点使用其对应的反距离加权法的超参数是实现差异化插值的关键。

1.1 节中,使用了深度强化学习模型对反距离加权法中的超参数进行估算和学习,但是这样的方式并不适用于当前情况。因为在 1.1 节中,使用了深度强化学习模型对算法超参数进行学习时,深度强化学习模型的训练环境对智能体动作的奖励值是以插值点的观测值为标准的,而在当前情况下,使用反距离加权法对插值点进行属性预测时,插值点的观测值是未知的。在不知道插值点的观测值的情况下无法构建深度强化学习模型的训练环境,也就无法使用深度强化学习模型对当前情况下的反距离加权法中的超参数进行估计和学习。为了解决这一问题,提出了一种参数-空间结构间接映射的方法。该方法先使用深度强化学习模型对每个已知点的反距离加权法超参数进行学习,然后利用克里金插值算法对深度强化学习模型中学习到的超参数进行空间建模,得到当前插值区域中的反距离加权法的超参数分布模型。将需要预测属性的插值点对应的地理坐标输入超参数分布模型中,得到该插值点对应的一组超参数,最后使用得到的超参数对该插值点进行反距离加权插值,计算得到最终的预测值。自调整反距离加权插值模型的流程图如图 1.12 所示。

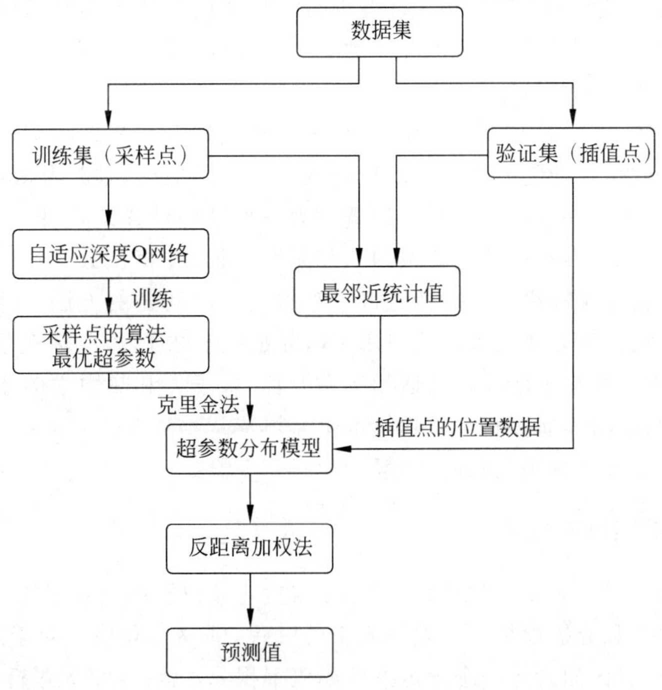

图 1.12　自调整反距离加权插值模型的流程图

如图 1.12 所示，原始数据集经过预处理之后将分为两部分：一部分为已知观测值的样本数据，称为样本点数据集；另一部分为未知观测值的样本数据，称为插值点数据集。按照 1.1 节中的方法使用自适应深度 Q 网络模型对样本点数据集中的数据进行实验，在模型训练结束后，记录每个点在反距离加权法上的最优超参数。然后将样本点数据集中样本点的地理数据和其对应的最优超参数组合成新的临时数据集，利用公式计算该临时数据集的变异函数空间离散点，再使用深度强化学习模型对变异函数模型进行参数估计，得到最合适的变异函数模型及其最优参数。然后使用克里金法对临时数据集进行拟合建模，得到超参数分布模型，将插值点数据集中的数据输入超参数分布模型中，得到插值点在反距离加权法上的超参数。最后将插值点数据和其对应的超参数代入反距离加权法计算公式中，得到插值点最终的属性预测值。

1.3 几种常用强化学习算法

在前面两节中，分别介绍了自适应深度强化学习算法以及自调整反距离加权插值模型的相关基础原理以及算法流程，在本节则将扩展介绍强化学习中常用的六种强化学习算法及它们的基本原理，分别为蒙特卡洛方法、时间差分算法、Q 学习算法、深度 Q 网络、双深度 Q 网络以及优先经验回放。

1.3.1 蒙特卡洛方法

蒙特卡洛方法也称为蒙特卡洛计算机随机模拟法，是一种基于“随机数”的数学计算模拟方法。它能够根据一个模拟科学环境中每个样本的具体数据状态序列（通常包括样本状态、行为、奖励）或者通过与模拟环境的交互而直接获得的数据真实性收集数据，由此可以精确找出最优（次优）策略。

当需要求解的某个问题在数学定义上认为某种随机变量事件可能发生时间的概率，或者说它们本身就是某种随机变量的物理预测值和期望值时，通过某种模拟“实验”的方法，以这种随机变量事件可能发生时间的概率为依据来估计该随机变量可能发生的事件频次和发生概率，或者得到该随机变量的某些数字特征，并将该数字特征当作问题的解。蒙特卡洛方法是指使用随机数或者伪随机数来解决实际问题的方法，与蒙特卡洛方法对应的是确定性算法。该方法已被广泛应用于国际金融学和工程学，宏观经济学，计算机和物理学（其中例如三维粒子的能量输运和运动计算、量子力和热力学的能量计算、空气流体动力学的能量计算）等众多科学工程技术研究领域。

使用蒙特卡洛方法解决问题时，一般分为三个步骤：

1. 构造或描述概率过程

对于本身就具有一些随机特征和性质的问题，比如粒子在空间中的运输问题，主要目的就是正确地描述和分析模拟这一随机概率的过程，即整体建模。对于原本不属于随机性质的确定性问题，比如计算一个确定事件的概率积分，就必须事先进行设置和构造一种概率过程，该概率过程的一些基本参数正好是所需要求解的确定性问题的解。换言之，就是需要把这个原本并非一个具备随机特征的问题，转变成一个具备随机特征的数学问题。

2. 从已知概率分布中抽样并统计

构造了概率模型之后，由于不同的概率模型都可以认为它应该是由所有不同概率分布相互组合而一起构成的，因此根据所有已知的不同概率分布不断地变换产生不同随机变量或者随机概率向量时，实现新的蒙特卡洛抽样方法成为进行概率模拟和计算实验的一个关键，这也是蒙特卡洛方法被广泛称为随机抽样的原因之一。

(0,1)上的均匀分布通常是最基础、最简单的概率分布，具有这种均匀概率分布的随机变量又被叫作随机数，具有该概率分布的一个概率序列函数中的某些随机子样也被叫作随机数序列。在粒子物理学和其他计算机科学领域，可以通过广泛使用粒子物理学的系统方法来快速产生真正的随机数，但是其使用成本较高，一般情况下并不考虑这种方法。

目前还没有办法通过使用纯数学的计算方式对其进行计算来直接生成真正的数学意义上的随机数，计算机中所需要应用到的随机数值序列往往指的是一段很长的数值序列，从中截取一段数值作为近似随机，称为伪随机序列，当数字序列的周期长度相比于所使用过程中的那一段足够长时，那么在截取时得到的数字序列越趋向于真正意义上的随机序列。不过，根据统计学家多次进行的实验表明，在计算机中自动产生的伪随机序列和真正的随机数具有相似的性质，因此可以将其当作随机数来进行使用。与对(0,1)上均匀进行分布的抽样不同，对已知分布上随机进行抽样的各种方法都必须是直接借助于随机序列进行抽样而实现的，换句话说，对已知分布上随机进行抽样的各种方法都是必须以能够产生随机数为主要前提的。所以，如何产生随机数的序列模型才是实施蒙特卡洛仿真的核心。

3. 建立合适的估计量

一般来说，在首先构造出一个概率模型并且可以从中对其进行随机抽样之后，即可以在实现这些模拟性的实验后，就会需要首先确定一个随机变量，作为对所需要求解问题的一个可行解，并且称其为无偏估计量。建立各类估算量，相当于通过分析和评价模拟实验结果，然后再进行观测和记录，从中获取这些问题的最终解。

通常蒙特卡洛方法是通过建立一个符合某种规律的随机数或者随机序列，从而来处理数学中的各类问题。对于那些因为计算过于复杂而难以直接得到解析解或根本不能使用其现有理论直接得到可行解的问题，蒙特卡洛方法可以说是一种有效的计算得出可行解的方法。

在强化学习领域，蒙特卡洛方法在四方面具有优势：

(1) 蒙特卡洛方法不仅可以被广泛应用于直接从环境互动中学习到最优行为，而且该方法不需要环境动态模型；

(2) 蒙特卡洛方法可以用来作为仿真或样本模型；

(3) 在一个小的状态子集上，使用蒙特卡洛方法是容易并高效的；

(4) 当违背马尔可夫性质时，蒙特卡洛方法的危害更小。

蒙特卡洛方法是通过平均化取样回报的方式来解决强化学习中的问题的。假设在强化学习任务中存在终止状态，并且执行任何策略都可以在有限步之内以概率 1 到达该任务的终止状态。为了估计价值函数，通常需要多次重复执行策略。根据蒙特卡洛方法的这个特点，将任务分解成若干片段。蒙特卡洛方法的状态-价值函数更新规则为：

$$V(s_t)=V(s_{t+1})+\alpha[R_t-V(s_t)] \tag{1.32}$$

其中，α 表示步长参数；R_t 表示 t 时刻的环境奖励值。

1.3.2 时间差分算法

在动态规划算法中，智能体可以实现单步更新；在蒙特卡洛方法中，智能体可以根据经验进行学习。而时间差分算法结合了动态规划算法和蒙特卡洛方法的优点，不仅可以根据经验进行学习，还可以进行单步更新。

时间差分算法价值函数计算方式：

$$V(s) \leftarrow V(s)+\alpha(R_{t+1}+\gamma V(s')-V(s)) \tag{1.33}$$

其中，s 表示当前状态；s'表示下一状态；$R_{t+1}+\gamma V(s')$被称为时间差分目标。

时间差分算法如算法 1.3 所示。

算法 1.3　时间差分算法

初始化价值函数 $V(s)$
while(未达到预训练次数)do
　初始化状态 s
　while(智能体未达到当前情节终止状态)do
　　$A\leftarrow$根据策略 π 和状态 s 决策
　　执行动作 A，得到环境的奖赏值 R 和当前环境的观测值 s'
　　$V(s)\leftarrow V(s)+\alpha(R_{t+1}+\gamma V(s')-V(s))$
　　$s\leftarrow s'$
　end while
end while
输出结果

1.3.3 Q 学习算法

Q 学习算法是一种经典的与模型无关的强化学习算法。Q 学习算法中的最终目的是使智能体达到目标状态，同时在训练结束时获取最高收益。当智能体达到目标最佳状态时，将会保持在最佳状态，最终使累积收益保持不变。因此，目标状态又称为收敛状态或吸收态。在 Q 学习算法中，智能体不理解整体的环境情况，只知道当前状态下可以选择动作空间。

一般情况下，在使用 Q 学习算法对虚拟任务进行训练和学习时，需要搭建智能体的训练环境。在搭建智能体的训练环境时，可以构建一个奖励矩阵 $\boldsymbol{R}$，也可以构建一个状态-奖励表，该奖励矩阵或状态-奖励表用于代表从当前状态到下一状态环境对动作的奖励值。由奖励矩阵或状态-奖励表计算出指导智能体决策的 $\boldsymbol{Q}$ 矩阵。其中，该 $\boldsymbol{Q}$ 矩阵相当于智能体的“大脑”，可以指导智能体在不同状态下进行动作决策。由于没有先验知识的影响，在初始时，$\boldsymbol{Q}$ 矩阵中的元素全部初始化为 0，表示当前时刻下智能体的“大脑”一片空白，什么也不知道。

$\boldsymbol{Q}$ 矩阵的推导公式为：

$$\boldsymbol{Q}(s,a)=\boldsymbol{R}(s,a)+\gamma\max[\boldsymbol{Q}(s',\text{all}_{\text{actions}})] \tag{1.34}$$

其中，s 表示当前状态；a 表示智能体执行的动作；γ 为折扣因子，表示对未来奖励考虑的程度；s' 表示在当前状态下执行动作 a 之后智能体的下一状态。

以一个回合为一个训练周期：从初始状态到目标状态。每学习和训练完一个回合后，将进入下一个回合学习和训练。因此，可以得到 Q 学习算法的外层循环是一个回合，内层循环是回合的每一步。Q 学习算法如算法 1.4 所示。

算法 1.4　Q 学习算法

设置 γ 及奖励矩阵 $\boldsymbol{R}$
初始化矩阵 $\boldsymbol{Q}$ 全为 0
while(未达到预训练次数)do
  初始化初始状态
  while(智能体未达到当前情节终止状态)do
    $A\leftarrow$根据当前状态进行动作决策
    执行动作 A，得到环境的奖赏值 $\boldsymbol{R}$ 和当前环境的观测值 s'
    计算 $\max[\boldsymbol{Q}(s',\text{all}_{\text{actions}})]$
    更新 $\boldsymbol{Q}$ 矩阵：$\boldsymbol{Q}(s,a)=\boldsymbol{R}(s,a)+\gamma\max[\boldsymbol{Q}(s',\text{all}_{\text{actions}})]$
    将下个状态设置为当前状态
  end while
end while
输出结果

每个回合表示一次训练，每次训练的意义是“强化大脑”，该过程的表现形式是智能体的 $\boldsymbol{Q}$ 矩阵中所有元素的更新。当 $\boldsymbol{Q}$ 矩阵更新之后，智能体再根据 $\boldsymbol{Q}$ 矩阵进行动作决策并执行相应的动作。如此循环，直到智能体达到目标状态或者达到预期训练次数。

1.3.4　深度 Q 网络

深度 Q 网络是一种经典的深度强化学习算法，在训练深度学习系统中的神经网络时，需要大量地使用具有标签的数据，所以这是一种典型的有监督学习方法。相对于深度学习，强化学习主要是基于人类在智能机器人和环境之间的交互中所获得的环境奖励值和状态信息，然后根据环境中的奖励值和状态信息调整学习过程的行为策略以获取最佳的行动战略，在整个训练过程中并没有直接监督的信号。因此，深度学习和强化学习的区别在训练数据和训练过程等各个方面都存在着明显的差别，主要表现在三方面。

第一方面是为了使深度学习具有固定且与标准一致的监督信号，即每个样本的数据都必须具有规范的标签。但是对于强化学习没有一个监督信号，而且仅仅包含了环境反馈的奖励值。除此之外，环境反馈的奖励值本身也可能会存在一定的噪声或延时，在一些任务中，由于状态空间较复杂且关键状态较少，环境对于智能体所需要执行的动作和奖励值具有一定稀疏性。

第二方面，深度机器学习系统中的监督信号一般都是独立同分布的，即样本数据和样本信号之间没有任何相关性，但有着相同的分布特征。而上个强化学习的样本动作和状态之间则具有一定的相关性，下个样本的状态和当前状态下执行的动作之间有关，即序列上相邻状态或者这些动作之间有着相互影响。

第三方面，在深度学习算法中的神经网络可以被广泛应用于描述和刻画非线性的函数关系，但是当使用非线性的深度学习网络结构来取代传统的强化学习算法中的 Q 矩阵来描述价值函数时，可能会直接导致深度学习算法中损失值波动，从而直接导致损失函数不能收敛。

深度 Q 网络算法是谷歌人工智能团队于 2013 年提出的第一个基于深度强化学习的网络算法。在 Atrari 游戏中，深度 Q 网络算法已经取得了良好的实战表现，并由此引起研究人员进行深度强化学习的热潮。深度强化学习算法主要分为深度学习部分和强化学习部分，其中深度学习部分可以感知环境信息，而强化学习部分可以根据深度学习部分提供的感知数据做出动作决策，完成从状态到动作的映射，并且从环境中获得奖赏，再将这些信息数据转换为训练样本提供给深度学习部分，用以持续优化和更新整个神经网络中的参数。

深度 Q 网络算法属于 Q 学习算法，也是一种基于价值函数近似的算法。深度 Q 网络算法中的智能体并不可以直接从历史经验数据中学习一个完整的行为策略，而是从环境反馈的奖励值中学习，即学习如何评价智能体当前状态的好坏，然后根据价值函数选取并执行最合适的动作。本质上，深度 Q 网络算法中的深度神经网络可以视为经典 Q 学习算法中的 Q 矩阵，然而深度神经网络的非线性函数拟合能力比较强，和 Q 矩阵相比具有更强的适应能力，所以深度 Q 网络算法在复杂环境下的性能表现远远优于经典的 Q 学习算法的性能表现。深度 Q 网络使用神经网络来近似估计 Q 学习算法中的 Q 矩阵，但也因此破坏了 Q 学习算法的无条件收敛性。

将神经网络用于强化学习很早已经有了，但是直接进行结合的实验效果并不理想，直到深度 Q 网络算法对之前的算法进行了三个方向的改进，才大大提升了强化学习算法的性能，这三方面的改进分别如下。

1. 使用深度卷积神经网络近似价值函数

深度 Q 网络算法是第一个直接采用原始图像作为深度卷积神经网络的输入进行模型训练的强化学习算法，同时也是第一个将深度卷积神经网络应用在强化学习领域的算法。因为深度卷积神经网络在处理复杂且高维的动作空间和状态空间时更加有效，所以基于深度卷积神经网络构建针对强化学习任务的价值网络用于求解价值函数，使用深度卷积神经网络来逼近强化学习中的价值函数，因此需要更新价值网络中的权重参数。

在深度学习中，更新神经网络中的权重参数需要构建一个合理的损失函数，而在深度强化学习中,损失函数对应的则是目标函数。将状态信息和环境反馈的奖励值输入价值网络,价值网络的输出为 Q 值,然后根据价值网络的输出计算得到相应的损失函数,最后利用损失函数对价值网络中的权重参数进行迭代更新。

价值网络的目标损失函数为:

$$L(\theta)=E[(\text{Target}_Q-Q(s,a;\theta))^2] \tag{1.35}$$

其中,s 表示当前状态信息;a 表示智能体所执行的动作;θ 表示深度神经网络模型的权重参数;Target_Q 表示目标 Q 值,其计算公式为:

$$\text{Target}_Q=r+\gamma \max_{a'}Q(s',a';\theta) \tag{1.36}$$

其中,s'表示下一状态信息;a'表示在下一状态中,神经网络的输出中最大 Q 值对应的动作;r 表示环境反馈的奖励值;γ 为折扣因子,表示对未来奖励考虑的程度;θ 表示深度神经网络模型的权重参数。

2. 建立两个神经网络

在经典的 Q 学习算法中,目标 Q 值和预测 Q 值都使用了完全相同的参数模型。当预测 Q 值变大时,目标 Q 值也会随之变大,这在一定程度上增加了整个强化学习模型振荡和发散的可能性。在深度 Q 网络算法中建立一个与当前估计网络结构完全相同,但参数不同的目标网络,该目标网络仅仅用来计算目标 Q 值,而当前 Q 值由当前 Q 网络预测产生。此方法可以降低目标值与当前值的相关性。深度 Q 网络算法根据损失函数的更新公式来更新估计网络中的权重矩阵,每经过若干轮迭代后,将估计网络中的权重矩阵赋值给目标网络中的权重矩阵。通过引入目标函数,使得一段时间内目标 Q 值保持不变,并在一定程度上降低了估计 Q 值和目标 Q 值的相关性,使得训练时损失值振荡发散的可能性降低,从而提高了算法的稳定性。

3. 引入经验回放机制

深度学习的样本数据之间是独立同分布的,然而,在深度强化学习中智能体与环境的不断迭代交互中,上一个状态与当前状态具有高度相关性,如果不经过处理,直接输入神经网络中,会导致神经网络产生过拟合现象而无法收敛。因此,在深度 Q 网络算法中加入一个记忆库,用来存储一段时间内的训练样本。在每次学习过程中,深度 Q 网络算法会从记忆库中随机抽取一批样本,输入深度神经网络中,并对其梯度下降进行学习。在产生新的训练样本时,将老的训练样本和新的训练样本进行混合批次更新,从而在打断相邻训练样本之间的关联性的同时,提高了训练样本的利用率。

其中,每个经验样本都是以一个五元组(s,a,s',r,T)的形式进行存储的。这个五元组表示智能体在状态 s 下执行动作 a,到达新状态 s',并获得环境反馈的奖励值 r。其中 T 为布尔类型,表示新的状态 s'是否为终止状态。环境每执行一步,个体把执行当前步骤所获得的经验样本存储在经验池中,在一般执行四步之后智能体从经验池中随机地抽取小批量经验样本数据进行训练。

1.3.5 双深度 Q 网络

无论是在经典 Q 学习算法还是在深度 Q 网络中,算法中的目标 Q 值都是通过 ε-贪婪算法直接得到的，虽然在深度 Q 网络中使用了两个 Q 网络并且使用目标 Q 网络计算 Q 值，但是由公式(1.36)可知，目标 Q 值的计算的最终计算方式还是 ε-贪婪算法。

虽然使用最大 Q 值可以快速让 Q 值向可能的优化目标靠拢，但是很容易过犹不及，导致过度估计(Over Estimation)。所谓过度估计就是最终算法得到的结果有很大的偏差。为了解决这个问题，双深度 Q 网络(Double Deep Q-Network)通过解耦目标 Q 值动作的选择和目标 Q 值的计算这两步达到消除过度估计的问题。

双深度 Q 网络和经典深度 Q 网络一样也具有两个结构完全相同的神经网络，但双深度 Q 网络与经典深度 Q 网络不同的是：在双深度 Q 网络中，先在当前 Q 网络中找到 $Q-\max$ 值对应的动作，然后利用找到的动作在 Q 目标网络中选择该动作的 Q 值。更新公式为：

$$Y_t = R_{t+1} + \gamma Q(s_{t+1}, \arg\max Q(s_{t+1}, a; \theta_t); \theta_t^-) \tag{1.37}$$

其中，R_{t+1} 表示 $t+1$ 时刻环境反馈的奖励值；θ_t 表示 Q 目标网络的权重参数；θ_t^- 表示 Q 估计网络的权重参数。

双深度 Q 网络算法如算法 1.5 所示。

算法 1.5　双深度 Q 网络算法

将经验回放池 D 初始化为容量 N
用任意权值 θ 初始化动作价值函数 Q
用任意权值 θ^- 初始化动作价值函数 $\hat{Q}$
while(未达到预训练次数)do
　初始化序列 $s_1=\{x_1\}$，预处理序列 $\phi_1=\phi(s_1)$
　while(智能体未达到当前情节终止状态)do
　　使用 ε-贪婪算法选择一个动作 a_t
　　执行动作 a_t，得到环境的奖赏值 r_t 和当前环境的观测值 X_{t+1}
　　设置 $s_{t+1}=s_t$，并预处理图像 $\phi_{t+1}=\phi(s_{t+1})$
　　将$(\phi_t, a_t, r_t, \phi_{t+1})$存储到经验回放池 D 中
　　从 D 中抽取 minibatch 个样本$(\phi_j, a_j, r_j, \phi_{j+1})$
　　if 在 $j+1$ 步结束 then
　　　$y_j=R_j$
　　else
　　　$y_j=R_j+\gamma Q(\phi_{j+1}, \max_{a'}\hat{Q}(\phi_{j+1}, a'; \theta^-))$
　　end if
　　对损失函数 $L=(y_j-Q(\phi_j, a_j; \theta))^2$ 中的参数 θ 执行梯度下降步骤
　　每步将 $\hat{Q}$ 重置为 Q
　end while
end while
输出结果

1.3.6　优先经验回放

在目前深度 Q 网络算法中广泛使用的经验回放机制中，记忆库中的每个经验样本数据被回放时概率都是均等的。也就是说，在每次从一个记忆库中抽取样本时，每个经验样本被回放出来的概率都是完全相等的，不同经验样本之间并没有任何重要性的区别。

在一些任务中，环境对于智能体状态及其动作的反馈信息都具有很大的稀疏性，在这种情况下，记忆库中所存储的经验样本大多数都包含了失败时的信息，只有极少数经验样本包含成功时的信息。因此，对于经验样本的重要性可以进行区分，并且当从记忆库中选取样本来进行训练时，根据经验样本的重要性来进行抽取，这样就可以更加有效地利用经验样本。优先级经验回放机制是根据训练中经验样本在时间差分训练过程中产生的时间差分误差来设置优先级经验样本的优先级，当训练中经验样本在时间差分训练过程中产生时间差分误差较大时，说明估计网络对该经验样本的拟合精度还有较大的上升空间，则该经验样本更需要被智能体学习，设置为高优先级。如果当经验样本在训练时产生的时间差分误差较小时，将该经验样本设置为低优先级。因此当设置优先级之后，估计网络可以优先学习最需要被学习的经验样本，并降低学习包含失败样本的概率，从而提高训练样本的利用效率。

为了降低计算成本，只有在经验样本被抽取到时才会给予其优先级。而随着训练过程的进行，时间差分误差会逐渐减小，所以在训练初期，时间差分误差大的经验样本，优先级较高，将会被频繁地抽取到估计网络中训练，但是训练初期时间差分误差大的经验样本并不一定比其他样本更加重要，并且一些优先级较低的经验样本有可能很长一段时间都不会被抽取到估计网络中进行训练，这样势必会造成多样性的缺失，使得估计网络过拟合。

为了避免上述情况的产生，在抽样过程中，优先经验回放机制还使用了随机比例化和重要性采样权重。

随机比例化是均匀抽样和纯贪心优先级之间的一种抽样方式。这种抽样方式不仅可以确保经验样本被采样的概率在优先级上是单调的，还可以确保最低优先级的经验样本被抽取的概率大于零。

样本 i 被采样的概率定义为：

$$P(i)=\frac{p_i^a}{\sum_i p_i^a} \tag{1.38}$$

其中，p_i 表示样本的优先级，$p_i=|\delta_i|+\varepsilon_0$，$p_i>0$，$\varepsilon_0$ 是一个较小的正数，其作用是保证经验样本的优先级不为 0。参数 a 决定优先级利用的比例，且其取值范围在 0 到 1 之间。当 $a=0$ 时，这种采样方式等同于随机均匀采样。除此之外，还有一种间接的确定优先级的方式，即基于排序的优先级，$p_i=\frac{1}{\mathrm{rank}(i)}$，其中 rank($i$)是经验样本根据时间差分误差降序排列后的等级。

优先经验回放在提高训练样本利用率的同时会带来增大偏差的问题。为了解决这个问题，使用重要性采样权重来修正带来的偏差。重要性采样权重的计算公式为：

$$w_i = \left(\frac{1}{N} \cdot \frac{1}{p(i)}\right)^{\beta} \tag{1.39}$$

其中，N 和 β 是超参数，N 表示记忆库中经验样本的容量上限，β 为一个常数且其取值范围在 0 到 1 之间。重要性采样权重都被归一化为 $\frac{1}{\max w_i}$，估计网络的更新中，使用 $w_i\delta_i$ 代替 δ_i 进行更新。

1.4 本章小结

本章重点阐述了自适应深度强化学习算法的设计思想及工作原理，同时在此算法的基础上提出了一种预测变量的空间分布特征的模型：自调整反距离加权插值模型。

在具体的介绍过程中，首先在 1.1 节叙述了自适应深度强化学习网络的算法原理，包括竞争深度强化学习算法原理、状态值再利用、动态模糊隶属度因子以及自适应深度 Q 网络四部分，之后将其与其他经典深度强化学习模型进行对比实验，对比实验结果表明自适应深度强化学习网络和其他经典深度强化学习模型相比具有一定的优势。然后在 1.2 节以自适应深度强化学习网络为基础提出了自调整反距离加权插值模型，并详细阐述了该模型的设计思想和实现过程。最后在扩展知识部分简单介绍了几种常见的强化学习算法。

第 2 章

利用空间信息的大数据分析预测过程

利用空间信息进行大数据分析预测一直以来都是大数据时代的热点话题之一。对空间信息的有效利用不仅可以帮助众多行业获得更高的经济效益，还可以为人们的日常生活提供更多的便利。因此，本章将围绕空间信息数据的利用，分别从大数据时代的空间信息挖掘与分析以及空间信息数据的预测这两部分展开介绍。

2.1 大数据时代的空间信息挖掘与分析

自 2006 年以来，物联网、云计算等新一代信息技术正式推出，实现了工业化与信息化的综合集成。通过无所不在的传感网将网络世界与现实世界关联起来形成虚实一体化的空间，将自动和实时地感知现实世界中人和物的各种状态和变化，由云计算中心处理其中海量和复杂的计算，控制并产生智能反馈。因此，迫切需要通过分析这些结构复杂、数量庞大的数据，以云端运算整合分析，快速地将之转化成有价值的信息，从中探索和挖掘自然和社会的变化规律。大数据分析几乎影响到了人们日常生活中的每一方面，毫无疑问它也在改变着人们处理地理空间信息数据的方式。但这种影响是双向的，更加快速地分析更多数据的能力使得地理空间信息数据比以往任何时候都更强大、更有价值，由物联网得到的空间信息数据正在为大数据分析注入超级动力。

地理位置空间的实地信息和时空数据实时获取将从基于天空和地面上专用的时空传感器系统发展至基于物联网的上亿个无所不在的非区域专用时空传感器，包括具有实时通信、导航、定位、摄影、拍照和数据传输等多种特点的大型城市内专用时空视频数据传感器和能够同时运行提供一个拍字节(PB)和艾字节(EB)级连续时空影像的大型城市内时空视频数据传感器。目前，天上的卫星已经超过 1000 个，空中的载人飞机和智能无人机已经迅速发展到 10 000 架，中国各大主要城市中各种类型智能城市传感器的数量迅速增长，其数量超过 2000 万。除此之外，还有许多地面移动测量系统（光学雷达和激光雷达）、海上移动测量系统（光学雷达，激光雷达和声呐系统）以及数以亿计的智能手机和智能手表。这些用于多种类型的测量传感器可能会因为时空变化持续生成庞大且复杂的地理区域空间信息数据。由于这些空间信息数据的采集体量大、模态多样并且往往其信息的真伪难辨，因此比较不容易有效地从这些大规模数据中发现和分析其巨大的应用价值，从而直接形成了“数据海量，信息缺失，知识难觅”的局面。

对于空间信息的数据挖掘主要是从海量且多源的空间信息数据中进行自动地发现和分析，并提取出其中所隐藏的、非显性的模式、规则以及知识点的整个过程。然而，对于挖掘出来的数据进行了相应处理并且按照不同的任务进行了不同方向上的分析，这决定了整个工作的结果好坏。因此，对于空间信息数据进行挖掘和分析的理论与算法也被认为是一个极其重要的研究方向。

空间信息数据与大数据挖掘和分析加速整合并非是一个全新的研究方向。早在 2011 年，麦肯锡就已经强调了空间信息数据与大数据挖掘和分析之间的融合，这将被认为是下一个创新的关键方向。即使是那个时代，一些比较创新且可以交叉解决问题的方案也已经被较多研究学者提出。然而，在麦肯锡预测之后的近十年时间里，硬件费用阻碍了空间信息数据和大量的分析信息相结合的演化进程。其中最主要的一个成本之一就是对于海量数据进行存储。例如，在 2010 年，计算机每千兆字节直接的数据存储成本为 10 美分，而在 2017 年，每千兆字节直接的数据存储成本为 2 美分，在不考虑通货膨胀的前提下，这些直接的数据存储成本下降到之前的 1/5。现在，随着我国网络和信息系统的不断进步和发展，网络中对于数据的处理费用，也随之不断增加，存储费用不断减少，即使是初创公司也可以在空间信息数据上部署大数据分析。但数据存储成本并不是大数据分析面临的唯一挑战，在 2020 年，特别是在为对抗疫情而部署的地理追踪的背景下，社会上的人们对收集到的行动数据以及如何使用这些行动和位置数据产生了合理的担忧。虽然将这些数据迁移到更隐私的工具和应用程序并不是一件很容易的事，但是在某些时候它可能会对和空间信息有关的行业产生影响。毕竟，这种分析得出的预测仅与输入的数据有关。虽然存在这些挑战，但是空间信息数据与大数据分析很可能会在未来几年内作为学术应用与方法论更加紧密地且快速地结合起来。事实上，根据近年来的市场报告可以很清晰地看到，空间信息数据与大数据挖掘和分析应用融合的领域出现了大幅度的增长。全球空间信息数据挖掘和分析市场的收入从 2018 年的 699 亿美元增加到 2021 年的 883 亿美元。这样的大幅度增长不仅代表了该行业的巨大投资潜力和发展前景，也说明了该行业正在成为全球技术经济中更加安全、稳定的一部分。虽然空间信息数据挖掘和分析在未来几年必定会与其他新技术和新应用相结合，但在空间信息数据挖掘和分析的发展初期，该领域的最大增长将来自已经在使用它的应用和部门。这主要体现在人道主义援助、市场营销和商业智能三方面。

1. 人道主义援助

基于空间信息的大数据挖掘和分析最主要的应用之一是在人道主义领域。目前，在世界各地 GIS 物联网设备被用于收集以前援助人员难以进入且难以工作的环境中的数据。以 DigitalGlobe 组织为例，它们提供卫星数据来源，并且与社交媒体情绪和航天图像信息数据等其他来源进行整合，利用机器学习算法分析并跟踪特定地点的活动，识别异常情况。

2. 市场营销

基于空间信息的大数据挖掘和分析还可以应用在营销领域。现在许多公司使用从智能手机中提取用户的活动和位置信息数据，发现并分析用户的需求，根据不同用户的需求对用户进行相应的产品推广。这种类型的分析依赖于大数据时代中基于数据驱动的机器学习系统。

3. 商业智能

在几年前，人们很难想象空间信息数据可以和金融行业进行结合。对于金融公司和银行，了解客户的居住地和时间似乎没有任何价值。然而事实并非如此，这些空间信息数据对金融行业和其他行业一样有价值。金融行业的空间信息数据在持续的创业浪潮中扮演着十分重要的角色，其目的是将对空间信息的大数据挖掘和分析技术引入商业决策的核心。

2.1.1 大数据与空间大数据

所谓大数据是指庞大到不能通过人工方式对其进行处理与分析的数据。除了其数据量庞大以外，大数据也具备了数据处理的速度快捷、数据的真实感强烈以及数据的来源和结构复杂等特征，同时这些数据也都需要具备一定程度的综合利用价值。这种新型大数据的应用出现，在一定程度上改善了过去长期以来普遍存在的数据源不足的情况，使得过去因为缺乏数据而导致无法正常进行某些数学分析和计算工作成为可能。近年来，空间信息数据的快速扩张和数据量级的增大已经逐渐成为空间信息数据流的一个重要方面，空间大数据的应用与发展必然会有效地解决人们在空间信息技术领域中长期以来普遍存在的大规模数据瓶颈。

当今人类正处在逐步建设智能地球与智慧城市的全新大数据时代，这将给人类社会发展的过程中对空间大数据及与空间大数据息息相关的地球空间信息学领域提出一种全新的认识和要求，使其更加具有新的技术和时代特征。其中主要包含以下七方面。

1. 无所不在

在互联网和大数据时代，空间信息学的数据采集将由空间的专用传感器拓宽为无处不在的物联网非专用传感器。例如，智能手机作为一个同时具有通信、导航、定位、摄影、视频记录和数字传输等多种功能的新型时空数据非专业传感器。又如，一些大型城市中数以千万计的各种具有不同空间位置的视频传感器，可以为人们提供高质量的连续性影像，这些视频传感器会极大地增强和提高对于空间信息学的分析和数据获取。另外，在当今的大数据时代，空间信息学的研究和应用无处不在，已经由专业用户拓宽到了全球广泛的大众用户。

2. 多维动态

大数据时代无处不在的传感器网络已经产生了一系列不同时间单位的地理、时空数据，使得人们可以快速地获得更加动态的高维数据，来进行形象地描述和分析研究地球上的各种实体和人类的活动规律。而且智慧城市需要进行从室外至室内、从地上至地下的真实三维高精度的建模。基于空间信息数据的感知、分析与认识将对人类社会经济的健康可持续发展起到愈加重要的推动作用。通过这些方法的研究，空间信息学可以更加方便地和人工智能领域内的应用结合起来。

3. 互联网与网络化结合

在越来越强大的综合信息网络、电子通信技术和遥感云计算技术的帮助和支持下，空间信息学的专用传感器将全面融入智慧地球的物联网，形成互联网＋全球立体空间信息系统，将与空间信息数据息息相关的学科从专业应用拓展到大众应用中，以往分散的、独立的数据处理、信息提取、知识发现将通过云计算在网络上为用户完成，遥感云与室内外高精度导航定位云的融合就是一个例子。

4. 实时化和全自动

在互联网、大数据和云计算技术支持下，基于大数据空间信息的大数据分析技术将更加有可能利用模型识别技术和人工智能技术取得新进步，满足对军民、应急用户和飞机、汽车驾驶员等现代化实时客户的需求。在时空大数据、云计算和天基信息服务智能终端支持下，通过天地通信网络全球无缝的互联互通，实时地为国民经济各部门、各行业和广大手机用户提供快速、精确、智能化的信息服务，构建产业化运营的、军民深度融合的我国天基信息实时服务系统。

5. 从感知到认知

空间信息系统虽然具有较强的测量、定位和感知对象的能力，但是认知能力方面比较缺乏。在这个新兴的大数据时代，通过对各种多维空间和大数据的信息进行数据处理、分析、融合和挖掘，可以很好地增强和提高其对空间的认知。例如，利用一种多时相夜光遥感卫星数据技术，就可以实现对于人类社会生产活动诸如城镇化、经济发展、战争与和平等规律的认识。例如，利用用户手机中的历史位置信息和图片信息可以研究该用户的行为和心理。

6. 众包与自发空间信息

在这个大数据信息时代，种类数量繁多且无处不在的非专用传感器将会促进云计算技术的发展，并且可能会逐渐产生大量自发的专用空间信息数据。通过移动互联网络和信息众包的融合来不断丰富并共享更多的空间资源，形成了每个人都可以是空间信息系统成员的全新发展局面。但是这些非专用的时空数据传感器提供的时空信息数据存在较多的噪声，并且数据不完整，这些数据本身的问题导致数据具有较强的不确定性，因此需要对这些原始的时空信息数据来源进行重新清洗。如果可以开发出更多的智能软件和开发工具，将会使数据的清洗过程更加便捷有效。

7. 面向服务

基于地球空间信息技术的基础地球空间信息学是一门专门针对国防建设、经济社会建设和人民群众实际应用所迫切需求的综合性服务技术科学。地球空间信息科学就需要从如何理解有关用户的各种自然语言角度出发，搜索能够利用来收集和回答有关用户实际需求的信息和数据，优化提取有关信息和知识的方法和工具，形成合理的数据流和服务链，通过互联网络通信的集中化服务模式，将有用的信息和知识及时传递给有关用户。换句话说，在规定的时间内将所需位置上的正确数据、信息或者知识传递到所需要的用户手上，这就是进行地球空间信息服务发送的终极目标。面向任务的地球空间信息聚集服务是将长期基于数据驱动的产品制作和分发模型转变成需求导引的聚焦服务模型，从而解决对地监测数据分布不均的问题，实现服务代替产品，适应大数据时代中不同用户的需求。

根据上述七个性质可知，分析和处理空间信息大数据的现代空间信息系统可能会朝以下三方面发展。

第一方面是数据管理模式的转变。在现代空间信息系统的架构层面，大数据具有了数量大、快速、多模式等特征，将会直接导致现代空间信息系统中对于数据的存储与管理发生质的改变。与静态和有限的数据集相比，基于空间大数据的现代空间信息系统的数据存储管理系统需要具备可扩展性，以应对动态增长的数据的存储和查询问题。目前，Hadoop 系统虽然是在大数据处理中常见和普遍采用的解决方案，它不仅很好地满足了人们对于日益增加的数据处理要求，而且 Hadoop 系统所采用的 Map-Reduce 模型也比较适合简单的统计，无法高效地支持更多的算法和逻辑。随着我国大数据处理的架构朝着多元化方向发展，Map-Reduce 框架的主导地位必然会逐步被突破。因此，随着我国大数据处理系统架构的进一步发展，相对应的空间大数据存储和管理系统架构将在原有的开源基础上逐步地走向更加多元化。

在信息数据存储层面，传统的基于关系信息数据库很难满足对空间信息的可扩充性和非结构化的要求，而且很难解决云计算技术无法直接部署环境的问题。近年来以键-值的数据库为主要代表的非关系数据库得到了飞速发展。在这种非关系数据库中，对于数据的存储方式不仅不需要事先对事物进行定义，而且还能够自由地添加相应的字段，但这样做往往会造成数据的冗余。也正是由于这些问题的产生，业界对于非关系信息数据库的认识和争论一直持续到现在，即便如此，非关系信息数据库也已经与其他空间信息数据库一起成为了三维空间中信息的数据存储与管理的重要方式之一。在不久的未来，可能将会出现一种能够同时处理结构化数据和非结构化数据的数据存储与管理的模型，或者一种集关系数据库和非关系数据库优点于一身的通用的数据管理系统，甚至会出现根据特定应用或任务定制的专用型大数据管理方案。

在空间信息系统的数据处理层面，空间信息系统中的空间信息数据源都是以秒为单位计时对其进行采集的，并且这些信息数据在多年的时间里不断增加。长期积累的大量数据不能够全部存储在一个可以随机存取的磁盘或内存中，当大量的数据不断积累时，必须采取一定的粗糙度对其进行筛选，即在数据存储前通常都会根据情况而需要先对其进行预处理，以保存有价值的信息数据；原始数据经过处理后，要么被丢弃，要么被存储，但是被存储后检索成本很高。对空间信息数据进行预处理通常都是面向应用的，需要通过一种适用于实时分析的摘要结构、时空聚合、多尺度表达等技术手段，实现高效的数据过滤和聚合机制，解决数据冗余和信息量大的问题。这个过程还可能需要与数据挖掘相互紧密结合。例如，可以通过先验性的知识和机器学习算法，在视频数据中删除不完全相关的个体或者车辆，只在视频中保留可疑的对象，这样就可以有效地降低视频数据的存储容量和数字化分析的效率。而且该过程本身就是一个知识的发现与数据挖掘的整个过程。

第二方面是基于模型的大数据挖掘与分析技术向基于大数据驱动的分析技术转变。空间信息大数据必须与其他技术相结合，不仅需要对有价值的信息进行提取，还需要对隐含的模式、规则和知识进行挖掘。传统的空间信息数据分析技术的重点之一就是对空间进行建模，即对计算进行仿真，考虑如何设计一个匹配程度比较高或精确性更好的模型。科学研究范式已经由实验科学、计算模拟向数据密集型科学发展。然而，空间信息大数据的挖掘与其他传统数据挖掘不同，多了一个地理空间的维度，在不同地理空间的尺度上对其进行了挖掘，所以直接使用普通的数据挖掘技术策略与方法。另一个办法就是尽量克服空间信息中大数据的高度噪声与不确定性，而且可以采取融合更多数据源的方式。例如，自行车租赁数据、出租车的轨迹数据、手机定位数据、公共汽车刷卡数据等均可以作为典型的城市大数据，然而单独利用其中的任何一个数据均无法完全客观、准确地分析和描述城市的交通、人口流动等信息。同理，智能手机也可以有多种类型的传感器，但单单GPS传感器就只能应用于室外的定位，通过结合无线网络、陀螺仪、气压计等设备可以实现室内与高程定位。因此，无论是从一个微观的层面或者宏观的层面，如果有一定的可能，应该尽量利用多源型的数据，并对其中的多源型数据进行综合分析与挖掘，充分发挥多源型和复杂多态的大数据优势。另外，确定性空间信息分析和计算，例如目前已经使用GPS技术监测滑坡形变，仍然有一些缓冲区的分析，但是空间信息分析中更多的研究重点会转移到从累积出来的多源空间信息的大数据中提取具有确定性的规则或者经验知识，可以有效地处理这些具有不确定性的问题，并且很容易发现一种包含了这些知识或者规则的空间数据挖掘算法。例如，根据之前累积的空间大数据和以往具备该空间大数据特征的不同地形所发生滑坡时的信息大数据来预测下一次滑坡的最终时间及其具体位置。或者是从几辆汽车的轨道和中央线中来辨认道路的边界。我国正在开展的地理国情大数据监测已经针对我国不同的地区群体中的各种地表自然、生态以及其他人类社会活动的基本状况获得了大量的空间信息和大数据，可以通过这些地理空间大数据对我国的各种地理空间国情信息进行建模、动态测绘和大规模统计，但在当前的大数据时代下，可以很好地充分发挥大数据挖掘的作用，对这些空间大数据中进行更加深入的分析，更加广泛、多维度地发掘人与自然、环境之间的互动联系，为制定我国可持续发展战略提供重要基础。除此之外，数据量大幅增长也使得人们能够摆脱假设和模型的依赖。因此，基于数据驱动的空间信息系统最有可能成为未来空间信息领域的发展方向，并且基于空间信息的大数据分析不仅要有建立模型的能力，更要有发现新知识、新模式或者新规律的能力。

第三方面是基于三维空间分析计算方法的可视化分析方向。在大数据时代，地球空间信息科学中的空间信息大数据的内容和形式更加丰富多样。在这种情况下，可以将全球定位系统看作是任何可以辨认或标识空间位置的数据。遥感可以看作是多源传感器数据。空间信息系统主要是将这些含有空间信息的数据映射到标准空间中，然后对其进行统一的分析、管理与信息显示。因此，发展一套能够具有高度可视化数据分析监测功能的新型空间资源信息采集系统是很有必要的。传统空间信息系统中需要考虑符号、尺度、三维等问题上的可视化过程。对于空间信息大数据，不经过信息的逻辑提炼和分析综合直接利用点、线、面等符号将其展示出来，不但无法达到信息展示的目的，而且有可能会模糊数据中的有效特征；对于比较抽象的空间信息数据，传统空间信息系统无法对其进行分析。所以对空间信息大数据的可视化不仅仅可以将其可视化展现出来，而且可以将其使用在大数据分析过程中。

通过对空间信息和数据的可视化分析，可以有效地对大数据和事件的复杂性进行分析、推理和决策，进一步了解复杂场景，同时为用户提供快速、可测试、容易理解的评估和更有效的交流沟通方式手段。在这个大数据时代，数据量的增加及其复杂性给数据的挖掘、分析、理解和展示带来巨大的挑战，但同时这也决定了数据可视化技术将会成为未来大数据时代明显的研究对象。除了上述统计或其他数据挖掘方法外，对于具有海量、动态、不稳定的综合性信息资源的数据也非常需要采取交互式、动态化的呈现方式，帮助研究人员快速地理解和掌握数据的各种模式、特点及其内涵，对数据进行二次提炼和诠释，从复杂多变的数据中寻找和探索创造性的发现。可视化分析可以放大人的感性推理和认知能力，因此发展与地统计相结合的可视化分析是基于空间信息大数据的空间信息系统的另一个重要特征和发展方向。

随着现代信息技术如高性能计算机等新一代硬件技术的进步与发展以及云计算等新一代软件技术的进步，在对三维空间中各种信息和数据进行采集与处理时，主要采用两种加速方法。第一种加速方法是通过使用硬件的加速算法对复杂的图形或者矩阵数据进行计算，如使用 GPU 图形处理技术对图像数据处理的过程进行加速；第二种方法是使用软件的方法实现对复杂数据的处理和分析，这些软件方法的核心主要是通过对算法的优化或者使用人工智能技术来实现数据分析和处理过程的加速。

在快速自动整合各种异构多源空间数据结构方面，图论、语义和数据本体等新型的数据技术手段和处理方法已经逐渐广泛地投入应用，并可以实现大型空间数据的自动分析提取和快速整合。在当今的大数据时代，传统的基于元模型数据的通过人工提取和数字解码的方式已经逐渐显得愈加少见，图论式的分析方法能够通过直接利用基于动态结构图的分析方法实现来直接进行数据模型的内部比较和进行数据库的集成。同时，在大数据时代，对于各类数据和统计模型的尺度语义整合标注也逐渐需要人类和智能机器的共同理解，空间语义研究可以使时空数据库易于发布、提取、使用、探索和整合，本体方法可以在各个工业领域建立不同尺度和粒度的对象、过程和关系，这是信息整合的基础。

在数据真实性方面，实时且快速的社交媒体和志愿者提供的其他空间信息以及物联网数据强化了信息的真实性和现场感。在重要的空间信息数据方面，除了政府和机构提供的数据外，直接来自个人用户的社交媒体数据，如国外的 Facebook，中国的抖音、微信等也在迅速发展，成为与空间位置相关的重要信息来源。

空间信息系统是一种较为有效的利用时空数据来组织信息的方法，空间数据和时间数据在系统中都可以作为元素被用来组织基本知识，这种组织的方法使得人们很容易对这些信息产生歧义。庞大的、构造良好的空间信息数据无疑在国际上具有很强的应用价值，大空间信息数据与云计算、移动计算、物联网和其他社交多媒体技术紧密结合，可以搭建新一代的空间信息基础设施，进行三维空间资源整合及空间知识的传播。同时，该数据库的基础设施也可以利用其高性能的计算机为各种常规及实际应用者提供及时、必要的空间信息数据和知识。

一些研究还建立了空间信息交换和处理平台——空间服务网，以空间大数据整合多样的空间信息资源为基础，重点建立数据、信息和知识共享和交换平台，实现异构信息资源的整合和互通，实现空间数据、空间信息和地理知识可以在线共享和服务。

2.1.2 空间大数据挖掘

空间大数据挖掘是指结合数据挖掘和空间信息数据库的方法，可用于空间信息大数据的解释探索空间、信息大数据和非空间信息数据的空间关联性、建立空间信息库、重组空间信息数据集以及优化空间信息数据查询。目前，空间大数据在空间信息系统、地图大数据库探索、运输管理、引擎导航等许多大型空间信息技术领域均有广泛的应用。

近年来，空间大数据挖掘技术的前沿研究方向有以深度神经网络为代表的人工智能方法(解决空间非线性关系的主要工具)、针对大数量级且高维空间信息数据的方法研究、模糊集理论与粗集理论的实际应用和空间信息数据的缺值填补的方法研究等。由于空间大数据的特点是数据量大、空间数据的类型复杂、空间数据访问的方法复杂，在空间数据挖掘和信息技术发现中仍然存在着大量理论和技术上的问题，这些问题需要进一步的研究和讨论，如高效的空间数据挖掘算法的基础研究、背景知识概念树的自动产生、不确定性下数据挖掘和增量信息挖掘等。在基于空间信息大数据的系统实现方面，需要对传统算法进行深度分析并将其与人工智能算法相结合，如空间信息大数据挖掘技术与空间信息仓库中的联机实时分析(Online Analytical Processing，OLAP)技术的结合以及空间信息大数据挖掘系统与其他专家系统的集成等。

空间数据发现与挖掘的过程与其他方法相同，如数据开发和信息的发现过程，通常分为六个层次，其中，数据挖掘对整个过程的结果影响较大。空间大数据挖掘过程是数据挖掘的关键，这一过程从变换后的数据中发现并提取模式和普遍特征。虽然挖掘出的规则和模式带有一定的置信度、兴趣度等测度，并且可以通过演绎推理来检验规则，但这些模式和规则是否具有重要意义最终应该由研究人员来判断，若数据挖掘的结果不符合预期，则重新执行之前的步骤。数据挖掘的算法主要分为以下几类。

1. 基于聚类的算法

将一组目标对象聚集成若干组相关对象的方法称为聚类。根据聚类结果建立的一个数据对象集，称为簇。同一簇内对象之间的相似性较大，簇与簇对象之间的相似性较小。

通过簇类，可以在实践中识别密集区域和稀疏区域、伴随探索全局性的分布模式，以及数据属性之间有趣的相互关系。作为一种独立的数据挖掘技术，聚类分析可以作为其他算法的预处理阶段，在此基础上对得到的聚类进行评价和处理。此外，还可以通过观察和分析每个聚类的特征，得到数据分布特征，并重点关注感兴趣的簇类，进行更加深入的分析。聚类分析方法已经通过大量的实践并广泛应用在各个领域，包括模式识别、图像处理、市场调研和防金融诈骗等。

K-means 算法是众多聚类方法中最为著名的算法。其核心主要分为两部分：第一部分是 K 值，即最终所要得到的簇类的个数。第二部分是 means 方法，表示在每次计算聚类中心时采取的是计算平均值。K-means 聚类算法的过程比较简单，可以分为四个步骤。

第一步，在整个样本数据中随机选取 K 个样本点，作为每一簇类的中心点。

第二步，计算剩下的 $N-K$ 个样本点到每个聚类中心的距离（总样本个数为 N）。距离的计算方法有很多种，例如欧氏距离、曼哈顿距离、切比雪夫距离和余弦距离等。对于每个样本点，将其归类为与它激励最近的聚类中心所属的类。

第三步，重新计算每个聚类中心的空间位置。将第二步中计算并归类后的样本点及其所属的类别进行记录，然后按照类别将每一类内的所有样本点取平均值，计算出新的聚类中心。

第四步，重复第二步和第三步的操作，直到所有的聚类中心不再改变。

在 K-means 聚类算法中，引入了类内距离的概念。类内距离是将每个簇类的所有样本点之间的距离累积起来的值。显然，类内距离越小的簇类中的样本间的相似程度越高。由 K-means 聚类算法的过程可知，最终所要得到的簇类的种类很少时，聚类可能不彻底，即距离很远的两个样本点被聚成一类，导致类内距离变大；相反，如果所要得到的簇类的种类太多，则会过于细分样本点，对数据的泛化性造成负面影响。

使用 K-means 聚类算法对大数据集进行处理时，该算法是相对可伸缩和高效率的，并且其计算过程简单、快速。K-means 聚类算法尝试找出使平方误差函数值最小的 K 种簇类。当簇类是密集的、球状或团状的，且簇与簇之间区别明显时，聚类效果较好。但是 K-means 聚类算法只有在簇的平均值被定义的情况下才能使用，且对有些分类属性的数据不适合，并且该方法要求用户必须事先给出要生成的簇的数目，即 K 值。不仅如此，K-means 聚类算法对初始值敏感，对于不同的初始值，可能会导致不同的聚类结果。对于噪声和离群点数据敏感，少量的异常数据能够对平均值产生极大影响。

在常见的聚类方法中，除了 K-means 聚类算法，还有最大最小距离聚类算法和层次凝聚聚类算法等。

最大最小距离聚类算法的核心思想是先计算出聚类中心，再把所有的数据样本点按照就近原则，归类到离自身最近的聚类中心所对应的簇。最大最小距离聚类算法中的“最大最小”是指在所有的最小距离中选取最大的。最大最小距离聚类算法主要分为六个步骤。

第一步，在所有数据样本点中，随机选取一个样本点，将其作为第一个类的聚类中心 Z_1。

第二步，选择与第一个类的聚类中心距离最远的数据样本点，作为第二个类的聚类中心 Z_2。

第三步，计算每个数据样本点到所有聚类中心的距离，然后把所有的最短距离记录下来。

第四步，选取第三步中记录的最短距离中的最大值，如果最大值大于 $\lambda \| \boldsymbol{Z}_1 - \boldsymbol{Z}_2 \|$，其中 $0 \leqslant \lambda \leqslant 1$，则将选取的最大值对应的另一个数据样本点作为新的聚类中心；否则结束整个循环。

第五步，重复第三步和第四步，直到第四步中不再出现新的聚类中心。

第六步，将所有的数据样本归类到与其最相近的聚类中心。

层次凝聚聚类算法的核心思想是，先把每个数据样本当作一个簇，然后不断重复地将其两个最近的簇合并，即凝聚过程，直到满足循环的终止条件。层次凝聚聚类算法的具体实现过程分为三个步骤。

第一步，将训练样本集中的每个数据样本点都当作一个聚类。

第二步，计算每两个聚类之间的距离，将距离最近的或最相似的两个聚类进行合并。

第三步，重复上述步骤，直到得到的当前聚类数是开始合并前聚类数的 10%，即 90% 的聚类都被合并了，这样设定的目的是防止聚类过程中各种簇的过度合并。

这是一种自下而上的层次聚类，因此叫作层次凝聚聚类。由于在聚类过程中计算点对距离时需要多次遍历，所以计算成本较高。每次迭代只能合并两个聚类，从时间复杂度的角度来看，层次凝聚聚类算法同样缺乏优势。因此，层次凝聚聚类算法并没有被广泛地使用。但是由于层次凝聚聚类算法聚类数以及初始点的选择，使它不会像 K-means 聚类算法那样容易陷入局部最优，可以使用在一些二次复杂度的问题中。

2. 基于分类和预测的算法

分类和预测方法是两种主要用于数据处理的方法，它们都可以被广泛应用于构建模型、识别具有特征的数据群体或者预测潜在的数据模式。分类法就是指利用构造的模型或者分类仪器来检测未知类别的数据样本中的各种类属。例如，可以通过建立顾客分类模型准确地对超市消费者进行分类，从而精确地预测和识别顾客消费群体的类型，从而制定出具有针对性的营销战略。预测主要是指通过建立一个功能性的模型（连续值）来预测未来的模式，例如按年龄和性别来预测潜在消费者对各种商品的购买力等。分类的目的是学习如何利用分类模型将数据库中的数据对象映射到相关类别中的某一类。分类技术主要包括有贝叶斯方法、深度学习分类、决策树算法、遗传算法、粗糙集理论、基于单个案件的逻辑推理和模糊论证逻辑等。

贝叶斯方法是基于贝叶斯理论的一类算法的总称，其主要用来解决数据分类和数据回归的问题。常见的贝叶斯方法包括朴素贝叶斯、平均单依赖估计（Averaged One-Dependence Estimator，AODE）以及贝叶斯信念网络（Bayesian Belief Network，BBN）。

深度学习算法是由人工神经网络发展而来的，在计算机软件和硬件高速发展的时代，计算能力变得越来越廉价，深度学习试图建立极其复杂的神经网络来完成目标。大部分深度学习的算法是半监督式学习算法，通常使用部分已经具有标签的数据对模型进行训练,然后使用训练好的模型对没有标签的数据进行分类和回归,常见的深度学习算法包括受限波尔兹曼机(Restricted Boltzmann Machine,RBN)、深度信念网络(Deep Belief Network,DBN)、卷积神经网络(Convolutional Neural Network,CNN)和堆栈式自动编码器(Stacked Auto-encoder)。玻尔兹曼机是一类神经网络模型,但是在实际应用中使用最多的则是受限玻尔兹曼机。玻尔兹曼机起源于统计物理学,是一种基于能量函数的建模方法,能够描述变量与变量之间高阶的相互作用。虽然玻尔兹曼机的学习算法较复杂,但是其所构建的模型和学习算法有比较完备的物理解释和严格的数学理论作基础,即具有可解释性和可靠性。玻尔兹曼机是一种随机递归神经网络,可视为一种随机生成的Hopfield 网络,由可见层和多个隐层组成,网络节点分为可见单元和隐单元,用可见单元和隐单元来表达随机网络与随机环境的模型,通过权值表达单元与单元之间的相关性。

受限玻尔兹曼机是对玻尔兹曼机的简化,使玻尔兹曼机更加容易使用。玻尔兹曼机的隐单元-可见单元和隐单元-隐单元之间都为全连接状态,增加了整个过程的计算难度和计算量,使用更加困难。然而,受限玻尔兹曼机在玻尔兹曼机的基础上增加了一些限制,取消了隐单元-隐单元之间的连接,使整个过程的计算量大大减小,使用起来更加方便。

决策树算法根据地理空间信息数据的不同种类和属性采用树状结构建立决策模型,决策树模型不仅可以用来解决数据分类的问题,还可以用来解决空间数据回归的问题。常见的算法包括分类及回归树(Classification And Regression Tree,CART)、ID3(Iterative Dichotomiser 3)、C4.5、卡方自动交互检测法(Chi-squared Automatic Interaction Detection,CHAID)、决策树桩(Decision Stump)、随机森林(Random Forest)、多元自适应回归样条(Multivariate Adaptive Regression Spline,MARS)以及梯度推进机(Gradient Boosting Machine,GBM)。

遗传算法是根据模拟生物自然进化规律而提出的,它是一种在模拟生物自然进化的过程中寻找最优理论和解的技术。该算法主要利用电子计算机对问题进行模拟和仿真,将问题求解的过程转换为生物演化时基因的遗传和变异等操作。在一些较为复杂和变量比较多的组合优化任务中,相对于传统的组合优化或者寻优算法,通常能够较快获得较优解。

预测的方法包括线性回归、决策树回归、随机森林回归、XGBoost 回归、支持向量回归、神经网络回归、LightGBM 回归、岭回归、Lasso 回归、Elastic Net 回归和随机梯度下降回归等回归算法。其中最为简单的是线性回归。线性回归假设目标值与特征呈线性相关,即满足一个多元一次方程。在求解过程中,先根据特征构建损失函数,然后求解在此情况下损失函数最小时的参数和偏置。为求解最佳参数,需要设定一个标准来衡量结果的优劣程度,因此需要设定一个目标函数式,然后利用计算机求解该目标函数式的最优解。在计算机无法精确计算出目标函数式的精确解时,可以使用近似解代替。计算机求解目标函数式时有两种方法:第一种方法为最小二乘法;第二种方法为梯度下降法。由于线性回归的表达能力有限,在实际应用中有很大可能会出现一些“欠拟合”的现象。为解决此问题,研究人员提出了一种局部加权的线性回归。局部加权线性回归为每一个预测点构建一个相应的线性模型,该线性模型为加权线性模型。其加权的方式是根据预测点与数据样本点的距离来为数据样本点设置权重的大小,当某一数据样本点距离预测点较远时,其权重较小,反之较大。这种设置权重机制的引入使得局部加权线性回归产生了一种局部分段拟合的效果。局部加权线性回归对于每一个预测点都需要构建一个加权线性模型,因此需要重新计算与数据集中所有样本点的距离来确定权重值,进而确定针对当前预测点的线性模型。这种方法提高了计算成本,同时为了实现无参估计来计算权重,还需要存储整个数据集。岭回归和 Lasso 回归都属于带有正则化的线性回归。正则化是统计学习方法中一种常见的防止过拟合的方法,其一般原理是在损失函数后面加上一个对参数的约束项,这个约束项叫作正则化项。岭回归的约束项为所有参数的平方和,即 L2 范数;Lasso 回归的约束项为所有参数的绝对值之和,即 L1 范数。随机森林回归由多棵决策树组成,并且随机森林中的每棵决策树相互独立,随机森林模型的最终结果为随机森林中每棵决策树的输出的均值。随机森林具有较强的随机性,其随机性主要体现在两方面:第一方面为样本的随机性,从训练集中随机抽取一定数量的样本,作为每棵决策树的根节点样本;第二方面为决策树属性的随机性,在构建决策树之前,随机抽取一定数量的属性作为候选属性,然后从中选取最适合的属性作为分裂节点。XGBoost 回归和 LightGBM 回归都属于基于决策树的集成机器学习方法。在 XGBoost 回归中,不断加入单棵决策树,每加一棵决策树希望模型性能能够得到提升。实质上,每添加一棵树其实是让模型学习一个新的函数去拟合上次模型预测的残差,最后模型的预测结果是每棵决策树样本所在的叶子节点的权值之和。

3. 基于空间离群点的算法

离群点是指与其近邻点的特征值不同的样本对象。离群点的识别可以导致许多具有使用价值的知识被挖掘,因而离群点的定义和应用十分广泛,如运动员的体能评估、天气预测、计算机辅助设计等。在复杂的空间环境下,局部异常目标物体的识别十分重要,一个非空间特征与空间邻域点的特征差异很大的样本对象就是空间离群点。在某些情况下,空间离群点在整个空间信息数据集上的表现不一定特别明显,但是该空间离群点可能在某些局部空间区域上是一个不稳定点。空间离群点的挖掘技术在各个领域都有实际应用,如现代空间信息系统、交通运输等领域。

近年来,为了在多维空间中发现和挖掘具有应用价值的目标对象,相关领域研究者已经提出了许多基于双边分裂多维测试的离群点算法。这些算法将多维空间中所有目标物体和其他对象的特征属性归纳成两类:一类指的是包含位置和距离在内的空间属性;另一类是非空间的属性,包括对象编号、对象名称以及其他对象的类别信息等与空间属性不相关的信息。其中,空间的属性主要用来确定一个目标的对象和其他邻近域数据集合之间的相互关系,而非空间的属性则主要用来确定不同的目标物体对象及其所相应的邻近域数据集合。根据空间统计科学可以将其大致划分为两种研究方法,第一种方法是使用图形学方法。图形学方法主要是通过将空间信息和数据进行可视化处理来识别和区分空间离群点,例如基于图形的变量云图方法和基于空间信息数据挖掘算法。第二种方法采用的是定量测试技术,该技术可以实现在邻近域中准确、快速地挖掘目标对象。

随着采集数据的传感器性能的提高和数量的逐渐增多,所采集的空间信息数据的维度和数量均呈指数趋势上升，有些空间信息数据的维度甚至高达上百维。这样结构复杂且数量繁多的空间信息数据对已有的空间离群点挖掘算法是一个巨大的挑战。现有的空间离群点挖掘算法大多基于空间数据之间的相似度来挖掘空间离群点，然而在高维空间中，数据十分稀疏，空间数据点之间的距离和区域密度已经不再具有直观上的意义。因此大部分现有的空间离群点挖掘算法对高维空间离群点的挖掘不再有效或者效果并不理想。事实上，基于空间相似性的定义，具有稀疏性的高维空间数据中的每个点都有可能是一个很好的空间离散点。因此，在高维空间数据中发现有意义的空间离群点十分困难。在高维空间数据中挖掘有意义的目标对象时可以从以下五种方向考虑。

(1) 解决高维空间中数据的稀疏性问题；

(2) 找到可以解释空间离群点产生的原因；

(3) 选择合适的度量方法来解释多维子空间中空间离群点的物理意义；

(4) 先考虑空间数据样本点的局部行为，再判断该数据样本点是否为空间离群点；

(5) 考虑高维空间数据中空间离群点挖掘的计算效率。

在解决高维空间离散点的挖掘问题上，现有的方法可以分为两种：一种是对空间数据进行降维处理；另一种是根据高维空间数据重新设计距离函数。降低空间数据维度技术主要包括投影变换和属性提取等方法。投影变换技术一般是将高维的空间数据集从原来的 G 维空间投影到 g 维空间，其中 $g \ll G$。不仅如此，每个新的维度是原始维度的线性组合，然后在 d 维空间上利用传送的空间数据挖掘算法进行挖掘。对于具有 G 维属性的数据集来说，其线性组合可能有 2^G 种。对于高维空间数据来说，这样的维度组合数是一个天文数字，极大地提高了计算的成本。Aggarwal 等人提出了一种使用遗传算法对最优子空间进行寻优，优化解决此类问题的方法，在具有 279 个属性的高维空间数据集上进行实验，实验目标为寻找该高维数据集中的空间离群点。实验结果表明，使用遗传算法对高维空间数据集进行空间离群点的挖掘效果较好。Angiulli 等人使用希尔伯特(Hilbert)空间填充曲线将数据集线性化，然后再利用此线性化之后的数据集上的前驱关系和后继关系，找出每个点的 k 个近似最近邻，这样的操作可以避免对点与点之间距离的直接求解。算法中将全维空间多次投影到[0,1]区间，每次投影都改善了离群点在全维特征空间中的离群度得分。这是一种通过先求近似解，然后再从多个近似解中获取精确解的策略。Yu 等人利用小波变换的多分解特性，通过消除原始高维空间数据集中的聚类形态，以达到挖掘离群点的目的。Dutta 等人使用主成分分析方法获得可以代表高维空间数据的 D 维数据的 g 个正交向量，然后通过投影变换后再进行空间离群点的挖掘。投影变换方法的主要局限是在高维空间变换后的子空间中进行挖掘的结果难以解释，不仅如此，为了保持信息的完整性，通常需要在不同的子空间中进行挖掘，这样就会出现子空间的重叠和数据样本重复出现在不同的低维子空间上的问题。

另一种降低高维空间数据维度的方法是特征提取方法。该方法不同于投影变换方法，不需要对高维空间数据进行投影变换，而是通过启发式方法从多个维度中选取部分维度，去掉高维中不相关的维度或特征。这样操作就是为了寻找到该空间数据集中最小的属性集，使数据对象的概率分布尽量地与使用原来的所有属性取值相接近。特征选取方法的这种处理方式避免了挖掘结果很难解释的问题，而且因为数据对象中特征数量的减少,使模型更容易被人理解。基于启发式算法的空间数据降维技术主要包括逐步向后删除、向前选择、向前选择方法和向后删除算法的相互结合以及决策树归纳法。许龙飞等人通过充分运用粗糙集理论中的约简集技术,降低了原始高维空间数据中的数据维度,并且根据密度在各个关联规则的子空间下对原始数据集进行离群点的挖掘,使得高维空间数据中空间离群点挖掘技术更加有效和实用。

投影变换法和特征提取法都是将数据转换到低维子空间上之后,再进行空间离群点的挖掘,但是在一些情况下,空间离群点有可能仅仅只在特定的低维度子空间中具有使用价值,这说明在空间离群点的挖掘过程中,空间对象的不同特征有着不同的作用。不同的属性相互对应不同的特征,使用投影变换法或者低维度特征提取法产生的子空间不是以上描述的特定的子空间。因此,将属性空间划分为固有子空间、环境子空间。固有子空间主要是指一个数据对象的特征属性或者行为属性和其在空间中所处的位置无关的属性。环境子空间主要指数据对象在行为中的属性所发生的时间、时刻以及数据序列的位置。数据对象的环境属性直接决定了该类型数据对象与外部事物的关联性,可以根据这类数据对象的环境属性直接来计算和确定该类数据对象的邻域,而且该类数据对象的固有属性直接决定该类数据对象的环境属性和行为特点,可以根据该类数据对象的固有属性直接计算该类数据对象的离群度。这种方法能够有效地解决高维数据对象很难充分利用多维索引技术来改善和提高数据搜索速度和效率的问题,通过把数据对象的属性分别划分为两类不同的属性和赋予不同的属性权值,从而大大减少了离群网络中数据对象之间的不相关属性干扰,提高了空间离群点挖掘的精准度。

时序离群点的挖掘对空间离群点的挖掘具有极为重要的作用。时序数据就是指根据事物发展的具体时间先后次序所获取的一系列观察值。一般来说,这些单位间隔时序的数据都应该是在等单位的间隔时段中获得的,例如不同国家和地区月用电量、月降雨水量、网络流量等。时序数据中的离群点很有可能会隐藏地存在于一些具有周期性的变动过程中,如季节性的改变,使得对于时序数据离群点的挖掘更加复杂和困难。由于时序数据中的离群点具有较大的应用潜力,越来越多的研究人员和专家开始关注这一领域的发展。在传统的时间序列中对于离群点进行挖掘的方法主要有两种。一种就是将距离时间序列等分成若干相当长的时间子序列,并将这些时间子序列反复映射到 g 维空间中,最后采用基于距离的离群点挖掘技术对这些时间子序列数据进行挖掘。这种计算方法通常会在距离子空间中产生比较多的点,基于距离的离群点挖掘法会在计算距离上花费大量的时间和成本。另一种方法则是从离群时间序列的数据中直接抽取特征,然后通过计算各个特征序列的距离来进行挖掘,例如自回归模型和滑动平均自回归模型。这种方法的主要缺点之一就是需要事前假设某一模型,但在实践和应用中,使得用户不容易确定已知时间序列数据所服从的模型。Jagadish 等人使用信息论的方法给出了时间序列数据中离群点的定义模型,并且提出了一种挖掘时间序列离群点的算法。Ma 等人提出了一种基于支持向量机的时序离群点挖掘算法,该算法先将时间序列数据投影到向量空间,然后再使用支持向量机进行离群点的挖掘。

Dasgupta 等人提出利用人工免疫系统的负选择机制挖掘时序离群点的方法。该方法通过建立自我模型和异己模型,然后由负选择机制辨别对象是否属于自我模型或者异己模型。这种方法的缺点是时序离群点的挖掘结果十分依赖于自我模型和异己模型的构建，出现漏检与误检率较高。Shahabi 等人采用基于小波的树状结构表示不同尺度的时序数据，将时序数据中的突变定义为离群点，通过小波系数的局部极大值来发现。该方法由于不能全面、准确地反映各种情况，因此容易出现漏检现象。

4. 基于空间关联的方法

空间关联规则挖掘是基于空间信息大数据的关联规则挖掘技术。在空间信息数据库中存储了大量含有空间信息相关的数据，空间关联规则挖掘的目标就是要挖掘空间对象与空间对象之间、对象的空间属性与对象的空间属性之间，或者是空间对象与非空间对象之间的空间关联关系。为了可以更好地描述这些空间关系，研究人员提出了两个新的概念：空间谓词与非空间谓词。空间对象与空间对象之间由于空间位置和形状的不同而造成的相互之间的不同联系叫作空间关系，而能够表示空间关系的谓词称为空间谓词。表示空间对象的非空间属性的谓词叫作非空间谓词。非空间谓词通常分为两种：一种为分类特征，分类特征具有若干不相同的值，并且值之间呈无序状态；另一种为量化特征，量化特征和分类特征不同，量化特征是数值型的，这些数值之间通常具有一个隐含的序列。相应地，非空间谓词也能是这两类特征信息。

关联规则的挖掘任务可以做如下的形式化描述：

假设 $I=\{i_1,i_2,\cdots,i_m\}$ 是项的集合，并假设与人物相关的数据 D 是数据库中事物的集合，其中每个 T 是项的集合，满足 $T\subseteq I$，每个事物有一个标识符，称为 TID。设 A 是一个项集，当 $A\subseteq T$ 时事物 T 包含 A。空间关联规则类似于 $A\Rightarrow B(s\%,c\%)$，其中，A 和 B 分别是空间谓词和非空间谓词的集合，$s\%$表示规则的支持度，$c\%$表示规则的置信度。支持度和置信度两个阈值是描述空间关联规则的十分重要的概念，规则的支持度代表空间关联规则在数据库中的重要性，表示规则的频度。规则的置信度反映空间关联规则的可信程度，代表规则的强度。同时满足最小支持度阈值和最小置信度阈值的空间规则称为强关联规则。在实际应用时，将最小支持度阈值记作 min_sup，最小置信度阈值记作 min_conf。最小支持度表示项目集在统计意义上的最低重要性，最小置信度表示规则的最低可靠性。针对对象非空间属性的不同层次，这两个阈值如果在不同层次相同，那么满足相同规则的对象的数目在底层可能比较少，换句话说，可能在低的层次找不到相应的关联规则。因此，针对不同的层次，对应的阈值也应该适当有所变化。不同的空间谓词可以构成不同的空间关联规则。

目前空间关联规则的数据挖掘方法主要分为以下几种。

(1) 多次迭代方法的挖掘方法。基于多次迭代方法的数据挖掘方法是空间关联规则挖掘的传统方法。这种方法包括 Apriori 算法、AprioriTid 算法、分割(Partition)算法以及抽样(Sampling)算法等。其中，最为经典的关联规则挖掘算法是 Apriori 算法，该算法是一种最为典型的层次算法，其核心思想一直被其他各种布尔关联规则挖掘算法所广泛采用。在 Apriori 算法中，频繁项集的所有非空子集都必须也是频繁的。如果项集 I 不满足最小支持度阈值 min_sup，即 $P(I\cup A)<$min_sup，如果项 A 添加到 I，则结果项集不可能比 I 更加频繁出现，因此 $I\cup A$ 也不是频繁的，即 $P(I\cup A)<$min_sup。Apriori

算法的基本思想是重复扫描数据集，在第 n 次扫描数据集时产生的频繁项集的长度为 n，而在第 $n+1$ 次扫描时，算法只考虑有几种项集产生长度为 $n+1$ 的候选集。分割算法是将数据库进行分割，减少挖掘过程中系统输入和输出操作的次数。抽样算法先对数据集进行抽样，然后对抽样得到的数据集进行数据挖掘，从而提高数据挖掘的效率。

(2) 并行挖掘方法。并行挖掘关联规则的算法主要有 Agrawal 等人提出的 Count Distribution 算法、Candidate Distribution 算法、Data Distribution 算法以及 Park 等人提出的 Efficient Parallel Data Mining For Association Rules 等。

(3) 增量式更新方法。空间关联规则的增量式更新方法主要解决两类问题：一类为在已知最小支持度和最小置信度条件下，当数据集添加或者删除数据样本之后，如何更新并生成数据集中的空间关联规则；另一类是在固定的数据集中，当最小支持度和最小置信度发生变化时，如何生成数据集中的空间关联规则。空间关联规则的更新算法有 Fast Update、Incremental Updating Algorithm、Parallel Incremental Updating Algorithm 和 New Incremental Updating Algorithm 等。

(4) 基于约束的挖掘方法。在用户提供的各种约束的指导下获得更有实用意义的空间关联规则的挖掘方法称为基于约束的空间关联规则挖掘方法。这些约束条件包括知识规则约束、兴趣度约束、数据约束和类型约束等。

(5) 基于多值特征的挖掘方法。多值特征关联规则可分为数量关联规则和类别关联规则。Agrawal 等人根据布尔特征的空间关联规则挖掘方法提出了基于支持度的部分 K 度完全方法，并将该方法应用于数量关联规则的数据挖掘领域中。目前提出的基于类别属性的空间关联规则挖掘算法是将类别属性中的每个类别当作一个特征，通过这种方式将问题转换为布尔关联规则挖掘问题。

5. 云理论方法

云理论由云模型、不确定性推理、云变换、虚拟云和云发生器等技术方法组成，它是一种用于处理定性概念中广泛存在的随机性和模糊性的新理论。云理论主要的探讨方向有定性定量数据的相互转换、定性推理机制和定性知识的表示。其中，云模型是各种定性定量数据转换的基本模型。云模型不仅具有随机性和模糊性，而且还具有微观模糊不可控、宏观精确可控的特点。云模型本质上是云滴组成的概念云，它利用云发生器构成定量数值数据与定性概念知识相互间的映射关系，并在形式化计算语言中融入了自然语言的特色，实现了定性与定量之间的数学转换。对于模糊集，云理论弥补了其隶属函数概念的固有缺陷，克服了概率统计论及粗糙集理论不足，为空间数据挖掘中的不确定性问题提供了一套新的解决方法。为了发现某类知识，通常需要根据具体的应用做出相应的调整，例如在空间数据库中挖掘空间演变规则时，首先可以对发生变化的数据通过空间数据库的叠置分析等方法进行提取，然后对所提取数据进行统计和归纳以获得空间演变规则。除此之外，机器学习和遗传算法等方法虽然不可以直接应用在空间数据库中，但是这些机器学习算法的思想可以对空间信息数据的挖掘产生启发性的思考。因此，人工智能领域的相关算法已经被广泛用于空间信息数据的挖掘当中，并且已经发挥了相当大作用，例如在 GhestMiner 中结合机器学习中的支持向量机和深度学习中的深度神经网络等计算智能技术的数据挖掘方法。

6. 粗糙集理论

随着数据挖掘的兴起，粗糙集理论引起了数据挖掘领域的研究人员的广泛关注。粗糙集理论可以较好地解决空间数据挖掘中数据形式多样、数据冗余、数据噪声过多和不确定性的问题，为空间数据挖掘提供了新的解决方案。

第一，在空间数据挖掘中，为了可以更加清晰地认识和了解现有或正在发展的理论与方法的计算与数学的本质，揭示整个过程中可能存在的问题，庞大的空间信息数据量与数据结构的多样性都需要考虑使用复杂的数学理论。然而，粗糙集理论以严谨且完善的数学理论作为基础，可以更加深刻地探索并揭示问题的本质，从而为空间数据挖掘提供了一种严格处理数据分类并且可以发现空间信息大数据中潜在规律的强有力工具。

第二，当前空间数据挖掘领域中最重要的应用是对海量空间信息数据的理解，即从海量空间信息数据中获得该数据集合的简洁表示，以便让关心这些空间信息数据库的用户了解这些海量的数据告诉了他们什么。粗糙集理论可以很好地解决“数据理解”问题。数据理解的过程主要分为两个阶段：第一个阶段，将整个空间信息数据归纳为若干“词”的集合；第二个阶段，将若干“词”构成知识。第一个阶段的关键就是选择一个合适的等价关系，而在第二个阶段中粗糙集理论可作为其理论基础。

第三，空间数据挖掘过程中需要处理的实际空间信息数据可能包含各种不同程度的噪声，并且这些信息数据还存在不确定性。但是，粗糙集理论较为擅长处理不确定数据和具有噪声干扰的数据。与传统的不确定性数据处理方法（如模糊理论、证据理论和概率统计）相比，粗糙集理论不需要用户提供问题所需处理的数据集合之外的先验信息，对问题的不确定性的描述或处理更加客观，可以克服它们在面对大规模数据时的不足。而且粗糙集理论还能与传统的不确定性数据处理方法进行结合，进一步提高对不确定性数据和信息不完全数据的处理能力。

第四，粗糙集处理的对象是类似二维关系表的决策表。目前成熟的关系数据库系统以及新发展起来的数据仓库系统，为基于粗糙集方法的数据挖掘奠定了坚实的基础。

第五，基于粗糙集理论的知识发现算法有利于并行执行，可以降低空间数据挖掘的时间成本，极大地提高空间数据挖掘的效率。

7. 基于可视化的挖掘办法

可视化（Visualization）的数据挖掘就是从海量的数据中找到发现新知识点的一个有效方法。开发可视化的数据挖掘技术将更好地促进数据挖掘成为可视化分析过程中的重要工具。可视化技术主要是指将各种描述人类自然、社会状态的数字、文本或者符号等信息直接地转换为人类直观、可视化的图表和影像，以从中揭示和洞察人类自然、社会特征本质的一种技术。它向当代人们提供一种新的方法和手段，即以一种使人们习惯接受的图形、画面并辅之以现代信息处理的技术，将被感知、被认知、被想象、被推理、被综合及被抽象了的对象属性及其变化发展的形式和过程，通过形象化、模拟化、仿真化、现实化的技术手段表现出来。通过数据可视化的手段，人们可以观察之前不可以直接观测到的事物或概念。这种方法的主要目的是提高人们感知世界的能力。基于应用计算机的这种可视化影像技术不但把计算机作为可视化信息集成和分析处理的重要工具，而且用计算机影像图形和其他信息技术手段来进行分析和统计更大范围的样本、变量和空间关系。它搭建起具体用户之间相互沟通交流的桥梁，在认知激励和不同用户认知之间建立起一个相互影响的闭环。数据的可视化不仅被广泛认为是对科学客观现实的形象化再现，也被广泛认为是对科学客观规律、知识和客观信息的有机互动结合。根据科学研究目的对象、目标及科学研究实现方式的各种不同，数据可视化大致可以分为客观科学结构可视化、数据结构可视化、信息结构可视化、知识结构可视化。一般而言，研究得比较深入的数据可视化分析技术大多是指对用户数据的可视化。数据可视化技术是一种通过充分运用现代计算机图形学和数字图像信号处理学等技术，将数据转换为可在屏幕上显示的图形或影像。它大大地拓宽了之前传统的控制数据库和控制图标数据管理器的功能，使得用户对于收集到的数据剖析得更加深入。不仅如此，数据可视化技术可以辅助控制数据的分析过程。人类的认识系统仅可以辨认出三维空间的物体，对于一个抽象物体或像素的辨认是非常困难的。空间的可视化过程最多可以达到四维。目前，可视化技术的研究重点主要表现在以下几个领域。

（1）三维图形。不同的三维图形中各种元素的组合的变换映射是由不同的数据维度所诠释的。将一个可视化的空间结构与一条相关的数据样本进行相互对应，通过计算出图形的密度及其颜色之间的分布，大致可以了解各种数据之间的相似性、与各种数据之间的关联性。

（2）颜色图。主要可以分为彩色图和灰度图。彩色图中的每种颜色特征通常具有相应的属性维，灰度图通常是通过利用其所有颜色的亮度高低和颜色深浅信息来直接确定它所标记的数据量的各个特征值的大小的。一般情况下，灰度图的颜色越深，该点的数值就可能越大。

（3）亮度。对于特定的空间或者区域，用不同强度的光线或亮度来辅助人眼对视点的观察。

（4）纯数学理论。利用统计学中的方法，先对各种数据之间的关系进行分析，得到这些数据大致的空间分布信息，然后再通过结合其他可视化技术进行具体的数据分析。或者利用统计学中的方法对数据内部的关系进行映射，通过数据的关联性将其映射成为相应的图形来辅助进行数据分析。

为了在进行数据挖掘的过程中将创新能力和先验经验与通用性计算能力和数据存储能力紧密地结合在一起，从而把数据可视化方法广泛地运用到数据挖掘中，形成一种新的基于可视化方法的数据挖掘技术。数据挖掘中的可视化技术按照是否已经包含物理过程数据，可以大致划分为两种类型：一是科学计算的可视化；二是信息的可视化。科学计算的可视化所显示的物体涉及了标量、向量和张量等各种不同范围内的空间数据，研究重点集中在如何真正、快捷地显示三维图像的数据场上。信息的可视化研究的范围主要集中在一个标量如何多维度地显示在数据上，研究的焦点放在设计和制作一种智能显示模式来表现庞大的多维数据及其彼此之间的关系上，是从一个数据信息到一个可视化的形式再发展到一个由人的感知体系进行调控的映射。空间数据挖掘针对的是更具有可视化要求的地理空间数据的知识发现过程,可视化技术可以为用户提供对空间目标心理认知过程相适应的信息表现和分析环境。在空间数据挖掘中进行可视化操作对于知识发现和知识系统的构建有两个明显的优点:第一个优点是提供比较丰富的交互功能,可以让用户根据自己的需求进行操作;第二个优点是提供丰富的可视化表现能力,即从空间数据的不同维度和视角同时对数据进行分析,这样更有利于用户对数据不同层次的理解,从而根据分析结果选用更加合适的数据挖掘模型算法。

空间信息数据挖掘过程中的每一步都可以与可视化相互作用并结合在一起,其中包括空间数据的采集选取和处理过程、所采集数据的预处理、空间信息数据挖掘应用算法的信息分析和数据处理、空间信息数据挖掘结果的分析阐述及其信息表达。可视化技术一直贯穿在整个空间信息数据挖掘的工作处理流程当中,可视化的各种技术对于数据知识点的挖掘提炼、整理及其传达表现都至关重要。因此,将整个空间信息数据挖掘的全过程置于可视化的环境之下,二者相互紧密结合,相互促进。可视化技术在整个过程中发挥重要的主导作用。目前,对在空间信息大数据挖掘中数据可视化分析技术的广泛应用主要表现在以下六个领域。

第一个领域是空间信息数据的可视化。数据库与数据仓库系统中的各类数据都可以视为具有不同的颗粒度或者不同的抽象层次,也可以被认为是由不同的属性与维度所组合而成。相同数据可以使用不同的可视化工具或方法展示出来,比如盒状图、三维立方体、数据分布图表、曲线、曲面、链路图等,或者以上几种方法的任意两种或者多种组合,完成对数据的可视化。而且根据数据分析最终的不同目标,所采取的可视化方法也各不相同。目前关于空间数据的可视化已提出许多解决方案,这些解决方案根据它们所采取的可视化基本原理不同大致可以被划分成六类:基于几何的技术、面对像素的技术、基于图标的技术、基于数据层次的技术、基于图像的技术和分布式的技术。

第二个领域是数据挖掘过程的可视化。即将数据在挖掘工作过程中的各个环节以可视化的形式表达出来,用户通常可以从中直观地查看其内容,例如:采集的数据从哪个类型的数据库中抽取而来;不同类型数据应该如何被抽取;所选定的数据都是如何通过清洗、预处理、集成并进行分析和挖掘的;数据挖掘的过程中什么类型的数据挖掘算法可以被正确地选取;该数据挖掘结果是如何在网络上存储并且显示的。

第三个领域是挖掘模型的可视化。并非所有的使用者都是数据挖掘领域的专家,用户事先也不清楚数据挖掘可以找到什么样的信息,数据挖掘模型中一些模型难以被人们直观理解,所以需要将用于数据挖掘的模型转换为最自然且直白的表达。只有这样,才能够让用户更有效地去理解数据挖掘模型,然后再根据理解做出决策。另外,有些模型所获得的结果较为复杂,例如关联性规则。有可能在一次进行数据挖掘中就会获得许多复杂的规则,如何从那些令人感兴趣的规则中找到真正值得研究的东西就会成为一个棘手的问题。因此,模型的可视化主要有两个需要重点考虑:首先,让模型的输出进行可视化与交互操作,即当挖掘模型在输出时用一种具有意义的方法进行表示;同时它还允许使用者操纵模型,改变其输入以检测该模型在运算时所产生的变化。

第四个领域是挖掘结果的可视化。即通过数据挖掘过程获取得到的一些知识或者结果以可视化的形式显现出来,这些形式主要包括柱状图、散列模型、决策树、概化规则等。

在数据挖掘系统和产品方面早期比较著名的有加拿大西蒙弗雷泽(Simon Fraser)大学的Han Jiawei博士等人开发的在线数据挖掘系统DBMiner2.0,该系统提供了对挖掘结果进行交互式可视化的功能,其他的还有IBM公司的Intelligent Miner、Polar System等,都是提供数据挖掘结果可视化功能的数据挖掘软件。

第五个领域是数据挖掘过程的交互式可视化。数据挖掘交互式可视化技术将用户带动引入并融合到数据挖掘的过程当中,使得那些拥有良好的灵活性、创造力和丰富知识的人员能与那些具有强大数据处理和存储技术的智能计算机相结合,在数据挖掘的交互式过程中,帮助他们做出明智的数据挖掘决策和判断。Nigel等人首先提出了针对企业用户的一个新型数据挖掘试验性的程序,并且指出了数据挖掘应该在整个研究过程中都要向用户提供一个可视化平台或者界面,而不只是在对研究结果进行呈现时才把一个可视化的图形直接展示给企业用户,这样企业用户所需要掌握的信息就一定会变得更多,数据的挖掘过程也一定会更充分地运用用户大脑中的已有知识和经验。基于此理念,Nigel等人还开发了一个数据挖掘交互式可视化软件VDEM(Visual Data Mining Environment),将人设置在虚拟环境中来寻找解决数据挖掘过程中可能出现的问题的线索。

第六个领域是可视化数据挖掘与现代地理信息系统的结合。数据挖掘算法可以充分结合现代空间信息系统作为动态空间数据挖掘的有效处理方法和技术手段,如加拿大西蒙弗雷泽大学自主研发了一套基于现代地理信息系统的大型可视化数据挖掘软件系统,即GeoMiner,该软件系统可以使用名为GMQL的查询编程语言并实现实时空间数据挖掘和空间数据查询的功能,因此用户在此软件系统中可以实时地以空间图形、图表和空间地图等多种形式进行操作并实时观察空间数据的实时挖掘过程。德国国家信息技术中心自主设计研发了一种基于Web的空间信息数据挖掘统计系统SPIN,该系统的设计实质就是将交互式地图设计分析工具Descarts与基于人工智能算法的空间数据挖掘技术和空间数据分析统计工具相互进行结合。

2.1.3 空间大数据分析

空间大数据分析起源于20世纪60年代的地理计量革命,是一种研究地理对象空间效应的数据分析技术,用来发现隐藏在数据背后的重要信息或规律。

空间数据分析可分为两类:探索性空间数据分析和确认性空间数据分析。探索性空间数据分析主要使用两类工具:第一类为全局空间相关性;第二类为局部空间相关性。空间计量经济学模型主要包括两类:一是空间滞后模型;二是空间误差模型。

空间大数据的分析作为上层应用的技术支撑,背后涉及空间分析的相关背景知识和计算平台的选择。传统空间分析大多采用桌面端GIS软件或空间数据库提供的工具,且只能串行地执行对单个对象的空间分析任务,无论在任务响应还是流程实现方面,都远远不能满足当前空间数据分析的现实需求。这时,选择合适的分布式计算平台,紧跟最新技术进展,在分布式内存中实现空间分析计算成为必然。

1. 探索性空间数据分析

探索性空间数据分析就是一类引入多样化的手段、方法、技术来分析原始数据的方法体系。其中最常用的是统计学方法。探索性空间数据分析的目的包括揭示数据中隐含的规则、提取关键变量、检测数据异常、提出简化模型并决定深入分析的理想因子序列。探索性空间数据分析主要使用两类工具：第一类为全局空间相关性，用来分析空间数据在整个系统内表现出的分布特征，使用 Moran 值统计量来测度；第二类是局部空间相关性，用来分析局部子系统所表现出来的分布特征，一般用 Moran 散点图来测度。探索性空间数据分析的一个特点是视觉效果好，以可视化的地图形式表现更加直观，能够更好地提示空间分布规律。空间自相关是指地理事物分布于不同空间位置的某一属性值之间的统计相关性。常用的空间自相关指数是 Moran 值，通常距离越近的两个值之间相关性越大。空间自相关系数揭示空间相关性，检验空间事物某一属性是否存在高-高联系区或者低-低联系区等。

全局 Moran's I 是全局空间自相关的重要指标，统计、衡量了相邻的空间分布对象属性取值之间的关系。Moran 指数的取值范围为[−1,1]，正值表示该空间事物的属性值分布具有正相关性，负值表示该空间事物的属性值分布具有负相关性，0 值表示空间事物的该属性值不存在空间关系，即空间随机分布。但是，全局 Moran 值有一定局限性，如果一部分区域之间存在正相关，即溢出效应，而另一部分区域之间存在负相关，即回流效应，那么二者相抵后，会削弱全局 Moran 值所显示出的相关性，另外，区域之间的溢出效应和回流效应也未必局限于有共同边界的相邻区域间，所以还需要进行局部空间自相关分析。

全局空间自相关假定空间是同质的，即研究区域内的空间对象的某一属性值只存在一种整体趋势，即相似属性的平均集聚程度，但是空间对象的空间异质性并不少见。因此需要发展统计方法来衡量每个空间对象属性在“局部(一般为相邻)”的相关性质，局部空间自相关回答了区域的具体地理分析。在实际研究中，局部 Moran's I 用发现局域空间是否存在空间自相关性。局部 Moran's I 方法是将全局 Moran's I 方法分解到局域空间上。由单个空间对象取值的局域 Moran's I 值的 Z-score 统计检验，可以得出该空间对象属性取值在全局空间对象属性取值的聚集或分散的分布状态中所起到的作用，即是否促进高值与高值的空间相邻或者低值与高值的空间联系形式。局部 Moran 指数相比于与全局 Moran 指数反映的内容更加具体。相比之下，局部 Moran 指数能够进一步区分某一区域与其周围邻居之间属于何种空间联系形式。即是属于高-高、高-低、低-高还是低-低中的哪一种。当需要进一步考虑是否存在观测值的高低值之间的局部空间集聚时，就必须使用局部空间自相关分析，它能够克服全局自相关分析掩盖反常的局部状况和小范围局部不稳定所影响相关性系数的缺点。

Moran 方法中的 I 可以看作各区域观测值的乘积和，取值范围为 $-1\leqslant I\leqslant 1$。若各个区域为空间正相关，I 的数值应当较大；负相关则较小。具体到区域物流产业上，当区域物流产业熵值在空间区位上相似的同时也有相似的属性值时，空间模式整体上就显示出正的空间相关性；而当在空间上邻接的区域物流产业熵值不同寻常的同时具有不相似的属性值时，就呈现为负的空间相关性；零空间自相关性出现在当区域物流产业熵值的分布与区位数据的分布相互独立时。Moran 散点图描述了变量与该观测值周围邻居的加权平均向量间的相互关系。它被分为四个象限，分别识别一个地区及其邻近地区的关系。某一区域及其邻居之间的四种空间局部联系形式分别对应于散点图的四个象限，第一象限反映了高-高的联系形式，代表高观测值的区域被同是高值的区域所包围，属于正的空间联系形式；第二象限反映了低-高的联系形式，代表了低观测值的区域被高观测值的区域所包围，属于负的空间联系形式；第三象限反映了低-低的联系形式，代表了低观测值的区域被同是低观测值的区域包围，属于正的空间联系形式；第四象限反映了高-低的联系形式，代表了高观测值的区域被低观测值所包围，属于负的空间联系形式。如果一个区域归属于第一或第三象限，与周围邻居属于高-高或者低-低的联系形式，表明二者之间存在扩散作用，因为水平的相近而使空间差异趋于缩小；如果一个区域属于高-低类型或低-高类型，表明二者之间可能存在扩散作用，空间差异趋于扩大。

沿用空间思维，使用空间数据分析方法，在经济学的一些领域产生了许多颇具启发性的研究成果，这些成果涉及区域经济的空间集聚模式、经济增长的外溢性等问题。正是在这样的背景下，空间数据分析方法逐渐成为经济实证研究的重要工具。国外对空间数据分析方法的应用：Larsen 运用空间计量经济模型研究欧共体的技术扩散问题，结果显示生产在空间上的集聚可能导致收益递增，溢出效应不能被忽略，技术扩散在很大程度上是被限定在一国范围之内。Easterly 用增长率的空间滞后项的系数度量溢出效应，发现如果某国改善影响增长的某一因素，则其他国家将由于溢出效应的存在而受益；Rugman 运用探索性空间数据分析发现南北两区分属于不同的集聚区，然后用传统计量经济模型分别研究了这两个集聚区。随着国际上有关空间计量经济研究的不断导入，空间计量经济学已经广泛应用于基于中国问题的区域科学，例如城市和房地产经济学、经济地理等领域中，研究的重点有区域经济增长的空间相关性和空间集聚模式等问题。

2. 空间点模式分析

在地图上，居民点、商店、文物景点、事件现场等都表现为点的特征，有些是具体的地理实体对象，有些则是曾经发生的事件的地点，有些地点现在还存在，有些地点或许已经是过去式了。这些地理对象或事件(点)的空间分布模式不仅对于城市规划、商业选址、服务设施布局等具有重要作用，而且对于现如今迅速发展的叙事研究也具有重要作用。

空间点模式分析是一种根据三维空间实体或事件的空间位置研究其分布模式的空间分析方法。空间点模式分析方法是空间统计学的一个重要分支，其形成是基于地质学、景观生态学领域对空间点数据的分布状态分析。近年来，随着地质学以及景观生态学的不断发展，空间点模式方法也在不断完善。空间点模式的研究一般是基于所有观测点事件在地图上的分布，也可以是样本点的模式。由于点模式关心的是空间点分布的聚集性和分散性问题，因此研究者在研究过程中也发展了两类点模式的分析方法：一类是以聚集性为基础的基于密度的方法；另一类是以分散性为基础的基于距离的技术。目前，空间点模式分析方法的应用领域也在不断扩展，不仅成为犯罪统计学、气象学等领域的重要分析工具，对于其他的研究领域，比如叙事研究方面的应用也是值得探索的。

空间点模式分析方法主要分为两类：第一类是基于密度的空间点模式分析方法；第二类为基于距离的空间点模式分析方法。

基于密度的空间点模式分析方法中常用的方法为样方分析法和核密度分析法。其中，样方分析法是研究空间点模式的最常用的直观方法，它主要通过空间上事件点分布密度的变化探索空间分布模式，一般使用随机分布模式作为理论上的标准分布，将样方分析法计算的点密度和理论分布做比较，判断点模式属于聚集分布、均匀分布，还是随机分布。对事件叙事空间而言，首先，需要将所研究城市或地区这一区域划分为规则的正方形网格区域。然后统计每一个网格中事件点的数量，由于事件点在空间上分布的疏密性，有的网格中事件点势必会数量多，有的网格中事件点数量少，甚至数量为零也是有可能的。接着，统计包含不同数量的事件点的网格数量的频率分布。最后，将观测到的频率分布和已知的频率分布或理论上的随机分布做比较，通常采用 K-S 检验，这一显著性检验方法对于判断事件点模式空间分布的类型在概念上和计算上都显得简单直观。核密度分析法认为事件可以发生在空间的任何位置上，但是在不同的位置上事件发生的概率不一样。事件点密集的区域事件发生的概率就高，相反，事件点稀疏的地方事件发生的概率就低。因此可以使用事件的空间密度分析和表示空间点模式。核密度分析法认为，区域内任意一个位置都有一个事件密度，即在事件叙事空间的研究区域中，任意的一个事件点 S 上的密度或强度都是可以测度的，一般通过测量定义在研究区域中单位面积上的事件数量来估计。

基于距离的空间点模式分析方法中较为常见的是最邻近距离法。最邻近距离法使用最邻近的点之间的距离描述分布模式。它首先将事件叙事空间事件点标在地图中，共 n 个事件，计算任意两个事件点的欧氏距离；然后比较计算得来的数据与已知模式（如随机分布模式）之间的相似性。如果计算得来的最邻近距离大于随机分布的距离，则空间数据对象的实际分布趋于均匀，反之，则是趋于聚集分布。

3. 空间数据插值分析

由于空间数据的稀疏性，空间中并不是每个点的属性数据都可以被观测到，如果要研究此空间中对象的分布情况，需要采用空间插值的方法对空间离散点进行处理。空间数据插值方法不仅可以将离散点的数据转换为连续的表面数据，还可以修补数据中的缺失的空间对象的属性值。在使用空间插值方法时，需要满足两个条件。第一个条件是距离衰减效应，即空间位置上越靠近的点，越可能具有相似的属性值；而距离越远的点与特征值相似的可能性越小。第二个条件是地理学第一定律，即地理事物或属性在空间分布上互为相关，存在集聚、随机或者规律分布。无论用哪种插值方法，根据统计学假设可知，样本点越多越好，而样本的分布越均匀越好。

根据不同的规则可以将空间插值方法分为不同的类别。根据插值的研究区域可将空间插值方法分为整体插值和局部插值。整体插值的特点是用研究区域所有采样点数据进行整个区域特征拟合。整个区域的数据都会影响单个插值点，单个数据点变量值的增加、减少或者删除，都对整个区域有影响。整体插值的典型例子有全局趋势面分析法。局部插值的特点是只使用邻近的数据点来估计未知点的值。局部插值的典型例子有样条函数插值法、反距离加权法和 Kriging 插值法（空间自由协方差最佳内插法）。根据确定性可以将空间插值方法分为确定性方法和地统计方法。确定性方法可以基于未知点周围点的值和特定的数学公式来直接生成平滑的曲面。地统计方法基于自相关性（测量点的统计关系），根据测量数据的统计特征产生曲面；由于其建立在统计学的基础上，因此不仅可以产生预测曲面，而且可以产生误差和不确定性曲面，用来评价预测结果的好坏。根据插值后解的种类可以将空间插值方法分为精确插值法和近似插值法。精确插值法会产生通过所有观测点的曲面。在精确插值中，插值点落在观测点上，内插值等于估计值。近似插值法中插值产生的曲面不通过所有观测点。当数据存在不确定性时，应该使用近似插值法。由于估计值替代了已知变量值，因此近似插值法可以平滑采样误差。

常见的空间插值方法有最近邻法、反距离加权法、趋势面插值法、样条插值法。

最近邻法由 A. H. Thiessen 提出，又叫泰森多边形方法。它采用一种极端的边界内插方法，即只用最近的单个点进行区域插值(区域赋值)。因此，用最近点属性值代替，即泰森多边形内的插值点都是用其中心点的属性值代替。

建立泰森多边形的步骤如下。

第一步：离散点自动构建三角网，即构建 Delaunay 三角网。对离散点和形成的三角形编号，记录每个三角形是由哪三个离散点构成的。

第二步：找出与每个离散点相邻的所有三角形的编号，并记录下来。这只要在已构建的三角网中找出具有一个相同顶点的所有三角形即可。

第三步：对与每个离散点相邻的三角形按顺时针或逆时针方向排序，以便下一步连接生成泰森多边形。

第四步：计算每个三角形的外接圆圆心，并记录。

第五步：根据每个离散点的相邻三角形，连接这些相邻三角形的外接圆圆心，即得到泰森多边形。对于三角网边缘的泰森多边形，可作垂直平分线与圆心相交，与圆心一起构成泰森多边形。

最邻近法的插值结果分布均匀时效果好，分布差异性大时不适用于最邻近插值。其用于只有少数缺失值时，对缺失值进行填补。泰森多边形可用于定性分析、统计分析、邻近分析等。例如，可以用离散点的性质来描述泰森多边形区域的性质；可用离散点的数据来计算泰森多边形区域的数据；判断一个离散点与其他离散点相邻时，可根据泰森多边形直接得出，且若泰森多边形是 n 边形，则就与 n 个离散点相邻；当某一数据点落入某一泰森多边形中时，它与相应的离散点最邻近，无须计算距离。最邻近法的优点是插值结果图变化只发生在边界上，在边界内都是均质的和无变化的，该方法适用于较小的区域内、变量空间变异性不是很明显的情况。在使用时，不需要假设研究区域满足特定的前提条件，插值效率较高。但是其插值精度一般，插值结果受样本点的影响较大，在实际应用中，效果常常不是很理想。

反距离加权法最早由 Shepard 提出，并逐步得到发展和推广应用。每个采样点对插值结果的影响随距离的增加而减弱，因此距离目标点较近的采样点赋予的权重较大。反距离加权法广泛应用于重金属含量分析、气象分析、水文分析等多个领域。它是一种多元空间插值方法，通过若干已知空间离散点的值计算待测点的值。其最大的优点是计算简单且插值速度快。

使用反距离加权法进行空间插值时，可为变量值变化很大的数据集提供一个合理的插值结果，不会出现无意义的插值结果；全局最大和最小变量值都散布于数据之中。但是，反距离加权法对权重函数的选择十分敏感；容易受到数据点集群的影响，结果常出现一种孤立点数据明显高于周围数据点的“牛眼”分布模式。该方法很少有预测的特点，内插得到的插值点数据在样本点数据取值范围内。

趋势面插值法在概念上类似于取一张纸将其插入各突起点之间（突起到一定高度）。平整的纸张无法完全覆盖包含山谷的地表。但如果将纸张略微弯曲，覆盖效果将会好得多。为数学公式添加一个项也可以达到类似的效果，即平面的弯曲。平面（纸张无弯曲）是一个一阶多项式（线性）。二阶多项式（二次）允许一次弯曲，三阶多项式（三次）允许两次弯曲，以此类推。使用此工具最多允许十二次弯曲（十二阶多项式）。纸张几乎无法穿过各个实际测量点，从而使趋势面插值法成为不精确的插值器。有些测量点位于纸张上方，而其他点则位于纸张下方。但是，如果将测量点高出纸张的距离相加，并将测量点低于纸张的距离也相加，得到的这两个和值应该相近。均方根误差越小，插值表面就越能代表各输入点。一阶多项式到三阶多项式最为常见。利用趋势面插值法可创建平滑表面。把实际的三维空间曲面分解为趋势面和剩余面两部分，前者反映三维空间要素的宏观分布规律，属于确定性因素作用的结果；后者则对应微观区域，被认为是随机因素影响的结果。趋势面分析法是通过回归分析原理，运用最小二乘法拟合一个非线性函数。趋势面分析法主要是模拟三维空间要素在空间上的分布规律，展示三维空间要素在地域空间上的变化趋势。

使用趋势面分析法可以产生平滑的曲面，并且得到的结果点很少通过原始数据点，只是对整个研究曲面产生最佳拟合面，更加有利于理解。但是，高次多项式容易在数据区外围产生异常高值或低值，而且空间采样点的位置数据会影响趋势面分析法的插值结果。

样条插值法是一种以可变样条来拟合出一条经过一系列点的光滑曲线的数学方法。样条插值法中的插值样条是由一些多项式组成的，每一个多项式都是由相邻的两个数据点决定的。任意的两个相邻的多项式以及它们的导数在连接点处都是连续的。样条函数建立一个通过控制点的面，并使所有点的坡度变化最小。换句话说，样条函数以最小曲率面拟合控制点。

使用样条插值法对空间数据进行插值，可以保留空间数据的局部细节，并且插值过程的计算量较小。但是，在空间数据较为稀疏的情况下，样条插值法的插值效果不理想，而且该插值方法不适用于在短距离内属性有较大变化的区域。

在评价空间插值算法的性能时，通常使用交叉验证法。首先假定每个空间点的属性值未知，而采用周围已知空间点的属性值来估算，然后计算所有空间点的实际观测值与插值结果的误差，以此来评判插值方法的优劣。各种插值方法得到的插值结果与样本点的观测数据做比较。在交叉验证时，先从数据集中除去一个已知点的测量值，然后用剩余的点估计除去点的值，再比较原始值和估计值，计算出估计值的预测误差，最后针对每个已知点，进行上述步骤，然后评价不同插值方法的精确度。

2.2 空间信息数据的预测

根据经典反距离加权法的公式，经典反距离加权插值法的预测值仅仅与插值点周围的多个点的值有关，与任何物理过程无关。因此，经典的反距离加权法在实际应用中往往不能适应复杂的地形结构，导致算法的插值效果不理想。因此在第1章中，提出了一种自调整反距离加权插值模型。通过利用深度强化学习模型的表征能力对反距离加权法中的超参数进行学习，根据不同的插值点对相应的算法超参数进行调整，达到在研究空间内进行差异化插值的目的，实现预测同一空间中空间点的未知属性的预测功能。

为了验证所提出的自调整反距离加权插值模型在土壤重金属数据预测方面优于经典统计分析方法(IDW)和传统机器学习模型(随机森林回归)，本实验分别采用反距离加权法、随机森林回归模型和自调整反距离加权插值模型对江夏区土壤重金属数据集进行插值。数据集中的266个数据按照近似4∶1的比例进行划分。因此，训练集的数据样本数为212个，验证集的数据样本数为54个。在实验中，先对整个原始数据集中的数据进行数据预处理，然后将212个训练样本数据输入自适应深度Q网络模型中，自适应深度Q网络模型对输入样本数据的特征进行学习，在自适应深度Q网络模型训练和学习时，将自适应深度Q网络模型在每个时刻学习到的超参数记录下来并且将学习到的超参数代入反距离加权法中，计算出使用当前学习到的超参数对数据进行插值时得到的预测值，然后将得到的预测值与插值点的观测值做比较，并通过计算得到损失函数和预测误差。训练结束后，记录每个样本点对应的反距离加权法超参数。然后将样本点的空间位置和对应的算法超参数输入克里金插值算法中，得到一个超参数分布模型。该超参数分布模型可以根据不同的空间位置输出其对应的反距离加权法的最优超参数。最后将插值点的空间位置输入超参数分布模型中，获得插值点对应的算法超参数，将得到的算法超参数代入反距离加权法中，即可得到最终的预测结果。本实验采用交叉验证的方法对各种模型进行评价。

实验环境如下：处理器为AMD2600，主频为3.4GHz，内存为24GB。由于模型中使用深度神经网络，大多采用矩阵运算，因此使用GTX1660图形处理器对模型进行辅助加速运算。

2.2.1 数据预处理

在实际应用中，原始数据通常会存在缺失值、重复值等。因此在使用之前需要对数据进行预处理操作。一般情况下，数据预处理没有标准的流程，通常针对不同的任务和数据集属性的不同而不同。数据预处理的常用流程为：去除唯一属性、处理缺失值、离群点处理、数据变换。

1. 去除唯一属性

通常情况下，唯一属性是一些样本的id属性，这些属性仅仅用来表示样本的编号，并不能刻画样本数据自身的分布规律，因此需要对这些属性进行删除操作。

2. 处理缺失值

处理缺失值的方法如下：删除变量法，即当变量的缺失率较高时(大于80%)，覆盖率较低，且重要性较低，可以直接将变量删除。定值填充法，即使用−9999进行替代。统计量填充法，即当缺失率较低(小于95%)且重要性较低时，根据数据分布的情况进行填充；

对于数据符合均匀分布的情况，用该变量的均值填补缺失；对于数据存在倾斜分布的情况，采用中位数进行填补。插补填充法，即使用随机插值、拉格朗日插值法或样条法对缺失值进行插补。模型填充法，即使用线性回归、逻辑回归、支持向量机、回归森林等人工智能算法对缺失值进行建模填补。但是模型填充法有一个致命的缺陷，如果缺失属性与其他属性无关，则通过人工智能算法进行建模预测的结果毫无意义。但是当人工智能算法预测结果比较准确时，则说明缺失属性可以被其他属性所替代。在本次实验中，数据的采集方式较为严谨，数据采集流程较为规范，因此，得到的数据集中不存在缺失值，不需要对原始数据进行缺失值处理。

3. 离群点处理

异常值是数据分布的常态，处于特定分布区域或范围之外的数据通常被定义为异常或噪声。异常分为两种：一种是伪异常，由特定的业务运营动作产生，是正常反应业务的状态，而不是数据本身的异常；另一种是真异常，不是由特定的业务运营动作产生的，而是数据本身分布异常，即离群点。

主要有以下检测离群点的方法。

(1) 简单统计分析：根据箱线图、各分位点判断是否存在异常，例如 pandas 的 describe()函数可以快速发现异常值。

(2) 3σ 原则：若数据存在正态分布，偏离均值的 3σ 之外，那么在一般情况下，$P(|x-\mu|>3\sigma)\leqslant 0.003$ 范围内的点为离群点。

(3) 基于绝对离差中位数(MAD)：这是一种稳健对抗离群数据的距离值方法，采用计算各观测值与平均值的距离总和的方法，放大了离群值的影响。

(4) 基于距离：通过定义对象之间的邻近性度量，根据距离判断异常对象是否远离其他对象；缺点是计算复杂度较高，不适用于大数据集和存在不同密度区域的数据集。

(5) 基于密度：离群点的局部密度显著低于大部分近邻点，适用于非均匀的数据集。

(6) 基于聚类：利用聚类算法，丢弃远离其他簇的小簇。

在本次实验中，数据的采集流程严格按照国家标准进行，所以数据集中存在的异常点属于“伪异常”，不仅不需要对数据集进行离群点处理，而且需要关注其中的离群点。

4. 数据变换

数据变换包括对数据进行规范化、离散化、稀疏化处理，达到适用于挖掘的目的。

规范化处理：数据中不同特征的量纲可能不一致，数值间的差别可能很大，不进行处理可能会影响数据分析的结果，因此，需要对数据按照一定比例进行缩放，使之落在一个特定的区域，便于进行综合分析。规范化处理中主要的方法有最大-最小标准化、Z-score 标准化和 Log 变换法。最大-最小标准化可以将不同范围的数据映射到范围为[0,1]的区间中。使用 Z-score 标准化处理数据之后，得到的数据均值为 0，方差为 1。在时间序列数据中，对于数据量级相差较大的变量，通常做 Log 函数的变换。

离散化处理：数据离散化是指将连续的数据进行分段，使其变为一段离散化的区间。分段的原则有基于等距离、等频率或优化的方法。离散化的特征相对于连续型特征更易理解。对数据进行离散化处理可以有效地克服数据中隐藏的缺陷,使模型结果更加稳定。离散化处理的方法有等频法、等宽法和聚类法。

稀疏化处理:针对离散型且标称变量,无法进行有序的标签编码时,通常考虑将变量做 0、1 哑变量的稀疏化处理。

由于本次实验使用的数据集中含有地理坐标数据,因此需要将其转换为笛卡儿坐标系中的坐标,然后对其进行最大一最小标准化。

2.2.2 预测模型的构建

由于自调整反距离加权插值模型中使用的是自适应深度 Q 网络对数据集中的特征进行学习,因此需要搭建并初始化自适应深度 Q 网络和智能体训练的环境。在本次实验中,自适应深度 Q 网络需要学习的是空间点在反距离加权法中的优超参数,即加权幂指数和加权点个数,因此自适应深度 Q 网络中智能体的状态空间的维数为 2。对于每个状态空间的维度,智能体可以有三种移动方式,分别为前向(增大)、后向(减小)和不动,所以智能体在训练环境中动作空间的动作种类数为 9。智能体的状态代表该空间点在反距离加权法的幂指数值和加权点个数,状态空间的维数为 2。由于自适应深度 Q 网络强大的表征能力和学习能力,不同初始值的自适应深度 Q 网络可以在不同空间数据上进行特征提取,因此在搭建好自适应深度 Q 网络和智能体的训练环境之后,可以将该网络保存下来,并在对另一空间数据集进行数据特征学习时使用,实现对网络的重复利用。

自适应深度 Q 网络需要学习的数据特征较少,并且智能体的初始状态对最终智能体的收敛状态几乎无影响,所以在初始化智能体的状态时,可以采用随机赋值的方式,也可以固定每次训练时的初始值。为了减少自适应深度 Q 网络的训练时间,加快智能体的收敛速率,将智能体的初始状态固定为加权幂指数和加权点个数的常用值。

在自适应深度 Q 网络训练完成之后,将智能体的最终状态记录下来。此时,智能体的状态对应的分别是当前样本点在反距离加权法中的最优幂指数和最佳加权点个数。将当前点的空间位置信息和其对应的最优超参数组合,形成新的空间数据集。使用克里金法对新空间数据集中的数据进行空间建模,得到该研究区域中关于算法超参数的空间分布模型。该空间分布模型以空间点的空间位置数据为输入,以该空间点对应的反距离加权法最优超参数为输出。

最后将插值点的空间信息数据输入空间分布模型中,得到该点对应的最优加权幂指数和最佳加权点个数。将得到的最优加权幂指数、最佳加权点个数、该点的空间位置信息(包括经度、纬度和海拔)和采样点的数据(空间位置信息和重金属含量数据)代入反距离加权法中,得到插值点的重金属含量数据的预测值。

2.2.3 预测结果的对比分析

通过前面所述方法对土壤重金属数据集进行实验,样本点对土壤重金属数据的预测值和真实(观测)值如图 2.1 所示。图 2.1(a)～图 2.1(d)分别为各算法在重金属 Cd、Cr、Ni、Pb 测试数据集上的实验结果。在图 2.1 中,横坐标为数据集的采样点数,纵坐标为算法的预测值,单位为 mg/kg,精度为 0.01。

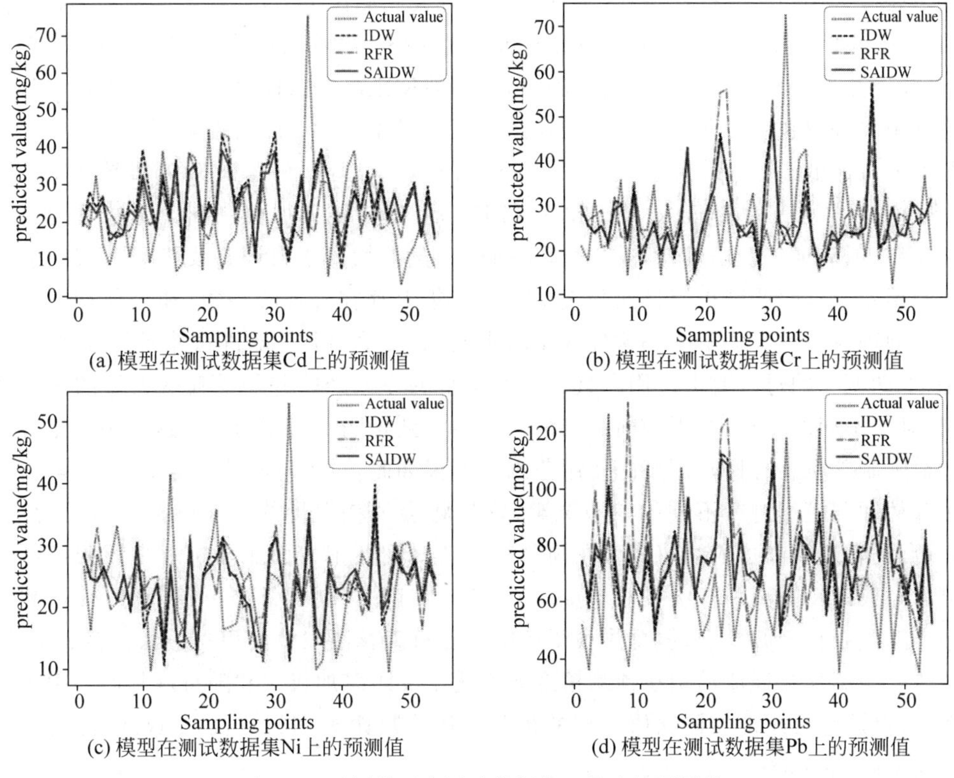

(a) 模型在测试数据集Cd上的预测值　(b) 模型在测试数据集Cr上的预测值

(c) 模型在测试数据集Ni上的预测值　(d) 模型在测试数据集Pb上的预测值

图 2.1 不同模型在测试数据集上的含量预测值

由图 2.1 可以看出,各个模型在测试数据集上的预测结果在趋势上与观测值大致相同。然而,在图 2.1(a)中,当对第 36 号样本进行预测时,所有算法都显著偏离观测值。这种现象也出现在图 2.1(b)中第 32 号样本点和图 2.1(c)中的第 22 号样本点的重金属含量预测中。出现这种现象的原因可能是这些样本点周围空间的结构较为复杂或者空间变异性高。尽管该模型与此若干样本点的预测值和观测值存在显著偏差,但仍在允许范围内。即使在这种情况下,自调整反距离加权插值模型的预测误差仍然小于反距离加权法和随机森林回归模型的预测误差。由表 2.1 可知,随机森林回归模型在训练数据集上的预测误差远小于自调整反距离加权插值模型和反距离加权法的预测误差,但是根据图 2.1 可知,随机森林回归模型在测试数据集中部分采样点的重金属含量预测实验中,其预测值与该点的实际观测值的误差明显大于自调整反距离加权插值模型和反距离加权法的预测误差。这可能是因为随机森林回归模型在训练时产生了过拟合的现象,导致对训练数据集特征的过度拟合,学习到训练数据中无意义的特征,无法对除训练数据集之外的数据进行有效的预测。由图 2.1 可知,自调整反距离加权插值模型在测试数据集上的四次预测实验中,其预测结果基本和各采样点的时间观测值相近,并没有出现异常预测值,说明自调整反距离加权插值模型的空间预测性能较稳定。

各算法对测试集和验证集的均方误差(Mean Square Error,MSE)、均方根误差(Root Mean Square Error,RMSE)、平均绝对百分比误差(Mean Absolute Percentage Error,MAPE)和平均绝对误差(Mean Absolute Error,MAE)如表 2.1 所示,数据的精度为

0.01。表2.1中，在土壤重金属含量预测的训练集和测试集上，自调整反距离加权插值模型的MSE、MAE、RMSE和MAPE均不同程度地小于经典反距离加权法。其中，在重金属Ni验证数据集上进行含量预测实验时，自调整反距离加权插值模型的预测误差远小于经典反距离加权法。自调整反距离加权插值模型对4个重金属数据集的预测误差分别比反距离加权法低10.88%、9.95%、5.91%和3.15%。然而，在表2.1中，训练集上随机森林回归模型的MSE、MAE、RMSE和MAPE远低于反距离加权法和自调整反距离加权插值模型，但验证集上随机森林回归模型的预测误差均高于自调整反距离加权插值模型的预测误差。这表明随机森林回归模型在训练集上存在过拟合现象，和之前在图2.1中观察到的现象一致。为了减小这种现象的影响，需要手动调整随机森林回归模型的参数。但是，手动调参的过程要求使用者具有足够丰富的专家经验并需要耗费大量的参数调试时间，对于不同的用户，使用相同的方法将不会得到相同的预测结果。这种不确定性将会极大地限制随机森林回归模型的使用范围。不仅如此，对于不同的重金属数据集，需要对随机森林回归模型进行不同的参数调整，这样将会消耗大量的时间成本和劳动力成本。因此，自调整反距离加权插值模型在预测结果和时间开销方面比随机森林回归模型更具优势。经典的反距离加权法在对重金属Cr、Ni和Pb的测试集进行预测时，其预测误差略小于随机森林回归模型，但总体预测精度与随机森林回归模型相当。综合表2.1可知，自调整反距离加权插值模型在预测精度方面优于反距离加权法和随机森林回归模型。具体而言，自调整反距离加权插值模型的预测精度比反距离加权法高7.47%，比随机森林回归模型高13.03%。

表2.1 不同模型在土壤重金属含量数据集上的预测误差

	模型	训练集				测试集			
		MSE	MAE	RMSE	MAPE/%	MSE	MAE	RMSE	MAPE/%
Cd	SAIDW	138.67	8.46	11.77	63.68	203.55	10.11	14.27	84.96
	IDW	174.07	10.22	13.19	76.34	225.69	10.84	15.02	89.67
	RFR	57.54	4.55	7.58	31.27	217.05	11.91	14.76	101.04
Cr	SAIDW	97.41	7.11	9.87	28.19	144.41	8.20	12.02	35.25
	IDW	119.63	8.40	10.93	33.22	158.79	8.49	12.60	36.46
	RFR	48.17	3.89	6.94	15.24	168.83	8.91	12.99	38.12
Ni	SAIDW	53.57	5.17	7.31	27.41	69.52	5.52	8.34	27.48
	IDW	76.06	6.59	8.72	33.60	73.63	5.77	8.58	28.04
	RFR	31.61	3.04	5.62	14.40	76.71	6.23	8.76	32.12
Pb	SAIDW	1037.11	18.91	18.91	27.89	690.88	20.63	26.28	34.03
	IDW	1279.24	22.52	35.76	33.87	712.62	21.02	26.69	34.44
	RFR	456.46	10.34	21.36	14.89	886.51	22.03	29.77	39.06

2.3 本章小结

本章主要叙述了空间大数据的挖掘过程与分析过程，并以自调整反距离加权插值模型为例详细介绍了空间信息数据预测中的实现流程。

首先简述了空间大数据的特点以及现阶段空间大数据的各种常见挖掘方法和分析方法，然后以自调整反距离加权插值模型为例阐述了空间数据预测流程的实现，最后在空间数据预测实验中证明了自调整反距离加权插值模型与常见空间预测算法和模型相比具有一定优势。

第 3 章

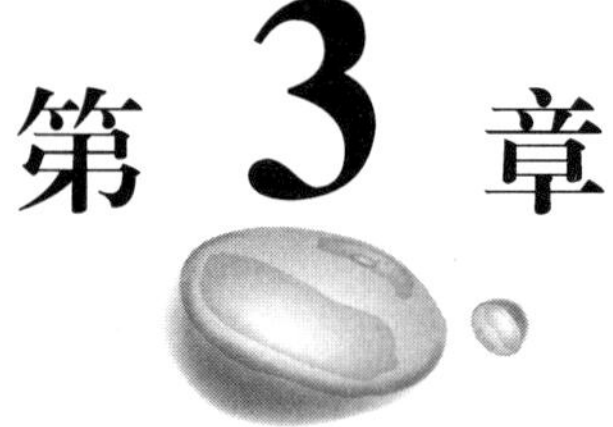

协作复合神经网络模型的基础架构

前面两章介绍了利用空间信息的大数据分析预测，接下来将介绍利用相关性特征的大数据分析预测过程。本章将主要介绍利用相关性特征进行大数据分析预测时所使用的基本模型——协作复合神经网络模型(Collaborative Compound Neural Network Model, CCNNM)，分别从协作复合神经网络模型概述、自适应动态灰狼优化算法、小波神经网络模型、协作复合神经网络模型的构建以及知识扩展五部分进行介绍。

3.1 协作复合神经网络模型概述

人工神经网络(Artificial Neural Network, ANN)最早于 1943 年被心理学家 W. S. McCulloch 和数理逻辑学家 W. Pitts 提出，当时他们建立了神经网络和数学模型，并称之为 M-P 模型，然后通过该模型提出了神经元的形式化数学描述和网络结构方法，证明了单个神经执行逻辑功能过程的存在，由此拉开了研究者对人工神经网络进行研究的序幕。图 3.1 为 M-P 模型示意图。

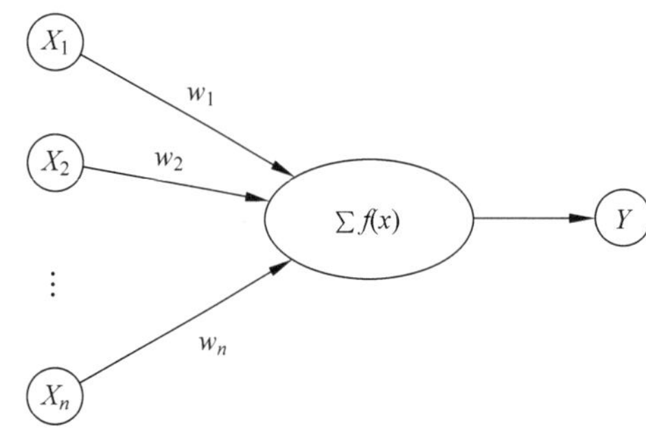

图 3.1 M-P 模型示意图

人工神经网络从信息处理的方向出发，仿照人脑神经元网络对信息的处理机制和对信息处理的过程进行抽象化，之后通过不同的神经元之间的连接方式组合成不同的神经网络，进而建立起某种神经网络模型。由这一过程可知，神经网络模型的主要特征体现在两方面：一方面是大量的神经元(或称节点)；另一方面则是不同的神经元之间的连接方式。人工神经网络的每个节点通常代表某种特定输出函数，研究者一般将这种输出称为激励函数(Activation Function)，而每两个节点之间都通过权重进行信号连接，当对神经网络设置不同的权重、激励函数时，神经网络的输出也会不同。人工神经网络对数据的处理过程主要为将数据输入神经网络后，通过对不同层级的不同节点、激励函数进行计算，最后由输出层进行输出，这一过程可以视作对某种算法或某种函数的逼近过程，也可以视作对某种逻辑策略的表达。

按照拓扑结构可以将神经网络分为前向神经网络以及反馈神经网络。前向神经网络是指数据输入网络后经由神经元传入下一级，每个神经元仅接收由前一级传入的输入，不存在反馈过程，整个网络可以用一个有向无环路图表示。前向神经网络主要进行数据由输入传递至输出的这一变换过程，且这一过程主要由多种非线性函数的复合来完成，因此它通常结构简单、易于实现。常见的前向神经网络有自适应线性神经网络、单层感知机、多层感知机以及 BP 神经网络。BP 神经网络结构如图 3.2 所示。

反馈神经网络与前向神经网络完全相反，当数据传入网络后，神经元不仅仅是只接收前一级传入的输入，而是整个网络的传递过程中存在神经元与神经元之间的反馈过程，这一过程可以用一个无向的完备图来表示。反馈神经网络是一种反馈动力学系统。在这种网络中，每个神经元同时将自身的输出信号作为输入信号反馈给其他神经元，它需要工作一段时间才能达到稳定。常见的反馈神经网络有 Hopfield 网络、波耳兹曼机。Hopfield 网络结构如图 3.3 所示。

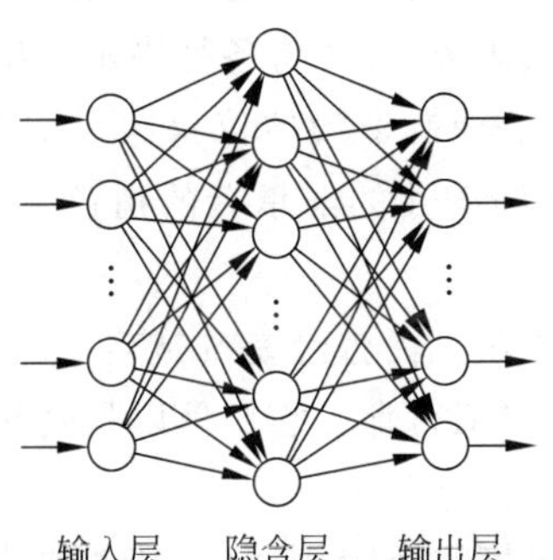

图 3.2　BP 神经网络结构

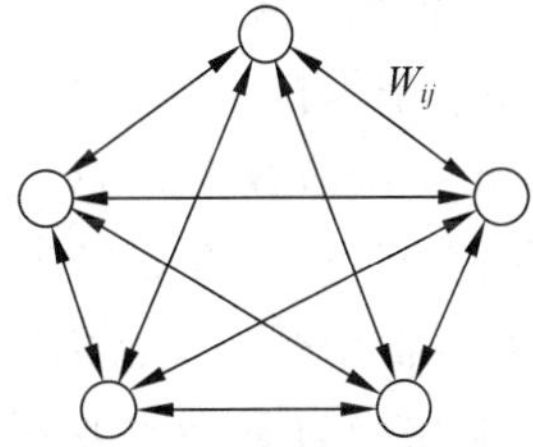

图 3.3　Hopfield 网络结构

目前使用人工神经网络进行大数据预测时通常使用前向神经网络进行，因此本章将围绕建立前向神经网络进行数据预测展开，同时选用前向神经网络的小波神经网络作为研究对象。小波神经网络用于大数据预测时，其性能主要受到隐含层、输出层参数的影响，其训练过程主要也是对参数的优化过程，一般其参数初始值主要通过随机初始化的方式获得，因此参数初始值的好坏直接影响模型训练后的性能，好的参数初始值能够有效缩短网络的训练时间、提高收敛精度以及避免陷入局部最优。为了使所选用的小波神经网络获得更好的预测效果，本书选用群智能优化算法中的灰狼优化算法对其进行参数初始值的优化，同时为了克服灰狼优化算法自身存在的问题，对其进行改进并提出自适应动态灰狼优化算法。最后通过将自适应动态灰狼优化算法与小波神经网络相结合，组成协作复合神经网络模型并实现大数据的预测过程。

3.2 自适应动态灰狼优化算法

群智能优化算法是一种通过模仿自然界中种群生物的捕食、迁移等群体行为，从而在目标范围内搜寻目标问题的最优解的优化算法，通过将其与神经网络结合，可以有效帮助神经网络获得较优的参数初始值，进而获得更好的模型训练结果。

灰狼优化(Grey Wolf Optimizer,GWO)算法是由 Seyedali Mirjalili 等人于 2014 年提出的一种群智能优化算法，这一算法主要由自然界中的灰狼群体的捕食行为启发而来。灰狼是一种群居动物，一般群体中由 5～12 个个体构成。与一般动物群体不同的是，这一群体中存在十分严格的社会主导阶层，如图 3.4 所示。这一社会层级结构与金字塔结构十分相似，主要由四个层级构成。

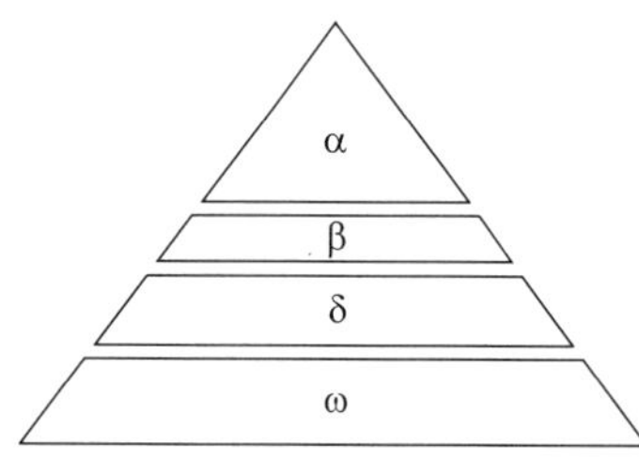

图 3.4 灰狼群体社会层级结构

首先最高的层级为一头公狼与一头母狼，可以被称为 α，它们主要对种群中的各种规则进行制定，如狩猎地点、休息地点等，整个种群都会听从它们的决定，且这种服从是具有绝对性的。特殊的是，α 可以不是种群中体能最强的个体，但它一定是管理能力最好的个体。

然后第二个层级被称为 β，这一层级的灰狼个体主要帮助 α 制定相关决策，同时将各种决策上出现的问题反馈给 α，它在整个种群中的地位仅次于 α 狼，因此低等级的灰狼个体也必须听命于 β。另外，β 同时也扮演着 α 的继承者的角色，当 α 衰老或死亡时，将由 β 来承担 α 的职责。

紧接着的一个阶级为 δ，这一个层级的灰狼个体在过去曾经是 α 或者 β，但它们现在扮演着执行者的角色并将 α 与 β 制定的规则与命令付诸行动。它们可以是哨兵、侦查者、猎人，甚至是种群中受伤狼群的看护者。

最后一个层级为 ω，这个层级的灰狼个体为最弱势的个体，它们一般为种群中年迈或残疾的个体，因此它们只能服从前面每个层级的灰狼个体。

除了上述灰狼的社会层级结构外，灰狼群体的捕食行为也存在一定的规律，根据 Muro 等人的研究，灰狼进行狩猎的过程如下：

(1) 跟踪、追逐并靠近猎物；

(2) 慢慢骚扰、影响猎物的行动，直到猎物停止行动；

(3) 以包围圈的形式攻击猎物。

根据上述灰狼种群的社会层级结构以及其捕食行为的相关规律，灰狼优化算法的整个算法过程得以设计出来。

3.2.1 灰狼优化算法原理

灰狼优化算法的原理主要依托于四个基本行为，它们分别为社会等级结构分级、包围猎物、攻击猎物以及搜索猎物。下面将先分别从这四个基本行为进行介绍。

1. 社会等级结构分级

为了更好地使设计的算法符合灰狼群体的社会等级结构，将候选解决方案的优劣性作为评判的标准，另外由于解决方案的独特性，因此将前三个等级 α、β 以及 δ 的数量设定为一个，即将候选解决方案中表现最优的方案设为 α，第二个与第三个较优解决方案分别设定为 β 与 δ，其余的解决方案则均为 ω。按照等级较低的灰狼个体跟随等级较高的灰狼个体规则，ω 解决方案将不断学习 α、β 以及 δ 解决方案以获得更好的表现。

2. 包围猎物

针对灰狼群体包围猎物的特性，使用下列公式对其行为进行描述：

$$D = | C * X_p(t) - X(t) | \tag{3.1}$$

$$X(t+1) = X_p(t) - A * D \tag{3.2}$$

其中，t 为当前迭代次数；A 和 C 为相关系数；X_p 为猎物的位置信息；X 为灰狼个体的位置信息。

A 和 C 将分别通过下面两个公式计算得出：

$$A = 2a * r_1 - a \tag{3.3}$$

$$C = 2r_2 \tag{3.4}$$

其中，a 将随着迭代的次数由 2 到 0 线性递减，r_1 与 r_2 均为 0～1 的随机数。

3. 攻击猎物

通过包围行为，所有灰狼个体将猎物控制在一个包围圈内，之后 ω 狼将在 α、β 以及 δ 狼的引导下进行捕猎，由于目前猎物的位置是未知的，而代表最优解决方案的灰狼 α、β 以及 δ 的位置信息是已知的，因此 ω 狼将通过学习灰狼 α、β 以及 δ 的位置信息来进行移动以完成对猎物的捕食。下面几个公式代表了灰狼个体的捕食行为：

$$D_\alpha = | C_1 * X_\alpha - X | \tag{3.5}$$

$$D_\beta = | C_2 * X_\beta - X | \tag{3.6}$$

$$D_\delta = | C_3 * X_\delta - X | \tag{3.7}$$

$$X_1 = X_\alpha - A_1 * D_\alpha \tag{3.8}$$

$$X_2 = X_\beta - A_2 * D_\beta \tag{3.9}$$

$$X_3 = X_\delta - A_3 * D_\delta \tag{3.10}$$

$$X(t+1) = \frac{X_1 + X_2 + X_3}{3} \tag{3.11}$$

由上述公式可以了解到，猎物的位置是随机的，灰狼个体将通过学习灰狼 α、β 以及 δ 的位置信息在猎物附近进行随机移动，以此来估计猎物的具体位置。

另外可以了解到，通过减小 a 的值，使得灰狼种群能够模拟一个不断接近猎物的过程，在这个过程中 A 是随着 a 的减小在不断变化的，它的迭代范围为$[-a, a]$，当 A 的绝对值小于 1 时，灰狼移动后的位置将会向包围圈中间收缩以攻击猎物。

4. 搜索猎物

在灰狼种群开始对猎物的随机包围时，对猎物的搜索过程也随之展开。由攻击猎物的原理过程可以了解到，A 这一系数的大小将会直接影响灰狼个体位置的移动，在整个迭代过程中，除了 A 的绝对值小于 1 外，还存在 A 的绝对值大于 1 的情况，在这种情况下，灰狼个体将向包围圈周围扩张，以此发现更多猎物可能存在的位置。即当 $|A|\geqslant 1$ 时，候选解决方案倾向于偏离当前猎物；当 $|A|<1$ 时，候选解决方案逐渐收敛于猎物的位置。

除系数 A 之外，还存在一个系数 C，C 通常是 0 到 2 之间的一个随机值，这一系数的角色类似于为猎物位置信息新添一个随机权重。在自然界中，灰狼种群对猎物的捕食通常不会是顺利的，有时会出现一定的障碍对整个搜索行为产生影响，使得灰狼种群无法直接快速地接近猎物，系数 C 则可以在为整个搜索过程增加一个随机性的同时使整个灰狼种群在优化过程中表现出更随机的行为，以此来探索更多区域并避免陷入局部最优。

结合上述四种行为的基本原理可以了解使用灰狼优化算法进行优化问题的求解时主要具有以下七种特性：

(1) 灰狼种群的社会等级结构可以使算法在迭代过程中保存每次迭代时种群的最优解；

(2) 灰狼种群对猎物的包围机制不仅适用于二维，还可以扩展到多维；

(3) 系数 A 和 C 可以帮助个体获得不同的候选解；

(4) 种群对猎物的捕食过程可以利用候选解来定位猎物的位置；

(5) 自适应变化的 a 和 A 有利于种群个体在位置变化的过程中进行向外的探索过程，同时还可以帮助算法平衡外部信息的探索与内部信息的利用这两个过程；

(6) 在 A 的变化过程中，当 $|A|\geqslant 1$ 时处于对外部信息的探索阶段，当 $|A|<1$ 时处于对内部信息的利用阶段；

(7) 灰狼优化算法仅有两个主要的参数需要进行调整，它们分别为 a 和 C。

使用灰狼优化算法对优化问题进行求解时的具体步骤可以归纳如下：

(1) 以种群个体的位置信息作为待优化问题的解，根据待优化问题的解的范围，随机初始化种群所有个体的位置信息；

(2) 初始化参数 a、A 和 C；

(3) 根据待优化问题，计算每个种群个体的适应度值，并对其进行排序，适应度值越高，则个体的位置信息越接近最优解，将适应度值排在前三的个体分别设定为灰狼 α、β 以及 δ，并保存当前最优的位置信息；

(4) 依次对种群中每个个体的位置信息进行更新，具体的更新公式如公式(3.5)～公式(3.11)所示；

(5) 针对每个个体更新后的位置信息，重新进行适应度值的计算，根据新的适应度值的大小更新灰狼 α、β 与 δ 的位置信息以及历史最优的位置信息，更新参数 a、A 和 C；

(6) 根据迭代的次数重复步骤(3)～步骤(5)，当达到最大迭代次数时停止迭代过程，输出历史最优的位置信息，该位置信息即为算法优化后获得的最优解。

灰狼优化算法如算法 3.1 所示。

算法 3.1 灰狼优化算法

初始化灰狼种群个体
初始化 a、A 和 C
计算搜索范围内每个个体的适应度值
将 X_α、X_β 与 X_δ 分别赋值种群中适应度值排名前三的个体位置信息
while(未满足停止迭代条件)do
  for 每个个体
      更新位置信息
  end for
  更新 a、A 和 C
  计算个体新的适应度值
  更新 X_α、X_β 与 X_δ
end while
输出 X_α

3.2.2 非线性余弦收敛因子

在灰狼优化算法中，参数 A 随着迭代次数的增加而线性减少，这一变化过程影响着灰狼种群中每个个体的移动距离和移动速度，该算法也以此来平衡种群个体的外部信息探索与内部信息利用这两个过程。从公式(3.3)可以看到，参数 A 的大小由 a 来决定，a 随着迭代次数的增加从 2 到 0 不断减小，当迭代次数未到达一半时，$a \geqslant 1$ 使得 $|A| \geqslant 1$，此时灰狼个体在移动时具有较快的移动速度以及较大的移动距离，这使得灰狼个体远离当前的猎物并试图在目标范围内搜索更多可能存在的猎物。当迭代次数达到一半时，$a<1$ 使得 $|A|<1$，此时个体的移动速度较之前开始降低，移动距离也相对有所减小，因此此时个体慢慢朝向包围的猎物靠近并攻击猎物。

然而，上述状态属于一种理想状态，在实际的优化过程中，个体位置的移动有时不一定朝向目标范围内的最优解方向，种群个体中仍然存在寻优速度较慢或陷入局部最优的情况。另外，在整个迭代过程中，a 为线性下降，因此该值保持一个相同的减小速度，这可能导致种群个体位置的变化速度在每次迭代过程中相对较为接近从而增加上述状况出现的可能性。为了解决上述问题，提出一种非线性余弦收敛因子来代替之前的线性变化的参数 a，下面分别给出了该非线性余弦收敛因子的计算公式以及其随迭代次数的变化过程图。

$$a=\cos\left(\pi * \frac{i}{i_{\max}}\right)+1 \tag{3.12}$$

其中，i 为当前迭代的次数；$i_{\max}$ 为总的迭代次数。

图 3.5 为参数 a 随迭代次数的变化过程，可以看到，在迭代前期，a 的减小速度由 0 开始慢慢增加，此时参数 A 可以获得一个较大值，且该较大值可以维持在一个较长的迭代周期内，由参数 A 的特性可以得知这一情况能够使得种群个体更多地向包围圈周围探索以发现更多可能存在的较优解。在迭代后期 a 的减小速度由中期的一个较大值逐渐

变小，此时对应的种群个体向较优解的位置进行收敛的速度也在逐渐变慢，如此设置的原因主要是在这个阶段个体的位置在移动过程中容易陷入局部最优，通过减缓收敛速度可以帮助其增加对移动区域进行搜索的概率，以此来避免陷入局部最优。

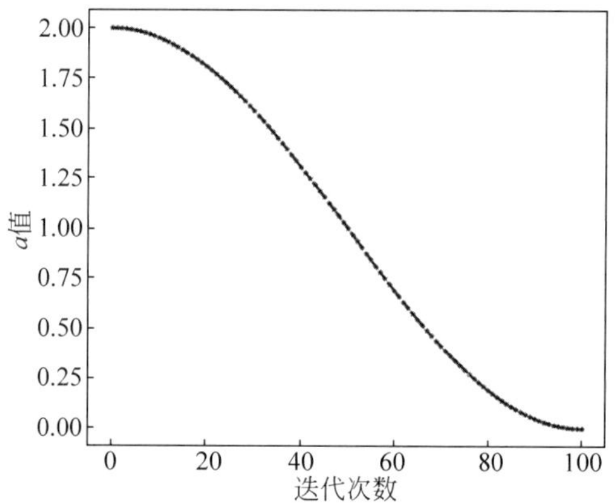

图 3.5 参数 a 随迭代次数的变化过程

3.2.3 加权位置更新

在使用灰狼优化算法进行目标的搜索过程中，种群中的所有灰狼个体将以灰狼 α、β 以及 δ 的位置信息作为移动的方向，以朝向这三者移动距离的平均值作为具体的移动距离，但是由于这三者的适应度之间存在一定的差值，因此它们距离目标猎物的距离也会随之存在一定的差距，若适应度差值较大时，该差距也会处于一个较大的状态，此时若按照公式(3.11)对个体位置进行更新，则灰狼个体向目标猎物移动的速度也会随之降低，这将直接影响最后的优化结果。

为了使种群中每个灰狼个体向灰狼 α、β 以及 δ 的位置方向的移动更加合理，在此将基于适应度值比的加权位置更新公式引入灰狼优化算法。这个更新方式主要使用进行位置移动的灰狼个体的适应度值与灰狼 α、β 以及 δ 的适应度值之间的比值作为位置更新的主要参考依据，当灰狼 α、β 以及 δ 的适应度值越大时，灰狼个体向它们移动的距离也会越大，反之亦然。此更新方式的具体更新公式如下：

$$r_{\alpha}=\frac{f}{f_{\alpha}+\varepsilon} \tag{3.13}$$

$$r_{1}=\frac{r_{\alpha}}{r_{\alpha}+r_{\beta}+r_{\delta}} \tag{3.14}$$

$$X(t+1)=\frac{r_{1}X_{1}+r_{2}X_{2}+r_{3}X_{3}}{r_{1}+r_{2}+r_{3}} \tag{3.15}$$

其中，f 为需要进行位置移动的灰狼个体的适应度值；f_{α} 为灰狼 α 的适应度值；ε 是为了避免分母为 0 而设置的一个极小值；r_{β} 与 r_{δ} 的计算方式与 r_{α} 相同，均为基于灰狼 β 与 δ 的适应度值进行计算；r_1、r_2 以及 r_3 分别为灰狼个体向灰狼 α、β 以及 δ 的位置方向移动的比例并且 r_2 与 r_3 的计算方式与 r_1 相同。

在上述移动过程中，每个灰狼个体向灰狼 α、β 以及 δ 移动的距离与其适应度值占灰狼 α、β 以及 δ 适应度值的比例直接相关。当待优化的问题为求解目标范围内的最小值时，个体的适应度值越小，个体的位置信息越好，则此时将采用公式(3.11)进行适应度值比的计算，即适应度值越小，适应度值比越大，向目标灰狼个体移动的距离也会越大。当待优化的问题为求解目标范围内的最大值时，个体的适应度值越大对应个体的位置信息越好，则此时公式(3.11)中的分子与分母需要进行对调，即较大的适应度值对应较大的适应度值比，个体向目标灰狼个体移动的距离也较大。

3.2.4 中心扰动准则

在灰狼优化算法的整个迭代过程中，个体会出现在位置更新之后适应度值较更新之前保持不变或降低的情况，这属于正常现象，但是一旦这种情况连续多次出现时，可能是因为个体陷入了局部最优，这将直接影响算法的最终性能。为了避免这种情况对算法性能的影响，在此使用中心扰动准则来对个体每次更新后的位置进行干扰。

中心扰动准则主要使用 T 值来统计迭代过程中每个个体出现位置更新后适应度值连续保持不变或降低的次数，在每次迭代之前将会为每个个体初始化一个 T 值，该值的初始值均为 0，当开始出现个体位置更新后适应度值不变或降低的情况时，将用下面的公式对 T 值进行更新：

$$T = T + 1 \tag{3.16}$$

当个体位置更新后再次出现适应度值增加的情况时，T 值将被重新初始化为 0。

除了使用 T 值来统计迭代过程中每个个体出现位置更新后适应度值连续保持不变或降低的次数外，T 值还用于计算是否对更新后的个体位置信息进行中心扰动的概率，下面给出这一概率的计算公式：

$$p = 1 - \exp\left(-\frac{T}{10}\right) \tag{3.17}$$

图 3.6 给出了概率 p 随 T 值的变化情况，在 T 值初始化为 0 时，对应的概率 p 也为 0，即此时未出现个体位置更新后适应度值连续保持不变或降低的情况，个体并未陷入局部最优，不需要对其位置信息进行中心扰动。当 T 值逐渐增大时，代表着个体位置更新后适应度值连续保持不变或降低的次数在不断增多，此时个体陷入局部最优的概率也在随之增大，因此将会有较大的概率对个体的位置信息进行中心扰动。

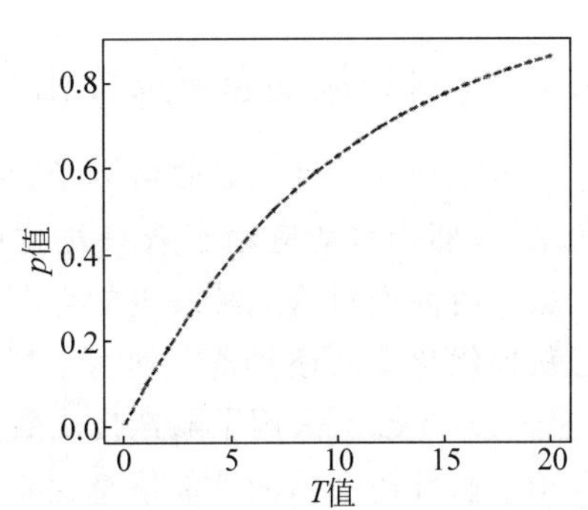

图 3.6 概率 p 随 T 值的变化过程

中心扰动准则主要使用种群的中心点位置对个体的位置信息进行扰动，由前面对灰狼优化算法的原理介绍可以得知，灰狼种群的所有个体主要以一个包围圈的形式围住猎物，因此中心点的位置往往更接近猎物的位置，个体朝着这个位置移动可以帮助其获得更好的位置信息。下面给出中心扰动准则的位置扰动公式：

$$D_{\text{mean}} = | C * X_{\text{mean}}(t) - X(t) | \tag{3.18}$$

$$X(t+1)=|X_{mean}(t)-A*D_{mean}| \tag{3.19}$$

其中，$X_{mean}(t)$代表当前迭代次数中种群中心点的位置信息。由于种群中的所有个体主要通过学习灰狼 α、β 以及 δ 的位置信息进行移动，因此灰狼 α、β 以及 δ 的位置信息的平均值将作为种群中心点的位置信息。

上述种群中心点的位置信息是由灰狼 α、β 以及 δ 的位置信息平均获得，因此这一位置信息相较于其他现有位置信息更接近全局最优解，当种群个体陷入局部最优时，通过对这一位置信息的学习可以帮助其迅速调整移动的方向与距离以跳出局部最优，同时在整个迭代过程中也更容易发现全局最优值。

中心扰动准则如算法 3.2 所示。

算法 3.2　中心扰动准则

```
for 每个灰狼个体 do
  计算适应度值
  if 适应度值较位置变化前不变或减小 then
    使用公式(3.14)与公式(3.15)分别更新 T 值与 p 值
    在 0 到 1 之间随机生成 P 值
    if p>P then
      使用公式(3.16)与公式(3.17)对个体位置信息进行扰动
    else
      个体位置信息不变
    end if
  else
    T=0
  end if
end for
```

3.2.5　自适应动态灰狼优化算法运行机制

将上述非线性余弦收敛因子、加权位置更新方式以及中心扰动准则与灰狼优化算法相结合，即为自适应动态灰狼优化(Adaptive Dynamic Grey Wolf Optimizer，ADGWO)算法。由前面对这三种改进的介绍可以得知，除灰狼优化算法的七个特性以外，自适应动态灰狼优化算法还具备下列六个特性。

(1) 参数 a 采用了随迭代次数的余弦递减变化趋势来代替传统的线性递减方式，有利于平衡种群个体的外部信息探索与内部信息利用这两个过程；

(2) 加权的位置更新方式从灰狼个体自身的适应度值出发，以个体适应度值与目标个体适应度值的比值作为自变量来决定个体位置更新的大小；

(3) 加权的位置更新方式更符合实际情况，即在位置的更新过程中应该向适应度值较低的个体学习较少的位置信息，向适应度值更高的个体学习更多的位置信息；

(4) 中心扰动准则可以帮助个体避免陷入局部最优，同时快速向全局最优位置移动；

(5) 采用灰狼 α、β 以及 δ 位置信息的平均值作为种群中心点的位置信息有助于迭代过程中对最优解的搜索；

(6) 除参数 a 和 C 需要进行调整外，新增了参数 T 和 p，但这两个参数无须提前设置，通过在算法迭代过程中计算获得。

将灰狼优化算法的特性与上述六个特性相结合，可以将自适应动态灰狼优化算法的算法步骤归纳如下。

(1) 以种群个体的位置信息作为待优化问题的解，根据待优化问题的解的范围，随机初始化种群所有个体的位置信息；

(2) 根据待优化问题，计算每个种群个体的适应度值，并对其进行排序，适应度值越高，则个体的位置信息越接近最优解，将适应度值排在前三的个体分别设定为灰狼 α、β 以及 δ，并对当前最优的位置信息进行保存；

(3) 对参数 a，A 和 C 进行初始化；

(4) 依次对种群中每个个体的位置信息进行更新，具体的更新公式如公式(3.5)～公式(3.10)、公式(3.14)～公式(3.15)所示；

(5) 针对每个个体更新后的位置信息，重新进行适应度值的计算，根据适应度值大小的比较对 T 值与 p 值进行更新；

(6) 根据 p 值确定是否对更新后的位置进行中心扰动，若进行则采用公式(3.18)与公式(3.19)对个体位置信息进行更新，并计算更新后的适应度值；

(7) 通过适应度值的大小的比较更新灰狼 α、β 与 δ 的位置信息以及历史最优的位置信息，更新参数 a、A 和 C；

(8) 按照迭代的次数重复步骤(4)～步骤(7)，当达到最大迭代次数时停止迭代过程，输出历史最优的位置信息，该位置信息即为算法优化后获得的最优解。

自适应动态灰狼优化算法如算法 3.3 所示。

算法 3.3　自适应动态灰狼优化算法

```
初始化灰狼种群个体
初始化 a、A 和 C
计算搜索范围内每个个体的适应度值
将 X_α、X_β 与 X_δ 分别赋值种群中适应度值排名前三的个体位置信息
while(未满足停止迭代条件)do
   for 每个个体
      更新位置信息
      更新个体适应度值
      比较适应度值，更新 T 值与 p 值
      使用中心扰动准则对个体位置信息进行扰动
   end for
   更新 a、A 和 C
   计算个体新的适应度值
   更新 X_α、X_β 与 X_δ
end while
输出 X_α
```

3.2.6 对比实验

在算法的研究过程中，研究者一般使用基准函数对算法的有效性进行验证，因此为了验证自适应动态灰狼优化算法的有效性，选用十种不同的基准函数对其进行测试。在这十种测试函数中，前五种为单峰函数，即在所考虑的范围区间内只有一个严格局部极值（峰值）；后五种为多峰函数，即在所考虑的范围区间内有多个局部极值（峰值），它们在目标范围内搜索最小值，且目标最小值为0。下面分别给出这十种基准函数的公式及范围区间。

（1）Schwefels P2.22，[−10,10]：

$$f_1(x)=\sum_{j=1}^{n}|x_i|+\prod_{i=1}^{n}|x_i| \tag{3.20}$$

（2）Rosenbrock's，[−10,10]：

$$f_2(x)=\sum_{i=1}^{n-1}[100(x_{i+1}-x_i^2)^2+(x_i-1)^2] \tag{3.21}$$

（3）Step，[−100,100]：

$$f_3(x)=\sum_{i=1}^{n}(x_i+0.5)^2 \tag{3.22}$$

（4）Sum of Different Powers，[−1,1]：

$$f_4(x)=\sum_{i=1}^{n}|x_i|^{i+1} \tag{3.23}$$

（5）Zaharov，[−5,10]：

$$f_5(x)=\sum_{i=1}^{n}x_i^2+\left(\sum_{i=1}^{n}0.5ix_i\right)^2+\left(\sum_{i=1}^{n}0.5ix_i\right)^4 \tag{3.24}$$

（6）Schwefels，[−500,500]：

$$f_6(x)=418.9829n-\sum_{j=1}^{n}x_i\sin(\sqrt{|x_i|}) \tag{3.25}$$

（7）Rastrigin，[−5.12,5.12]：

$$f_7(x)=\sum_{i=1}^{n}[x_i^2-10\cos(2\pi x_i)+10] \tag{3.26}$$

（8）Ackley，[−32,32]：

$$f_8(x)=20+\mathrm{e}-20\exp\left(-0.2\sqrt{\frac{1}{n}\sum_{i=1}^{n}x_i^2}\right)-\exp\left(\frac{1}{n}\sum_{i=1}^{n}\cos(2\pi x_i)\right) \tag{3.27}$$

（9）Dixon-Price，[−10,10]：

$$f_9(x)=(x_1-1)^2+\sum_{i=2}^{n}i(2x_i^2-x_{i-1})^2 \tag{3.28}$$

（10）Levy，[−10,10]：

$$f_{10}(x)=\sin^2(\pi\omega_1)+\sum_{i=1}^{n-1}(\omega_1-1)^2[1+10\sin^2(\pi\omega_i+1)]+$$
$$(\omega_n-1)^2[1+\sin^2(2\pi\omega_n)],$$

$$\omega_i = 1 + \frac{x_i - 1}{4}, \quad i = 1, \cdots, n \tag{3.29}$$

另外，将灰狼优化算法、遗传算法（Genetic Algorithm，GA）、粒子群优化（Particle Swarm Optimization，PSO）算法作为自适应动态灰狼优化算法的对比算法，进行性能比较。将测试函数的维度设定为 20，每种算法的种群数量和迭代次数分别设为 30 和 100。在具体的参数设置方面，遗传算法中，交叉算子与变异算子分别设为 0.6 与 0.05；粒子群优化算法中，将惯性因子设为 0.9，将两个加速系数均设置为 2；灰狼优化算法与自适应动态灰狼优化算法中主要需要进行设置的参数为 a，将该值的最大值设为 2。

首先比较的是在迭代过程中每种算法的种群最优适应度值的变化情况。由于进行实验的四种算法在每次迭代后均会保存当前迭代时种群个体的最优适应度值，因此将这四种算法在每种基准函数上运行时的最优适应度值进行保存并绘制变化情况，如图 3.7 所示，依

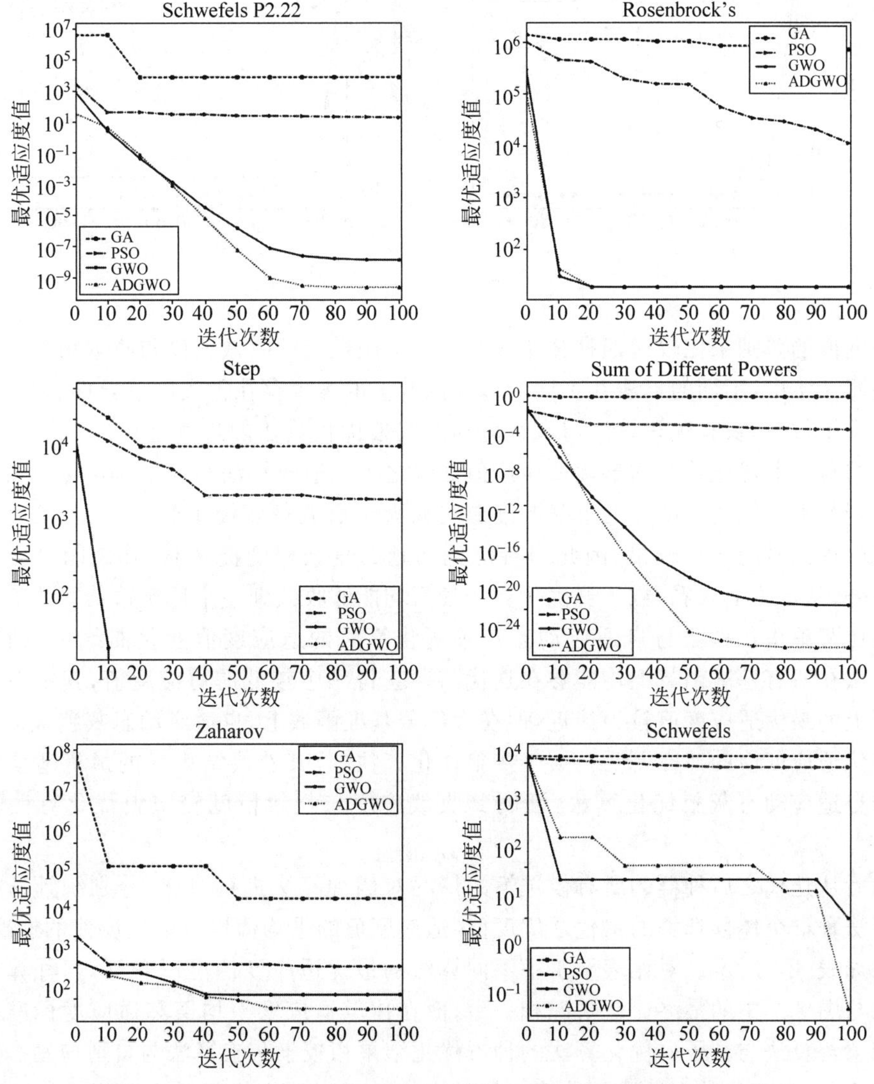

图 3.7　四种算法在十种基准函数上的最优适应度值的变化情况

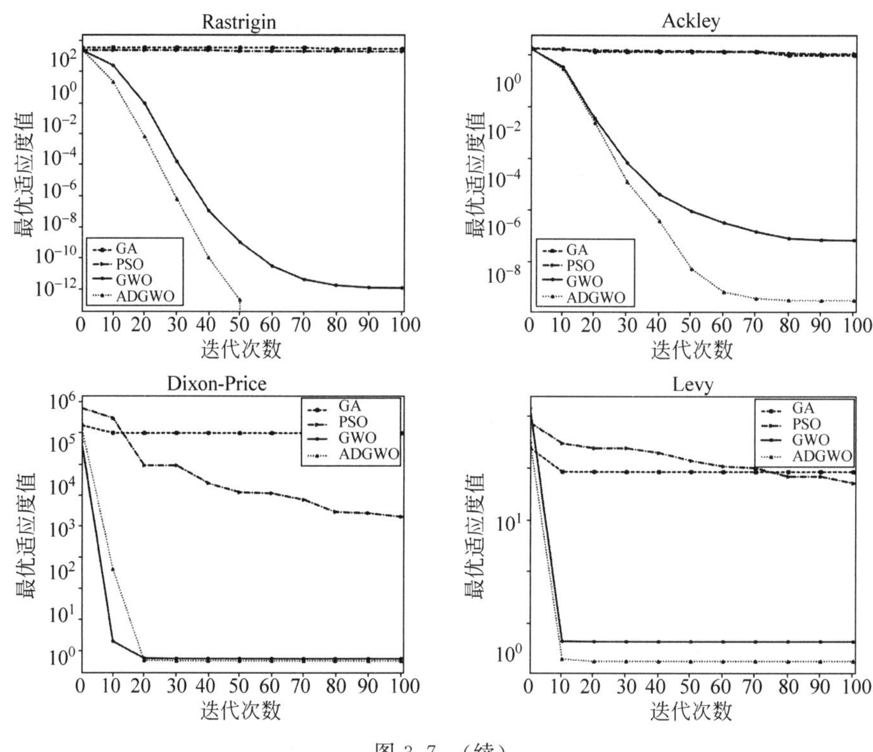

图 3.7 （续）

据适应度值的差别来比较这四种算法在十种基准函数上的收敛速度与收敛精度。

在图 3.7 中，不同的算法在不同的基准函数上的表现存在很大的差异性，但是无论在哪种基准函数下，灰狼优化算法与自适应动态灰狼优化算法的最优适应度值曲线均在遗传算法与粒子群优化算法的最优适应度值曲线之下。遗传算法与粒子群优化算法在前五种单峰函数上最优适应度值的下降幅度要明显大于后五种多峰函数，这主要是由于这两种算法的提出时间相对较早，因此当待优化问题的复杂程度提高时，其性能也会有所降低。另外，从整体上来看，粒子群优化算法最后均能够收敛到一个低于遗传算法的适应度值。对比灰狼优化算法与自适应动态灰狼优化算法的适应度值变化曲线可以看到，这两种算法在所有基准函数上均能够在迭代前期获得一个较低的适应度值，其中在部分基准函数上的最优适应度值较为接近，但在大部分基准函数上，自适应动态灰狼优化算法收敛到最优适应度值的速度要明显大于灰狼优化算法，且其迭代结束后的最优适应度值也要大于自适应动态灰狼优化算法，证明其收敛速度与收敛精度较灰狼优化算法均有所提高。

然后从迭代之后种群的所有候选解的情况对四种算法进行对比，分别统计迭代之后四种算法种群个体候选解的最优适应度值、适应度值的平均值以及适应度值的标准差，统计结果如表 3.1 所示。对比表 3.1 中不同算法的最优适应度值可以看到，四种算法的对比结果与图 3.7 中的最终比较情况相一致，而在比较适应度平均值和适应度标准差时可以看到遗传算法与粒子群优化算法的种群优化结果相较于灰狼算法与自适应动态灰狼算法更差一些，在迭代结束后这两种算法的最终的适应度平均值与适应度标准差要远大于灰狼算法与自适应动态灰狼算法，即不同的候选解的优化结果差距较大，这可能是由于这两种算法的原理中所有个体的位置移动倾向于随机搜索。而灰狼优化算法与自适应动态灰狼优化算法在迭代结束后种群个体的优化结果要更加平均一些，这主要是因为在这两种算法中所有个体均朝向当前最优的位置方向移动，因此适应度平均值与适应度标准差均能够处于一个较低水平。最后对比灰狼算法与自适应动态灰狼算法的优化结果，这两种算法在十种基准函数上的表现均较为优秀，其中在基准函数 Step 上，灰狼优化算法达到了目标范围内的全局最优值，在基准函数 Step 与 Rastrigin 上自适应动态灰狼优化算法达到了目标范围内的全局最优值，但从整体上来看，无论是最优适应度值、适应度平均值还是适应度标准差，自适应动态灰狼优化算法的优化结果都要低于灰狼优化算法，说明迭代结束后，自适应动态灰狼优化算法的优化情况要优于灰狼优化算法。结合前面的四种算法在十种基准函数上的最优适应度值的变化情况可以得知，在这十种基准函数上，自适应动态灰狼优化算法具有更快的收敛速度与更高的收敛精度，同时最终的优化结果更好。

表 3.1　四种算法在十种基准函数上的优化结果对比

基准函数	算　法	最优适应度值	适应度平均值	适应度标准差
Schwefels P2.22	GA	7.67E+03	2.03E+15	2.11E+14
	PSO	1.92E+01	2.40E+16	7.71E+16
	GWO	1.22E−08	1.23E−08	1.16E−12
	ADGWO	2.14E−10	2.14E−10	5.80E−18
Rosenbrock's	GA	7.25E+05	7.49E+06	1.01E+06
	PSO	1.12E+04	3.66E+06	4.06E+06
	GWO	1.89E+01	1.89E+01	3.34E−06
	ADGWO	1.88E+01	1.88E+01	6.96E−15
Step	GA	8.70E+03	9.01E+04	7.25E+03
	PSO	1.71E+03	7.05E+04	5.06E+04
	GWO	0.00E+00	0.00E+00	0.00E+00
	ADGWO	0.00E+00	0.00E+00	0.00E+00
Sum of Different Powers	GA	6.28E−01	1.76E+01	6.45E−01
	PSO	2.91E−04	3.86E+00	4.55E+00
	GWO	3.68E−22	3.68E−22	1.06E−25
	ADGWO	1.73E−26	1.73E−26	4.19E−34
Zaharov	GA	1.58E+04	4.53E+10	7.59E+09
	PSO	2.88E+02	3.39E+08	1.70E+09
	GWO	5.50E+01	6.14E+01	2.11E+00
	ADGWO	2.33E+01	2.33E+01	1.35E−07
Schwefels	GA	6.90E+03	8.53E+03	2.25E+02
	PSO	4.06E+03	6.88E+03	1.34E+03
	GWO	3.47E+00	6.42E+02	4.70E+02
	ADGWO	5.20E−02	1.62E+00	1.09E+00

续表

基准函数	算法	最优适应度值	适应度平均值	适应度标准差
Rastrigin	GA	2.50E+02	4.07E+02	2.86E+01
	PSO	1.73E+02	3.66E+02	6.72E+01
	GWO	1.06E−12	1.06E−12	1.35E−15
	ADGWO	0.00E+00	0.00E+00	0.00E+00
Ackley	GA	1.01E+01	1.97E+01	4.90E−01
	PSO	1.11E+01	1.92E+01	3.02E+00
	GWO	1.83E−06	1.83E−06	2.11E−10
	ADGWO	1.09E−08	1.09E−08	0.00E+00
Dixon-Price	GA	1.45E+05	8.84E+05	7.84E+04
	PSO	1.76E+03	2.88E+04	2.34E+04
	GWO	9.48E−01	9.51E−01	6.26E−07
	ADGWO	8.45E−01	8.45E−01	9.04E−14
Levy	GA	2.25E+01	7.34E+01	1.01E+01
	PSO	1.86E+01	2.93E+02	2.37E+02
	GWO	1.29E+00	1.29E+00	6.36E−05
	ADGWO	9.26E−01	9.64E−01	9.48E−11

最后在算法的优化过程中对每种算法在每种基准函数上所需的运行时间进行统计，统计结果如表 3.2 所示。由表 3.2 可以看到，粒子群优化算法与遗传算法的运行时间整体上看是比较接近的，而灰狼优化算法的在每种基准函数上运行时间均低于粒子群优化算法和遗传算法，即从算法效率上来看灰狼优化算法要优于粒子群优化算法与遗传算法。对比灰狼优化算法与自适应动态灰狼优化算法的运行时间可以看到，自适应动态灰狼优化算法在十种基准函数上的运行时间均有所增加，这可能是因为与灰狼优化算法相比，自适应动态灰狼优化算法中增加了中心扰动准则，这一准则让个体在位置更新之后增加了适应度比较环节以及新的位置更新，而灰狼优化算法的所有步骤均保留了下来，因此，算法步骤的增加导致运行时间的增加。但相对于整体消耗的时间而言，增加的部分是合理的。因此，从运行效率上来看，自适应动态灰狼优化算法的运行效率是较好的。

表 3.2　四种算法在十种基准函数上的运行时间　　单位：s

基准函数	算法	运行时间	基准函数	算法	运行时间
Schwefels P2.22	GA	0.1993	Step	GA	0.1711
	PSO	0.1878		PSO	0.1939
	GWO	0.1154		GWO	0.1291
	ADGWO	0.2585		ADGWO	0.1891
Rosenbrock's	GA	0.3042	Sum of Different Powers	GA	0.1129
	PSO	0.1831		PSO	0.3517
	GWO	0.2454		GWO	0.2025
	ADGWO	0.3361		ADGWO	0.3505

续表

基准函数	算法	运行时间	基准函数	算法	运行时间
Zaharov	GA	0.1697	Ackley	GA	0.2514
	PSO	0.2228		PSO	0.2849
	GWO	0.1295		GWO	0.2561
	ADGWO	0.2438		ADGWO	0.4497
Schwefels	GA	0.2533	Dixon-Price	GA	0.2505
	PSO	0.3946		PSO	0.2573
	GWO	0.2515		GWO	0.1794
	ADGWO	0.3701		ADGWO	0.2761
Rastrigin	GA	0.2773	Levy	GA	0.2603
	PSO	0.4464		PSO	0.5358
	GWO	0.3322		GWO	0.3689
	ADGWO	0.4434		ADGWO	0.6573

3.3 小波神经网络模型

小波神经网络(Wavelet Neural Network，WNN)的概念是于1992年正式提出的，它是小波分析与神经网络相结合的产物，是一种基于小波分析理论以及小波变换理论而构建的多层人工神经网络。

小波分析最初是在进行地震信号分析时提出的，随后在20世纪80年代中期得到了迅速发展。小波分析被研究者视作傅里叶分析的突破性进展，它的出现以及使用使得研究者在计算机视觉、模式识别、图像处理等多个领域取得了突破性的进展。

要明白小波分析的原理首先要对傅里叶分析做一定的了解，傅里叶分析研究并扩展傅里叶级数和傅里叶变换的概念，主要研究如何将函数或信号表达为基本波形的叠加，其基本波形被称为调和函数。传统的信号理论是以傅里叶分析为基础的，但由于傅里叶变换中全局性变化的特点使其具有一定的局限性，例如无法进行局部分析。小波变换则是对傅里叶变换中局部化思想的一种继承与发展，作为一种新的变换分析方式，它的主要特点在于能够在变换的过程中突出某些局部问题的特征，同时对时间或空间频率的局部进行分析，而其特有的伸缩平移运算过程可以对信号逐步进行多尺度细化分析，最终可以聚焦到信号的任意细节，以此解决了傅里叶变换存在的局限性问题。

人工神经网络本身对数据信息能够进行并行处理，同时在处理过程中具有较强的自学习能力以及非线性逼近能力，而激活函数作为人工神经网络中神经元的核心，其作用在于将非线性因素引入神经元，它在输入传递至输出的过程中进行函数转换，以此将无限范围内的输入非线性变换为有限范围内的输出，一旦人工神经网络缺少激活函数，那么它每一层的数据传递过程就变成了单纯的矩阵计算过程，无论数据传递了多少层，最后的输出都是输入的线性组合。常用的激活函数有Sigmod()函数、Tanh()函数以及ReLU()函数。

Sigmod()函数是一种常见的S型函数，它能够将输入变量映射到0到1之间，具体的函数公式如下：

$$f(x)=\frac{1}{1+e^{-x}} \tag{3.30}$$

Tanh()函数是一种双曲正切函数，它是由双曲正弦函数与双曲余弦函数推导而来的，其计算公式如下：

$$f(x)=\frac{e^{x}-e^{-x}}{e^{x}+e^{-x}} \tag{3.31}$$

ReLU()函数是目前应用较多的一种激活函数，其计算公式如下：

$$f(x)=\max(0,x) \tag{3.32}$$

上述三种激活函数均存在一定的问题，当使用 Sigmod()函数时，若输入较大或较小，则函数的梯度值将会很小，而神经网络的反向传播过程都会利用梯度值对权重进行微分，这样就使得该微分也变得很小，不利于对权重进行优化。另外，相对于另外两种激活函数而言，Sigmod()函数中的指数运算会具有较大的运算量；当使用 Tanh()函数时，由于其函数曲线与 Sigmod()函数曲线较为相似，因此也会存在不利于权重优化的问题，但由于 Tanh()函数的值域为[−1,1]，因此相较于 Sigmod()函数其优化效果有所增强；ReLU()函数与 Sigmod()函数、Tanh()函数相比，当输入为正数时，不会出现梯度值较小的问题，同时由于其计算过程中只存在线性计算，因此其计算速度会快于另外两种激活函数，但 ReLU()函数自身也存在一定的缺陷，那就是当输入为负数时，ReLU()函数是无法进行激活的，若是在反向传递过程中，梯度将直接变成 0。由此可见，无论是哪种激活函数，均存在一定的问题，对激活函数进行研究改进也是优化人工神经网络性能的一个重要途径。

小波神经网络最显著的特征在于其激活函数使用的是小波基函数，该小波基函数一般为高斯函数，这一结合能够将小波变化的强大局部分析特性融入神经网络的非线性处理能力之中，以此在获得较强非线性逼近能力以及较快收敛速度的同时避免陷入局部最优值。

小波神经网络作为一种前向网络，主要分为前向传播过程与反向参数优化过程两部分，其中反向参数优化过程主要通过损失函数计算梯度值，从而利用梯度值对网络的参数进行微分以达到参数优化的效果。本节内容将上述原理过程进行介绍。

3.3.1 前向传播过程

小波神经网络的前向传播过程是指数据从输入层传入神经网络后依次通过隐含层、输出层，并在这两层进行线性计算与非线性转换后从输出层输出最终结果的过程。由此可以得出，小波神经网络的结构为三层神经网络结构，这三层分别为输入层、隐含层以及输出层，其结构图如图 3.8 所示。

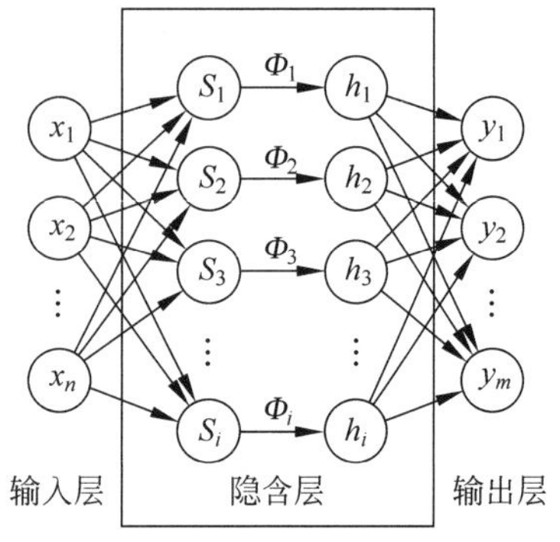

图 3.8　小波神经网络结构图

在图 3.8 中可以看到，输入层的节点数为 n，该数值的大小与输入数据的特征维度相同；隐含层的节点数为 i，这一数值大小的设置一般通过输入层与输出层的节点数确定具体的数值范围，然后从该范围中进行选择；输出层的节点数为 m，这一数值要根据具体的求解问题来进行设定。将一组数据从输入层输入神经网络后，数据首先被传递至隐含层，在此传递过程中需要对数据进行加权线性计算，具体的计算公式如下：

$$S_j = \sum_{k=1}^{n} w_{kj} x_k, \quad j = 1, 2, \cdots, i \tag{3.33}$$

其中，x_k 为输入数据中第 k 个样本数据；w_{kj} 为隐含层节点处的连接权值，S_j 为隐含层第 j 个节点处的输入数据。

当上述输入数据到达隐含层节点时，需要被激活函数进行非线性变换，在这里将被小波基函数即高斯函数进行非线性变换，这一变换过程也可以被称为伸缩变换，具体的变换公式如下：

$$\phi(x) = \cos(1.75x) * \mathrm{e}^{-\frac{x^2}{2}} \tag{3.34}$$

$$h_j = \phi\left[\frac{S_j - b_j}{a_j}\right] \tag{3.35}$$

其中，$\phi(x)$为小波基函数；b_j 为该小波基函数的平滑因子；a_j 为基函数的伸缩因子；h_j 为隐含层第 j 个节点的输出数据。

最后隐含层第 j 个节点的输出数据进入输出层，经过计算后从输出层的 t 个节点输出，此节点上的计算公式如下：

$$y_t = \varphi\left(\sum_{j=1}^{i} w_{jt} h_j\right), \quad t = 1, 2, \cdots, m \tag{3.36}$$

其中，w_{jt} 为输出层的连接权值；φ 为激活函数。小波神经网络中输出层的激活函数一般选择 Sigmod()函数。

由传递过程可以了解到，数据在神经元与神经元之间的传递是单向的，每个神经元只接收上一层神经元传递过来的数据并对其处理。在这个处理过程中，小波神经网络主要有四个参数参与计算，这四个参数分别是小波基函数的平滑因子 b_j、伸缩因子 a_j 以及隐含层与输出层的两个连接权值，这四个参数值的大小将直接影响网络的性能。

在对网络进行训练之前首先需要对这四个参数进行初始化，常用的神经网络的参数初始化方法大致可以分为三种，它们分别为预训练初始化、随机初始化以及固定值初始化。

预训练初始化是指对于在同一个数据集上已经完成训练后的神经网络模型可以获得一个较好的参数值，以此作为参数初始值来进行新的网络训练；随机初始化是指按照某种公式或规则确定神经网络参数的范围，然后在这个范围内随机生成初始化参数；固定值初始化相对前两种方法使用较少，这一方法采用固定值作为神经网络的参数初始值，例如当使用 ReLU()作为激活函数时，将偏置的初始值设为 0.01 可以使训练初期更容易激活。

上面三种初始化方法中，预训练初始化是基于已训练好的模型来生成初始参数，当使用此方法初始化参数时，训练初期会取得较好的收敛效果，但后期的收敛效果则无法得到保证，相对来说不够灵活，而部分三层神经网络一般不考虑进行偏置的设定，此时使用固定值初始化方法无法达到设定偏置的效果，因此这一方法的可适用面相对另外两种方法来说更小。综上所述，研究者更多地使用随机参数初始化方法，下面将简要介绍几种参数随机初始化方法。

(1) 随机初始化(Random Initialization)，主要包括高斯分布初始化以及均匀分布初始化两种。高斯分布初始化是指使用高斯分布 $N(0,\sigma^2)$对每个参数进行随机初始化；均匀分布初始化是指在一个给定区间$[-r,r]$内采用均匀分布来初始化参数。

(2) 标准初始化(Standard Initialization)，主要包括正态分布初始化以及均匀分布初始化两种。这一初始化方法更适用于 Sigmod()激活函数。假设神经网络的输入特征维度为 n，则正态分布初始化指的是随机初始化生成的每个参数满足正态分布 $N\left(0,\sqrt{\frac{1}{n}}\right)$，均匀分布初始化指的是随机初始化生成的每个参数满足均匀分布 $U\left(-\sqrt{\frac{1}{n}},\sqrt{\frac{1}{n}}\right)$。

(3) Xavier 初始化(Xavier Initialization)，这一初始化方法也分为正态分布初始化以及均匀分布初始化两种，且适用于 Losgistic()和 Sigmod()激活函数。假设神经网络的输入特征维度为 n，输出特征维度为 m，则正态分布初始化指的是随机初始化生成的每个参数满足正态分布 $N\left(0,\sqrt{\frac{2}{n+m}}\right)$，均匀分布初始化指的是随机初始化生成的每个参数满足均匀分布 $U\left(-\sqrt{\frac{6}{n+m}},\sqrt{\frac{6}{n+m}}\right)$。

(4) He 初始化(He Initialization)，与标准初始化与 Xavier 初始化相同，此方法分为正态分布初始化以及均匀分布初始化，更适用于 ReLU()激活函数。假设神经网络的输入特征维度为 n，则正态分布初始化指的是随机初始化生成的每个参数满足正态分布 $N\left(0,\sqrt{\frac{2}{n}}\right)$，均匀分布初始化指的是随机初始化生成的每个参数满足均匀分布 $U\left(-\sqrt{\frac{6}{n}},\sqrt{\frac{6}{n}}\right)$。

通常来说，在对神经网络参数初始化的方式进行选择时需要考虑到神经网络中使用的激活函数，按照具体的激活函数选择更为适用的参数初始化方式有利于网络获得更好的训练结果。

3.3.2 损失函数

在最常见的定义中，损失函数(Loss Function)或代价函数(Cost Function)被定义为一种将随机事件或与该事件有关的随机变量取值映射为某个非负实数来表示该随机事件存在的“风险”或“损失”的函数。这一函数在大多数时候都与优化问题相联系起来，例如在机器学习算法中，损失函数被用于模型的参数估计；在控制论中，损失函数被用作最优控制理论。从随机事件的类型来看，可以将损失函数应用到两类问题上，它们分别为回归问题与分类问题。下面将分别对这两种问题下的损失函数进行说明。

（1）回归问题。回归问题是机器学习三大基本模型中的重要一环，它主要通过建立模型来分析模型的输入变量与输出变量之间的关系，这个过程一般是通过模型对输入变量的计算输出一个具体的数值。回归问题主要需对预测值与真实值进行分析，因此它的损失函数中的变量为模型的预测值与实际的真实值。回归问题大致上可分为两种损失函数，这两种损失函数的公式分别如公式(3.37)与公式(3.38)所示。

$$\text{Loss}=\omega(y_p-y_t)^2 \tag{3.37}$$

$$\text{Loss}=\omega\mid y_p-y_t\mid \tag{3.38}$$

式中，ω 代表实际的权值，y_t 为真实值，y_p 为模型的计算输出。上述两种计算方式十分相似，均为通过最小化损失值来对参数进行估计，但在实际的应用中，这两种计算方式有很大的区别。公式(3.37)中对真实值与模型计算输出之间的差值进行了平方输出，这一方式使得这两者的差值得到了放大，因此当真实值与模型计算输出之间存在差值，哪怕该差值很小时，也会给予惩罚，因此这一计算方式有利于误差梯度的计算，使模型的计算输出与真实值之间的差值达到最小；公式(3.38)中对真实值与模型计算输出之间的差值进行了绝对值输出，因此相较于公式(3.37)来说对真实值与模型计算输出之间的误差值不够敏感，但这一现象的优点在于当训练过程中存在异常值时，有利于使模型保持更加稳定的状态。

（2）分类问题。分类问题从其本质上来说与回归问题是相似的，都可以被划分到预测这一问题领域中，但是回归问题的输出是一种连续值，而分类问题则是离散值。分类问题可以被定义为通过建立模型来判断输入数据属于哪一个类别，因此它主要需对模型的输出类别以及实际的类别进行分析。在对分类问题进行判定时，通常将分类正确的估计值取值为0，将分类错误的估计值取值为1，其损失函数如公式(3.39)所示。

$$\text{Loss}=\begin{cases}0, & y_p=y_t\\ 1, & y_p\neq y_t\end{cases} \tag{3.39}$$

可以看到上述公式为一个不连续的分段函数，因此在求解最小化问题时，这一公式不利于进行求解，因此研究者采用代理损失来进行模型参数的估计。代理损失一般是与原损失函数具有相合性的损失函数，常用的代理损失函数有铰链损失函数、交叉熵损失函数以及指数损失函数。

铰链损失函数是一种分段损失函数，与损失函数相同，当分类正确时取值为0，而当分类正确但概率不足1或分类错误时，该样本将被用于参与模型求解。这种损失函数常用于支持向量机的分类过程，其具体的公式如(3.40)所示。

$$\text{Loss}=\max(0,1-y_py_t) \tag{3.40}$$

交叉熵损失函数是一种平滑函数，由交叉熵的定义可知，对交叉熵进行最小化的过程相当于最小化实际值与估计值的相对熵，即该函数可以视作提供一个无偏估计的代理损失函数。这一函数的公式如(3.41)所示。

$$\text{Loss}=-y_t\log(y_p)-(1-y_t)\log(1-y_p) \tag{3.41}$$

指数损失函数相较于上述两种代理函数，其最大的特点在于对错误分类施加的惩罚最大，即它的误差梯度大。当误差梯度大时，对其值求解能够获得更快的求解速度。此函数的计算公式如(3.42)所示。

$$\text{Loss}=\exp(-y_p y_t) \tag{3.42}$$

上述几种损失函数各自均存在优点与缺点,同时对它们也提出了许多新的变形。如回归问题的损失函数方面有平均绝对误差损失函数、均方误差损失函数、Huber 损失函数以及 Log-Cosh 损失函数等,如分类问题的损失函数方面有 0-1 损失函数、log 对数损失函数、指数损失函数以及 Hinge 损失函数等。下面将选取部分原损失函数及其变形形式并进行具体的介绍。

(1) 平均绝对误差损失函数。它是公式(3.37)的变形,主要用于求取目标值与预测值之差的绝对值之和,以此来表达预测值的平均误差幅度,在使用此损失函数时通常不需要考虑误差的方向,其具体公式如(3.43)所示。

$$\text{Loss}=\frac{\sum_{i=1}^{n}|y_p^i-y_t^i|}{n} \tag{3.43}$$

其中,n 为输入样本的数量。

(2) 均方误差损失函数。它是回归损失函数中最常用的一种损失函数,是公式(3.38)的变形,主要用于求取预测值与目标值之间差值的平方和,其具体公式如(3.44)所示。

$$\text{Loss}=\frac{\sum_{i=1}^{n}(y_p^i-y_t^i)^2}{n} \tag{3.44}$$

平均绝对误差损失函数与均方误差损失函数在使用的过程中通常会拿来进行比较,当使用的训练数据中含有较多的异常值时,使用平均绝对误差损失函数会更加有效,因此这一损失函数会给异常值赋予更大的权重,以此来减小异常值所带来的误差,但它主要的问题在于当在神经网络的训练过程中误差值处于极大值点或极小值点时,此损失函数会使梯度值发生一个较大的变化,由此而导致较大的误差,从而影响到参数的优化结果。而当所处理的问题容易受到异常值的影响,需要减小异常值带来的影响时,对异常值更加敏感的均方误差损失函数则是更好的选择,它可以帮助网络的优化过程更加稳定和准确。

(3) Huber 损失函数。这一损失函数类似于平均绝对误差损失函数与均方误差损失函数的结合,这一特性使得它在对异常值不够敏感的同时保持了可微的特性。在其计算公式中,它使用了一个超参数来进行误差阈值的调节:当该超参数趋向于 0 时,其计算原理与平均绝对误差损失函数相同;当该参数趋向于无穷时,其计算原理与均方误差损失函数相同。该函数为一个连续可微的分段函数,其计算公式如下:

$$\text{Loss}=\begin{cases}\frac{1}{2}(y_p-y_t)^2, & |y_p-y_t|\leqslant\delta\\ \delta|y_p-y_t|-\frac{1}{2}\delta^2, & \text{其他}\end{cases} \tag{3.45}$$

(4) Log-Cosh 损失函数。它是一种较公式(3.38)更为平滑的损失函数,其主要特点为计算公式为双曲余弦函数,因此当误差较小时,其函数曲线与均方误差损失函数较为相似。该函数具有对异常值更加敏感的特点,而当误差值较大时,其函数曲线与平均绝对误差损失函数较为相似，使得此时函数不会受到异常值的影响。该函数的计算公式如(3.46)所示。

$$\text{Loss}=\sum_{i=1}^{n}\log(\cosh(y_p^i-y_t^i)) \tag{3.46}$$

(5) 0-1 损失函数。它一般是对预测值与目标值之间的差值进行判断，当存在区别时取值为 1，当相同时取值为 0，其特点在于在分类问题中可以直接判断错误的个数。但是这一函数直接以预测值与目标值是否相同作为评判标准，在某些情况下此标准过于严苛，因此对其进行一定的调整，使得当预测值与目标值之间的差值小于某个数时，将其取值为 0。该函数的原公式如公式(3.39)所示，其调整后如公式(3.47)所示。

$$\text{Loss}=\begin{cases}1, & |y_p-y_t|\geqslant a\\ 0, & |y_p-y_t|<a\end{cases} \tag{3.47}$$

(6) log 对数损失函数。它特别适用于多分类问题，在其计算公式的结果中具有较好的表征概率分布，但其对异常值的敏感度相对较低，逻辑回归问题中常用此损失函数。其计算公式如下：

$$\text{Loss}(y_p,P(y_p\mid x))=-\frac{1}{n}\sum_{i=1}^{n}\sum_{j=1}^{m}y_{ij}\log(P_{ij}) \tag{3.48}$$

其中，m 为分类存在的类别数；y_{ij} 为二值指标，表示类别 j 是否为输入 x_i 的真实类别；P_{ij} 表示模型预测的输入 x_i 属于类别 j 的概率。

(7) 指数损失函数。相较于 log 对数损失函数而言，它对异常值的敏感度更高，其常见的应用是与 AdaBoost 算法的结合，其计算公式如下：

$$\text{Loss}=\exp(-y_py_t) \tag{3.49}$$

(8) Hinge 损失函数。其计算公式如公式(3.50)所示。由此公式可以看到，当被分类正确时，损失值为 0；当被分类错误时，损失值为 $1-yf(x)$。通常 $f(x)$ 为处于 -1 到 1 之间的预测值；y 为 -1 到 1 之间的目标值，这一范围的设定使得正确分类的样本距离分割线能够不超过 1，即让分类器能够更专注于整体的误差值。

$$\text{Loss}=\max(0,1-y_py_t) \tag{3.50}$$

(9) 感知损失函数。它是 Hinge 损失函数的一个变形。与 Hinge 损失函数不同的是该函数不关注判定边界的距离，只关注样本类别的判定是否正确，因此该函数较 Hinge 损失函数也更加简单，同时其泛化能力较 Hinge 损失函数要差一些。其计算公式如公式(3.51)所示。

$$\text{Loss}=\max(0,-y_p) \tag{3.51}$$

(10) 交叉熵损失函数。其标准形式在公式(3.41)中已进行了具体的介绍，该标准形式常用于二分类问题，同时适用于激活函数 Sigmod()和 Softmax()的输出，当处理多分类问题时，使用公式(3.52)中的变形形式作为损失函数。交叉熵损失函数最大的特点在于它能够完美解决平方损失函数权重更新过慢的问题，因此当误差较大的时候，其权重更新速度较快，当误差较小时，其权重更新速度较慢。

$$\text{Loss}=-\frac{1}{n}\sum_{i=1}^{n}y_t^i\ln y_p^i \tag{3.52}$$

使用人工神经网络进行大数据预测时,关键的步骤在于判断输入变量输入神经网络后得到的输出变量与目标变量之间是否接近,当它们的差值较大时需要通过对网络进行训练来使此差距达到最小,因此大数据预测问题本质上属于回归问题。而在处理回归问题时,当在同一个人工神经网络模型上使用不同的损失函数时,模型的性能也会有较大的区别,因此即使使用损失函数也需要视实际情况而定,研究者通常选用均方误差损失函数作为使用人工神经网络进行大数据预测时的损失函数。

3.3.3 RMSProp

由前面的介绍可以得知,在使用人工神经网络进行预测时,初始化生成的参数在使用时往往难以使网络获得最好的回归效果,因此除了前向传播过程外,需要通过反向传播过程对相关参数进行优化,从而使得回归效果达到最好,而神经网络的训练过程即为前向传播过程与反向传播过程的循环重复。由 3.3.2 节对损失函数的相关介绍可以得知,使用损失函数的目的主要有两个:一个是用来衡量网络的回归效果是否优秀;另一个则是通过损失函数来获取输出层参数的梯度,从而对输出层的参数进行优化。

梯度可以被理解为一个矢量,它表示某个函数在这一点的方向导数在该方向上可以取的最大值,即函数在该点处沿着这个梯度方向变化最快、变化率最大。假设某一连续可微的多元函数为 $f(x_1,x_2,\cdots,x_n)$,则在点$(x_1,x_2,\cdots,x_n)$处,可以将其梯度表示为 $\left(\frac{\partial f}{\partial x_1},\frac{\partial f}{\partial x_2},\cdots,\frac{\partial f}{\partial x_n}\right)$,此时函数 $f(x_1,x_2,\cdots,x_n)$在此方向上函数值增长的速度最快,而 $\left(-\frac{\partial f}{\partial x_1},-\frac{\partial f}{\partial x_2},\cdots,-\frac{\partial f}{\partial x_n}\right)$为该处的负梯度,即函数 $f(x_1,x_2,\cdots,x_n)$在此方向上函数值减小的速度最快。

根据上述梯度的定义可以将损失函数作为一个连续可微的多元函数,而由于输入数据为固定值,则由输出层的计算公式可以得知不同的参数值可以视作该多元函数上的不同的点,为了使该函数值能够达到目标值(最大或最小),则需要通过梯度值的计算,使得函数在梯度的方向上具有较快的增长(减小)速度。同理,隐含层的参数优化过程也是如此,由损失函数可计算得出隐含层输出数据,而隐含层的梯度值可以通过该数据计算,因此隐含层的参数可在此梯度方向上进行变化以获得最优值。

反向传播过程中最常用的算法即为误差反向传播算法(Error Back Propagation, EBP),接下来将以均方误差损失函数作为神经网络的损失函数,对误差反向传播算法的原理进行介绍。

假设神经网络输入层、隐含层、输出层的节点数分别为 n、i、m,其隐含层的权值为 w,阈值为 v,输出层的权值为 u,阈值为 γ,则其隐含层中第 j 个节点的输入的计算公式如下:

$$\alpha_j=\sum_{l=1}^{n} w_{lj}x_l \tag{3.53}$$

其输出层第 t 个节点的输入的计算公式如下:

$$\beta_t=\sum_{j=1}^{i} u_{jt}b_j \tag{3.54}$$

其中，b_j 表示隐含层第 j 个节点的输出。

假设该神经网络最后的输出为 $y_p=(y_p^1,y_p^2,\cdots,y_p^m)$，则第 t 个节点的输出为

$$y_p^t=f(\beta_t-\gamma_t) \tag{3.55}$$

其中，f 为激活函数。

使用均方误差损失函数计算后，获得的均方误差为

$$E=\frac{1}{2}\sum_{t=1}^{m}(y^t-y_p^t)^2 \tag{3.56}$$

使用神经网络进行预测时要求预测值与目标值之间的误差达到最小，因此上述计算过程需要朝负梯度的方向进行减小，此减小过程的计算公式如下：

$$\Delta u_{jt}=-\mu\frac{\partial E}{\partial u_{jt}} \tag{3.57}$$

其中，μ 为给定的学习率，而等号右边的梯度值可以通过以下公式进行计算：

$$\frac{\partial E}{\partial u_{jt}}=\frac{\partial E}{\partial y_p^t}\cdot\frac{\partial y_p^t}{\partial\beta_t}\cdot\frac{\partial\beta_t}{\partial u_{jt}} \tag{3.58}$$

而由 β_t 的计算公式可以得知

$$\frac{\partial\beta_t}{\partial u_{jt}}=b_j \tag{3.59}$$

假设输出层使用的激活函数为 Sigmod() 函数，则对激活函数求导后可以求得

$$f=f(1-f) \tag{3.60}$$

由上述神经网络输出以及均方误差的计算公式可以求得

$$e_t=-\frac{\partial E}{\partial y_p^t}\cdot\frac{\partial y_p^t}{\partial\beta_t}=-(y^t-y_p^t)f'(\beta_t-\gamma_t)=y_p^t(1-y_p^t)(y^t-y_p^t) \tag{3.61}$$

最后可以得出参数 u_{jt} 的更新公式为

$$\Delta u_{jt}=\mu e_t b_j \tag{3.62}$$

同理，可分别计算得出参数 γ_t、w_{lj}、v_j 的更新公式，分别如下：

$$\Delta\gamma_t=-\mu e_t \tag{3.63}$$

$$\Delta w_{lj}=\mu g_j x_l \tag{3.64}$$

$$\Delta v_j=-\mu g_j \tag{3.65}$$

在公式(3.64)与公式(3.65)中

$$g_j=-\sum_{t=1}^{m}\frac{\partial E}{\partial\beta_t}\cdot\frac{\partial\beta_t}{\partial b_j}f'(\alpha_j-v_j) \tag{3.66}$$

其中

$$-\frac{\partial E}{\partial\beta_t}\cdot\frac{\partial\beta_t}{\partial b_j}=u_{jt}e_t \tag{3.67}$$

则可以得出

$$g_j=b_j(1-b_j)\sum_{t=1}^{m}u_{jt}e_t \tag{3.68}$$

上述计算过程即为误差反向传播算法的主要原理。在实际的应用过程中，首先将输

入数据输入神经网络，输入数据依次经过神经网络的隐含层、输出层，在每一层分别经由线性计算与非线性转换最后获得输出层的输出结果，然后使用损失函数计算出误差值，通过使用输出层的误差梯度来对输出层的权值、阈值进行调整，最后将误差反向传递至隐含层神经元并根据隐含层的误差梯度来对隐含层的权值、阈值进行调整。

同理，当神经网络为小波神经网络时，需要调整的参数为隐含层的平滑因子、伸缩因子、连接权值以及输出层的连接权值，因此需要利用输出层的误差来对输出层的连接权值进行调整，使用隐含层的误差对隐含层的平滑因子、伸缩因子、连接权值进行调整。

需要注意的是，当激活函数使用 Sigmod()函数或 Tanh()函数时，由这两个函数的图像可以得知在 x 趋近于正负无穷大时，偏导数趋近于 0，则此时对连接权值的调整值也会趋近于 0，因此无法进行调整，这就是误差反向传播算法中容易出现的梯度消失问题，因此在训练的过程中需要对学习率进行合理调整以防止梯度消失的现象发生。

将误差反向传播算法应用于神经网络参数优化时的算法（即 BP 算法）如算法 3.4 所示。

算法 3.4　BP 算法

```
随机初始化神经网络中所有的连接权值、阈值
while(未满足停止迭代条件)do
  for 所有输入数据
    按照前向传播过程计算网络的输出
    使用损失函数计算误差值
    根据误差值计算出隐含层、输出层每个参数的梯度项
    利用梯度项对所有参数进行更新
  end for
end while
输出隐含层与输出层参数确定的多层前馈神经网络
```

误差反向传播算法属于反向传播过程中的提出时间较早的基础算法，而目前研究者在该算法的基础上提出了许多新的算法，并且相较于该算法均取得了较好的优化效果，在使用小波神经网络进行大数据预测时，将采用均方根反向传播（Root Mean Square Back Propagation，RMSProp）算法作为误差反向传播算法对参数进行优化。

均方根反向传播算法通常会被视作自适应梯度（Adaptive Gradient，AdaGrad）算法的一种改进，因此在了解均方根反向传播算法前需要对自适应梯度算法的原理进行理解。自适应梯度算法与传统的误差反向传播算法不同的地方在于，在该算法中使用累积平方梯度代替迭代过程中每一次计算的梯度值。假设对某个参数计算的梯度值为 g，则自适应梯度算法需要通过下述公式计算出其梯度值的累积平方：

$$r = r + g^2 \tag{3.69}$$

其中，r 的初始值为 0。

之后通过累积平方对每次更新中的学习率进行调整，并使用更新后的学习率计算出参数的更新值。更新值的计算公式如式(3.70)所示。

$$\Delta = -\frac{\mu}{\delta + \sqrt{r}} * g \tag{3.70}$$

其中，μ 为全局学习率；δ 为避免分母为 0 而设置的极小值。

由前面的梯度值计算的相关原理可以得知，参数每次迭代更新的梯度与数据特征的稀疏性关联较大，当数据特征较为稀疏时，参数每次更新的梯度相对较小，此时累积梯度将长时间处于一个较小值，使得学习率的下降速度也会较慢，因此对参数的更新值会随之变大；当数据特征较为稠密时，参数每次更新的梯度相对较大，那么累积梯度将会较大，使得学习率加快下降速度，因此更新值会随之降低。由此带来的最直接的效果就是参数的调整速度随之加快进而使得神经网络的训练速度随之加快。

将自适应梯度算法应用于神经网络参数优化时的算法（即 AdaGrad 算法）如算法 3.5 所示。

算法 3.5　AdaGrad 算法

```
随机初始化神经网络中所有的连接权值、阈值
设置全局学习率 μ 及参数 δ，初始化梯度的累积平方
while(未满足停止迭代条件)do
  for 所有输入数据
    按照前向传播过程计算网络的输出
    使用损失函数计算误差值
    根据误差值计算出隐含层、输出层每个参数的梯度项
    计算梯度累积平方
    利用梯度累积平方更新参数
  end for
end while
输出隐含层与输出层参数确定的多层前馈神经网络
```

自适应梯度算法让每个参数在迭代过程中按照不同的学习率进行自适应调整，但其本身仍存在问题，由于该算法对梯度值不断地累积平方，因此无论数据特征如何，在达到一定的迭代次数后，累积平方会累加到一个较大值，此时计算得到的学习率将会变得极小，并会导致每次参数的更新量变得极小，最后更新速度停滞，训练也会随之结束。

为解决上述问题，研究者在该算法的基础上提出了均方根反向传播算法。均方根反向传播的主要改进点为对累积梯度的计算方式进行了调整，具体的计算公式如下：

$$r = \rho r + (1 - \rho) g^2 \tag{3.71}$$

其中，ρ 为衰减系数。

对梯度平方进行累积，主要目的在于对过去历史梯度信息的获取，而公式(3.71)中衰减系数的加入可以控制历史梯度信息获取量的多少，它相当于采用了一个变量均方根来记录历史更新次数中的梯度平方的平均值，并以此作为对学习率进行调整的主要依据。采用此方法最大的一个优点在于无论迭代多少次，参数的调整量是以历史梯度信息的平均值作为参考依据，因此其参数的更新量相对来说更加缓和，也不会出现更新速度停滞、

训练提前结束的情况。

综上所述，均方根反向传播算法的算法核心思想可以视作给每一个参数设置一个均方值来计算历史梯度平方的平均值，之后再以全局学习率除以该均方值来获得此迭代次数下的学习率，最后以此学习率与当下梯度值相乘获得参数的更新量。

将均方根反向传播算法应用于参数优化时的算法（即 RMSProp 算法）如算法 3.6 所示。

算法 3.6　RMSProp 算法

```
随机初始化神经网络中所有的连接权值、阈值
设置全局学习率 μ、参数 δ、衰减系数 ρ，初始化梯度的均方值
while(未满足停止迭代条件)do
  for 所有输入数据
    按照前向传播过程计算网络的输出
    使用损失函数计算误差值
    根据误差值计算出隐含层、输出层每个参数对应的均方值
    根据每个参数对应均方值计算其学习率
    利用学习率对参数进行更新
  end for
end while
输出隐含层与输出层参数确定的多层前馈神经网络
```

3.3.4　Nesterov 动量

在普通的梯度下降法中，一般将梯度值定义为对参数进行优化时的调整方向，将学习率定义为朝调整方向上的移动步长，参数的梯度值的变化曲线通常是波动的不规则曲线，其中存在多个较低的梯度值，若此时使用学习率对参数进行调整，容易出现陷入局部最优，但如果结合历史梯度值对参数进行调整，则可以对参数的优化方向进行调整，以此加快收敛速度并避免陷入局部最优，深度学习的动量（Momentum）算法便是以此为目的而提出的。

“动量”这个概念起源于牛顿运动定律。在该定律中，动量是与物体的质量和速度相关的物理量，而一个物体的动量指的是这个物体在它运动方向上保持运动的趋势。深度学习中的动量则是引入了“速度”这一概念，以变量 v 作为参数在调整过程中的调整方向和速率，将变量 v 与学习率相乘并作为每次迭代中参数的调整量，其计算公式为

$$\Delta = -\mu v \tag{3.72}$$

其中，μ 为学习率；而变量 v 是通过对梯度值进行指数加权平均计算而来的，因此在理解变量 v 之前首先需要对指数加权平均的原理进行了解。

通常通过计算 n 个数的和之后再除以 n，以获得这些数的平均值，这个平均值为它们的算术平均值，而在对许多实际问题进行求平均值时，还需要考虑每个数据的重要程度，即需要根据这些数据的重要程度来获取它们的加权值，进而通过求和、相除以获得加权平

均值，算术平均值一般可以视作加权平均值的一种特殊形式，即此时每个数据的重要程度是一模一样的。

在上述描述中，变量 v 是随着迭代的次数而在不断变化的，属于时间序列数据，它反映了变量 v 随着时间而不断变化的趋势，因此倘若对此类数据进行求平均值需要使用加权移动平均来描述它变化的趋势。指数加权平均又被称为指数加权移动平均，可以被视作加权移动平均的改进，是一种常见的序列处理方式。下面结合一个降水量的例子对此方法的原理进行说明。

图 3.9 为一个月的降水量分布情况，图中横轴表示一个月为 30 天，纵轴表示每天的降水量。

下面使用指数加权平均来描述降水量的变化趋势，即使用下述公式来计算局部平均值：

$$v_t = \rho v_{t-1} + (1-\rho)\sigma_t \tag{3.73}$$

其中，v_t 表示局部平均值；σ_t 表示当天的降水量。

当衰减率 ρ 设为 0.9 时，计算出来的降水量趋势如图 3.10 中的深色曲线所示；当衰减率 ρ 设为 0.95 时，计算出来的降水量趋势如图 3.10 中的浅色曲线所示。对比这两条曲线可以看到浅色曲线相对于深色曲线而言整体向右平移，但是相对于深色曲线更加稳定，这主要是因为当衰减率 ρ 设为 0.9 时计算的是 10 天降水量的指数加权平均值，而当 ρ 设为 0.95 时计算的是 20 天降水量的指数加权平均值，因此后者所反映的趋势要更加平稳。

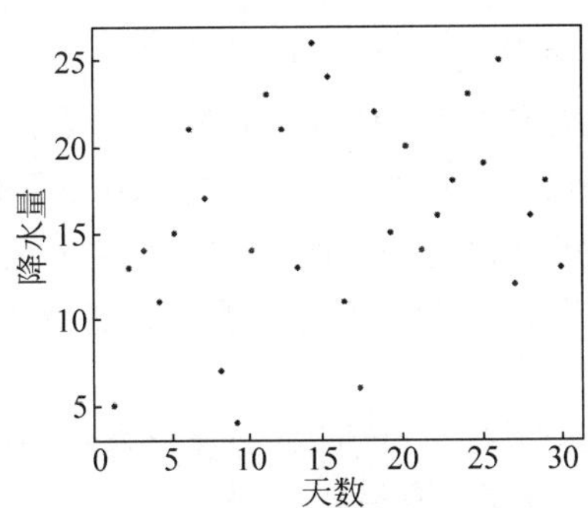

图 3.9 一个月的降水量分布情况

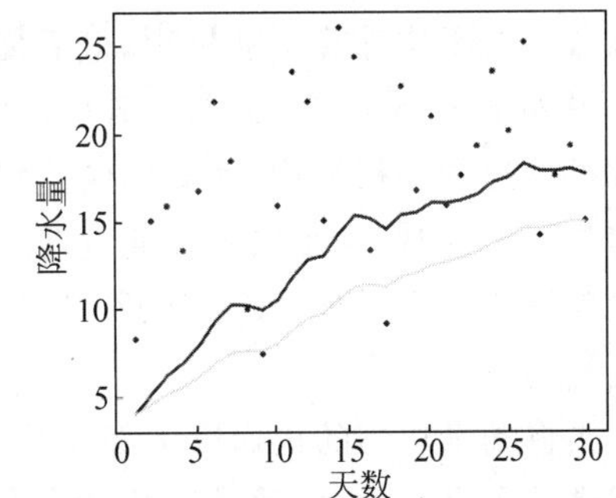

图 3.10 不同衰减率下的降水量变化趋势

上述指数加权平均的天数主要通过下述公式计算而来：

$$v_t = (1-\rho)(\sigma_t + \rho\sigma_{t-1} + \cdots + \rho^{t-1}\sigma_1) \tag{3.74}$$

式中，数值的加权系数会随着时间呈指数下降，通常数学中以 $\frac{1}{\mathrm{e}}$ 作为一个临界值。对于任意 ρ，存在

$$\rho^{\frac{1}{1-\rho}} \approx \frac{1}{\mathrm{e}} \tag{3.75}$$

则指数加权平均的平均数量计算公式为

$$N = \frac{1}{1-\rho} \tag{3.76}$$

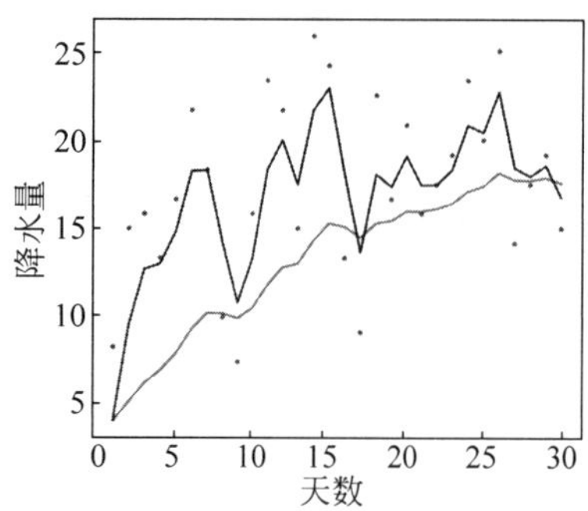

图 3.11 不同衰减率下的降水量变化趋势

图 3.11 展示了当衰减率 ρ 分别设为 0.9 与 0.5 时的降水量趋势，其中上方曲线代表的 ρ 值为 0.5，下方曲线代表的 ρ 值为 0.9。由于当 ρ 值为 0.5 时计算的是两天的平均降水量，因此它的曲线相较于下方曲线的波动性要大，但是此时曲线更能够拟合原始数据。

在梯度下降法中引入动量算法的重要步骤之一就是对参数的梯度值进行指数加权平均，这也是变量 v 的计算方式，其公式为

$$v_t = \rho v_{t-1} + (1-\rho)\mathrm{d}w_t \tag{3.77}$$

其中，变量 v_t 的初始值为 0；g 为参数的梯度值。另外由于 v_t 的初始值为 0，则其值将在迭代初值过小，此时容易导致参数的调整速率较小而影响优化速度，因此可以使用下列公式对 v_t 的取值进行调整：

$$v_t = \frac{v_t}{1-\rho^t} \tag{3.78}$$

当迭代次数较小时，上述公式的分母部分小于 1，此时将适当增大 v_t 的取值从而加快参数的调整速率；当迭代次数逐渐增大时，上述公式中的分母部分的计算结果将接近 1，则不会对动量项的大小造成影响。

由此可得动量算法的主要步骤为在每次通过损失函数计算得到参数的梯度值后，使用指数加权平均计算出动量项，最后使用公式(3.72)对参数进行更新。

另外结合公式(3.72)与公式(3.77)可以看出，在迭代过程中，由于动量项主要是对历史梯度信息的加权平均，因此梯度值将主要受到前一段时刻的影响，当梯度值前一段时刻保持相同方向时，动量项将在此方向上逐渐增大；当梯度值前一段时刻方向发生改变时，动量项将会随之减小。这一现象可以在梯度值出现反复波动时帮助其跳出局部最优，达到更好的收敛效果。

当将动量法与随机梯度下降相结合时，对动量法中变量 v_t 的计算方式与参数的调整公式进行了合并，采用动量参数 α 来参与计算动量项，具体的计算公式如下：

$$v_t = \alpha v_{t-1} - \mu g_t \tag{3.79}$$

之后对参数值进行如下更新：

$$w_t = w_{t-1} + v_t \tag{3.80}$$

将加入动量法的随机梯度下降法应用于神经网络参数优化时的算法如算法 3.7 所示。

算法 3.7 加入动量法的随机梯度下降算法

```
1:  随机初始化神经网络中所有的连接权值、阈值
2:  设置学习率 μ、动量参数 α
3:  while(未满足停止迭代条件)do
4:    for 所有输入数据
5:      按照前向传播过程计算网络的输出
```

```
            使用损失函数计算出每个参数的梯度值
            利用梯度值对每个参数的动量项进行计算
            对参数进行更新
        end for
    end while
    输出隐含层与输出层参数确定的多层前馈神经网络
```

在动量法提出后不久，Nesterov 动量法也随之被提出，此方法属于动量法的进一步发展。二者不同的是，在动量法中会用每一次迭代中计算得出的动量项作为参数调整的方向和速率，而在 Nesterov 动量法中，在计算新的动量项之前，会用当前的动量项进行一次参数的调整，然后用调整的临时参数计算梯度值，然后再利用该梯度值进行新的动量项的计算，最后进行参数的更新，此过程可以看作在动量法中添加了一个校正因子。Nesterov 动量法的核心思想在于在每次计算梯度时使用下一次的权重，然后将下一次的变化情况反映在这次计算的梯度上。

Nesterov 动量法的具体步骤如下。

首先使用当前的动量项进行参数的临时调整，调整公式如下：

$$w_t = w_{t-1} + \alpha v_{t-1} \tag{3.81}$$

然后使用调整后的临时参数计算出临时梯度值 g'，具体计算方式已在 3.2.3 节中进行详细说明。使用临时梯度值计算获得新的动量项，动量项的更新如公式(3.80)所示，最后再使用公式(3.81)对参数进行调整以获得新的参数值。

将加入 Nesterov 动量法的随机梯度下降法应用于神经网络参数优化时的算法如算法 3.8 所示。

算法 3.8 加入 Nesterov 动量法的随机梯度下降算法

```
随机初始化神经网络中所有的连接权值、阈值
设置学习率 μ、动量参数 α
while(未满足停止迭代条件)do
    for 所有输入数据
        利用当前动量项对参数进行临时更新
        使用临时更新的参数按照前向传播过程计算网络的输出
        使用损失函数计算出每个参数的临时梯度值
        利用梯度值对每个参数的新动量项进行计算
        利用新动量项对参数进行更新
    end for
end while
输出隐含层与输出层参数确定的多层前馈神经网络
```

由于动量法与 Nesterov 动量法可以有效提高参数的优化速度，避免陷入局部最优，因此通常在应用时会将它们与各种不同的梯度下降法相结合。以均方根反向传播为例，加入 Nesterov 动量法后，该算法会在求累积梯度平方之前对参数进行临时更新，然后以

通过此临时参数计算获得的梯度值进行梯度平方累积，最后再对参数进行更新。

将加入 Nesterov 动量法的均方根反向传播算法应用于神经网络参数优化时的算法如算法 3.9 所示。

算法 3.9　加入 Nesterov 动量法的 RMSProp 算法

```
随机初始化神经网络中所有的连接权值、阈值
设置全局学习率 μ、参数 δ、衰减系数 ρ 以及动量参数 α，初始化梯度的均方根值
while(未满足停止迭代条件)do
  for 所有输入数据
    对参数进行临时更新
    按照前向传播过程计算网络的输出
    使用损失函数计算误差值
    根据误差值计算出隐含层、输出层每个参数对应的均方根值
    根据每个参数对应均方根值计算其学习率
    利用学习率对参数进行更新
  end for
end while
输出隐含层与输出层参数确定的多层前馈神经网络
```

3.4　协作复合神经网络模型的构建

通过 3.3 节对小波神经网络中相关原理的介绍，可以将小波神经网络的建模步骤总结如下：

(1) 根据输入数据的相关特征确定小波神经网络输入层、隐含层以及输出层的节点数；

(2) 使用 Xavier 均匀分布初始化方法随机初始化小波神经网络隐含层的连接权值、伸缩因子、平滑因子以及输出层的连接权值；

(3) 数据由输入层输入小波神经网络，传递至隐含层后经小波基函数对数据进行非线性转换；

(4) 数据在隐含层输出后传递至输出层，在与输出层的连接权值进行线性计算后由激活函数进行非线性转换，另外激活函数选择 Tanh() 函数，最后得到网络的前向传播输出；

(5) 使用均方误差作为小波神经网络的损失函数，以网络输出值与目标值为参数计算得到损失值；

(6) 以输出层的损失值计算得到输出层连接权值的梯度，使用加入 Nesterov 动量法的均方根反向传播算法对此连接权值进行调整；

(7) 损失值传递至隐含层，以隐含层的损失值为参考依据，对隐含层的伸缩因子、平滑因子以及连接权值进行调整；

（8）获得一个参数的更新后的小波神经网络；

（9）在达到最大迭代次数之前，重复步骤（3）～步骤（8），在达到最大迭代次数后，输出由隐含层与输出层参数确定的多层前馈神经网络。

小波神经网络模型的算法如算法3.10所示。

算法3.10　小波神经网络模型的算法

```
确定神经网络的节点数，随机初始化神经网络中所有的参数
设置全局学习率μ、参数δ、衰减系数ρ以及动量参数α，初始化梯度的均方根值
while(未达到最大迭代次数)do
  计算神经网络前向传播的输出
  计算每个参数的梯度值
  使用加入Nesterov动量法的均方根反向传播算法对每个参数进行更新
end while
输出由隐含层与输出层参数确定的多层前馈神经网络
```

使用小波神经网络进行大数据预测时，由于其参数的初始值采用随机初始化的方法，因此若初始化的参数值更加接近目标参数值，则网络的训练速度与训练效果也会相对较好，但一旦初始化生成的参数值偏离目标参数值，则会直接影响网络的训练速度以及最后的训练结果，同时可以得知在使用反向传播算法对参数进行调整时，依旧可能出现陷入局部最优的情况，因此小波神经网络的大数据预测性能也会出现一定的随机性。

通过前面群智能优化算法的介绍可以得知，若使用群智能优化算法对神经网络的初始参数进行优化，则可以使神经网络获得一个较好的初始参数值，进而使其获得更好的训练结果，而提出的自适应动态灰狼优化算法有效性通过对比实验也已得到了证明，因此为解决神经网络参数初始化随机性较高的问题，将自适应动态灰狼优化算法与小波神经网络相结合，以此构建协作复合神经网络模型用于大数据预测。

在协作复合神经网络模型中，自适应动态灰狼优化算法主要用于初始化小波神经网络的参数，在之后的训练过程中，仍需要使用加入Nesterov动量法的均方根反向传播算法对参数进行调整，但该算法并未考虑迭代过程中梯度值发生正负变化这一情况，而是使用固定的学习率作为学习步长，因此在面对较大的梯度变化时，容易导致优化结果的波动性大，降低收敛速度。为解决此问题，提出一种加入Nesterov动量法的自适应均方根反向传播（Adaptive Root Mean Square Back Propagation，ARMSprop）算法，该算法考虑到迭代过程中梯度发生正负值变化时，已经跳过了梯度值为0的点，因此在下一次调整过程中，不仅需要对学习方向进行调整，同时学习步长也应有所降低；而当前后两次迭代梯度的正负值未发生变化时，说明距离极值点较远，因此学习步长需要有所增加。

加入Nesterov动量法的自适应均方根反向传播算法基本步骤如下。以第t次迭代中权值w的更新为例，首先对权值w进行临时更新，并计算更新后的梯度g_t。

$$w' = w_t + \alpha * v_{t-1} \tag{3.82}$$

其中，α为动量系数；v_{t-1}为上一次迭代更新值，初始值为0。

计算累积梯度平方 r。

$$r_t=\rho * r_{t-1}+(1-\rho) * g_t \tag{3.83}$$

之后计算此时的学习率。

$$\mu=\begin{cases}\mu_0 * (s_t+\mathrm{abs}(g))/s_t, & g_t * g_{t-1} \geqslant 0 \\ \mu_0 * (s_t-\mathrm{abs}(g))/s_t, & g_t * g_{t-1} < 0\end{cases} \tag{3.84}$$

其中,s_t 为累积梯度值,初值为 0;μ_0 为固定值。即若迭代前后梯度正负值发生变化,则学习率减小,反之则学习率增大;另外随着迭代次数的增大,s_t 不断增大,则学习率的变化不断减小。

最后对权值 w 进行更新。

$$v_t=\alpha * v_{t-1}-\frac{\mu}{\sqrt{r_t}} * g_t \tag{3.85}$$

$$w_{t+1}=w_t+v_t \tag{3.86}$$

结合上述不同的方法,协作复合神经网络模型的具体建模步骤如下。

(1) 根据输入数据的相关特征确定小波神经网络输入层、隐含层以及输出层的节点数。

(2) 对自适应动态灰狼优化算法的所有参数进行设定。

(3) 使用 Xavier 均匀分布初始化方法随机初始化小波神经网络隐含层的连接权值、伸缩因子、平滑因子以及输出层的连接权值,然后将四个参数组合成一个数组形式,例如,由小波神经网络的计算特点可知每个参数的存在形式均为数组形式,因此假设四个参数的数组形状分别为 8×4、8×1、8×1 以及 8×1,则将这四个数组组合成一个并列的大数组。

(4) 以上述步骤中的大数组作为自适应动态灰狼优化算法的种群个体,按照统一方式随机生成整个种群。

(5) 以使用每个种群个体作为小波神经网络的参数,使用均方误差作为小波神经网络的损失函数,计算得出每个个体对应的损失值,将此损失值作为每个个体对应的适应度值,适应度值越低则该个体的位置信息越好。

(6) 对适应度值按从小到大的顺序排序,适应度值越小则个体的位置信息越接近最优解,将适应度值排在前三的个体分别设定为灰狼 α、β 以及 δ,并对当前最优的位置信息进行保存。

(7) 依次对种群中每个个体的位置信息进行更新,针对更新后的信息重新计算其适应度值,然后用中心扰动准则来判断是否对个体的位置信息进行更新。

(8) 重新比较整个种群中个体的适应度值,保存灰狼 α、β 与 δ 的位置信息以及历史最优的位置信息。

(9) 按照设定的迭代次数重复步骤(5)~步骤(8),当达到最大迭代次数时停止迭代过程,输出历史最优的位置信息,将该位置信息作为小波神经网络中参数的初始值。

(10) 使用该网络中参数的初始值确定新的小波神经网络,数据由输入层输入小波神经网络,传递至隐含层后经小波基函数对数据进行非线性转换。

(11) 数据在隐含层输出后传递至输出层,在与输出层的连接权值进行线性计算后由激活函数进行非线性转换，另外激活函数选择 Tanh()函数，最后得到网络的前向传播输出。

(12) 使用均方误差作为小波神经网络的损失函数，以网络输出值与目标值为参数计算得到损失值。

(13) 以输出层的损失值计算得到输出层连接权值的梯度，使用加入 Nesterov 动量法的自适应均方根反向传播算法对此连接权值进行调整。

(14) 损失值传递至隐含层，以隐含层的损失值为参考依据，对隐含层的伸缩因子、平滑因子以及连接权值进行调整。

(15) 获得一个参数的更新后的小波神经网络。

(16) 在达到最大迭代次数之前，重复步骤(11)～步骤(15)，在达到最大迭代次数后，输出隐含层与输出层参数确定的多层前馈神经网络。

(17) 将待预测数据的输入特征数据输入此多层前馈神经网络，经过网络的前向计算获得最后的预测值。

协作复合神经网络模型的流程图如图 3.12 所示。

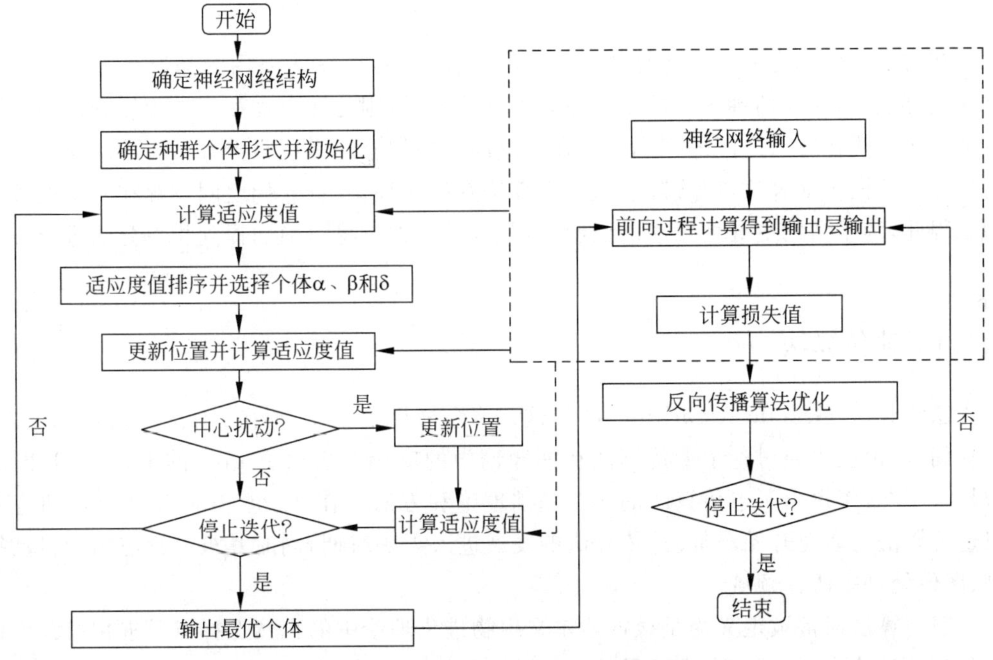

图 3.12　协作复合神经网络模型的流程图

结合协作复合神经网络模型的建模步骤，可以将其特性归纳总结如下。

(1) 该模型对神经网络结构的设置以实验数据的数据特征为主要依据，当对实验数据进行更改时，需要重新对神经网络结构进行调整。

(2) 该模型对参数的优化主要分为两部分：一部分是使用自适应动态灰狼优化算法对参数进行初始化生成；另一部分是使用反向传播算法对参数进行优化调整。

(3) 相较于传统生成方式，自适应动态灰狼优化算法可以使参数更加接近目标值，从而进一步提高训练速度，获得更好的优化结果。

(4) 反向传播算法选择的是加入 Nesterov 动量法的自适应均方根反向传播算法，此算法引入 Nesterov 动量的思想，结合历史梯度值对参数进行调整，则可以对参数的优化方向进行调整，以此加快收敛速度并避免陷入局部最优。

(5) 加入 Nesterov 动量法的自适应均方根反向传播算法将根据梯度值正负变化而自适应调整的学习率引入算法步骤中，降低了优化结果的波动性，加快收敛速度。

(6) 该模型虽然将自适应动态灰狼优化算法与小波神经网络相结合，但以小波神经网络输出的损失值作为适应度值这一设置只利用了小波神经网络的前向计算过程，主要涉及基本线性计算与非线性转换，而后续的参数调整部分与小波神经网络反向传播过程完全一致，因此算法复杂度并未随之提高。

(7) 在参数设置方面，除自适应动态灰狼优化算法与小波神经网络中的原参数外并未新增其他参数。

3.5 知识扩展

在对自适应动态灰狼优化算法进行性能比较时，对比算法采用的是遗传算法与粒子群优化算法，当对这两种算法的基本原理不够了解时，则无法更加深入地理解它们与自适应动态灰狼优化算法之间的区别。而在对反向传播的介绍中也只涉及了自适应梯度算法与均方根反向传播算法，但实际上这一类算法有许多种，并且它们之间均存在一定的关联性。因此，为了帮助更好地理解前面所介绍的内容，本节将对前面提到相关算法进行补充说明。

3.5.1 遗传算法

遗传算法(Genetic Algorithm，GA)这一概念最早于 1967 年在 Bagley 的博士论文中被提到，该论文主要讨论了遗传算法在博弈论中的应用。之后 Bagley 的老师 J. Holland 教授于 1975 年提出了遗传算法的相关基础理论和方法。在 20 世纪 80 年代之后研究者对遗传算法的研究开始增加，遗传算法的发展进入兴盛时期，同时其被广泛应用于自动控制、图像处理等研究领域。

遗传算法通常被定义为是根据达尔文生物进化理论中的自然选择以及进化过程而提出的一种计算模型，它符合自然界的生物进化规律。从算法方面来说，遗传算法是一种将待求解问题看作自然环境，将问题的每一个候选解决方案作为环境中的个体，通过仿照自然界的进化过程而进一步发现环境中的最优个体即表现最优的候选解决方案。

遗传算法主要以种群中的所有个体作为对象，然后以待解决问题的空间范围对所有个体进行随机编码，最后以选择、交叉、变异这三个操作来实现目标范围内的搜索过程。遗传算法直接对所有的候选解按照设定的步骤进行相关操作，不存在进行求导和函数连续性的限定，无须确定的规则就能自适应地在目标空间调整搜索方向，确定搜索目标。

在对遗传算法的相关术语进行了解之前，首先需要对遗传算法中涉及的相关生物术语的原理进行了解，下面将分别对这些术语展开相关介绍。

(1) 基因型。染色体决定的性状的内部表现。

(2) 表现型。由基因型决定的个体的外部表现。

(3) 编码。遗传信息在染色体上按照一定的顺序进行排列，可以看作由表现型到基因型的映射。

(4) 解码。可以看作由基因型到表现型的映射。

(5) 进化。生物为了在环境中获得更好的生存状态而不断调整自身品质以适应环境的过程，此过程通常以一个种群为单位进行。

(6) 适应度。生物对所生活环境的适应程度。

(7) 选择。通常指个体按照自身是否更适合在环境中生存而被环境进行选择的过程。此过程按照一定的概率进行，个体的适应度越大越容易被选择。

(8) 交叉。也可称为基因重组，指两条染色体在同一位置被分割成两段，然后进行交叉重组从而形成新的两条染色体。

(9) 复制。在细胞分裂时，染色体会被复制进入新生成的细胞中，新细胞与旧细胞的基因信息完全一致。

(10) 变异。在染色体复制的过程中，部分染色体的某一小段基因信息发生改变，从而生成了新的染色体。发生染色体变异的概率通常很小。

与上述生物术语相对应，下面将对它们在遗传算法中的意义进行解释说明。

(1) 编码。遗传算法在对待求解问题的候选解进行生成时，主要以遗传空间中的染色体或个体的形式进行表现，这个随机生成过程被称为编码。编码首先需要可以对应遗传空间中所有问题的候选解，其次一个染色体或个体将与一个候选解相对应，最后所有的候选解将可以作为遗传空间中染色体的直接表现。编码的方法有许多种，如二进制编码法、浮点编码法等。由于遗传算法所求解的问题解部分为十进制数，而二进制数、浮点数等更适合算法的交叉、变异等过程，因此在进行遗传算法的相关操作前需要进行十进制数与二进制数等形式之间的转换过程。

(2) 解码。在对待求解问题的候选解编码并进行选择、交叉、变异操作后，需要重新计算该候选解的适应度，因此需要将候选解的数的形式转换为原形式，此转换过程即为解码过程。

(3) 种群初始化。种群中的所有个体均需通过实际问题随机生成，根据实际待求解问题确定最优解存在的空间范围，然后在该空间范围内按照候选解的存在形式随机生成初始群体。

(4) 适应度值。适应度值是用来评价候选解的好坏的数值，该数值与目标求解的问题直接相关。以求解目标范围最大(最小)问题为例，可以将该求解问题相关函数视作适应度函数，候选解经适应度函数计算后获得的值为适应度值。对适应度值好坏的判断通常以待求解问题为依据，求解最大(最小)值时，适应度值越大，候选解越好。

(5) 选择。按照种群中个体的适应度值大小，选择出一定数量的个体进行之后的交叉、变异操作。一般使用轮盘赌方法进行选择。轮盘赌方法首先需要通过个体适应度值计算出每个个体遗传到下一代的概率。此概率的计算公式如下：

$$p(x_i)=\frac{f(x_i)}{\sum_{i=1}^{n}f(x_i)} \tag{3.87}$$

其中，$f(x_i)$为个体 x_i 的适应度值；n 为种群数量。个体的适应度值越高，则被遗传到下一代的概率越大。

之后计算个体的累积概率，以累积概率为依据判断是否选择该个体。累积概率的计算公式如下：

$$P(x_i)=\sum_{j=1}^{i}p(x_j) \tag{3.88}$$

之后随机生成 0～1 的实数 p'，然后将该实数与每个个体的累积概率进行比较，若累积概率大于此实数 p'，则将此个体选择遗传至下一代或进行之后的交叉、变异操作。

(6) 交叉。此过程主要使用交叉算子对被选择的个体进行交叉操作。以二进制编码为例，每个个体为一串较长的二进制编码数，以交叉算子作为对个体进行交叉操作的概率，每两个个体为一组进行操作，针对每个被选择的个体随机生成一个 0～1 的数，若该数小于变异算子，则对此组个体进行交叉操作，这是以随机算子个体中的某个数作为交叉点，将两个个体交叉点后的部分进行交换，以此组成两个新的个体来完成交叉操作。

(7) 变异。此过程主要使用变异算子对被选择的个体进行变异操作。以二进制编码为例，以变异算子作为对每个选择的个体进行变异操作的概率，针对每个被选择的个体随机生成一个 0～1 的数，若该数小于变异算子，则对该个体进行变异操作，随机选择个体中的某个或多个数进行变异，即重新随机生成该数值。

在上述遗传算法的相关术语介绍中提到了个体的编码过程，个体的编码方式有许多，大致上可以分为三类：二进制编码法、浮点编码法以及符号编码法。下面将针对这三种方法分别进行介绍。

(1) 二进制编码法主要使用 0 和 1 两个数来对种群的个体进行表示，类似染色体中使用两种碱基来串联成一条染色体，虽然只有 0 和 1 两种状态，但是足够长的二进制编码数可以表达所有的特征，二进制编码的表达类型为“110101011”。

二进制编码法操作简单易行，当使用此种编码方式生成个体后，个体的形态更接近染色体的形态，因此进行交叉、变异操作更加符合生物学原理。但是这种方法在对连续函数进行优化处理时，由于其随机性使得局部搜索能力较差，另外变异过程虽然是对部分二进制编码数位进行操作，但实际上对原数值的影响较大，容易使得个体的适应度值相较于变异前降低。

(2) 浮点编码法相对于二进制编码法来说最大的区别在于每个基因值采用某个范围内的一个浮点数来表示，此范围值必须保证在给定的区间范围内，因此在继承了二进制编码优点的同时，能够在个体编码长度较长时获得更高的精度。浮点编码法的表达类型为“2.3-4.1-2.6-5.2-6.3”。

由于浮点编码法使用浮点数来表示基因值使得其精度得到了提高，因此该方法更适合表示范围较大的数，同时也更适合在较大的空间内进行搜索。通常遗传算法在应用过程中会与其他方法相结合，浮点编码法的编码方式相较于二进制编码法而言也更适合与其他方法混合。

(3) 符号编码法在对个体染色体进行编码时通常将其基因值取自一个无数值含义而只有代码含义的符号。这种编码方式更加符合有意义积木块编码原则，同时倘若需要用到求解问题的专门知识时，该算法也会相对来说更加方便。

以使用遗传算法优化人工神经网络的参数为例，人工神经网络的参数一般为数组形式，为了使遗传算法的优化过程更加简单，则可以将种群的个体以多个神经网络参数数组组成大数组，之后的交叉操作将以不同小数组之间的连接点作为交叉点，变异操作以小数组为单位进行取值范围内的随机变异。

在遗传算法中，主要需要设置的参数为种群的数量、交叉算子、变异算子以及迭代次数。因此，结合上述内容，可以将遗传算法的步骤总结如下。

(1) 根据目标求解问题，对遗传算法的相关参数进行设置。

(2) 按照问题的候选解形式，在目标范围内随机生成多个种群个体，然后计算每个个体的适应度值，将当前适应度值最高的个体信息作为历史最优个体信息。

(3) 对每个个体进行编码。

(4) 对每个个体进行选择操作，使用轮盘赌方法选择遗传到下一代或进行交叉、变异操作的个体，一般种群中适应度值排在前几名的个体可直接遗传到下一代。

(5) 对选择的个体进行交叉操作，根据交叉概率对经过选择后的种群个体进行个体间基因片段的交换。

(6) 对选择的个体进行变异操作，根据变异概率对经过选择后的种群个体进行基因片段的改变。

(7) 将选择直接遗传到下一代的个体、交叉操作的个体以及变异操作的个体，总数量设置为种群的数量，并以它们作为新的种群个体，然后对每个个体进行解码，之后计算每个个体的适应度值，对历史最优个体信息进行更新。

(8) 重复步骤(3)～步骤(7)，当达到最大迭代次数或满足停止迭代条件后停止迭代，然后输出此时种群中的全局历史最优个体的位置信息。

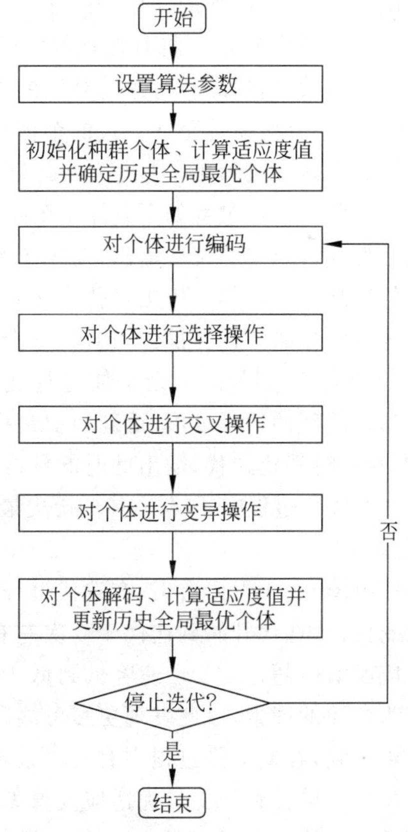

图 3.13　遗传算法流程图

遗传算法的流程图如图 3.13 所示。

遗传算法如算法 3.11 所示。

算法 3.11 遗传算法

```
确定遗传算法中的相关参数
初始化生成种群中的所有个体，计算每个个体的适应度值，将当前适应度值最高的个体信息作为历史最优个体信息
while(未达到最大迭代次数)do
  对所有个体进行编码
  选择操作
  交叉操作
  变异操作
  对个体进行解码并计算其适应度值，对历史最优个体信息进行更新
end while
  输出历史最优个体信息
```

下面以遗传算法对 Zaharov 测试函数进行目标范围内的最小值寻优为例对此算法进行说明，该测试函数的计算公式在 3.2.6 节中已介绍，其取值范围为[－5,10]，取值范围内的理想最优解为 0，将其搜索的空间维度设为 20。

在参数设置方面，将遗传算法的种群数量设为 30，交叉算子设为 0.8，变异算子设为 0.05，选择直接遗传至下一代的个体数量为 10，进行遗传操作的个体数量为 10，进行变异操作的个体数量为 10，迭代次数设为 1000。

主要的寻优过程如下：首先在此函数的取值范围[－5,10]内随机生成 30 个 20 维数组作为种群个体的位置信息，对每个数组依次使用测试函数公式计算适应度值，确定适应度值最高的个体作为历史最优个体；然后对每个数组进行二进制编码，按照适应度值大小进行轮盘赌法选择操作，选出 10 个个体直接遗传至下一代，之后从剩下的个体中选出 10 个进行交叉操作，其余个体进行变异操作；之后对新生成的种群个体进行解码，然后计算它们新的适应度值，更新历史最优个体；最后重复相关遗传操作，当达到最大迭代次数 1000 时停止迭代，输出此时的种群历史最优个体适应度值及其位置信息。

在优化过程中，种群个体的历史最优适应度值的大小随迭代次数的变化情况如图 3.14 所示。

由图 3.14 可以看出，在迭代过程中，种群个体朝向最优适应度值的收敛速度一直发生变化，从迭代开始到迭代 150 次左右，算法都具有一个较快的收敛速度，其中历史最优适应度值由超过 10^6 迅速降低到低于 10^3，说明算法在迭代前期能够在目标范围内进行较为全面的搜索，以此发现更多可能存在的较多解。另外观察这一阶段的适应度值曲线可以看到，在此下降过程中有三段较短的直线存在，这可能是因为在此期间算法收敛至局部最优区域导致历史最优适应度值无较大变化，而这三段直线之后均出现了下降的曲线，即适应度值均有所下降，说明算法跳出了此局部最优。最后算法在迭代 150 次之后最优适应度值未发生大的变化，此时可能存在两种情况：一种是此时已陷入了局部最优区域且难以跳出此状态；另一种则是算法收敛效果较好，已经找得了目标范围内的全局最优解。

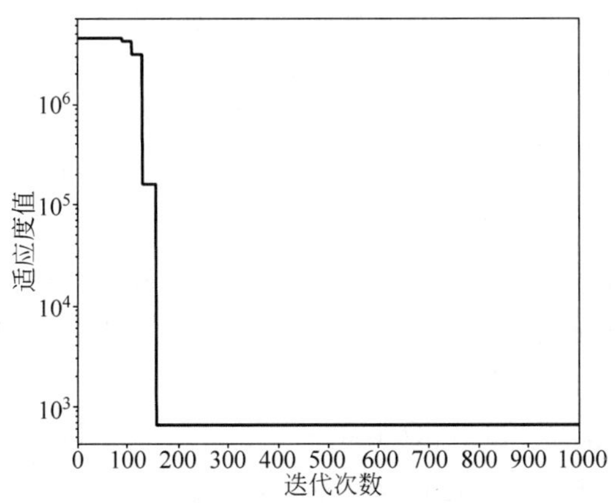

图 3.14　历史最优适应度值的变化情况

3.5.2　粒子群优化算法

粒子群优化(Particle Swarm Optimization,PSO)算法是 1995 年被 Kennedy 等人提出的一种模拟自然界中鸟群进行觅食过程的群智能优化算法。由于此算法在操作简单的同时具有较快的收敛速度,因此它具有较大的发展价值和发展空间。

目前,粒子群优化算法被应用到多种不同的领域中,例如将粒子群优化算法用于人工神经网络中的参数初始值寻优或参数优化过程以获得更好的神经网络性能;将电力领域中的某些问题转换为函数的最小化问题,进而使用粒子群优化算法进行寻优求解;除此之外还在系统识别、信号识别、目标检测等多个方面得到了较好的应用。

粒子群优化算法的核心思想灵感来源于自然界中的鸟群觅食行为,在自然界中鸟群之间均存在信息的相互交流,包括能够搜索到食物的鸟群个体向种群中其他个体传递食物具体的位置信息等。而粒子群优化算法则是将待求解问题的每一个候选解视作鸟群中的每一个个体的具体位置信息,每个候选解对应的最优适应度值作为每个个体在该位置处所能搜索到的食物的量,通过个体间位置信息的相互交流来发现目标范围内的最优适应度值对应的最优候选解。

粒子群优化算法以种群中存在的每个个体作为实施对象,让每个个体对种群中历史的最优位置信息以及目前该个体所到达的最优位置信息进行学习,通过此学习来确定自身接下来的移动方向和移动距离。此算法的特点在于它对全局历史最优位置信息与个体历史最优位置信息进行了保存。这一特点可以有效帮助种群在获得较快的收敛速度的同时避免过早陷入局部最优。

在使用粒子群优化算法进行优化问题的求解时,需要进行理解的概念主要有两个:一个是粒子的位置信息;另一个是粒子的速度信息。

粒子的位置信息通常对应待优化问题的候选解,最初需要对此位置信息在目标范围内进行初始化,然后通过此位置信息计算获得此粒子的适应度值。与遗传算法一样,粒子群优化算法也使用适应度值来衡量候选解的好坏。在求解目标范围最大(最小)问题时,将该求解问题相关函数视作适应度函数,候选解经适应度函数计算后获得的值为适应度值。在待求解问题为求解最大(最小)值时,适应度值越大(越小),候选解越好。在每次迭代的过程中粒子需要对自己的位置信息进行更新,具体的更新公式如下:

$$X_i^{t+1} = X_i^t + V_i^{t+1} \tag{3.89}$$

其中,V_i^{t+1} 为个体 i 在第 t 次迭代后的速度;X_i^t 个体 i 在第 t 次迭代前的位置信息;X_i^{t+1} 个体 i 在第 t 次迭代后的位置信息。

由公式(3.89)可以了解到,在对个体的位置信息进行更新前,需要通过计算获得个体新的速度信息,这一速度信息一般包括个体在接下来的一次迭代过程中的移动方向和移动距离,其具体的计算公式如下:

$$V_i^{t+1} = wV_i^t + c_1 r_1 (\text{pbest}_i^t - X_i^t) + c_2 r_2 (\text{gbest}^t - X_i^t) \tag{3.90}$$

其中,V_i^t 为个体 i 在第 t 次迭代前的速度,速度的初始值为 0;w 为惯性因子;c_1、c_2 为加速因子,其中前者为每个粒子的个体学习加速因子,后者为每个粒子的全局学习加速因子,通常这两个数被设置为常数 2,也可设为其他的常数,其取值范围处于[0,4)]区间,r_1 与 r_2 均为 0~1 的随机数;pbest_i^t 为个体 i 在第 t 次迭代之前搜索到的最优位置信息;gbest^t 为第 t 次迭代时该种群搜索到的最优位置信息。

上述公式等号右边主要分成三部分。第一部分为记忆项,表示粒子按上次的速度大小与方向移动的趋势。其中,惯性因子通常被设为非负数,当此值较大时,表示个体对过去移动信息的继承量较大,此时个体全局寻优能力较强,局部寻优能力较弱;当此值较小时,个体对过去移动信息的继承量较小,则个体的全局寻优能力较小,局部寻优能力较强。第二部分为自身认知项,表示粒子根据自身过去最好的经验进行位置移动。第三部分为群体认知项,表示粒子根据全局历史最好的经验进行位置移动。

在粒子群优化算法中,需要提前设置的参数分别为粒子群的种群数量、惯性因子 w、加速因子 c_1 与 c_2。因此结合上述内容,可以将粒子群优化算法的算法步骤总结如下。

(1) 根据目标求解问题,对粒子群优化算法的相关参数进行设置。

(2) 按照问题的候选解形式,在目标范围内随机生成多个种群个体,然后分别计算出每个个体的适应度值。

(3) 将每个个体适应度值作为其历史最优适应度值,对应的位置信息作为历史最优位置信息;比较种群中所有个体的适应度值,将最好的适应度值作为全局历史最优适应度值,将对应的位置信息作为全局历史最优位置信息。

(4) 对每个个体依次使用公式(3.90)对其速度信息进行更新,之后使用公式(3.89)对其位置信息进行更新。

(5) 对更新位置信息后的个体计算它们的适应度值,将此适应度值与个体历史最优适应度值进行比较,若更新后的适应度值更优,则对个体历史最优适应度值以及对应的个体历史最优位置信息进行更新,反之则不更新。

(6) 选出此时种群中适应度值最优的个体,将其适应度值与全局历史最优适应度值进行比较,若最优的适应度值较全局历史最优适应度值更好,则对全局历史最优适应度值以及对应的全局历史最优位置信息进行更新,反之则不更新。

(7) 重复步骤(4)~步骤(6),当达到最大迭代次数或满足停止迭代条件时停止迭代,然后输出此时种群中的全局历史最优个体的位置信息。

粒子群优化算法的流程如图 3.15 所示。

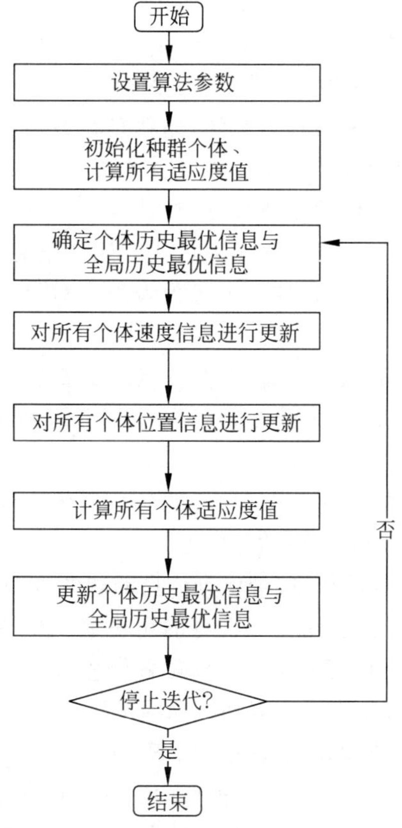

图 3.15　粒子群优化算法的流程

粒子群优化算法如算法 3.12 所示。

算法 3.12　粒子群优化算法

```
确定粒子群优化算法中的相关参数
初始化生成种群中的所有个体，计算每个个体的适应度值，将当前所有个体的信息作为个体
历史最优信息，将适应度值最高的个体信息作为全局历史最优信息
while(未达到最大迭代次数)do
  对所有个体速度信息进行更新
  对所有个体位置信息进行更新
  计算更新后的个体适应度值
  对个体历史最优信息与全局历史最优信息进行更新
end while
输出全局历史最优个体信息
```

将粒子群优化算法的原理与遗传算法相比，它们存在许多相同点与不同点。相同点

主要表现在以下方面。

(1) 两种算法都是在目标范围内对种群个体进行随机初始化。

(2) 使用适应度值衡量个体位置信息(候选解)的优劣性。

(3) 都是以达到最大迭代次数或满足停止迭代条件时停止迭代。

(4) 两种算法都是进行随机搜索,都不能够保证一定搜索到目标范围内的最优解。

两种算法的不同点则相对来说较为明确,那就是在遗传算法中对个体位置信息进行更新时主要是通过个体之间的交叉以及个体自身的变异来实现的,这两个过程表现为不同的个体之间进行信息的交换以及个体自身的随机转换。而在粒子群优化算法中对个体位置信息进行更新时主要通过对自身上一次迭代时速度信息、自身历史最优位置信息以及全局历史最优位置信息进行学习,这三个过程表现为对自身信息的学习以及对全局最优信息的学习。

对粒子群优化算法的优缺点进行总结,其优点主要表现为以下方面。

(1) 此算法为不确定性算法,因此在用于进行全局寻优时算法有更大的概率能够搜索到全局最优解。

(2) 该算法为一种群智能优化算法,种群的各个个体之间通过相互协作来更好地调整自身的位置信息以获得对环境更好的适应度。

(3) 具有并行性,所有个体同时进行位置信息的调整以搜索目标范围内的最优解。

(4) 具有记忆功能,所有粒子均保存自身的历史最优位置信息与对应的历史最优适应度值,除此之外还保存整个种群的历史最优位置信息以及对应的历史最优适应度值。

(5) 具有一定的稳定性,此算法在多种不同的环境下依旧适用。

而粒子群优化算法的主要缺点则表现在以下方面。

(1) 种群个体位置信息更新只局限在种群内部的信息交流,因此容易陷入局部最优。

(2) 惯性因子 w 的设置通常会直接影响到算法的性能,但是其设置方式却没有一个较好的方案,若该值设置不当则会直接影响算法的局部搜索能力。

(3) 当待求解问题的复杂性变高或求解的空间范围变大时,算法的搜索精度相对来说会出现降低的情况。

为了克服上述缺点,获得更好的粒子群优化算法性能,研究者主要通过以下几种方式对粒子群优化算法进行改进。

(1) 改变种群内粒子之间的拓扑结构。传统粒子群优化算法中一个较大的优点在于保存了全局历史最优信息与粒子的历史最优信息,但是由于粒子群的相互关系为并列存在,因此可供学习的全局历史最优信息只有一个,同时搜索范围较小。将粒子之间的拓扑结构进行调整,例如将其相互之间改成环形拓扑结构并增加此结构的数量,则整个种群内粒子可进行学习较优位置信息相对有所增加,在某些拓扑结构的粒子陷入局部最优时,其他较优的位置信息可以帮助其迅速跳出局部最优,一定程度上保证了解的最优性。

(2) 引入新的算法机制。目前所使用的粒子群优化算法步骤相对较为简单,同时在某些步骤上的合理性仍然存在一定的欠缺,例如传统的粒子群优化算法为无论更新后的粒子位置信息如何变化均会接受此次更新,但是在对粒子每次的位置进行更新后有很大概率出现粒子的适应度值降低的情况,因此将直接影响算法的收敛速度。在这里可以考虑设置一个新的算法机制，此算法机制在每次粒子进行位置更新后对其适应度值进行比较，若粒子适应度值出现降低或保持不变的情况，则可以考虑按照一定的概率不接受此次位置更新或重新对位置进行更新。

(3) 调整惯性因子 w 的设置方式。在传统方法中，惯性因子通常被设为一个固定的非负数，当此值较大时，表示个体对过去移动信息的继承量较大，此时个体全局寻优能力较强，局部寻优能力较弱；当此值较小时，个体对过去移动信息的继承量较小，则个体的全局寻优能力较小，局部寻优能力较强。部分研究者采用线性下降或非线性下降的更新方式让惯性因子 w 随着迭代的次数进行变化，通常在迭代前期保持一个较大的惯性因子以获得较好的全局寻优能力，在迭代后期保持一个较低的惯性因子以在局部进行更好的搜索。

(4) 与其他算法的结合。不同的算法自身均存在不同的优点与缺点，将某些算法与粒子群优化算法相结合可以利用这些算法的优点来克服粒子群优化算法自身的缺点，以此获得更好的算法性能。目前尝试较多的算法有模拟退火算法、遗传算法等。

下面以粒子群优化算法对 Rosenbrock's 测试函数进行目标范围内的最小值寻优为例对粒子群优化算法进行说明，该测试函数的计算公式在 3.2.6 节中已介绍，其取值范围为[−10,10]，取值范围内的理想最优解为 0，将其搜索的空间维度设为 20。

在参数设置方面，将粒子群优化算法的种群数量设为 30，惯性因子 w 设为 0.9，两个加速因子 c_1、c_2 均设为 2，迭代次数设为 1000。除此之外采用基于线性下降惯性因子的粒子群优化算法(Particle Swarm Optimization Algorithm with Linear Descent of Inertia Factor，IPSO)与动态多种群粒子群优化算法(Dynamic Multi-Swarm Particle Swarm Optimizer，DMSPSO)进行对比实验。

随迭代次数线性下降，基于线性下降惯性因子的粒子群优化算法与传统粒子群优化算法的唯一区别在于该算法对其惯性因子采用对迭代次数的增加而不断线性下降的方式进行设置，惯性因子的初始值与传统粒子群优化算法一样，设为 0.9，当迭代次数结束时，惯性因子的大小减小至 0。

动态多种群粒子群优化算法主要将多种群的思想引入粒子群优化算法中，在最初对种群进行设置时，将所有粒子分成多个种群，在对粒子位置更新时，更新方式不变，但公式(3.90)中需将对全局历史最优位置信息改成对小种群中的全局历史最优位置进行学习，而全局历史最优位置信息通过对不同的种群之间进行比较而获得，另外会设定一个固定的迭代周期，当达到此迭代次数时会对每个种群中的个体进行重组，即将所有个体进行混合，然后随机分成之前数量的种群，在接下来的迭代周期中以新的种群进行位置的学习移动。在参数设置方面，除与传统粒子群优化算法相同的参数设置外，将种群的数量设为 5，对种群进行重组的更新周期设为 10。

主要的寻优过程如下：首先在此函数的取值范围[−10,10]内随机生成 30 个 20 维数组作为种群个体的位置信息，在动态多种群粒子群优化算法上将其分成 5 个种群，其他算法为 1 个，然后根据测试函数计算公式计算个体的适应度值，将适应度值由小到大的顺序进行排序，从而确定种群历史最优信息以及个体历史最优信息，之后再对个体位置信息进行更新并计算更新后的适应度，同时需对种群历史最优信息以及个体历史最优信息进行更新，最后重复相关操作，当达到最大停止迭代次数 1000 时停止迭代，输出此时的种群历史最优个体适应度值及其位置信息。

在优化过程中，种群的历史最优适应度值的变化情况如图 3.16 所示。

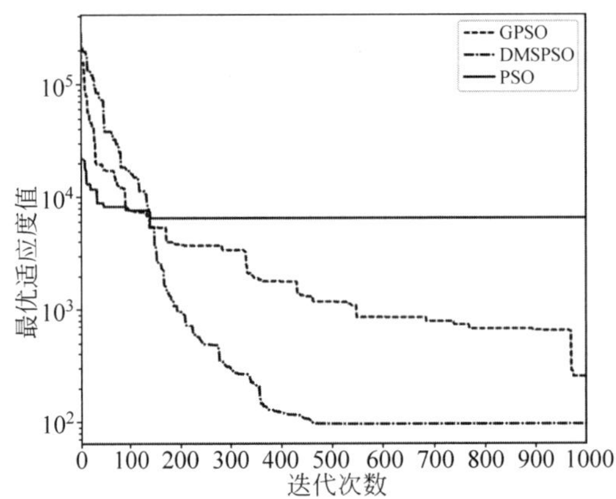

图 3.16 历史最优适应度值的变化情况

由图 3.16 可以看到，种群历史最优适应度值的变化速度一直在发生变化，而不是以相同的速度在减小。在迭代次数低于 100 时，传统粒子群优化算法相较于另外两种算法能够以更快的速度到达一个较优值，这可能是由于传统粒子群优化算法相较于另外两种算法步骤更加简单，同时采用固定值惯性因子，因此前期的全局寻优能力更强。当迭代次数为 100～500 次时，传统粒子群优化算法的种群历史最优适应度值没有大的变化趋势，说明此时可能已经陷入局部最优，采用线性下降惯性因子的粒子群优化算法在这个迭代周期之间的种群历史最优适应度值的下降速度相对较为稳定，而动态多种群粒子群优化算法在这个迭代周期内以一个较快的下降速度迅速将种群历史最优适应度值下降到三种算法中的最低值。最后在迭代 500 次到迭代结束之间，传统粒子群优化算法的历史最优适应度值基本保持不变，采用线性下降惯性因子的粒子群优化算法的种群历史最优适应度值继续下降，但下降速度开始减小，虽然在迭代次数为 950 次左右出现了一次大的下降幅度，但其种群历史最优适应度值依旧低于动态多种群粒子群优化算法，直至迭代结束，动态多种群粒子群优化算法具有最低的种群历史最优适应度值。综上所述，无论是从算法的收敛速度还是从算法的收敛精度来比较，动态多种群粒子群优化算法要比另外两种对比算法更好，说明动态多种群粒子群优化算法相较于传统粒子群优化算法所做的改进是合理且有效的。

3.5.3 模拟退火算法

模拟退火(Simulated Annealing，SA)算法是一种基于蒙特卡洛迭代求解策略的随机优化算法，其思想起源是 1953 年由 Metropolis 等人提出的。直到 1983 年，由于软硬件条件的成熟，Kirkpatrick 等人才成功地将模拟退火思想引入组合优化领域。由于模拟退火算法在理论上具有概率全局最优化的能力，因此它在工程控制、生产调度、信号处理、机器学习等诸多领域都得到了广泛的应用。

模拟退火算法的中心思想与现实生活中的金属固体退火降温的原理直接相关。在现实生活中对金属固体进行加热时，金属固体的内能会随着温度的升高而不断增大，当达到一定温度时，金属开始熔解，而内部的粒子则会表现得极其活跃，同时呈现出无序的状态，当不再进行加热时，温度逐渐降低，金属开始冷却变成固体，粒子则会由之前无序的状态逐渐恢复到排列有序的状态，此时系统的能量也会逐渐减少，直至达到最低值。在此降温过程中，温度越高，出现降温的概率则越大，随着温度的不断降低，出现降温情况的概率也会随之不断减小。

模拟退火算法中涉及的概念主要有三个，分别为目标函数、接受概率以及冷却进度表。下面将分别针对这三个概念展开介绍。

1. 目标函数

由上述思想可以得知，模拟退火算法的整个降温过程可以类比于在目标范围内求取最优解的过程，将金属固体的内能类比于目标函数值，当温度这个控制参数变化时，金属固体的内能也在不断改变，此时通过一定概率判断是否接受这个新的内能，即最优解。因此模拟退火算法可以广泛应用于优化问题的求解，通过目标范围内不同的解之间的比较而不断搜索最优解的具体信息。

2. 接受概率

接受概率即为判断是否接受新的内能的概率。模拟退火算法中通常使用 Metropolis 接受准则进行接受概率的计算。在此准则中，倘若内能朝着想要的趋势发生变化（若为求解最小值，则 $\Delta E<0$；若为求解最大值，则 $\Delta E>0$），则接受新的状态，否则将使用概率 $\exp\left(-\frac{\Delta E}{kT}\right)$ 来判断是否接受新的状态，其中 k 为 Boltzmann 常数，通常取值为 1.3806×10^{-23}。

3. 冷却进度表

从前面两个概念的介绍中可以得知，在每个状态的变化过程中，温度值起到至关重要的作用，尤其是 Metropolis 接受准则中是否接受新的状态的概率直接与温度值相关，而由前面的算法思想介绍可以得知，温度应当处于一个不断降低的状态，即温度越低时，出现内能改变的可能性也会降低，因此在这里采用冷却进度表来控制温度的变化。冷却进度表是指用来控制从某高温状态 T_0 开始进行降温的幅度和趋势的管理表。假设 t 时刻的温度为 T_0，那么在经典的模拟退火算法中，温度随着时间的变化趋势可以表示为 $\frac{T_0}{\lg(1+t)}$，而在快速模拟退火算法中，温度随着时间的变化趋势可以表示为 $T_0/(1+t)$，二者的区别主要表现在变化的速度上，但它们都可以帮助算法有效收敛到全局最优值处。另外在实际的应用中，时刻 t 可以使用迭代次数来代替。

在上述模拟退火算法原理中主要涉及的参数分别为初始温度 T 和温度下限 $T_{\min}$（此值主要控制温度的最低值，当达到此值时将不再进行状态的改变）。

结合上述相关算法原理，可以将使用模拟退火算法进行优化问题求解时的特征总结如下。

(1) 模拟退火算法在对目标函数进行求解时,其搜索的范围可以是多维的。

(2) 模拟退火算法中内能的最理想状态即为目标范围内的最优解对应的目标函数值。

(3) 在进行内能的变化时,算法的搜索采用的是随机搜索,即具有更大搜索到较优解的可能性。

(4) 使用接受概率来判断是否接受新的状态时,大部分情况下获得的新状态较前一状态都更优一些,即状态在朝着更好的方向不断变化。

(5) Metropolis 接受准则可以帮助算法加快收敛速度,获得更高的收敛精度。

(6) 随着温度的减小,即迭代次数的增加,在新状态较差的情况下接受新状态的概率不断减小。

(7) 前期温度较高,较大的接受较差状态的概率可以帮助算法扩大搜索范围;后期温度较低,较小的接受较差状态的概率有利于提高算法的收敛速率。

(8) 该算法主要进行调节的参数为初始温度 T 以及温度下限 $T_{\min}$,算法简单易行。

使用模拟退火算法对优化问题进行求解时的具体步骤可以归纳如下。

(1) 设置初始温度 T、温度下限 $T_{\min}$、初始的解状态、每个温度 T 值下的迭代次数 L 以及算法停止迭代条件(一般设为当连续多个新解都没有被接受时停止算法)。

(2) 根据目标函数,对初始解对应的目标函数值进行计算。

(3) 对初始的解进行变换,产生一个目标范围内的新解,通常采用简单的变换产生新解,例如对旧解中的全部或部分元素进行置换、互换与随机数相加等。

(4) 根据目标函数,对新解对应的目标函数值进行计算。

(5) 通过新解与旧解的目标函数值计算它们之间的差值,然后使用 Metropolis 接受准则判断是否接受新解,若接受,则舍弃旧解,使用新解替代旧解。

(6) 重复上述步骤(2)~步骤(5),直至达到迭代次数 L。

(7) 判断此时是否满足停止迭代条件,若满足则输出此时的解;若不满足,则使用冷却进度表对温度进行更新。

(8) 对温度进行更新后判断是否达到温度下限值,若达到则输出此时的解,若未达到,则重复步骤(6)~步骤(7)。

(9) 当满足停止迭代条件或温度达到温度下限值时,停止算法寻优,输出此时的解状态及其对应的目标函数值。

以求解最小值问题为例,按照上述过程可将模拟退火算法归纳为如算法 3.13 所示。

算法 3.13　模拟退火算法

```
1:  初始化解状态、温度 T 以及温度下限 T_min
2:  根据待求解问题初始化解状态对应的目标函数值
3:  while(未满足停止迭代条件)do
4:    while(温度 T 大于温度下限 T_min)do
5:      for i=1:L
```

```
          对旧解进行更新获得新解
          计算新解对应的目标函数值
          if ΔE<0
            接受新解
          else
            以 Metropolis 接受准则判断是否接受信息
          end if
        end for
        对温度进行更新
      end while
    end while
    输出此时的解状态及对应的目标函数值
```

在模拟退火算法中主要存在两个问题容易影响算法的有效性，分别为温度初始值 T 的设定以及温度降低的速度。在温度初始值 T 的设定方面，一般来说温度是由较高值开始逐渐降低到较低值，当初始值设置较高时，解状态更新后接受新解的概率将相对较高，此时有助于对目标范围进行全局搜索，但与此同时，算法的整个迭代次数将会随着增加，算法的效率也会随着降低，而当初始值设置较低时，搜索到全局最优解的可能性也会随之降低。温度降低的速度问题从根本上来说与温度初始值 T 的设定这一问题是存在关联的，它同样是对算法的全局搜索效率造成直接影响。温度降低的速度将直接影响不同温度状态的持续时长，由前面的算法原理可以得知在温度较高时，接受新解的概率会处于一个较大值，此时有助于全局搜索。因此，当温度降低较快时，高温度持续的时间较短，进行全局搜索的时长也会相对较短；而当温度降低较慢时，算法的迭代时长也会随之增加，将花费大量的计算时间进而降低算法效率。因此，如何选择一个最优的初始温度值以及合适的温度降低速度是目前研究者对模拟退火算法进行改进的重点。

3.5.4　蚁群优化算法

蚁群优化(Ant Colony Optimization，ACO)算法的基本理论和设计思想可以简单描述为：在整个自然界中，蚂蚁搜寻某种食物时并非仅仅是单只蚂蚁的主动搜寻，而是一种非常具有高度群体性的搜索行为，当使用蚁群觅食时，每只蚂蚁之间都可能存在着互相传递食物信息的行为。

假定各地的蚂蚁都在没有事先通过信息素告知任何食物来源所在处的情况下，从零开始寻找新的食物。当其中的一只蚂蚁搜寻到一个新的食物源之后，这只蚂蚁就会向它的周围环境不断释放一种具有一定挥发性的分泌物质，这种物质被人们称为信息素，该种挥发性分泌物质随着周围空气的流通和时间的推进而逐渐挥发并最终逐渐消失，信息素气体浓度的水平高低分别代表了当前位置与食物源位置距离的远近，通过这种方式可以吸引其他蚂蚁沿着它的原始觅食路径方向前进，这样会导致越来越多的蚂蚁依次聚集在同一条通往食物的路线上，最终依次沿着此条行进路线前进，最终可以找到这个食物源。然而，万事都可能存在差异，总会有一些蚂蚁并不会按照其他蚂蚁的觅食路径前进，它们有可能会另辟蹊径，按照自己的方式进行食物的搜寻，与此同时自己也会分泌并释放出大量的信息素，经过很长一段距离后，该蚂蚁找到之前蚂蚁搜寻到的食物。假如这条觅食路径和原来的觅食路径相比要短，则越来越多的蚂蚁被食物吸引而走到了这条较短的觅食路径上去。最后，经过了长时间的演练，大多数蚂蚁都会在最短的觅食路径上，因此，这样的过程就是正反馈的过程。

在优化问题中，首先构造解空间，其中将蚂蚁的行走路径表示为待优化问题的可行解，那么，整个蚂蚁群体的所有路径构成待优化问题的解空间。其次，蚂蚁依照信息素进行路径搜索，随着时间的推进，大多数蚂蚁会沿着信息素较多的路径前进，这条路径也许是最短的路径。在正反馈的作用下，最终，这条最短路径便是待优化问题的最优解。

蚁群优化算法中的相关规则可以总结归纳如下。

1. 视野范围

通常蚂蚁感受的范围很小，一般假设蚂蚁能感受的范围为边长为 1cm 的方格。

2. 环境

蚂蚁所处的环境是随机的、多变的。比如环境中有障碍物、蚂蚁、信息素等，蚂蚁只能感受在它范围内的环境信息，蚂蚁在寻找食物的过程中，主要依据信息素分泌进行前进，然而信息素又以一定的概率消失。

3. 觅食规则

蚂蚁在觅食的过程中能感受到在其范围内的环境，如果食物在范围内，则蚂蚁就直接找到了食物，否则，蚂蚁依据信息素前进。蚂蚁在寻找食物的过程中都是往信息素较多的方向前进，但是，有些蚂蚁并没有按照此前进，如果这些蚂蚁搜索的路径更短，则会吸引其他蚂蚁过来，最终，形成一条最短路径。总之，觅食过程是一个正反馈的过程。

4. 移动规则

蚂蚁移动时是按照信息素较多的方向前进的，如果在其范围内，无信息素分泌，则按照原来的方向继续前进，一旦改变方向，则选取此时能察觉的信息素较多的方向前进。

5. 避障规则

蚂蚁会按照觅食规则进行前进，一旦前方有障碍物，则按照信息素的多少，改变方向，避开障碍物。

6. 信息素规则

在寻找食物之前，蚂蚁之间并没有直接的关系，但是每只蚂蚁都和环境发生交互，蚂蚁在搜索的过程中就会分泌信息素，进而蚂蚁之间就根据信息素关联了起来。

下面以经典的旅行商问题为例对蚁群优化算法的基本算法流程总结如下。

(1) 初始化所有路径上的信息素浓度为 0；

(2) 在 n 个城市中随机选取其中 m 个城市作为 m 只蚂蚁的出发城市，并把每只蚂蚁当前所在的城市 x 写入该蚂蚁的已访问城市列表；

(3) 如果第 $k(k=1,2,\cdots,m)$ 只蚂蚁还有未被访问的城市，则该只蚂蚁根据概率 p_{ij} (p_{ij} 表示城市 i 到城市 j 的信息素浓度值与城市间距离生成的函数)选出下一个将要访问的城市 j，并把 j 写入该蚂蚁的已访问城市列表，直至所有城市都被访问过一次；

(4) 计算第 k 只蚂蚁爬过的路径的长度，找出其中的最短路径；

(5) 根据当前最短路径中的城市访问情况更新路径上每条线段的信息素浓度，并清空该蚂蚁的已访问城市列表；

(6) 重复上述步骤(2)～步骤(5)，当算法满足停止迭代的条件时停止迭代并输出当前最优解。

蚁群优化算法是一种仿生进化算法，从生物学原理可以看出，蚂蚁搜索食物的行为是一种自催化行为，它们之间是靠彼此分泌的信息素进行关联的，初始阶段，由于每条路径上的信息素分布都是均匀的，每只蚂蚁都以相等的机会选择路径，当蚂蚁经过某个路径段时都会分泌信息素，随着信息素的增多，某个路径信息素最多的路径将会吸引更多的蚂蚁过来，然而也存在一些不按照已经分布的信息素选择路径而是选择其他的路径的情况，假如这条路径上的信息素比原来路径的信息素多，那么，经过一段时间后，该路径上的蚂蚁数量会更多，其所经过的路径就是最短的路径，因此这种蚂蚁搜索过程就是一种正反馈的过程。并且蚁群优化算法具有较强的健壮性。因为蚁群优化算法设置简单，只要对其模型略加改动，就可以用于其他问题的求解。在蚁群优化算法中，蚂蚁的位置移动完全依靠路径上的信息素浓度和路径长度(即启发信息)，而这种移动规律正是一种概率性的状态转移规则，它能够提高算法的全局搜索能力，不仅如此，蚁群优化算法易与其他算法如遗传算法相结合，扬长避短，提高传统蚁群优化算法的搜索能力和收敛速度。

但是，蚁群优化算法有两个明显的缺点。第一个缺点是蚁群优化算法的搜索时间较长。蚁群中单只蚂蚁的运动是随机的，它们在路径搜索过程中释放信息素并通过这种化学物质相互沟通最终发现最短路径，但当问题的规模较大时，要想在较短时间内从大量杂乱无章的路径中找出一条较优路径是很难的，这是因为在路径搜索的初始时刻，各条路径上的信息量几乎相同，随着搜索的进行，由于正反馈作用，使得较优路径上的信息量逐渐增加；另外，由于信息素会随着时间的流逝逐渐挥发掉，使得较差路径上的信息素越来越少，经过很长一段时间，这种差距越来越明显，最终绝大多数蚂蚁都选择这条信息量大的路径，即较优路径，而这一寻优过程一般需要较长的时间。

第二个缺点是蚁群优化算法易陷入局部最优。在蚁群优化算法中，蚂蚁的方向选择是依靠各路径上的信息量和启发信息(即路径长度)的，它们的运动总是倾向于信息素多的路径。但初始时刻，由于所有的路径上都没有信息素，这样蚂蚁构建的第一条路径主要是由路径长度来引导的，同时蚂蚁会在其所走过的路径上释放出与路径长度有关的信息素，而这条路径不一定能代表全局最优路径的方向，无法保证蚂蚁构建的第一条路径能指引蚁群走向全局最优路径，但随着时间的推移，由于正反馈作用，最终所有的蚂蚁都选择了这条局部最优路径，导致算法陷入局部最优，即出现“早熟”现象。

3.5.5 常见的反向传播算法

在前面对小波神经网络的反向传播过程进行阐述时，介绍了自适应梯度算法与均方根反向传播算法，这两种算法都是反向传播算法中的经典算法。反向传播算法的提出与发展由来已久，研究者也提出了很多有效的算法，这些算法之间也存在着一定联系，下面将对部分常见的反向传播算法进行介绍，最后也通过比较在使用不同反向传播算法时小波神经网络的损失值在迭代过程中的变化情况来对比这些反向传播算法的实际性能。

1. 弹性反向传播算法

在均方根反向传播算法提出之前，曾提出过一种弹性反向传播(Resilient Back Propagation，RProp)算法，此算法主要是针对反向传播算法中学习率的选择困难这一问题而提出的。

在传统反向传播算法中，学习率通常会被设置成一个固定值，但是具体将这个值设置成多少则是难以确定的，一旦选择不合理则会导致学习效果较差；另外，一般会针对所有的参数设置同一个学习率，但是在实际问题中，不同参数的梯度值基本上不会出现相同的情况，因此采用同一个学习率对不同的参数进行优化会导致不同参数的收敛速度完全不同，进而直接影响算法的收敛效果。

为避免出现上述问题，弹性反向传播算法针对每个参数都设置了专门对应此参数的学习率，在整个迭代过程中学习率并未设为固定值，而是会针对每次迭代过程中梯度值的变化情况而不断变化，其具体的公式如下：

$$\mu_t=\begin{cases}\mu_1 * \mu_{t-1}, & g_{t-1}g_t>0\\ \mu_2 * \mu_{t-1}, & g_{t-1}g_t<0\\ \mu_{t-1}, & \text{其他}\end{cases} \tag{3.91}$$

在上述公式中，μ_t 表示算法迭代到第 t 次时参数的学习率；μ_{t-1} 表示算法迭代到第 $t-1$ 次时参数的学习率；μ_1 表示预先设置的学习率增加倍数；μ_2 表示预先设置的学习率减少倍数；g_t 表示算法迭代到第 t 次时参数的梯度值；g_{t-1} 表示算法迭代到第 $t-1$ 次时参数的梯度值。

传统反向传播算法对参数的更新量主要是通过梯度与学习率的计算获得的，但是弹性反向传播算法则是直接将学习率作为参数的更新量，而梯度值主要用于对参数变化方向的调整。正如公式(3.91)所示，当迭代前后参数的梯度相乘为正数，即梯度方向未发生变化，则说明此时距离最小点处仍有一定的距离，因此不需要改变参数的调整方向，同时需要对参数调整的大小进行增加；当迭代前后参数的梯度值相乘为负数，即梯度方向发生了变化，则说明此时有可能已经跳过了最小点处，因此需要对参数的调整方向进行改变，同时为避免再次错过最小点处，需要降低参数的调整大小。具体的调整公式如下：

$$\Delta_t=\begin{cases}-\mu_t, & g_t>0\\ \mu_t, & g_t<0\\ 0, & \text{其他}\end{cases} \tag{3.92}$$

综合上述原理,可以得知弹性反向传播算法的主要算法步骤为:首先设置每个参数对应的学习率的初始值,并计算保存此次每个参数所对应的梯度值,然后对每个参数都使用学习率初始值进行更新,同时计算保存每个参数所对应的更新后的梯度值,之后利用公式(3.91)与公式(3.92)对每个学习率及其对应的参数进行更新,最后重复上述参数更新步骤,直至达到最大迭代次数时输出此时每个参数的值。

将弹性反向传播算法应用于神经网络参数优化时的算法(即 RProp 算法)如算法 3.14 所示。

算法 3.14 RProp 算法

```
随机初始化神经网络中所有的连接权值、阈值,设置学习率初始值等参数
while(未满足停止迭代条件)do
  for 所有输入数据
    按照前向传播过程计算网络的输出
    使用损失函数计算误差值
    根据误差值计算出隐含层、输出层每个参数的梯度项
    利用梯度项对学习率进行更新
    利用学习率对参数进行更新
  end for
end while
输出隐含层与输出层参数确定的多层前馈神经网络
```

2. 自适应学习率法

自适应学习率法(Adaptive Learning Rate Method,Adadelta)可以视作自适应梯度法的一种扩展。自适应梯度法在迭代过程中累加了过去所有的梯度平方,而自适应学习率法与均方根反向传播算法类似,在这一阶段引入了衰减系数来对梯度累积平方公式进行调整。但是与均方根反向传播算法相比,这两种算法在学习率的设置上也有很大区别,均方根反向传播算法主要使用全局学习率对参数调整步长进行控制,而在自适应学习率法中,使用了专门的移动步长项来代替全局学习率。

自适应学习率法的累积梯度的计算方式与均方根反向传播算法相同,这里不再进行介绍,其移动步长项的计算公式如下:

$$\theta_{t+1}=\rho\theta_t+(1-\rho)v_t^2 \tag{3.93}$$

其中,θ_{t+1} 表示第 $t+1$ 次迭代时参数的移动步长值;θ_t 表示第 t 次迭代时参数的移动步长值,此移动步长的初始值为 0;ρ 为衰减系数;v_t 表示第 t 次迭代时参数的更新量。

对参数进行更新时,具体更新量的计算公式如下:

$$\Delta_t=\sqrt{\frac{\theta_{t+1}}{r_{t+1}+\varepsilon}}g_{t+1} \tag{3.94}$$

其中,r_{t+1} 表示第 $t+1$ 次迭代时的累积梯度值;g_{t+1} 表示第 $t+1$ 次迭代时的梯度值;ε 为避免出现分母为 0 的情况而设置的极小值。

将自适应学习率法应用于神经网络参数优化时的算法(即 Adadelta 算法)如算法 3.15 所示。

算法 3.15　Adadelta 算法

```
随机初始化神经网络中所有的连接权值、阈值,设置移动步长初始值等参数
while(未满足停止迭代条件)do
  for 所有输入数据
    按照前向传播过程计算网络的输出
    使用损失函数计算误差值
    根据误差值计算出隐含层、输出层每个参数的梯度项
    利用梯度项计算累积梯度平方
    对移动步长进行更新
    利用移动步长与累积梯度平方对每个参数的更新量进行计算
    对每个参数进行更新
  end for
end while
输出隐含层与输出层参数确定的多层前馈神经网络
```

按照上述相关说明,可以将自适应学习率法的算法步骤归纳如下:

(1) 设置初始移动步长、衰减系数等参数;

(2) 通过损失函数计算获得当前梯度值;

(3) 使用当前梯度值对累积梯度平方进行更新;

(4) 通过公式(3.93)对移动步长进行更新;

(5) 通过公式(3.94)对参数的更新量进行计算;

(6) 对参数进行更新;

(7) 重复上述步骤(2)~步骤(6),当达到最大停止迭代次数时停止迭代,输出此时的参数值。

3. 自适应矩估计算法

自适应矩估计(Adaptive Moment Estimation,Adam)算法从其本质上看可以视作带有动量项的均方根反向传播算法,一方面,它使用动量法中的方式来进行参数历史梯度的累积,从而更好地利用历史信息;另一方面,它利用梯度的一阶矩估计和二阶矩估计来动态调整每个参数的学习率,在获得更快收敛速度的同时使得波动的幅度更小。

在自适应矩估计算法中,主要涉及的参数有学习率 μ、衰减率 ρ_1 与 ρ_2、时间步长 t 以及避免出现分母为 0 的情况而设置的极小值 ε。其中,衰减率 ρ_1 与 ρ_2 为分别针对梯度的一阶矩估计和二阶矩估计而设置,其计算公式分别如动量法中的累积梯度计算方式以及均方根方向传播算法中的累积梯度平方计算方式完全一致,在算法最初将一阶矩估计和二阶矩估计均初始化为 0。

在更新对梯度进行一阶矩估计与二阶矩估计之后,需要对这两个值进行偏差修正,对

一阶矩的修正方式如下：

$$s_t'=\frac{s_t}{1-\rho_1^t} \tag{3.95}$$

其中，s_t'为修正后的一阶矩；s_t 为修正前的一阶矩；t 作为时间步长，随着迭代次数的增加而增加，一般与迭代次数相同。对二阶矩的修正方式与一阶矩完全相同，使用 r_t'表示修正后的二阶矩，r_t 表示修正前的二阶矩。

以修正后的一阶矩与二阶矩作为计算依据对参数的更新量进行计算，具体的计算方式如公式(3.96)所示。

$$\Delta_t=-\mu\frac{s_t'}{\sqrt{r_t'}+\varepsilon} \tag{3.96}$$

按照上述相关说明，可以将自适应矩估计算法的步骤归纳如下：

(1) 设置初始一阶矩、二阶矩、全局学习率以及衰减系数等参数；

(2) 通过损失函数计算获得当前梯度值；

(3) 对时间步长进行计算；

(4) 使用当前梯度值对累积梯度更新以进行一阶矩估计；

(5) 使用当前梯度值对累积梯度平方更新以进行二阶矩估计；

(6) 对一阶矩与二阶矩进行偏差修正；

(7) 通过修正后的一阶矩与二阶矩对参数的更新量进行计算；

(8) 对参数进行更新；

(9) 重复上述步骤(2)～步骤(8)，当达到最大停止迭代次数时停止迭代，输出此时的参数值。

自适应矩估计算法的主要特点在于它在善于处理稀疏梯度的同时能够很好地处理非平稳目标，而在其对参数更新量的计算过程中也可以视作对不同的参数计算了不同的自适应学习率，因此它适用于大多数非凸函数优化问题。此外，该算法对于较大的数据集以及在高维空间范围内也能够取得较好的优化效果。

自适应矩估计算法应用于神经网络参数优化时的算法(即 Adam 算法)如算法 3.16 所示。

算法 3.16　Adam 算法

```
随机初始化神经网络中所有的连接权值、阈值，设置全局学习率、初始一阶矩、二阶矩以及衰减系数等参数
while(未满足停止迭代条件)do
  for 所有输入数据
    按照前向传播过程计算网络的输出
    使用损失函数计算误差值
    根据误差值计算出隐含层、输出层每个参数的梯度项
    利用梯度项计算累积梯度平方、累积梯度
    分别进行一阶矩估计与二阶矩估计
```

```
        对一阶矩与二阶矩进行参数修正
        对每个参数的更新量进行计算
        对每个参数进行更新
    end for
end while
输出隐含层与输出层参数确定的多层前馈神经网络
```

另外,在自适应矩估计算法的基础上还进一步提出了两种变形:一种变形的英文名称为 Adamax;另一种变形的英文名称为 Nadam。

Adamax 主要对最后参数的更新量计算公式进行了调整,原式中的分母部分为对二阶矩估计进行开方,修改后采用了下列公式进行该部分的确定:

$$r_t = \max(\rho_2 r_{t-1}, |g_t|) \tag{3.97}$$

之后采用下列公式对参数的调整量进行计算:

$$\Delta_t = -\mu \frac{s'_t}{r_t + \varepsilon} \tag{3.98}$$

此算法的主要特点在于为学习率提供了一个更加简单的上限范围。

Nadam 相对 Adamax 来说更加简单,此算法相当于将 Nestrov 动量法的临时梯度思想引入了自适应矩估计算法中,在每次对梯度进行计算时获得一个临时梯度,以此临时梯度对一阶矩与二阶矩进行估计,并使用临时一阶矩与二阶矩来计算参数的更新量。

上述几种反向传播算法在对使用同一数据集的前向神经网络进行参数优化时优化结果也会存在一定的差异,为了更清晰地了解它们之间的区别,下面以使用不同反向传播算法的小波神经网络为例进行对比实验说明。

在本实验中选择武汉市六个新城区的农田土壤重金属数据集作为实验数据,该实验数据共有 500 组,其中数据的输入特征共有四种,输出特征为一种。对小波神经网络结构进行设置时,分别将其输入层节点数、隐含层节点数以及输出层节点数设为 4、8、1。对参数的初始化方式选择 Xavier 均匀分布初始化,损失函数选择均方误差函数,训练次数设为 100 次。对几种反向传播算法的参数设置如表 3.3 所示。

表 3.3 反向传播算法的参数设置

算　法	参数设置
Adam	$\mu=0.01, \rho=0.9, \varepsilon=10^{-6}$
Adamax	$\mu=0.01, \rho=0.9, \varepsilon=10^{-6}$
Nadam	$\mu=0.01, \rho=0.9, \varepsilon=10^{-6}$
Adagrad	$\mu=0.01, \varepsilon=10^{-6}$
Adadelta	$\rho=0.9, \varepsilon=10^{-6}$
RMSProp	$\mu=0.01, \rho=0.9, \varepsilon=10^{-6}$

使用上述几种不同的反向传播算法进行小波神经网络参数优化时,神经网络损失值的变化情况如图 3.17 所示。

由图 3.17 可以看到,在这六种算法中,代表均方根反向传播算法(RMSProp)的曲线

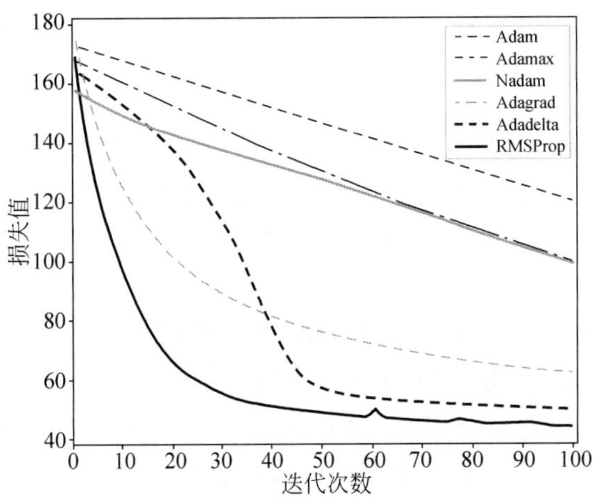

图 3.17 神经网络损失值的变化情况

相较于其他曲线是最先到达一个较低点的,即该算法的收敛速度是最快的,其次是自适应梯度算法(Adagrad)先到达一个较低点,但是其收敛速度却以较快的速度在减小,而代表自适应学习率法(Adadelta)的曲线的变化量在逐渐增大,因此在迭代 40 次左右时,自适应学习率法的收敛速度已经快于自适应梯度算法,这可能是由于自适应学习率法相较于自适应梯度算法而言在累积梯度中引入了衰减系数的原因。自适应矩估计算法(Adam)及其两种扩展算法 Adamax 以及 Nadam 在整个迭代过程中保持一个较为稳定的收敛速度,每次迭代损失值的变化量也较为平均。另外从整体的最低损失值来看,自适应矩估计算法的两种扩展算法的损失值曲线在迭代过程中始终低于它,说明这两种改进均是有效的,而自适应梯度算法与自适应学习率算法可能更适用于此数据集,因此它们的损失值曲线要低于前三种,均方根反向传播算法的损失值曲线全程明显低于另外五种算法,即其收敛效果较另外五种算法更好。综上所述,在对应用此数据集的小波神经网络进行训练时,均方根反向传播算法的收敛速度与收敛精度都要优于其他五种反向传播算法。

除了比较使用这几种算法优化参数时的收敛情况外还统计了它们在同一神经网络上迭代次数为 100 次时所需的时间,结果如表 3.4 所示。

表 3.4 算法运行时间对比

算　法	运行时间/s	算　法	运行时间/s
Adam	14.6175	Adagrad	18.1425
Adamax	18.1301	Adadelta	17.3487
Nadam	19.1805	RMSProp	13.8038

由表 3.4 可以看到,自适应矩估计算法的两种扩展算法虽然优化效果较其有所提高,但是其运行时间却相较原算法有所增加,自适应学习率法从步骤上较自适应梯度算法来看并无大的变动,因此其运行时间并无较大的变化,而这几种算法中运行时间最短的是均方根反向传播算法。所以结合前面的对比情况可以得出结论:在对应用此数据集的小波神经网络进行训练时,上述六种反向传播算法中,均方根反向传播算法是最合适的。

3.6 本章小结

本章介绍了一种用于大数据预测的协作复合神经网络模型的基础架构，此协作复合神经网络模型主要由自适应动态灰狼优化算法与小波神经网络组合而成，而本章的内容则主要分为四部分，分别为自适应动态灰狼优化算法、小波神经网络模型、协作复合神经网络模型的构建以及相关知识扩展。

在自适应动态灰狼优化算法部分，首先对传统的灰狼优化算法展开介绍，包括其自身存在的问题，同时针对这些问题分别采用了非线性余弦收敛因子、加权位置更新方式以及中心扰动准则来对原算法进行优化，进而进一步提出了自适应动态灰狼优化算法。最后将自适应动态灰狼优化算法与遗传算法、粒子群优化算法以及灰狼优化算法进行算法的性能对比实验，实验结果中无论是从收敛速度还是收敛精度来看，自适应动态灰狼优化算法的优化效果都要比另外几种对比算法要好。

在小波神经网络模型部分，按照小波神经网络模型的建模过程依次对神经元节点处的激活函数、网络的前向传播过程、参数的初始化方式、针对不同问题的损失函数以及反向传播算法进行了介绍，其中在反向传播算法部分主要介绍均方根反向传播算法、动量法以及 Nesterov 动量法。此外由于对协作复合神经网络模型的构建需要以小波神经网络模型作为基础模型，因此对小波神经网络中激活函数、参数初始化方式、损失函数以及反向传播算法的选择进行了具体的说明。

之后的协作复合神经网络模型的构建部分主要围绕协作复合神经网络模型的建模过程展开介绍，包括如何使用自适应动态灰狼优化算法对小波神经网络的初始参数进行生成、参数具体的训练过程以及此模型的具体建模步骤等，并给出了协作复合神经网络模型的流程图。

最后扩展介绍了在前面部分所提到的几种算法，包括用于和自适应动态灰狼优化算法进行对比实验的遗传算法、粒子群优化算法以及同时期提出的模拟退火算法与蚁群优化算法，反向传播算法中常用的弹性反向传播算法、自适应学习率法以及自适应矩估计算法等。

另外在对遗传算法与粒子群优化算法进行介绍时，使用了求解最大最小寻优问题的方式对其原理进行辅助说明，而在对反向传播算法进行介绍时，则是通过训练小波神经网络参数的方式对这几种算法的性能进行了对比分析，分析的过程主要围绕神经网络损失值的变化情况以及算法的运行时间两方面进行。分析结果表明，在使用小波神经网络进行此土壤重金属数据集的训练时，均方根反向传播算法具有最好的收敛效果。

第 4 章

利用相关特征的大数据分析预测过程

第 3 章针对大数据分析预测需要使用到的协作复合神经网络模型的基本原理展开了相关介绍，主要内容包括构建协作复合神经网络模型使用到的基础算法与相关技术，而本章将围绕使用协作复合神经网络模型进行大数据的分析预测过程进行说明。本章的内容主要包括五部分：大数据的分析机制、可调整参数的设定机制、预测模型的性能评价指标、预测性能评价结果及相关分析以及知识扩展。

4.1 大数据的分析机制

大数据作为数据预测的实验对象，对实际预测的结果会有很大的影响。由于数据预测过程需要利用数据集中不同特征之间的相关性，而相关性的高低将直接影响训练结果的好坏，同时数据预测的模型训练过程主要针对某一个数据集进行，因而无法判断训练好的模型是否适用于其他具有相同特性的数据集。另外，数据特征之间的量纲不同，会导致模型的计算过程变得复杂因而降低训练速度。本节将会围绕上述问题，对进行大数据预测之前的大数据分析机制进行介绍。

4.1.1 相关性分析

相关性分析的传统定义为通过对两种或两种以上的变量数据进行数学分析来确定两种或两种以上的变量数据之间的相关密切程度。由此定义可以得知相关性分析的目的在于衡量变量数据之间的相关密切程度，分析对象为两种或两种以上的变量数据，分析方法主要为数学统计方法。

相关性分析一般用于各个领域的大数据分析过程，包括发展不同数据之间的正相关性或负相关性、度量不同数据之间的强弱关系（如完全相关或不完全相关、分析数据之间的关系)从而建立模型以完成预测等。常见的数据分析方法有图表相关性分析、协方差分析、相关系数分析以及回归分析。下面将对这些数据分析方法的基本原理展开介绍。

1. 图表相关性分析

由于在对数据进行观察时,数据量一般较大且数据的变化幅度难以衡量,因此倘若单纯从数据的角度去观察单个数据的变化趋势以及多个数据之间的联系是很难实现的,而图表相关性分析则可以轻松完成上述目的。图表相关性分析法是一种通过绘制图表的方式达到了解数据的发展趋势以及联系的方法。这种方法最大的特点在于操作简单,同时它也是目前应用最广的方法之一,常见的股票走势图、天气变化图以及前面所使用过的预测值与真实值对比图等都利用了这一方法。

下面将以第 3 章中使用的指数加权平均对降水量的变化趋势进行对比的例子对图表相关性分析法进行说明。在一个月内降水量的变化情况以及分别使用 0.9 与 0.95 作为指数加权平均的衰减率的计算结果情况如图 4.1 所示。

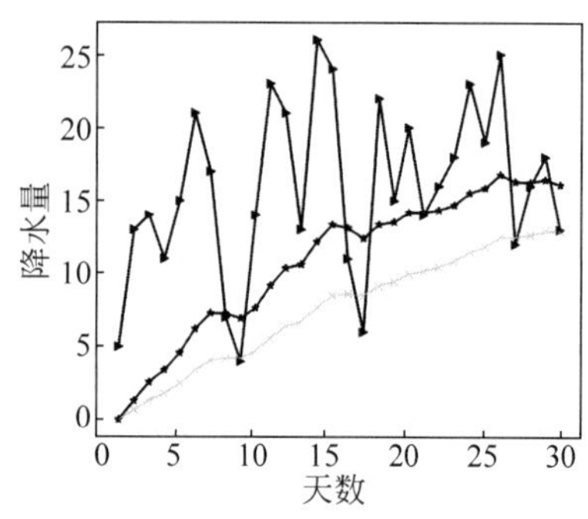

图 4.1 一个月内降水量的变化情况以及分别使用 0.9 与 0.95 作为指数加权平均的衰减率的计算结果情况

在图 4.1 中,三角标曲线代表了一个月内降水量的实际变化情况,通过此曲线可以清楚地了解到这个月的降水量的变化情况,例如由此曲线可以得知这个月降水量最多的天数为第 14 天,降水量最少的天数为第 9 天,同时整个月的降水量一致处于一个变化的状态且这个月未出现降水量为 0 的情况。五星标曲线与浅色曲线分别代表了使用 0.9 与 0.95 作为指数加权平均的衰减率的计算结果情况,这两条曲线主要进行相互之间的对比,通过此对比可以了解到当使用 0.9 作为指数加权平均的衰减率时,计算的 10 天降水量的指数加权平均值,此值的变化趋势较使用 0.95 作为指数加权平均的衰减率来计算 20 天降水量的指数加权平均值的变化趋势要波动性更大,但是此趋势更接近于实际的变化情况,因此可以得知当衰减率设置越小时,计算的结果越接近于实际情况。

2. 协方差分析

在对协方差分析进行介绍前,首先需要了解方差的定义。通常方差是用来度量某一个变量或一组数据的离散程度,其计算公式如下:

$$\sigma^2=\frac{\sum_{i=1}^{n}(x_i-\bar{x})^2}{n} \tag{4.1}$$

其中,n 表示样本的数量;$\bar{x}$ 表示样本的均值。

协方差分析则是在方差的基础上建立而来的,此方法专门用来衡量两个变量的总体误差,其计算公式如下:

$$\mathrm{cov}(x,y)=\frac{\sum_{i=1}^{n}(x_i-\bar{x})(y_i-\bar{y})}{n-1} \tag{4.2}$$

其中,$\bar{x}$、$\bar{y}$ 表示两个不同的样本的均值;n 表示样本的数量,两个样本的数量需相同。通常来说,当两个变量有相同的变化趋势时,计算获得的协方差为正数,此时可以称这两个变量正相关;当两个变量的变化趋势相反时,计算获得的协方差为负数,则这两个变量之间负相关;而当两个变量之间相互独立,不存在相关性时,计算的协方差值应为 0。

上述协方差计算公式只能对两个变量进行相关性分析,当需要对两个以上的变量进行相关性分析时,则需要使用协方差矩阵进行计算。下面给出三个变量的协方差矩阵计算公式。

$$\boldsymbol{C}=\begin{pmatrix}\mathrm{cov}(x,x) & \mathrm{cov}(x,y) & \mathrm{cov}(x,z)\\ \mathrm{cov}(y,x) & \mathrm{cov}(y,y) & \mathrm{cov}(y,z)\\ \mathrm{cov}(z,x) & \mathrm{cov}(z,y) & \mathrm{cov}(z,z)\end{pmatrix} \tag{4.3}$$

其中 x、y 和 z 分别表示三个不同的变量。

协方差只能通过计算来确定不同的变量之间是否存在相关性,即计算的协方差为正值则正相关,为负值则负相关,但是不同的变量之间的相关程度则无法表示。

3. 相关系数分析

在对协方差分析进行介绍时,可以了解到此分析方法无法对不同变量之间的相关程度进行表示,而相关系数分析则可以完成这一点。相关系数分析是通过计算来表示不同变量之间的相关密切程度,其计算公式如式(4.4)所示。

$$\rho_{xy}=\frac{\mathrm{cov}(x,y)}{\sigma_x\sigma_y} \tag{4.4}$$

其中,$\mathrm{cov}(x,y)$为变量 x 与变量 y 之间的协方差;σ_x 表示变量 x 的标准差;σ_y 表示变量 y 的标准差。标准差的计算公式如下:

$$\sigma=\sqrt{\frac{\sum_{i=1}^{n}(x_i-\bar{x})^2}{n}} \tag{4.5}$$

相关系数的计算结果 ρ_{xy} 在-1 到 1 之间,当取值为 1 时,表示这两个变量之间完全正相关;当取值为-1 时,表示这两个变量之间完全负相关;当取值为 0 时,则表示这两个变量之间没有相关性。另外,计算结果越趋近于 0,则变量之间的相关密切程度越弱。

上述计算方式为相关系数分析的基本方法,而目前常用的相关系数计算方式主要有三种,它们分别为皮尔逊线性相关系数(Pearson Linear Correlation Coefficient,PLCC)、斯皮尔曼秩相关系数(Spearman Rank-order Correlation Coefficient,SRCC)以及肯德尔秩相关系数(Kendall Rank-order Correlation Coefficient,KRCC)。

皮尔逊线性相关系数主要用来描述两个变量的线性相关性,其计算公式如式(4.5)所示。其计算结果与相关性之间的关系与前面的相关系数一样,该系数的计算结果在-1 到 1 之间且结果的绝对值越大,变量之间的相关性越大。

$$\rho_{xy}=\frac{\sum(x-\bar{x})(y-\bar{y})}{\sqrt{\sum(x-\bar{x})^2\sum(y-\bar{y})^2}} \tag{4.6}$$

斯皮尔曼秩相关系数主要用来衡量两个变量之间的依赖性，它利用单调方程来对两个统计变量的相关性进行评价，当计算结果为1或－1时，表示两个变量完全单调相关，计算变量之间的斯皮尔曼秩相关系数相当于计算变量数据秩次之间的皮尔逊线性相关系数。斯皮尔曼秩相关系数的计算公式如下：

$$\rho_{xy}=\frac{\sum_{i=1}^{n}(x_i-\bar{x})(y_i-\bar{y})}{\sqrt{\sum_{i=1}^{n}(x_i-\bar{x})^2\sum_{i=1}^{n}(y_i-\bar{y})^2}} \tag{4.7}$$

肯德尔秩相关系数与前面两种相关系数最大的区别在于它是用于对分类变量进行相关性分析的相关系数，在其计算过程中还需要统计两个变量之间一致性的元素对数。其计算公式如下：

$$\text{Tau}-a=\frac{C-D}{\frac{1}{2}N(N-1)} \tag{4.8}$$

其中，C 表示具有一致性的元素对数，D 表示具有不一致性的元素对数。

变量 x 与变量 y 可以分别视作两个元素的集合，它们中的第 i 个元素与第 j 个元素分别为 x_i、y_i 以及 x_j、y_j，当同时存在 $x_i>x_j$ 和 $y_i>y_j$ 或 $x_i<x_j$ 和 $y_i<y_j$ 时，这一对元素具有一致性；当同时存在 $x_i>x_j$ 和 $y_i<y_j$ 或 $x_i<x_j$ 和 $y_i>y_j$ 时，这一对元素具有不一致性；而当出现相同的情况时，这对元素既不具有一致性也不具有不一致性。

4. 回归分析

回归分析是一种表示两种或两种以上变量关系的统计学方法，它同时使用自变量和因变量来表示两个变量之间的相互关系。当表示两种变量之间关系时，通常使用一元线性回归方程来表示；当表示多种变量之间关系时，则使用多元线性回归方差来表示。一元线性回归的表示方式如下：

$$y=b_0+b_1x \tag{4.9}$$

其中，x 为自变量；y 为因变量；b_0 表示方程的截距；b_1 表示方程的斜率；方程的截距与斜率需要通过将自变量与因变量的具体数值代入公式后计算获得。同理，多元线性回归的表示方式如公式(4.10)所示，其中自变量的数量为两个以上，与之对应的每个自变量均有一个斜率需要计算获得。

$$y=b_0+b_1x_1+b_2x_2+\cdots+b_nx_n \tag{4.10}$$

下面以对土壤重金属含量数据的特征值之间进行相关性分析以确定模型的输入特征为例对相关性分析方法的意义进行说明。由于土壤重金属含量数据存在的关联性一般为线性相关，因此采用的相关性分析方法为皮尔逊线性相关系数。

此大数据预测分析过程采用的土壤重金属含量数据之一为武汉市六个新城区的农田

土壤重金属含量数据，其中特征指标包括采样点的经度、纬度、海拔、功能区(农作物种植类型)以及采样点的八种重金属含量，这八种重金属分别为砷(As)、镉(Cd)、铬(Cr)、铜(Cu)、镍(Ni)、铅(Pb)、锌(Zn)以及汞(Hg)。此数据集总共包含数据 1161 组，在此随机选出其中的 500 组进行相关实验。

为了对相关性分析方法的意义进行说明，采用基于小波神经网络的土壤重金属含量预测实验进行说明。在此实验过程中首先选择重金属铬作为待预测的重金属，然后使用皮尔逊线性相关系数计算其他特征重金属与重金属砷之间的相关性并对其进行排序，根据排序的结果将重金属特征数据分为两组，相关性系数排在前四位的特征重金属为一组，相关性系数排在后四位的特征重金属为一组，分别使用这两组数据对重金属铬的含量进行预测。在实验的参数设置方面保证两组实验完全一致，参数的初始化方式选择 Xavier 均匀分布初始化方式，误差函数选择均方误差函数，反向传播算法选用随机梯度下降法，其中学习率设为 0.001。在 500 组数据中随机选择 450 组数据作为训练数据，剩余数据作为测试数据，在对训练数据继续迭代训练 100 次后使用测试数据进行相关验证。

在使用皮尔逊线性相关系数对上述七种重金属与重金属铬之间的相关性进行计算后，得到的结果如表 4.1 所示。

表 4.1　皮尔逊线性相关系数计算结果

重　金　属	皮尔逊线性相关系数
砷	0.541 783
镉	0.204 574
铜	0.099 355
镍	0.636 162
铅	0.622 951
锌	0.380 993
汞	0.041 657

在表 4.1 中，重金属砷、镍、铅和锌与重金属铬之间的相关性排在前四位，重金属镉、铜、锌和汞与重金属铬之间的相关性排在后四位，因此选择含有特征重金属砷、镍、铅、锌与铬的数据集作为数据集 1，含有特征重金属镉、铜、锌、汞与铬的数据集作为数据集 2，以此展开土壤重金属铬含量的预测实验。

图 4.2 与图 4.3 分别为使用两个不同的数据集对神经网络训练后再对测试集中的重金属铬含量进行预测的结果，图 4.2 使用的是相关性前四位的重金属数据集 1，图 4.3 使用的是相关性后四位的重金属数据集 2。对比这两幅图可以看到，图 4.2 中代表预测值的曲线走势与代表真实值的曲线走势较图 4.3 中更为相似，在图 4.2 中有部分点之间出现了完全重合的情况，而图 4.3 中代表预测值的曲线点波动较小，预测值点与真实值点重合的情况极少，另外，虽然在部分极大值或极小值处两幅图的预测值与真实值之间差值均较大，但由于训练次数较少，因此网络还没有完全收敛，预测效果较完全收敛时有所降低。

除了对比预测值与真实值的情况外，还对不同采样点的预测差值的分布区间进行了统计，该分布区间为(0,1)，主要统计预测差值与真实值之间的比值，该比值越小，则预测值越接近真实值。两个数据集下不同采样点的预测差值的分布情况如表 4.2 所示。

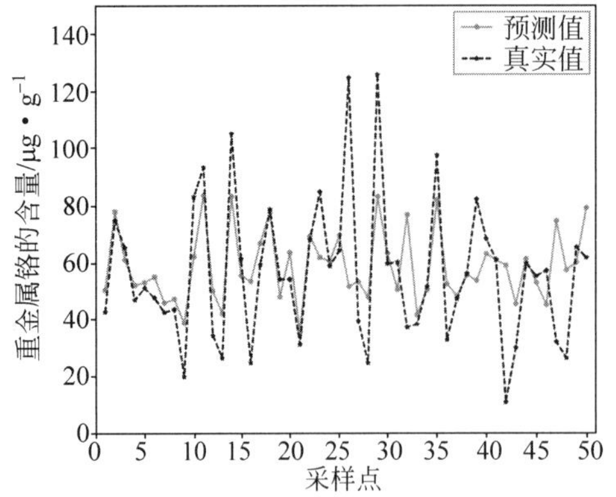

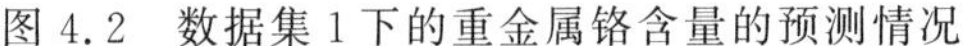

图 4.2 数据集 1 下的重金属铬含量的预测情况

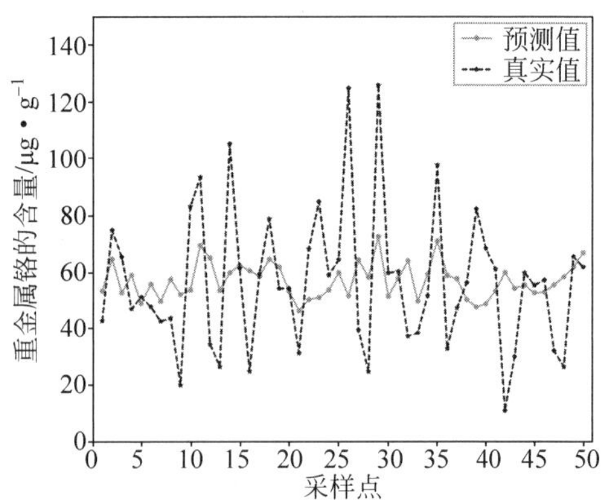

图 4.3 数据集 2 下的重金属铬含量的预测情况

表 4.2 两个数据集下不同采样点的预测差值的分布情况

比值区间	数据集 1 的采样点数量	数据集 2 的采样点数量
(0,0.1)	20	12
[0.1,0.2)	10	10
[0.2,0.3)	5	8
[0.3,0.4)	3	3
[0.4,1)	12	17

由表 4.2 可以看到,数据集 1 上的采样点的预测差值与真实值之间的比值主要分布在 0.3 以下,而在数据集 2 上,采样点的预测差值与真实值之间的比值在 0.2 以下与 0.3 以上的数量较为接近。对比数据 1 与数据集 2,可以看到两个数据集在[0.1,0.4)的点的数量较为接近,主要区别在(0,0.1)的分布区间以及(0.4,1)的分布区间,数据集 1 中分布在(0,0.1)的点的数量最多,而数据集 2 中分布在(0.4,1)的点的数量最多。

结合前面的真实值与预测值之间的对比情况可以了解到,在使用相同的神经网络模型的情况下,训练数据集 1 中的特征重金属相对于训练数据集 2 中的特征重金属能够使网络在对重金属铬进行预测时获得更好的预测效果。而这两种情况最大的区别在于两个数据集中采用的特征重金属不同,当采用的特征重金属与预测的目标特征之间的相关性越高时,预测效果越好;相关性越低时,预测效果越差。因此,在使用数据集进行网络的训练前对数据集中的不同特征进行相关性分析是十分必要的。

4.1.2 训练集与测试集的选择

在使用某一个数据集对模型进行训练时,模型的实际训练情况会受到数据集的直接影响,且其实际训练结果是难以确定的,极有可能出现欠拟合与过拟合的情况。欠拟合一般是指模型对数据集训练不足,从而在训练数据集与测试数据集上表现都较差;过拟合是指模型单纯在对训练数据集的信息获取上表现较为优秀,但当应用于测试数据集时则会表现较差。当出现这两种情况时,需要使用模型对数据集进行重新训练。

模型是否表现出欠拟合的情况可以直接从模型在训练数据集上的表现可以看出,而是否出现过拟合的情况则需要采用测试数据集对模型进行验证，因此通常在对模型使用某个数据集进行训练后，还要将此模型应用到另一个数据结构相同的数据集上，倘若在新的数据集上此模型的应用效果表现优秀，则对此模型的训练才算成功。

由于在实际的研究过程中，使用两组数据结构相同但具体数据信息不同的数据集进行相关实验会增加实验的复杂度，因此通常会对需要进行实验的数据集进行分组，从中选出一部分数据集作为训练数据集对模型进行训练，剩下的部分数据集作为测试数据集对训练好的模型进行验证。

上述这种验证方式称为交叉验证（Cross Validation，CV）。交叉验证通常在进行大数据预测与大数据分类时被采用，主要用于对训练好的模型在实际数据预测或数据分类时的准确度进行估计，以此来判断此模型的泛化能力是否优秀。交叉验证可以对训练完成的模型性能进行评价，以此确定在此数据集上表现最好的模型。另外，它还可以在一定程度上减小模型对数据的过拟合和欠拟合，从新的数据上获得更多的有效信息。

交叉验证最主要的特点在于只使用训练数据集对模型进行训练，而测试数据集只有在模型训练完成之后才被用来评价模型训练结果的好坏。在训练数据集的样本数量选择上，一般至少需要选择原始样本数量的一半以上，同时在对其进行选择时需要按照均匀取样的原则进行随机取样，以尽量减少训练数据集与原始数据集之间的偏差。

目前常用的交叉验证方法主要有四种，分别为随机子抽样验证（Random Subsampling Validation）、K折交叉验证（K-fold Cross Validation）、留一交叉验证（Leave-one-out Cross Validation）以及自助采样验证（Bootstrapping Validation）。下面将对这四种方法展开介绍。

（1）随机子抽样验证提出的时间相对其他几种交叉验证方法最早，严格来说，随机子抽样验证对数据集并没有交叉使用，它涉及的只是单纯地将原数据集随机分成两组：一组作为训练数据集对模型进行训练；另一组作为测试数据集用于模型的验证过程。此方法相对来说操作简单，只涉及数据集的随机分组，但是当使用这种方法对数据集进行分组之后，训练数据集与原始数据集或测试数据集与训练数据集的数据分布情况可能会存在很大的区别，因此容易导致训练好的模型只在训练数据集上表现优秀，而在测试数据集上表现较差，即最后测试数据集的验证结果与数据集的随机分组情况有很大的关系。由于上述问题的存在，通过此方法得到的验证结果在某些时候并不具有说服性。

（2）K折交叉验证是在随机子抽样验证的基础上进行改进后提出的方法。与随机子抽样验证不同的是，此方法不重复抽样，而是将原始数据集随机平均分成K组，从而获得K个子数据集，然后进行K次模型的训练与测试过程。在每次训练与测试过程中选取K个子数据集中的一个作为模型的测试数据集，其余的$K-1$个子数据集作为模型的训练数据集，然后进行相关实验，获得验证数据集上的验证评价结果，最后将K个测试数据集上的验证评价结果进行平均计算以获得最后的验证评价结果。

使用K折交叉验证对模型性能进行验证时，原始数据集中每个样本数据既被用作训练数据集，也被用作测试数据集，因此在验证结果中可以避免过拟合的情况发生，较随机子抽样验证也更有说服性。但其依旧存在一个缺点，那就是对于K值的确定方式没有一个统一的方法，一般只有在数据量较小的情况下会将K取值为2，其他时候均选取3或大于 3 的正整数。

(3) 留一交叉验证与 K 折交叉验证的中心思想是相同的，均让数据集中的每个样本数据既作为训练数据，也作为测试数据。其不同点在于 K 折交叉验证选用的每个测试数据均为数据集，而留一交叉验证选用的为单个样本数据。

假设原始数据集中有 N 个样本数据，那么将对模型进行 N 次训练与测试，每次训练与测试过程中，原始数据集中的每个样本数据将被依次选择作为测试过程的测试数据，其余 $N-1$ 个样本数据将被作为训练过程的训练数据集，最后针对 N 个验证评价结果进行平均计算以获得最后的验证评价结果。

此方法最大的优点在于交叉验证的过程中所有样本都用于模型训练，因此训练数据集样本的分布特点最接近于原始样本数据集，在此基础上评价得到的结果更可靠。但是由于每个样本数据依次作为测试数据，若原始数据集的样本总量 N 为一个较大值，则由此带来的模型计算量以及模型训练时间会相对较大，因此计算成本相对较高。

(4) 自助采样验证是一种使用较少的特殊交叉验证方法，它一般应用于数据量较少的数据集。这种方法最大的特点在于通过有放回的随机采样方式从原始数据集中选出训练数据集，未被选中的数据集作为测试数据集，在数据集较小时，这种方法可以有效帮助进行训练数据集与测试数据集的划分。

假设原始数据集中有 N 个样本数据，那么将对该原始数据集进行 N 次有放回的随机抽取，然后将 N 个被抽取出来的样本数据作为训练数据集，原始数据集中未被抽取的样本数据作为测试数据集，一般来说，当 N 值趋近于无穷大时，约有 36.8%的样本数据作为测试数据集。

使用此方法最后获得的训练数据集与原始数据集大小完全相同，而测试数据集约占训练数据集的 1/3，因此训练数据集与测试数据集的划分比例较为合理，但是一旦数据过大时，训练数据集的数据分布情况则会与原始数据集之间存在较大的出入，对模型的验证结果会有比较大的影响。

在本章节所涉及的土壤重金属含量预测实验中，使用的数据集分别为宁夏银川表层土壤重金属数据集以及武汉六个新城区的农田土壤重金属数据集，前一个数据集中总共包含样本数据 96 组，由于数量较少，因此全部选作实验数据，后一个数据集总共包含样本数据 1161 组，将随机选取其中的 500 组样本数据作为实验数据。在交叉验证的方法选择上将采用 K 折交叉验证，在对前一个数据集进行交叉验证时将 K 设为 4，即将此数据集随机平均分成 4 组，每一组包含的样本数为 24，使用此数据集进行实验室训练数据集的样本数为 72，测试数据集的样本数为 24；对后一个数据集进行交叉验证时将 K 设为 10，即将此数据集随机平均分成 10 组，每一组包含的样本数为 50，使用此数据集进行实验室训练数据集的样本数为 450，测试数据集的样本数为 50。

由 4.1.1 节可以得知，在对数据集的特征进行选择时需要先对其进行相关性分析，由于宁夏银川表层土壤重金属数据集中包含的重金属特征较少，因此将选择其中的重金属铅作为待预测的重金属，其他的重金属特征作为模型的输入特征。而在武汉六个新城区的农田土壤重金属数据集中选用重金属铬作为待预测的重金属，按照 4.1.1 节相关性分析的结果将重金属砷、镉、镍、铅、锌作为模型的输入特征。

综上所述，在对数据集的样本数量以及数据集的特征值进行选择后，两个数据集的数据分布情况分别如表 4.3 与表 4.4 所示。

表 4.3　数据集 1 的数据分布情况

重金属种类	最大值/$\mu g \cdot g^{-1}$	最小值/$\mu g \cdot g^{-1}$	平均值/$\mu g \cdot g^{-1}$	标准差/$\mu g \cdot g^{-1}$
铬	143.8	66.2	109.0739	12.7979
铯	42	0.1	17.7276	9.4498
镁	3.25	0.98	2.1258	0.4016
铅	49.1	12.8	24.9927	5.4084
钛	2441	1189	2040.2291	341.1428
钴	108.4	16.7	37.2395	17.4356

表 4.4　数据集 2 的数据分布情况

重金属种类	最大值/$\mu g \cdot g^{-1}$	最小值/$\mu g \cdot g^{-1}$	平均值/$\mu g \cdot g^{-1}$	标准差/$\mu g \cdot g^{-1}$
砷	73.18	0.24	10.1841	6.0838
镉	4.94	0.01	0.2102	0.4545
镍	171.21	12.76	58.1701	25.3528
铅	72.46	3.32	28.3018	11.9243
锌	53.27	4.63	19.9403	8.3236
铬	239.5	26.6	69.7381	28.0708

4.1.3　数据归一化预处理

由前面对数据集的相关介绍可以得知，通常一个数据集中包含多个不同的特征，例如在土壤重金属数据集中，每一个样本代表一个采样点，其包含的特征有经度、纬度、海拔、不同重金属含量等，这些特征所使用的量纲存在较大的区别，进而导致不同特征下的数值之间的差别也较大。在使用此数据集进行实验时，极有可能忽略了某些数值变化区间较小的特征指标对目标特征数据的影响，进而直接影响实验的结果。

为了解决上述问题，在使用数据集进行相关实验前，通常需要使用归一化方法对数据进行预处理。归一化方法是数据挖掘中的一项基础工作，可以被通俗地理解为将不同的数据归为同一类。归一化方法有两种形式：一种为通过数学方法将所有的数据映射到 0 到 1 之间来方便进行处理；另一种为将有量纲表达式变为无量纲表达式。由于在进行大数据预测时使用的模型为神经网络，因此只需要通过第一种方式将数据映射到 0 到 1 范围内进行处理即可。下面将对第一种方式中的几种归一化方法进行介绍。

1. 最大最小归一化

这种方法是最简单的一种方法，它主要分别针对每一个特征变量，遍历这一个特征变量的所有值，然后保存其中的最大值与最小值，通过计算此特征变量中每个数值与最大值、最小值之间的比值关系来将此数值映射到 0 到 1 之间，具体的计算公式如下：

$$x^{*}=\frac{x-x_{\min}}{x_{\max}-x_{\min}} \tag{4.11}$$

其中，x 表示原始数据，x_{min} 表示此特征变量下的最小值，x_{max} 表示此特征变量下的最大值，x^* 表示归一化之后的数据。

由于归一化方法将数值映射到 0 到 1 之间，而在预测的过程中需要通过输入特征在神经网络中的计算获得输出值来拟合目标值，因此针对目标特征变量也要进行归一化处理，且此时训练获得的参数值为针对归一化后的数据优化得来的。为了在使用训练好的模型进行预测时可以获得原量纲下的数据，需要对计算得出的数据进行反归一化处理。此归一化方法下的反归一化计算方式如公式(4.12)所示。

$$x = x^*(x_{max} - x_{min}) + x_{min} \tag{4.12}$$

2. Z-score 标准化方法

此方法与最大最小归一化方法最大的不同点在于最大最小归一化方法利用的是同一特征变量下的最大值与最小值，而此方法利用的是同一特征变量下的平均值与标准差。经过此归一化方法进行归一化处理后的数据在数据分布上符合均值为 0、标准值为 1 的标准正态分布。此归一化方法的计算公式如下：

$$x^* = \frac{x - \mu}{\sigma} \tag{4.13}$$

其中，μ 表示此特征变量下的数值平均值；σ 表示此特征变量下的数值标准差。

同理，在对目标特征变量进行预测时也需要对预测的结果进行反归一化以获得原量纲下的数据。此归一化方法对应的反归一化公式如下：

$$x = x^*\sigma + \mu \tag{4.14}$$

除上述两种归一化方法外，还存在一些归一化方法，如 Sigmod() 函数转换、对数函数转换以及反正切函数转换等，这些方法的应用相对较少，但其中心思想都是将数据值大小映射到 0 到 1 之间。

由于不同归一化方法的实现方式不同，因此它们在解决实际问题时的应用场景也有差别，例如在处理分类、聚类问题时，需要使用距离值来度量不同变量之间的相似性，此时选用 Z-score 标准化方法对数据进行归一化可以获得更好的效果，而在不涉及距离度量或数据的分布不符合正态分布时，使用最大最小归一化方法则更为合适。在使用协作复合神经网络模型对土壤重金属含量进行预测时由于使用的数据不涉及度量，因此采用的数据归一化方法为最大最小归一化。

为了更好地比较在同一个模型下使用不同的归一化方法所取得的预测效果，下面将选用 4.1.2 节中所使用的数据集 1 作为实验数据，分别为对数据集 1 使用最大最小归一化方法以及 Z-score 标准化方法进行归一化处理，然后以小波神经网络作为训练模型，对两组不同的归一化数据进行预测实验，将预测结果中预测值与真实值的对比情况进行绘图，如图 4.4 和图 4.5 所示。

对比图 4.4 和图 4.5 可以看到，在使用 Z-score 标准化方法对数据进行归一化后，从整体上来看预测值曲线的走势与真实值曲线的走势大体上一致，但预测结果中代表预测值的曲线较真实值曲线波动较大，在部分真实值曲线的极值点处，预测值与真实值之间存在较大差值，且预测值与真实值重合的情况极少。而在使用最大最小归一化方法对数据

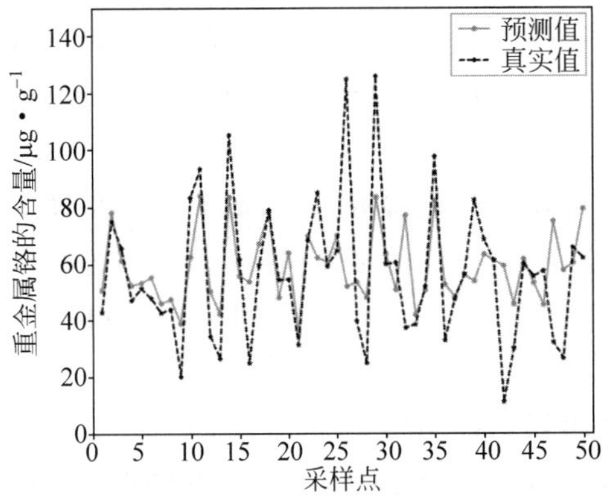

图 4.4 最大最小归一化方法下的预测情况

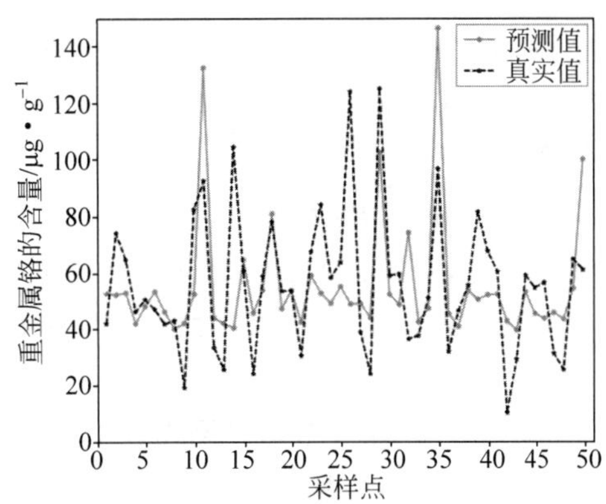

图 4.5 Z-score 标准化方法下的预测情况

进行归一化后，代表预测值的曲线较真实值曲线波动较小，两条曲线的走势基本一致，在部分样本点处出现了预测值与真实值完全重合的情况。

除了对比预测值与真实值的曲线外，同样也采用如 4.1.1 节所使用的预测差值与真实值之间的比值作为预测结果的比较标准，该比值越小，则预测值越接近真实值。在使用两种不同归一化方法的前提下，每个比值区间内采样点的数量的分布情况如表 4.5 所示。在表 4.5 中，采用最大最小归一化方法的采样点的预测差值与真实值之比大部分均小于 0.2，而采用 Z-score 标准化方法时，预测差值与真实值之比在 0.2 以下的采样点的数量与预测差值与真实值之比在 0.2 以上的采样点的数量完全相同。另外，在比值小于(0,0.1)的区间内，使用最大最小归一化方法的采样点数量更多，在比值为[0.4,1)的区间内，采样点更多的是使用 Z-score 标准化方法。

表 4.5 采样点预测差值分布区间的统计情况

比值区间	最大最小归一化方法	Z-score 标准化方法
(0,0.1)	20	10
[0.1,0.2)	10	15
[0.2,0.3)	5	6
[0.3,0.4)	3	5
[0.4,1)	12	14

结合前面预测值与真实值对比曲线可以了解到，在使用同一个数据集对小波神经网络进行训练时，使用最大最小归一化方法相较于使用 Z-score 标准化方法能够取得更好的预测效果。而此实验数据集中不涉及距离度量或数据的分布不符合正态分布，因此符合前面归一化方法的选择依据。综上所述，针对不同数据集中的数据分布特点，选择更为适合的归一化方法对其进行处理，往往能够取得更好的实验结果。

4.2 可调整参数的设定机制

在协作复合神经网络模型中，涉及的人工智能技术主要为自适应动态灰狼优化算法与小波神经网络，对此模型的训练过程主要是对小波神经网络隐含层的伸缩因子、平滑因子、连接权值以及输出层的连接权值进行训练以获得更符合数据集特点的值,而在训练过程开始之前,还需要对自适应动态灰狼优化算法以及小波神经网络中的超参数进行提前设置。

超参数在指在机器学习的过程中需要在学习之前进行设置的参数,此参数无须通过训练获得,它定义了所使用的模型的更高层次的概念,如模型的复杂性等,但是在这些模型的提出过程中,通常只暂定了所使用超参数的取值范围,对超参数的具体取值没有给出。

为了使协作复合神经网络模型具有更好的预测效果,需要针对其存在的各种超参数进行确定,具体的确定方式则是在超参数的取值范围内使用试凑法等通过实验获得。由于自适应灰狼优化算法中的超参数的取值方式已基本确定,因此主要进行确定的超参数为小波神经网络中的隐含层节点数、全局学习率以及加入 Nesterov 动量的自适应均方根反向传播算法中的衰减系数,本节将从如何确定这些超参数的取值展开介绍。

4.2.1 隐含层节点数的确定

在使用人工神经网络进行大数据预测时,其隐含层一般承载着对输入层传入的数据进行线性计算与非线性转换的功能,当隐含层节点数设置较多时,神经网络对数据的拟合能力将会随之提高,但同时带来的计算量也会相对增多,容易影响算法的收敛速度以及运行时间,而当隐含层节点数设置较少时,虽然计算量相对减少,但是网络的收敛精度可能会随之降低,因此隐含层节点数量的设置将直接影响神经网络的预测性能。

目前针对隐含层节点的设置没有一个确定的方式,但是可以通过计算公式确定其取值范围,然后通过试凑法进行对比实验来确定最好的隐含层节点数。确定隐含层节点数取值范围的计算公式如下:

$$h=\sqrt{m+n}+a \tag{4.15}$$

$$h=\mathrm{lb}n \tag{4.16}$$

其中,n 为输入层单元数;m 为输出层单元数;a 为 1～10 的常数。由公式(4.15)可以获得隐含层节点数的取值范围,而公式(4.16)可计算得出隐含层节点数的最小值,将两个公式的计算结果进行统一则可以获得最后的取值范围。

试凑法主要是指先从取值范围内按照一定比例寻取一个值与极大值或极小值进行对比实验,然后通过比较实验结果来对取值范围进行缩小,如此反复多次实验,最后获得此范围内的最优值。通常来说这种方法需要大量的反复实验来获得最优值,实验过程较为烦琐,但是由于隐含层节点数只为正数,因此将此方法用于隐含层节点数的确定时只需要选取取值范围内的正数进行相关对比实验即可。

由隐含层节点取值范围的计算公式可以得知在确定隐含层节点取值范围时需要有针对性的根据实际的输入层节点数与输出层节点数来计算,而实验所采用的数据集为两个不同的数据集,虽然两个数据集所采用的输入特征数量与输出特征数量相同,但两个数据集的数据特征分布情况存在很大的区别,因此需要针对不同的数据集确定不同的神经网络结构。下面将分别针对两个数据集展开相关实验以确定神经网络的隐含层节点数。

1. 宁夏银川表层土壤重金属数据集

在使用此数据集进行土壤重金属含量预测实验时，模型的输入特征变量数为 5，输出特征变量数为 1，由取值范围的计算公式可以获得隐含层节点数的取值范围为 4～12，因此将分别采用此范围区间内的整数作为隐含层节点数进行对比实验。

由于节点数范围较大，为了更好地看出不同节点数神经网络的性能对比情况，以取值范围的中间数 8 为标准，节点数 4～8 为一组，节点数 8～12 为一组，通过两幅神经网络损失值对比图来比较它们带来的影响，具体的神经网络损失值对比图如图 4.6 与图 4.7 所示。

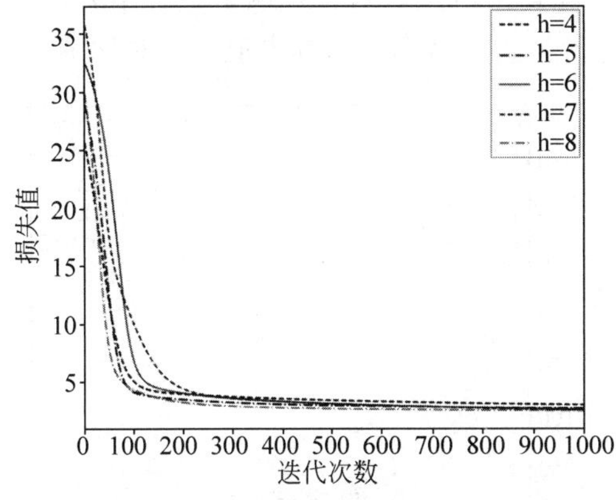

图 4.6 神经网络损失值变化对比图 1

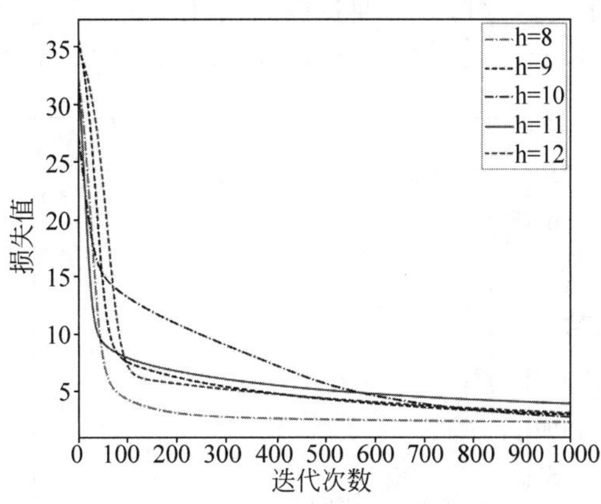

图 4.7 神经网络损失值变化对比图 2

通过图 4.6 和图 4.7 对比可以看到，当隐含层节点数选取不同时，损失值的收敛速度也不同，在第一层隐含层节点数中，当隐含层节点数为 8 时，损失值的收敛速度最快，在第二层隐含层节点数中，前期隐含层节点数为 11 时，损失值的收敛速度较快，但隐含层节点数为 8 的损失值收敛速度较其更长时间内保持一个较大值。另外，从整体上看，无论哪一幅图中，隐含层节点数为 8 时的损失值曲线长期都保持一个最低的位置直至迭代结束。

为了更好地对比使用不同隐含层节点数所取得的训练结果，将每次迭代结束后网络的损失值情况进行统计，统计的结果如表 4.6 所示。

表 4.6 不同隐含层节点下的神经网络最终损失值对比 1

隐含层节点数	最终损失值	隐含层节点数	最终损失值
4	3.0298	9	3.0953
5	2.7096	10	2.8955
6	2.6032	11	3.9701
7	2.5409	12	3.2341
8	2.4833		

由表 4.6 可以看到，由于此数据集数据量较小，因此训练结束后的损失值都相对较为接近；同前面的对比图结果一样，当隐含层节点数选为 8 时神经网络的最终损失值最小，以此隐含层节点数为标准，随着隐含层节点数的增加与减小，最终损失值在不断增大。由

此可以确定在对数据集 1 进行相关数据预测时，将隐含层节点数设为 8 可以取得最好的神经网络收敛效果。

2. 武汉市六个新城区农田土壤重金属数据集

在使用此数据集进行土壤重金属含量预测实验时，模型的输入特征变量数为 5，输出特征变量数为 1，由取值范围的计算公式可以获得隐含层节点数的取值范围为 4～12，因此将分别采用此范围内的整数作为隐含层节点数进行对比实验。

同第一个数据集一样，以取值范围的中间数 8 为标准，节点数 4～8 为一组，节点数 8～12 为一组，分别通过两组对比情况来比较不同的隐含层节点数对神经网络训练结果的影响，图 4.8 与图 4.9 分别为使用不同的节点数进行神经网络训练的损失值变化对比图。

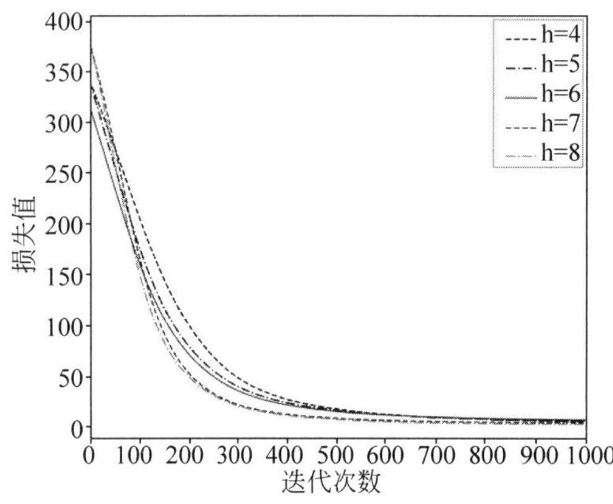

图 4.8　神经网络损失值变化对比图 1

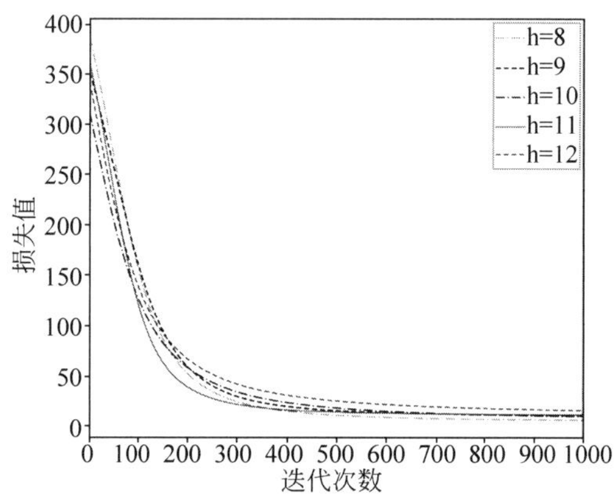

图 4.9　神经网络损失值变化对比图 2

在图 4.8 中，虽然隐含层节点数较小的损失值曲线在迭代开始时的减小速度较快，但其减小速度随着迭代次数的增加而减少，而隐含层节点数为 8 的损失值曲线则与之相反，该曲线在迭代 100 次之后均保持在最低的位置。在图 4.9 中，隐含层节点数越大，迭代开始时损失值的减小速度越快，但同样随着迭代次数的增加而减少，在迭代次数为 100～300 时，隐含层节点数为 11 的损失值曲线处于最低的位置，但在迭代 300 次之后，隐含层节点数为 8 的损失值曲线则降到了最低，即在这两幅图中隐含层节点数为 8 的损失值曲线在迭代过程中长期保持一个最低的位置。

同样，除损失值变化对比图外，还比较了不同隐含层节点下神经网络训练结束后损失值的大小，统计情况如表 4.7 所示。

表 4.7　不同隐含层节点下的神经网络最终损失值对比 2

隐含层节点数	最终损失值	隐含层节点数	最终损失值
4	9.7312	9	10.7797
5	9.4839	10	9.9377
6	10.9301	11	11.7497
7	7.9482	12	15.8581
8	6.3914		

与表 4.6 中损失值随隐含层节点数变化的规律不同的是，在此数据集中损失值随隐含层节点数的变化是没有规律的，但是从整体上来看，隐含层节点数为 8 时，神经网络训练结束后的损失值最小，因此结合前面的损失值变化对比图可以确定，在对数据集 1 进行相关数据预测时，将隐含层节点数设为 8 可以取得最好的神经网络收敛效果。

4.2.2　学习率设置

在小波神经网络的反向传播过程中，需要使用反向传播算法对其隐含层与输出层的参数进行调整，从而使网络的计算结果能够拟合目标值。协作复合神经网络模型中选用的反向传播算法为加入 Nesterov 动量的自适应均方根反向传播算法，此算法设置了全局学习率作为每次参数的学习步长，同时将累积梯度均方值作为移动速度与方向的参考依据，通过相关计算过程对参数进行更新，因此全局学习率的取值是否合适直接影响小波神经网络中参数最后的收敛结果。

在对学习率的研究初期，学习率通常取固定值，在此条件下的参数收敛过程已被证明容易陷入局部极值进而导致收敛过程提前结束，因此在后面对学习率取值时通常采用动态变化的学习率。在加入 Nesterov 动量的自适应均方根反向传播算法中，虽然需要设置一个全局学习率，但在前面对该算法的介绍中已经说明，在其参数调整过程中可以视作将全局学习率与累积梯度开方的比值视作每次迭代过程中的学习率，因此也可以将此方法的学习率视作是动态变化的，全局学习率类似担当一个学习率初始值的角色。

全局学习率的大小设置将直接影响到此算法最后的收敛结果，目前全局学习率的取值要小于 1，且一般按照 10 的倍数递减取值，即取值为 0.1、0.01、0.001 以及 0.0001，为了从这四个值中选取一个最合适的值作为协作复合神经网络模型的学习率，将分别使用这四个值作为小波神经网络的学习率进行与 4.2.1 节中相同的实验。

同样地，为了使协作复合神经网络模型在两个数据集上均能取得更好的预测效果，将分别针对两个数据集进行不同学习率下的神经网络训练。

1. 宁夏银川表层土壤重金属数据集

首先比较在不同学习率下小波神经网络损失值的变化情况，对比结果如图 4.10 所示。

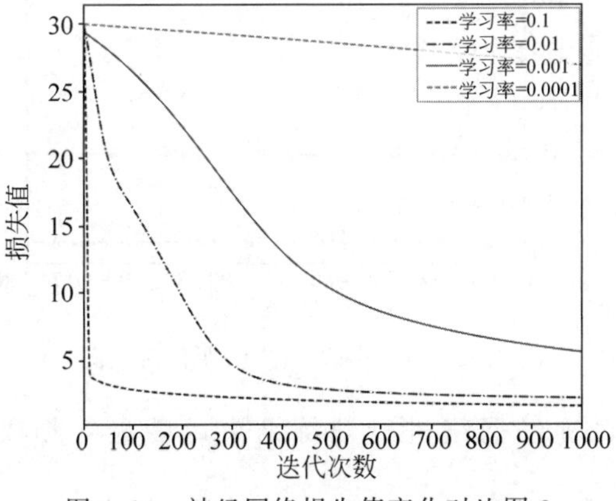

图 4.10　神经网络损失值变化对比图 3

由图 4.10 可以看到,在不同的学习率下,损失值的收敛速度与收敛精度完全不同,当学习率取值为 0.1 时,在迭代初期损失值就能够快速收敛到一个极小值,而虽然学习率取值 0.01 时最后的损失值收敛到一个较小值,但是其收敛速度相较于学习率取值为 0.1 时更慢,而在学习率取值为 0.001 与 0.0001 时,明显损失值的收敛速度与收敛精度较另外两种学习率更差。

另外统计了迭代训练结束后四种学习率下的损失值情况,统计结果如表 4.8 所示。

表 4.8 不同学习率下的神经网络最终损失值对比 1

学习率	最终损失值	学习率	最终损失值
0.1	1.6661	0.001	5.6537
0.01	2.2652	0.0001	26.9158

由表 4.8 明显可以看到小波神经网络的最终损失值随着学习率的减小而在不断增大,当学习率取值为 0.1 时最终损失值最小。结合前面的损失值变化对比图可以确定,在对数据集 1 进行相关数据预测时,将学习率取值为 0.1 可以取得最好的神经网络收敛效果。

2. 武汉市六个新城区农田土壤重金属数据集

同 4.2.1 节的比较实验相同,将分别比较在四种不同的学习率取值下,对小波神经网络进行训练时损失值的变化曲线以及训练结束后的最终损失值。

损失值变化曲线的对比图如图 4.11 所示。图中代表学习率 0.1、0.01 以及 0.001 的损失值曲线最后都能收敛到一个相近的较低值。三种学习率的主要区别是它们的损失值收敛速度:学习率为 0.01 时,神经网络损失值的收敛速度最快;学习率为 0.001 时收敛速度相对另两种学习率取值明显更慢一些;而当学习率取值为 0.0001 时,神经网络损失值的收敛速度以及收敛精度都要较另外三种学习率更差一些。

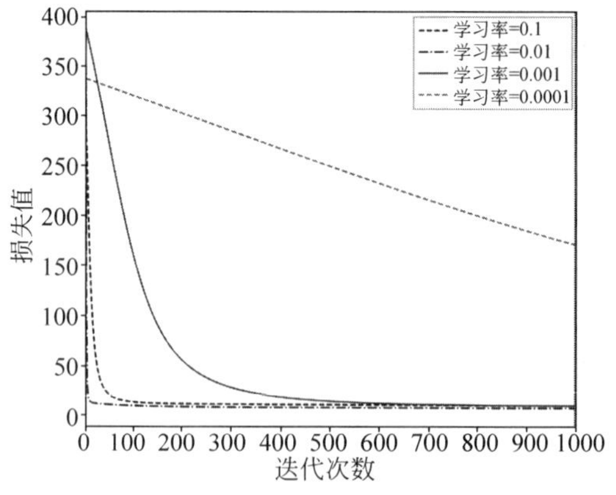

图 4.11 神经网络损失值变化对比图 4

使用四种学习率对神经网络进行训练结束后的最终损失值统计情况如表 4.9 所示。

表 4.9　不同学习率下的神经网络最终损失值对比 2

学　习　率	最终损失值	学　习　率	最终损失值
0.1	6.3542	0.001	6.3914
0.01	3.9991	0.0001	169.5287

由表 4.9 可以看到，相较于 4.2.1 节的训练结果，本数据集下的最终损失值要大一些，这可能是由于两个数据集的数据量不同导致的。在四种学习率中，当学习率取值为 0.01 时，神经网络训练结束后的最终损失值最小，结合前面的损失值变化对比图可以确定，在对数据集 2 进行相关数据预测时，将学习率取值为 0.01 可以取得最好的神经网络收敛效果。

4.2.3　衰减系数设置

在加入 Nesterov 动量的自适应均方根反向传播算法中，衰减系数主要用于对过去历史梯度信息进行累积，以方便在进行参数的调整时合理利用过去的梯度信息，该算法中涉及衰减系数的公式为

$$r=\rho r+(1-\rho)g^2 \tag{4.17}$$

其中，g 为梯度信息；ρ 为衰减系数，衰减系数的大小直接决定了对过去梯度信息进行加权平均的迭代次数。加权平均数量的计算公式为

$$N=\frac{1}{1-\rho} \tag{4.18}$$

一般来说，ρ 的取值范围为 0～1，同时小数点保留一位数，即分别为 0.1、0.2、0.3、0.4、0.5、0.6、0.7、0.8、0.9，当 ρ 取值为 0.9 时可计算得出 N 为 10，则需要对过去 10 次迭代中的梯度平方进行加权平均，以此类推，该值取值越小，则进行加权平均的迭代次数越少。

但是在对不同的数据集进行训练时选择哪一个数值作为实验中的参数值则是难以确定的，对不同迭代次数下的历史梯度信息进行累积将对新一次迭代过程中参数的调整数值及调整方向有影响。因此，为了使本实验的两个数据集能够取得最好的拟合效果，将针对这两个数据集分别采用不同的衰减系数进行参数的训练过程，通过最后实验结果的比较来确定最适合两个数据集的衰减系数值。下面将围绕这两个数据集的对比实验展开相关讨论。

1. 宁夏银川表层土壤重金属数据集

由于对比实验的数量较多，因此将其分成两组，其中衰减系数分别为 0.1、0.2、0.3、0.4 以及 0.5 下的神经网络训练作为一组，衰减系数分别为 0.5、0.6、0.7、0.8 以及 0.9 下的神经网络训练作为一组。图 4.12 与图 4.13 分别为这两组实验下神经网络损失值变化情况对比。

由图 4.12 和图 4.13 可以看到，在不同的衰减率下，神经网络训练过程中的损失值曲线在迭代一段时间后基本上处于比较接近的位置，第一组为迭代 200 次之后，第二组为迭代 500 次之后，因此通过图 4.12 和图 4.13 主要进行其收敛速度的对比。可以看到，在第

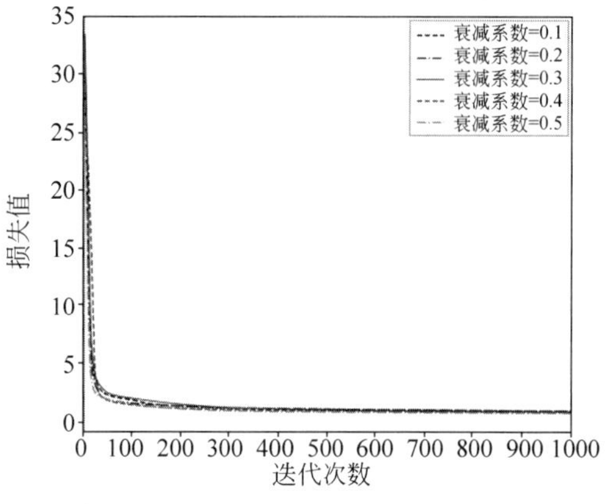

图 4.12　神经网络损失值变化对比图 5

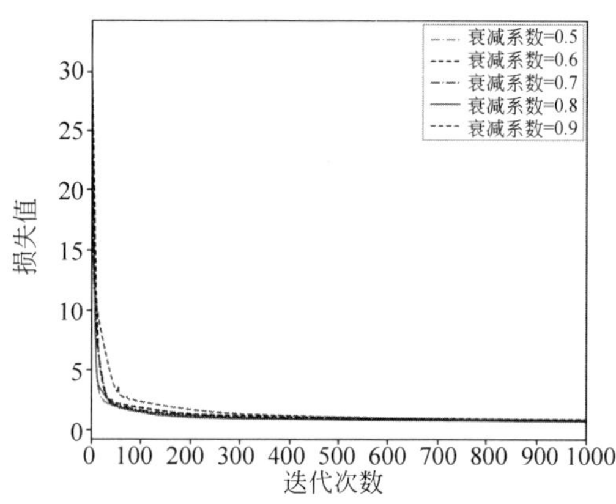

图 4.13　神经网络损失值变化对比图 6

一组迭代 200 次之前，衰减系数为 0.5 的损失值曲线最先到达一个较低点，其位置处于另外四条曲线的下方，而在第二组迭代 500 次之前，衰减系数为 0.5 的损失值曲线与衰减系数为 0.8 的损失值曲线几乎在同一时间到达一个较低点，而衰减系数为 0.9 的损失值曲线到达最低点的速度最慢，因此当衰减系数为 0.5 与 0.8 时，加入 Nesterov 动量的自适应均方根反向传播算法具有一个较快的收敛速度。

为了更好地比较这几种衰减率下的损失值最终收敛情况，对神经网络训练结束后的最终损失值进行了比较，比较结果如表 4.10 所示。

表 4.10　不同衰减系数下的神经网络最终损失值对比 1

衰减系数	最终损失值	衰减系数	最终损失值
0.1	0.9729	0.6	0.8436
0.2	0.9883	0.7	0.7511
0.3	0.8859	0.8	0.6584
0.4	0.8474	0.9	0.7916
0.5	0.7603		

在表 4.10 中，不同衰减系数下的神经网络最终损失值相对来说较为接近，但明显第二组衰减系数下的神经网络最终损失值普遍低于第一组，其中神经网络最终损失值最低时的衰减系数为 0.8。结合前面的神经网络损失值变化情况对比图可以得出结论，在衰减系数为 0.8 时，神经网络在对参数进行收敛时具有最快的收敛速度与收敛精度，因此在对数据集 1 进行相关数据预测时，将衰减系数取值为 0.8 可以取得最好的神经网络收敛效果。

2. 武汉市六个新城区农田土壤重金属数据集

在此数据集下，同样将衰减系数分为两组来进行神经网络损失值变化情况的对比，两组实验下神经网络损失值变化情况对比如图 4.14 与图 4.15 所示。

由图 4.14 和图 4.15 可以看到，与在数据集 1 上的表现相类似，所有衰减系数下的神

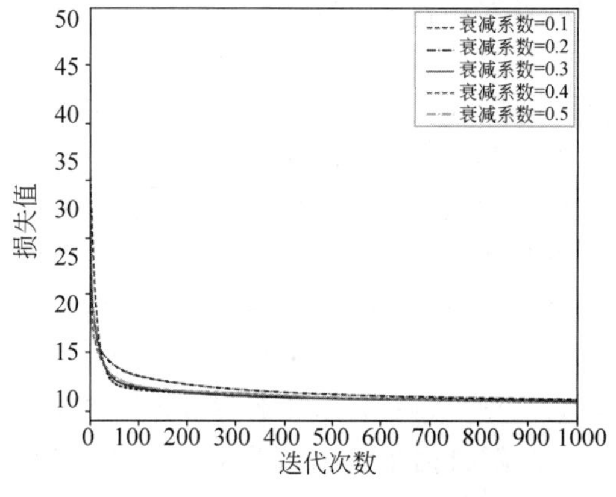

图 4.14　神经网络损失值变化对比图 7

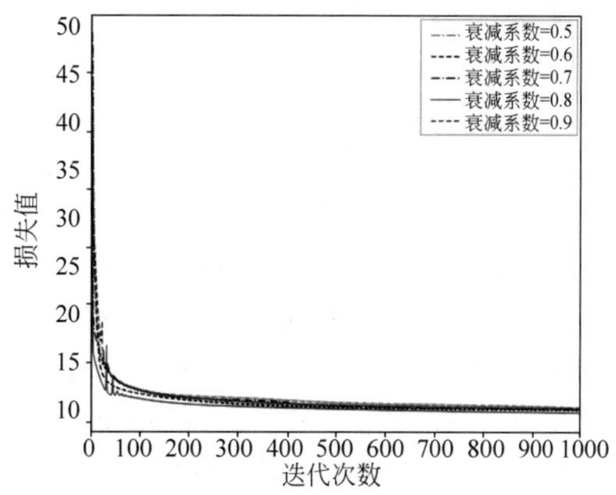

图 4.15　神经网络损失值变化对比图 8

经网络损失值均能在迭代后期收敛至一个较为接近的数值，但它们在前期的收敛速度上存在较大的区别。在图 4.14 中，神经网络损失值收敛速度最快的为衰减系数为 0.1 时的损失值曲线，收敛速度最慢的为衰减系数为 0.2 时的损失值曲线；在图 4.15 中，神经网络损失值收敛速度最快的为衰减系数为 0.8 时的损失值曲线，收敛速度最慢的为衰减系数为 0.5 时的损失值曲线。

与上一个数据集一样，在对此数据集进行实验时也对不同衰减系数下的神经网络最终损失值进行了统计，统计情况如表 4.11 所示。

表 4.11　不同衰减系数下的神经网络最终损失值对比 2

衰减系数	最终损失值	衰减系数	最终损失值
0.1	9.6503	0.6	9.1406
0.2	9.7348	0.7	9.2815
0.3	9.6394	0.8	8.8703
0.4	9.4061	0.9	9.2933
0.5	9.3874		

对比表 4.11 中的数据可以看到，虽然在第一组损失值变化情况对比中，衰减系数为 0.1 时损失值的收敛速度较快，但是其最终损失值却并未处于最小值，而第二组损失值变化情况对比中收敛速度最快的衰减系数 0.8 的情况下，其最终损失值处于所有衰减系数中的最低值，因此可以得出结论，在对数据集 2 进行相关数据预测时，将衰减系数取值为 0.8 可以取得最好的神经网络收敛效果。

4.3　预测模型的性能评价指标

在使用训练好的预测模型对大数据进行预测应用之前首先需要在测试数据集上进行验证实验以确定此模型是否能取得较好的效果。通常将在训练数据集上的预测输出值与训练数据集中对应的真实值之间的差异称为“训练误差”，而将使用训练好的模型在测试数据集上进行测试而得到的预测值与真实值之间的差异称为"泛化误差"。使用预测模型进行大数据预测的最大目的在于要使"泛化误差"处于一个最小值的状态,而实际过程中只能通过对模型的训练过程使"训练误差"尽可能小,因此,实际的应用中,想要在测试数据集上进行测试时预测值与真实值的"泛化误差"为 0 几乎是不可能的。

出现"泛化误差"的原因有许多种,其中最常见的为"过拟合"与"欠拟合"现象。"过拟合"现象一般是指在对模型进行训练的过程中,通常需要让模型从样本数据集中学习到输入特征变量与目标特征变量之间的普遍规律或联系,如线性或非线性关系等,而应用过程则是将学习到的普遍规律或联系向新数据集的扩展过程,倘若训练过程中模型将训练数据集中的某些特质当作普遍规律或联系进行学习,即"学习得过好",那么模型会具有较差的"泛化能力",虽然在训练数据集上表现较好,但在新数据集上则会获得较差的效果。"欠拟合"与"过拟合"最大的区别在于,"欠拟合"是由于模型学习能力过差所致,无论是在训练数据集还是在新数据集上,模型都取得较差的效果。相对来说,"欠拟合"是比较容易解决的问题,"过拟合"是较难克服的问题,而目前的研究只能够尽量减小"过拟合",而不是彻底解决。

由于误差难以避免,因此在对模型的好坏进行评价时,需要采用一系列指标对其性能进行评价。另外,在进行模型的性能测试实验时,通常两个或两个以上的对比实验才能更好地说明主模型的性能好坏,因此本节将分别从两方面展开介绍:一方面是常用的单个预测模型性能评价指标介绍;另一方面则是常用的多预测模型对比性能评价指标介绍。

4.3.1 单个模型性能评价指标

对单个预测模型进行性能评价时,主要是对使用训练好的模型在新数据集上的预测值的好坏进行评价,通常会采用一些数学统计上的公式对模型的预测值与实际的真实值之间的关系进行评价。常见的性能评价指标有均方误差、均方根误差、平均绝对误差、平均绝对百分比误差、对称平均绝对百分比误差以及拟合度。下面将对它们分别展开介绍。

(1) 均方误差(Mean Square Error,MSE)。该指标的取值范围为(0,+∞),当模型的预测值与真实值完全相同时,该值为 0,否则预测值与真实值之间的差值越大,该值越大。其计算公式如下:

$$\mathrm{MSE}=\frac{1}{n}\sum_{i=1}^{n}(y_i^p-y_i^t)^2 \tag{4.19}$$

其中,n 为样本的数量,y_i^p 为预测值,y_i^t 为真实值。

(2) 均方根误差(Root Mean Square Error,RMSE)。该指标主要是对均方误差进行开方,使得在数量级上对误差进行观察更为直观。该指标的取值范围与均方误差一样,为(0,+∞),当模型的预测值与真实值完全相同时,该值为 0,否则预测值与真实值之间的差值越大,该值越大。其计算公式如下:

$$\mathrm{RMSE}=\sqrt{\frac{1}{n}\sum_{i=1}^{n}(y_i^p-y_i^t)^2} \tag{4.20}$$

(3) 平均绝对误差(Mean Absolute Error,MAE)。与前面两个指标不同的是,该指标无须对误差值进行平方计算，该指标主要对所有预测样本的预测值与真实值的误差绝对值的平均值进行计算以判断预测效果的好坏。其计算公式如下：

$$\mathrm{MAE}=\frac{1}{n}\sum_{i=1}^{n}\mid y_i^p - y_i^t \mid \tag{4.21}$$

与前面两个指标相同的是，该指标的取值范围也为(0，+∞)，当模型的预测值与真实值完全相同时，该值为0，否则预测值与真实值之间的差值越大，该值越大。

(4) 平均绝对百分比误差(Mean Absolute Percentage Error，MAPE)。前面几个指标都是采用实数作为预测误差效果评价的标准，而平均绝对百分比误差则是以百分数作为预测误差效果评价的标准。该指标的取值范围为(0，+∞)，当该指标取值为0%时，表示模型下的预测值与真实值完全一致，该模型可视作完美模型；当该指标取值大于100%时，表示模型下的预测值与真实值相差较大，该模型的预测效果较差。该指标的计算公式如公式(4.22)所示。

$$\mathrm{MAPE}=\frac{100\%}{n}\sum_{i=1}^{n}\left|\frac{y_i^p - y_i^t}{y_i^t}\right| \tag{4.22}$$

可以看到，该公式以真实值作为分母部分，类似于对预测值与真实值之间的误差值进行了归一化处理，以此避免了部分误差极值点对绝对误差的影响，但是由于此特征的存在，在数据集的真实值中存在0时，该预测评价指标无法被采用。

(5) 对称平均绝对百分比误差(Symmetric Mean Absolute Percentage Error，SMAPE)。与平均绝对百分比误差相同，该指标也是以百分数作为预测误差效果评价的标准，不同点在于其分母部分是预测值绝对值与真实值绝对值的平均值，但该指标同样可以避免部分误差极值点对绝对误差的影响。同样地，在数据集的真实值中存在0时，该预测评价指标无法被采用。该指标的计算公式如下：

$$\mathrm{SMAPE}=\frac{100\%}{n}\sum_{i=1}^{n}\frac{\mid y_i^p - y_i^t \mid}{(\mid y_i^p \mid + \mid y_i^t \mid)/2} \tag{4.23}$$

由式(4.23)可以看到，该指标的取值范围为(0，+∞)。该指标的计算结果越小，则模型的预测值与真实值之间的差值越小，模型的预测效果越好。

(6) 拟合度(R-squared)。拟合度主要用来衡量模型预测值与真实值之间的拟合程度。其计算公式如下：

$$R^2=1-\frac{\sum_{i=1}^{n}(y_i^p - y_i^t)^2}{\sum_{i=1}^{n}(y_i^p - \overline{y_i^t})^2} \tag{4.24}$$

其中，$\overline{y_i^t}$ 为真实值的平均值。

拟合度指标最大的特点在于将实际预测的误差情况与数据集本身的数据情况进行对比，当将公式(4.24)中的分子和分母部分同时除以预测样本数时，分子部分变成了前面介绍的误差指标均方误差，而分母部分则变成了预测样本数据集的方差。当预测误差越小时，分子部分越接近于0，则该指标的计算结果越接近0，即模型的预测效果越好；而当分子与分母越接近时，每个预测值均处于一个更接近于均值的状态，该指标最后的计算值接近于0,则此时模型的预测效果是极差的。因此该指标的取值范围为0～1,该值越大,则模型的预测效果越好。一般来说,当该指标的计算结果超过0.8时,模型的预测效果相对较好。

对比上述六种预测性能评价指标可以看到,对单个模型的预测性能进行评价时,主要还是利用模型的预测值与预测样本的真实值之间的误差进行计算,通过它们之间误差的不同表现形式对来模型的预测性能进行评价的,例如均方误差、均方根误差、拟合度是利用预测值与样本真实值之间误差的平方来表现其预测性能好坏,而平均绝对误差、平均绝对百分比误差以及对称平均绝对百分比误差则是利用预测值与样本真实值之间误差的绝对值来表现其预测性能好坏。另外,这些预测性能评价指标之间也存在一定的相似性,除拟合度外,其他五种预测性能评价指标的取值范围均为$(0,+\infty)$,且该值越小,模型的预测性能越好,而拟合度也可以视作是均方误差的一种变形。因此,无论采用哪种预测性能评价指标对模型的预测效果进行评价均具有一定的合理性。

4.3.2 多模型性能对比评价方法

在对单个预测模型的预测性能进行评价时需要使用4.3.1节中的性能评价指标来评价其预测结果的好坏,而一般在对提出的预测模型进行性能评价时,除使用预测指标来评价外,还需使用现有的对比模型与其性能进行比较,从而确定新提出的模型预测性能是否较现有模型有所提高,这个过程则需要多模型性能对比评价方法来完成。

在进行对比预测实验时,通常需要比较两个或两个以上的模型预测性能,因此,下面将介绍两个常用的多模型性能对比评价方法:一种是交叉验证t检验,该方法主要用于同一个数据集上两个模型的性能比较;另一种是Friedman检验与Nemenyi后续检验,这一方法主要用于同一组数据集上两个以上模型的性能比较。

1. 交叉验证t检验

在前面已经介绍过K折交叉验证方法,该方法将同一个数据集随机平均分成K份,然后让每一份依次作为测试数据集,余下数据作为训练数据集,使模型在训练数据集上训练后在测试数据集上进行测试以获得该模型在每份数据集上的误差,最后将误差值进行平均即为模型在此数据集上的最终误差值。而交叉验证t检验则是专门针对两个不同的模型在同一个数据集上进行K折交叉验证后的性能比较方法。

假设对于两个不同的模型A与模型B,在同一个数据集上进行K折交叉验证后得到的每份数据集上的误差分别为$E_1^A,E_2^A,\cdots,E_K^A$与$E_1^B,E_2^B,\cdots,E_K^B$,则需要将这两个模型在K份测试数据集上的误差进行一对一的比较,而当这两个模型的性能相同时,则这两个模型在同一份测试数据集上误差应该相同,即$E_i^A=E_i^B$,i为$1\sim K$的任意正数。

其具体的比较过程为首先对两个模型在K份测试数据集上的误差进行一对一的比较,求取它们之间的差值,计算公式如下:

$$\Delta_i=E_i^A-E_i^B \tag{4.25}$$

然后对求得的差值$\Delta_1,\Delta_2,\cdots,\Delta_K$进行均值与方差的计算,计算获得的均值与方差

分别为 μ 和 σ^2，在显著度 α 下，倘若变量

$$\tau_t = \left| \frac{\sqrt{K}\mu}{\sigma} \right| \tag{4.26}$$

小于临界值 $t_{\frac{\alpha}{2},K-1}$，则可以视作这两个模型的性能没有显著差别。若大于该临界值，则这两个模型的性能存在显著差别，其中平均误差较小的模型的性能更好。上述临界值 $t_{\frac{\alpha}{2},K-1}$ 是自由度为 $K-1$ 的 t 分布上尾部累积分布为$\frac{\alpha}{2}$的临界值。

由于是在同一份数据集上进行交叉验证，因此当数据量较少时容易使得不同训练数据集之间容易存在一定程度的重叠，进而导致最后容易认为两个模型性能不存在显著差别。为了避免这一问题，一般采用"5×2 交叉验证"。

5×2 交叉验证是指在数据量较少时，对两个模型进行 5 次 2 折交叉验证，其中在每次 2 折交叉验证前将数据集进行随机打乱，从而使 5 次验证过程中数据集的划分均不重复。

在上述 2 折交叉验证中分别计算获得两个不同的差值 Δ_i^1 与 Δ_i^2，为了使误差结果更具有独立性，将第一次交叉验证中这两个不同的差值的平均值 μ 作为判断依据，在对方差进行求取时则是对每次交叉验证的差值结果进行计算，计算公式如下：

$$\sigma_i^2 = \left(\Delta_i^1 - \frac{\Delta_i^1 + \Delta_i^2}{2}\right)^2 + \left(\Delta_i^2 - \frac{\Delta_i^1 + \Delta_i^2}{2}\right)^2 \tag{4.27}$$

倘若变量

$$\tau_t = \frac{\mu}{\sqrt{0.2\sum_{i=1}^{5}\sigma_i^2}} \tag{4.28}$$

小于临界值 $t_{\frac{\alpha}{2},5}$，即服从自由度为 5 的 t 分布时，这两个模型的性能没有显著差别，否则存在显著差别，其中平均误差较小的模型的性能更好。在此计算公式下，当 α 取值为 0.05 时，临界值 $t_{\frac{\alpha}{2},5}$ 为 2.5706；当 α 取值为 0.1 时，临界值 $t_{\frac{\alpha}{2},5}$ 为 2.015。

2. Friedman 检验与 Nemenyi 后续检验

上述交叉验证 t 检验是在一个数据集上对两个不同的模型性能进行比较，而当需要在一组数据集上对多个模型的性能进行比较时，则需要使用 Friedman 检验。Friedman 检验是一种基于模型性能排序的检验方法，它在同一个数据集上依据某些性能评价指标对多个模型的性能好坏进行排序，进而获得多个模型在一组数据集上的性能排序结果，依照此结果平均计算得到在这组数据集上的平均性能排序，倘若不同模型的性能相同时，它们的平均性能排序应该相同。

假设使用三个不同的模型 A、模型 B 以及模型 C 在三个不同数据集 D_1、D_2、D_3 上进行预测实验，通过使用 4.3.1 节中提到的预测性能评价指标均方误差对它们的预测性能进行评价，倘若在数据集 D_1 上三个模型的均方误差值大小排序依次为模型 A、模型 B 和模型 C，那么将对模型 A、模型 B 和模型 C 分别赋予序值 1、2、3。按照此方法，对这三

个模型在另外两个数据集上的均方误差值大小进行排序，可获得模型性能排序如表 4.12 所示。

表 4.12 模型性能比较排序

数 据 集	模型 A	模型 B	模型 C
D_1	1	2	3
D_2	1	2.5	2.5
D_3	1	3	2
平均序值	1	2.5	2.5

表 4.12 中在数据集 D_2 上，当两个模型的均方误差值相同时，则对它们的序值进行平分，即出现模型 B 与模型 C 的序值均为 2.5 的情况。最后一行则是通过对这三个模型在三个不同数据集上的性能序值求平均而得到平均序值，当不同模型的平均序值相同时，可以视作这两个模型的性能相同。

为了方便判断，直接通过计算变量

$$\tau_{\chi^2}=\frac{k-1}{k} * \frac{12N}{k^2-1}\sum_{i=1}^{k}\left(r_i-\frac{k+1}{2}\right)^2 \tag{4.29}$$

来确定模型的性能是否相同。其中，r_i 表示第 i 个模型性能的平均序值；N 为数据集的个数；k 为模型的个数。不考虑平均序值时，$\frac{k+1}{2}$ 和 $\frac{k^2-1}{12N}$ 分别为符合正态分布的 r_i 的均值与方差，当 k 与 N 都较大时，该变量服从自由度为 $k-1$ 的 χ^2 分布。

上述变量的计算方式较为保守，现在通常使用变量

$$\tau_F=\frac{(N-1)\tau_{\chi^2}}{N(k-1)-\tau_{\chi^2}} \tag{4.30}$$

来进行判断，其中 τ_F 服从自由度为 $k-1$ 和 $(k-1)(N-1)$ 的 F 分布。当计算之后变量 τ_F 小于临界值时，可以视作这几个对比模型的性能没有显著差别；若大于该临界值，则这几个对比模型的性能显著不同。表 4.13 与表 4.14 分别是显著度为 0.05 与 0.1 时的常用临界值。

表 4.13 显著度为 0.05 时的常用检验值

数据集数	对比模型数量								
	2	3	4	5	6	7	8	9	10
4	10.128	5.143	3.863	3.259	2.901	2.661	2.488	2.355	2.250
5	7.709	4.459	3.490	3.007	2.711	2.508	2.359	2.244	2.153
8	5.591	3.739	3.072	2.714	2.485	2.324	2.203	2.109	2.032
10	5.117	3.555	2.960	2.634	2.422	2.272	2.159	2.070	1.998
15	4.600	3.340	2.827	2.537	2.346	2.209	2.104	2.022	1.955
20	4.381	3.245	2.766	2.492	2.310	2.179	2.079	2.000	1.935

表 4.14　显著度为 0.1 时的常用检验值

数据集数	对比模型数量								
	2	3	4	5	6	7	8	9	10
4	5.538	3.463	2.813	2.480	2.273	2.130	2.023	1.940	1.874
5	4.545	3.113	2.606	2.333	2.158	2.035	1.943	1.870	1.811
8	3.589	2.726	2.365	2.157	2.019	1.919	1.843	1.782	1.733
10	3.360	2.624	2.299	2.108	1.980	1.886	1.814	1.757	1.710
15	3.102	2.503	2.219	2.048	1.931	1.845	1.779	1.726	1.682
20	2.990	2.448	2.182	2.020	1.909	1.826	1.762	1.711	1.668

通过将变量 τ_F 与常用临界值的大小进行比较，从而确定不同模型之间的性能是否显著相同，当确定显著不同时，则需要使用 Nemenyi 后续检验来对其不同模型的性能做进一步的区分。

在进行 Nemenyi 后续检验时需要通过公式(4.31)计算得出模型平均序值差别的临界值域。具体的计算公式如下：

$$\mathrm{CD}=q_{\alpha}\sqrt{\frac{k(k+1)}{6N}} \tag{4.31}$$

其中，q_{α} 通常采用表 4.15 中的值。

表 4.15　不同显著度下的 q_{α} 取值

α	对比模型数量								
	2	3	4	5	6	7	8	9	10
0.05	1.960	2.344	2.569	2.728	2.850	2.949	3.031	3.102	3.164
0.1	1.645	2.052	2.291	2.459	2.589	2.693	2.780	2.855	2.920

当两个模型的平均序值之差超过了计算得出的临界值域 CD，则可以确定两个模型之间存在明显差别。另外，对上述结果的比较检验将通过 Friedman 检验图进行更为清晰的表示。在 Friedman 检验图中，横轴为平均序值，纵轴表示不同的模型，当代表两个模型的横线之间不存在交叠时，则说明两个模型之间存在显著差别，否则它们之间不存在显著差别。常见的 Friedman 检验图如图 4.16 所示。

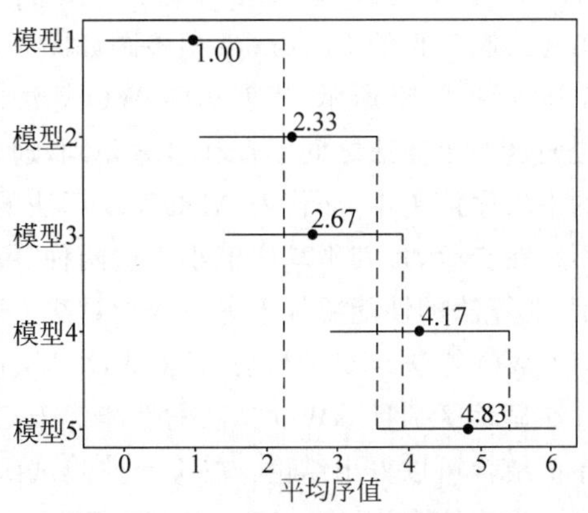

图 4.16　常见的 Friedman 检验图

在图 4.16 中，代表模型 1 的直线的边缘与代表模型 2 和模型 3 的直线明显存在交叠，则说明这三个模型之间不存在显著区别，但从它们的平均序值可以看到模型 1 的平均序值大于模型 2 与模型 3，因此模型 1 的性能略优于这两个模型。另外，代表模型 1 的直线与代表模型 4 和模型 5 的直线不存在交叠，则说明模型 1 与这两个模型之间存在显著区别，且其平均序值最大，即模型 1 的性能明显优于模型 4 和模型 5。结合上述比较结果可以得知，模型 1 的性能在这五个模型中表现最好。

通过 Friedman 检验与 Nemenyi 后续检验可以得知，Friedman 检验主要用于在一组数据集上对多个模型的性能进行比较，而在实际应用过程中，可以将此方法进行扩展，例如在群智能优化算法的性能进行比较时，可以使用此方法比较多种不同算法在一组测试函数上的性能；当对一个数据集上的多种预测模型性能进行比较时，可以计算得出模型的多种性能指标结果，然后比较多种性能指标上的模型性能情况。

下面将以第 3 章中进行的多种群智能优化算法的比较结果为例对上述扩展进行说明，选取这些算法在不同测试函数上运行后的最优适应度值作为排序的依据，具体的排序情况如表 4.16 所示。

表 4.16　算法性能比较排序

测试函数	GA	PSO	GWO	ADGWO
Schwefels P2.22	4	3	2	1
Rosenbrock's	4	3	2	1
Step	4	3	1.5	1.5
Sum of Different Powers	4	3	2	1
Zaharov	4	3	2	1
Schwefels	4	3	2	1
Rastrigin	4	3	2	1
Ackley	3	4	2	1
Dixon-Price	4	3	2	1
Levy	4	3	2	1
平均序值	3.9	3.1	1.95	1.05

上述测试函数的个数为 10，进行性能比较的算法数量为 4，因此利用公式(4.30)对其变量 τ_F 进行计算，最后获得计算结果为 154.6363，与表 4.12 和表 4.13 中的常用临界值相比，此计算结果远大于临界值，因此可以初步得出结论，这四种算法之间存在显著不同。为了进一步区分这四种算法，将使用 Nemenyi 后续检验对这四种算法的临界值域进行计算，计算依据为公式(4.31)，其中变量 q_α 选取表 4.14 中对应的 3.164，将计算结果进行图片绘制获得的 Friedman 检验图如图 4.17 所示。

如图 4.17 所示，代表 ADGWO 算法的直线与代表 GWO 算法的直线之间存在交叠，说明这两个算法之间不存在显著差别，通过它们的平均序值进行对比可以得知 ADGWO 的平均序值更小，而代表 ADGWO 算法的直线与代表 PSO 算法和 GA 算法之间的直线不存在交叠，且其平均序值小于这两种算法，说明此算法与另外两种算法之间存在显著差别，此算法的性能要优于另外两种算法。除此之外，图 4.17 中直线之间不存在交叠的还有 GWO 算法与 GA 算法，且 GWO 算法的平均序值小于 GA 算法，说明这两种算法之间存在显著区别且 GWO 算法的性能优于 GA 算法。最后将比较情况与这四种算法的平均序值结合可以得出结论：在这十种测试函数上运行比较后，这四种算法的性能情况由好到差排序依次为 ADGWO、GWO、PSO、GA。

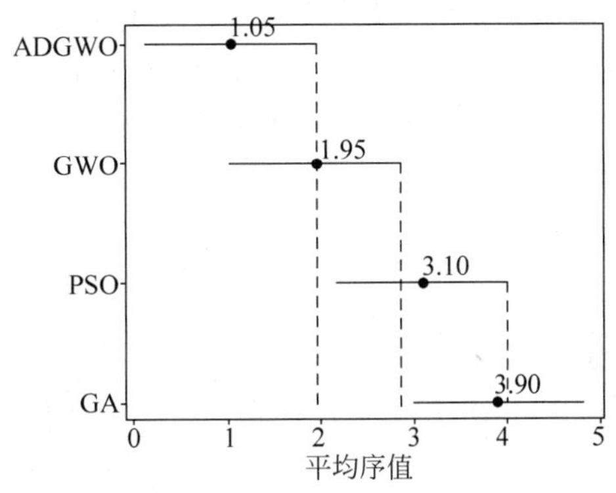

图 4.17 Friedman 检验图

由于使用协作复合神经网络模型进行土壤重金属含量预测时涉及多个对比模型，且使用的数据集较少，因此在对模型性能进行比较时，将把多种单个性能比较指标作为比较依据，同时采用 Friedman 检验与 Nemenyi 后续检验方法作为多模型性能对比评价方法。

4.4 预测性能评价结果及相关分析

在前面几节中首先对实验数据进行了数据分析，确定了不同数据下模型的输入特征变量以及目标特征变量，同时采用 K 折交叉验证对训练数据集与测试数据集进行了具体的划分和归一化处理，然后针对协作复合神经网络模型中难以确定的超参数通过实验的方式进行了确定，最后确定了协作复合神经网络进行预测时的单个模型性能评价指标与多模型性能对比评价方法。因此本节将在以协作复合神经网络模型（Collaborative Compound Neural Network Model，CCNNM）作为基础数据预测模型，径向基神经网络模型（Radial Basis Function Neural Network Model，RBFNNM）、模糊神经网络模型（Fuzzy Neural Network Model，FNNM）以及小波神经网络模型（Wavelet Neural Network Model，WNNM）作为对比模型的基础上展开相关实验并获得最终的实验结果，同时对结果进行分析并判断此模型的提出是否具有合理性和有效性，以及将该模型应用于不同的领域是否具有一定的研究价值。下面将分别对两个不同数据集上的预测结果进行比较分析。

4.4.1 数据集 1 上的预测性能评价结果及相关分析

数据集 1 为宁夏银川表层土壤重金属数据集，此数据集一共有 96 组数据，使用 4 折交叉验证方法将此数据集随机平均分成 4 份，依次将每一份作为实验的测试数据集，剩余数据作为训练数据集，即总共有四组预测实验，每次实验均分别使用协作复合神经网络模型、小波神经网络模型、径向基神经网络模型、模糊神经网络模型进行训练与预测。

首先对四个不同的模型在四组测试数据集上的预测值与真实值进行绘图比较，结果如图 4.18 所示。由图 4.18 可以看到，所有代表模型预测值的曲线与代表真实值的曲线之间均存在重合点与未重合点，在前面的介绍中可知预测值与真实值之间的误差为 0 几乎是不可能的，因此此绘图结果是合理的。比较代表模型预测值的曲线与代表真实值的曲线走势可以看到，由于不同模型的预测效果不同，因此曲线的走势情况也会存在一定的区别，从整体上看，将代表协作复合神经网络模型预测值的曲线与代表三种模型预测值的曲线相比，代表协作复合神经网络模型预测值的曲线与真实值的曲线走势更加一致，后者在部分区域均存在较大差别。

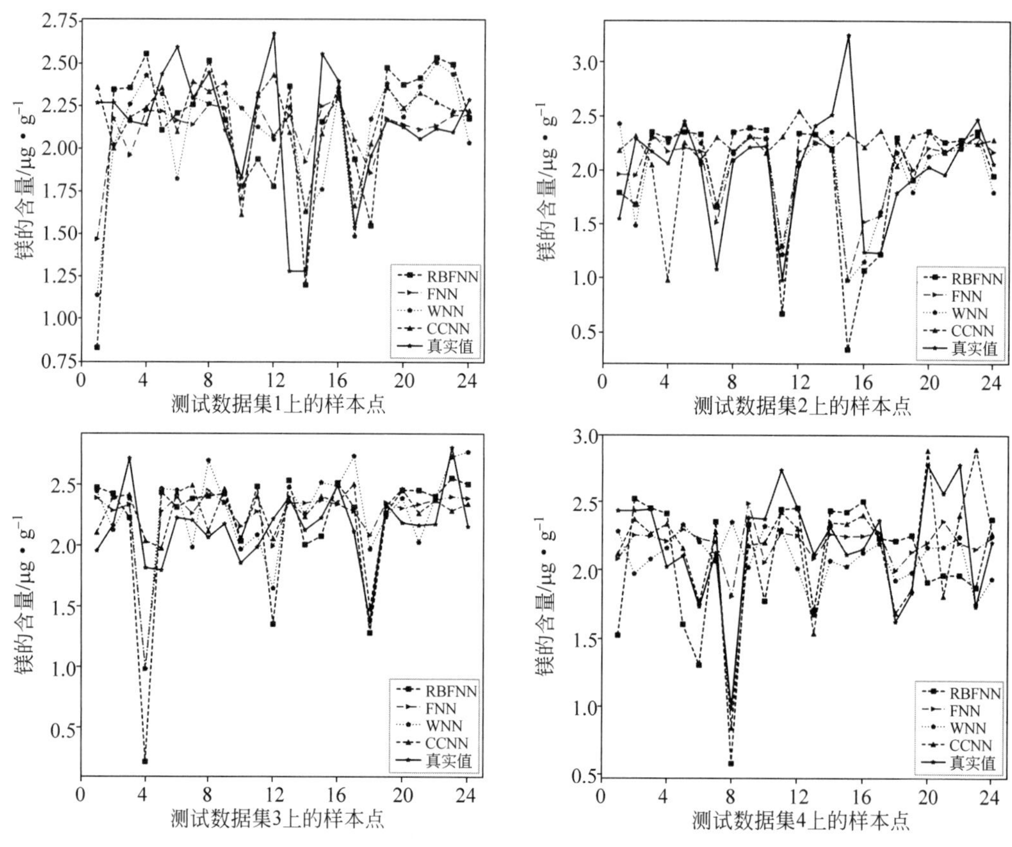

图 4.18 四种模型在四组测试数据集上的预测值与真实值对比

在比较这四组数据上的预测值与真实值吻合度时可以看到，对于不同的数据集，预测值曲线与真实值曲线之间的吻合度也会存在较大区别，例如图 4.18 中预测值曲线与真实值曲线吻合度较高的为测试数据集 1 与测试数据集 4，表现较差的为测试数据集 2 与测试数据集 3，这主要是因为在这两个数据集中均存在极值点，通常此处的数据集可能为异常值，因此在被作为预测的样本点时，预测值与真实值之间会存在较大出入，而测试数据集 1 与测试数据集 4 的点的分布较为均匀，因此整体预测效果要更好。

为了更加突出不同的样本点处预测值与真实值的对比情况，分别计算了四组测试数据集下每个样本点的预测值与真实值之的差值，然后将差值进行绘图对比，结果如图 4.19 所示。由图 4.19 可以看到，四个模型在四组测试数据集上的预测差值和前面的预测值与真实值对比图的情况是完全符合的，尤其是在测试数据集 2 与测试数据集 3 的对比图上可以看到，这两个数据集上的极值点处的误差值要远大于其他样本点的误差值，而协作复合神经网络模型在极值点处的误差值相较于其他几个模型要更小一些。

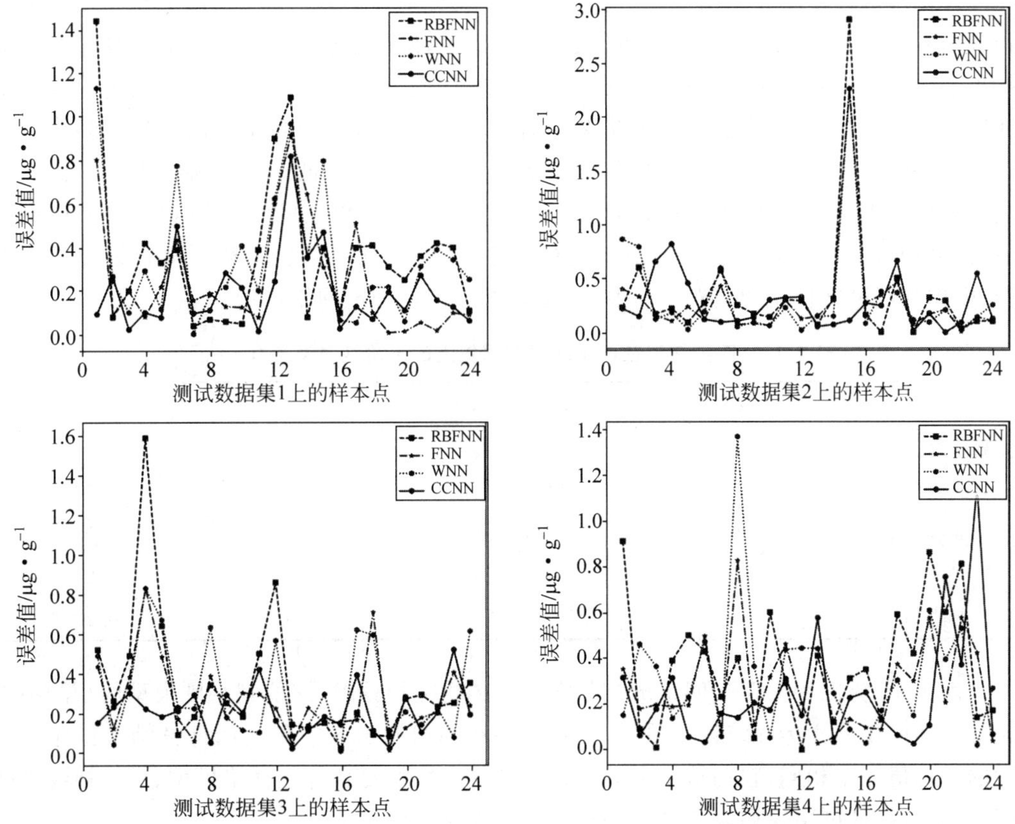

图 4.19　四种模型在四组测试数据集上的预测误差值对比

在图 4.19 中比较四个模型的预测性能时主要比较代表不同模型的曲线位置，当预测误差越小时，代表不同模型误差值的曲线位置越低，从整体上看，代表径向基神经网络误差的曲线在每个数据集上均处于整体最高的位置，说明此模型的预测效果在四个模型中可能要较差一些，而代表小波神经网络与模糊神经网络误差的曲线基本上处于中间位置，但由于在四组测试数据集的大部分样本点处，这两个模型的误差曲线处于交叠的状态，因此目前通过误差值曲线比较难以确定这两个模型的性能好坏。除测试数据集 3 与测试数据集 4 上的少数几个样本点外，代表协作复合神经网络模型的误差值曲线均低于另外三个模型，其中在部分样本点处该模型的误差值曲线无限接近于 0，因此该模型的误差值要小于另外三个模型。

结合四种模型在四组测试数据集上的预测值与真实值对比图以及预测误差值对比图可以看出，这四种模型的性能好坏无法直接进行判断，但可以大致看出，径向基神经网络模型的预测误差值在四组模型中最大，小波神经网络模型与模糊神经网络模型的预测误差值较为接近，而协作复合神经网络模型的预测误差值在四组模型中处于一个最低的情况。

除了通过图片的形式对预测结果进行比较外，还使用了不同的模型预测性能指标对四种模型的预测结果进行统计，这些模型预测性能指标分别为平均绝对误差、均方根误差、平均绝对百分比误差、对称平均绝对百分比误差以及准确率(Accuracy)。

首先对四种模型在四组测试数据集上的平均绝对误差进行统计，该值越小则模型的预测结果越好，结果如表 4.17 所示。在表 4.17 中，协作复合神经网络模型在四组测试数据集上的平均绝对误差值均低于另外三种模型，径向基神经网络模型的平均绝对误差值在四种模型中最高，除在测试数据集 2 上的平均绝对误差值略高于小波神经网络模型之外，模糊神经网络模型在其他数据集上的平均绝对误差值均低于小波神经网络。由于此实验采用了 K 折交叉验证方法，因此对这四组测试数据集上的平均绝对误差值取平均值，按平均值由小到大对这四种模型进行排序，它们的顺序依次为协作复合神经网络模型、模糊神经网络模型、小波神经网络模型以及径向基神经网络模型。

表 4.17 四种模型在四组测试数据集上的平均绝对误差/$\mu g \cdot g^{-1}$

	RBFNN	FNN	WNN	CCNN
测试数据集 1	0.3625	0.2491	0.3471	0.2009
测试数据集 2	0.3467	0.3097	0.3089	0.2607
测试数据集 3	0.3371	0.2686	0.3123	0.2066
测试数据集 4	0.3671	0.2697	0.3237	0.2432
平均值	0.3534	0.2743	0.323	0.2279

表 4.18 为四种模型在四组测试数据集上的均方根误差，该值越小则模型的预测结果越好。在此误差指标的统计结果下，四种模型在四组测试数据集上的计算结果排序与最后的平均值完全相同，它们从小到大的排序依次为协作复合神经网络模型、模糊神经网络模型、小波神经网络模型以及径向基神经网络模型。

表 4.18 四种模型在四组测试数据集上的均方根误差/$\mu g \cdot g^{-1}$

	RBFNN	FNN	WNN	CCNN
测试数据集 1	0.4941	0.3562	0.4545	0.2707
测试数据集 2	0.6563	0.5218	0.5631	0.3401
测试数据集 3	0.4682	0.3316	0.3936	0.2386
测试数据集 4	0.4485	0.3361	0.4251	0.3529
平均值	0.5168	0.3864	0.4591	0.3006

表 4.19 为四种模型在四组测试数据集上的平均绝对百分比误差，该值越小则模型的预测结果越好。在此统计结果上，径向基神经网络模型的平均绝对百分比误差值与小波神经网络模型的平均绝对百分比误差值是较为接近的，其中在测试数据集 1 和测试数据集 3 上，径向基神经网络模型的计算结果大于小波神经网络，而在测试数据集 2 和测试数据集 4 上，径向基神经网络模型的计算结果大于或等于小波神经网络，而协作复合神经网络模型与模糊神经网络模型的计算结果均小于它们。在最后的计算结果平均值中，按由小到大对这四种模型进行排序，它们的顺序依次为协作复合神经网络模型、模糊神经网络模型、径向基神经网络模型以及小波神经网络模型，其中协作复合神经网络模型与小波神经网络模型之间的平均值差值超过 6%。

表 4.19　四种模型在四组测试数据集上的平均绝对百分比误差

	RBFNN	FNN	WNN	CCNN
测试数据集 1	17.92%	13.39%	17.13%	10.61%
测试数据集 2	15.12%	15.08%	16.45%	12.92%
测试数据集 3	16.45%	13.61%	15.69%	9.61%
测试数据集 4	17.17%	14.21%	17.47%	11.49%
平均值	16.67%	14.07%	16.69%	11.16%

表 4.20 为四种模型在四组测试数据集上的对称平均绝对百分比误差，该值越小则模型的预测结果越好。此误差指标的计算结果与均方根误差指标的计算结果情况基本一致。在此统计结果下对这四种模型进行大小排序，由小到大的顺序依次为协作复合神经网络模型、模糊神经网络模型、小波神经网络模型以及径向基神经网络模型，其中协作复合神经网络模型与径向基神经网络模型的平均值之间的差值接近 8%。

表 4.20　四种模型在四组测试数据集上的对称平均绝对百分比误差

	RBFNN	FNN	WNN	CCNN
测试数据集 1	18.21%	12.58%	17.13%	9.93%
测试数据集 2	19.23%	15.71%	16.93%	12.96%
测试数据集 3	19.04%	13.33%	15.21%	9.29%
测试数据集 4	18.84%	13.11%	15.59%	11.28%
平均值	18.83%	13.68%	16.22%	10.87%

最后一项性能评价指标为准确率，此指标主要计算预测值的绝对值占真实值的绝对值的百分比情况，该值越大则模型的预测结果越好，统计结果如表 4.21 所示。

表 4.21　四种模型在四组测试数据集上的准确率

	RBFNN	FNN	WNN	CCNN
测试数据集 1	82.08%	86.61%	82.87%	89.40%
测试数据集 2	83.38%	84.92%	83.55%	87.08%
测试数据集 3	83.55%	86.39%	84.31%	90.39%
测试数据集 4	82.53%	85.80%	82.53%	88.51%
平均值	82.31%	86.21%	82.70%	88.96%

在统计结果中，除在测试数据集 4 上径向基神经网络模型的准确率与小波神经网络相同外，其他情况下各个模型的准确率均存在差别，差别值较大的为协作复合神经网络模型与径向基神经网络模型以及小波神经网络模型，协作复合神经网络模型与这两个模型之间的平均准确率差值均超过了 7%，而模糊神经网络模型的预测准确率较协作复合神经网络模型低了 3%，对它们的预测准确率平均值进行排序，由大到小的顺序依次为协作复合神经网络模型、模糊神经网络模型、径向基神经网络模型以及小波神经网络模型。

将这五种单个模型预测性能评价指标的统计结果进行综合分析，协作复合神经网络模型与模糊神经网络模型在四组测试数据集上的预测性能评价指标结果均分别排在第一与第二,而径向基神经网络模型与小波神经网络模型均低于前两种模型,但这二者相对较为接近。

为了更加清楚地了解这四种模型在此数据集上的差别,将使用 Friedman 检验与 Nemenyi 后续检验对模型的性能进行比较,首先对四种模型在前面五种单个性能评价指标上的计算结果平均值进行排序,具体的排序情况如表 4.22 所示。

表 4.22　模型性能比较排序

性能评价指标	RBFNN	FNN	WNN	CCNN
平均绝对误差	4	2	3	1
均方根误差	4	2	3	1
平均绝对百分比误差	3	2	4	1
对称平均绝对百分比误差	4	2	3	1
准确率	3	2	4	1
平均序值	3.6	2	3.4	1

使用公式(4.30)对其变量 τ_F 进行计算,可以得到其结果为 84.7499,在对比指标数量为 5、对比模型数量为 4 时,显著度为 0.05 与显著度为 0.1 时的临界值分别为 3.490 与 2.606,计算结果均大于临界值,因此可以得知这四个模型的预测性能之间存在显著不同。为了进一步区分四种预测模型,将使用 Nemenyi 后续检验对这四种算法的临界值域进行计算,计算依据为公式(4.31),其中变量 q_α 选取表 4.15 中对应的 2.569,将计算结果进行绘制获得的 Friedman 检验图如图 4.20 所示。

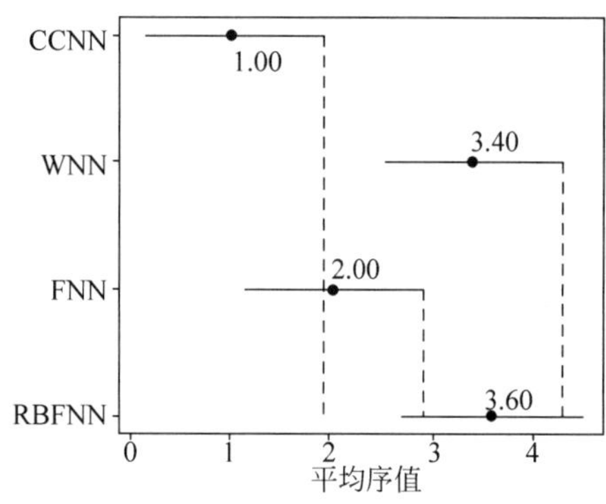

图 4.20　Friedman 检验图

由图 4.20 可以看到,代表协作复合神经网络模型临界值域的直线与代表小波神经网络模型和径向基神经网络模型临界值域的直线之间不存在交叠,说明径向基神经网络模型与小波神经网络模型和径向基神经网络模型存在显著不同,同时协作复合神经网络模型的平均序值要大于另外两种模型,因此与这两种模型相比协作复合神经网络模型的预测性能要更好,而在对比代表模糊神经网络模型临界值域的直线与代表小波神经网络模型和径向基神经网络模型临界值域的直线时可以看到直线之间存在交叠,因此这三种模型的预测性能没有存在显著不同,单从平均序值进行判断其预测性能好坏依次为模糊神经网络模型、小波神经网络模型以及径向基神经网络模型,其中小波神经网络模型与径向基神经网络模型的预测性能是十分接近的。综上可以得知,当使用这四种模型在宁夏银川表层土壤重金属数据集上进行土壤重金属含量预测时,协作复合神经网络模型的预测性能最好。

除了比较这四种模型的预测性能外,还对它们的运行时间进行了比较,主要统计它们在每个训练数据集上迭代训练 100 次所需的时间,统计结果如表 4.23 所示。

表 4.23　四种模型在四组训练数据集上的运行时间/s

	RBFNN	FNN	WNN	CCNN
训练数据集 1	19.6666	6.2648	26.6106	160.2355
训练数据集 2	17.6263	6.7002	24.5722	149.2721
训练数据集 3	17.4317	6.6607	25.7871	148.6281
训练数据集 4	17.6539	6.7056	24.2882	154.5265
平均值	18.0946	6.5828	25.3145	153.1656

由表 4.23 可以看到，在这四种模型中，运行所需时间最长的为协作复合神经网络模型，其运行时间大约是小波神经网络模型的 6 倍，这主要是由于该模型的训练过程包括使用自适应动态灰狼优化算法对小波神经网络初始参数的优化过程以及小波神经网络自身的参数调整过程，而在对小波神经网络初始参数的优化过程中将自适应动态灰狼优化算法的种群数量设置为 20，即在其每次算法迭代过程中同时包含了 20 次小波神经网络的前向传递计算以及自身的算法步骤，因此使得模型运行时间有所增加。另外三种模型中运行时间最短的为模糊神经网络，这可能是因为在其算法步骤中不包含数据的非线性转换过程，所以其计算速度更快，而径向基神经网络模型由于其激活函数与小波神经模型不同，导致它们的计算速度相应存在差异。从整体上来看，虽然协作复合神经网络运行时间较长，但与另外三种模型相比，其增加的运行时间符合算法原理，因此是可以接受的。

4.4.2　数据集 2 上的预测性能评价结果及相关分析

数据集 2 为武汉市六个新城区农田土壤重金属数据集，总共选取了此数据集中的 450 组数据进行预测实验，与 4.4.1 节中数据集的验证方式相同，使用 10 折交叉验证方法将选取的数据集随机平均分成 10 份，依次将每一份作为实验的测试数据集，剩余数据作为训练数据集，即总共有十组预测实验，每次实验均分别使用协作复合神经网络模型、小波神经网络模型、径向基神经网络模型、模糊神经网络模型进行训练与预测。

首先比较了四种模型在十组测试数据集上的预测值与实际真实值的对比情况，如图 4.21 所示。在图 4.21 中包含了十组测试数据集上的预测值与真实值以及它们的连接曲线，从整体上看，四种模型的预测值与真实值的走势大体上上是一致的，主要区别为部分极值点处预测值与真实值差别较大，而通过比较四种模型的预测值与真实值曲线时可以看到，代表协作复合神经网络模型的预测值曲线相较于其他几种模型的预测值曲线与真实值曲线的重合度要更高，在测试数据集 1 上最为明显。

在将此数据集上的预测值与真实值曲线与 4.4.1 节数据集中的预测值与真实值曲线进行对比可以看到，由于两组数据测试数据集的样本数量不同，模型的实际表现也存在较大区别，在 4.4.1 节数据集中存在的异常值较少，因此对比图中预测值与真实值差值较大的样本点也较少，而在此数据集中存在的异常值相对有所增多，因此在部分测试数据集上预测值与真实值的差别较大，例如在测试数据集 3、5、9、10 上，代表真实值的曲线与其他曲线之间在部分区域明显存在较大距离。此外在此数据集上，不同的测试数据集上模型的预测效果也存在较大差别，例如在测试数据集 1、2、6、7 上，代表真实值的曲线与其他曲线之间的吻合度较其他几个测试数据集更高。

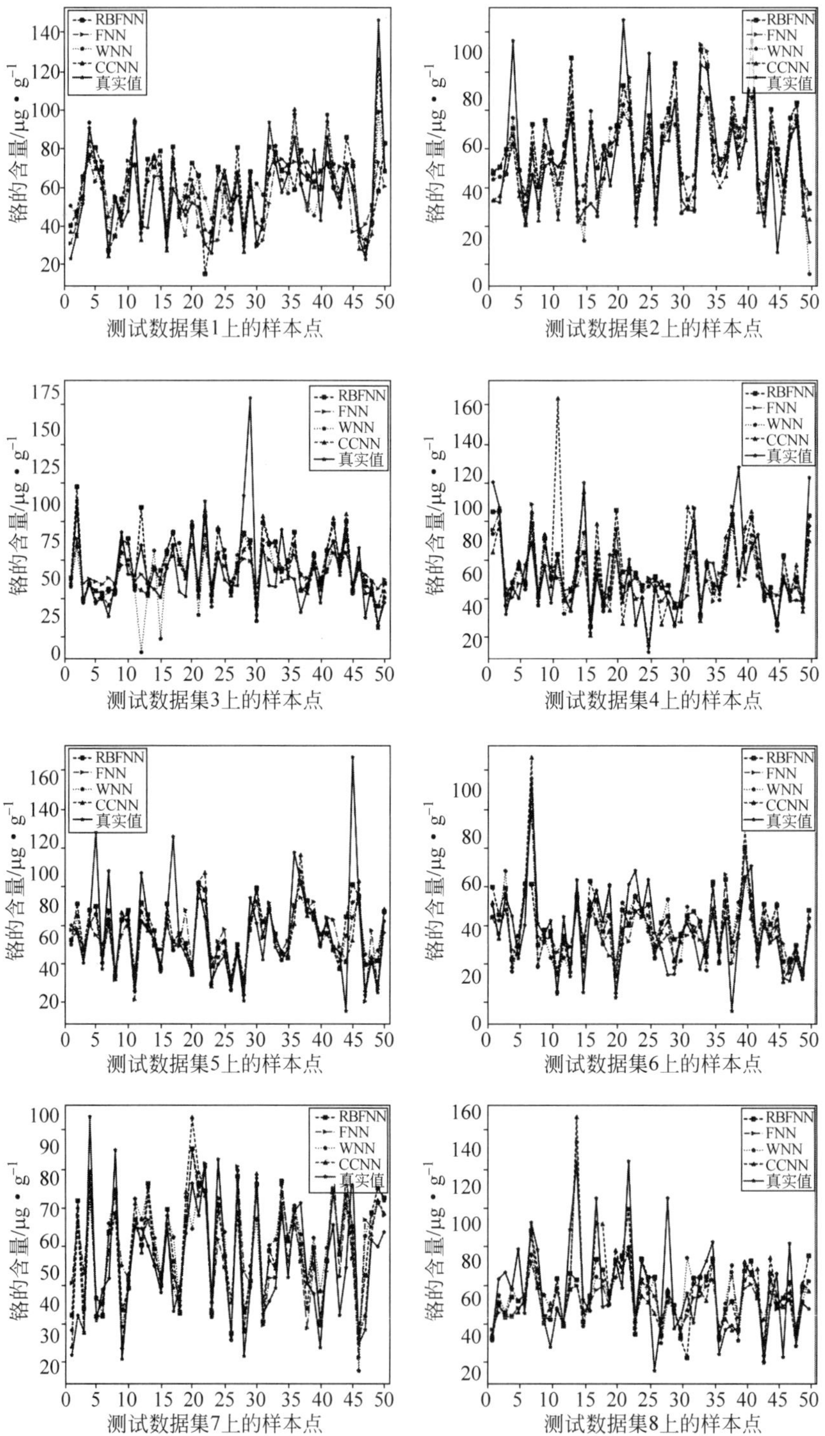

图 4.21　四种模型在十组测试数据集上的预测值与真实值对比

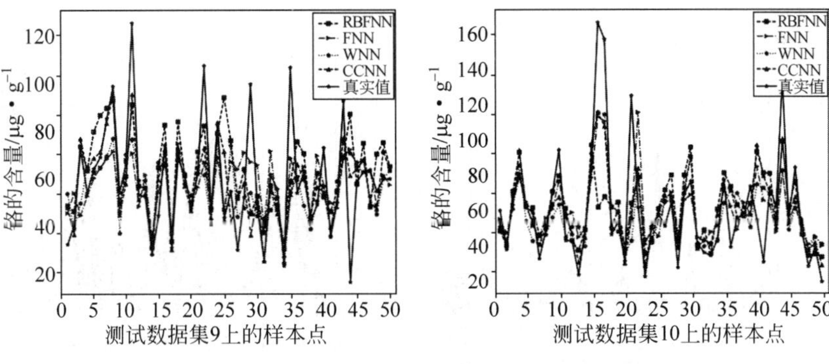

图 4.21 （续）

为了更好地了解这十组测试数据集上不同模型的预测值与真实值之间的差别，分别计算了十组测试数据集下每个样本点的预测值与真实值之间的差值并将此差值进行了绘图对比，如图 4.22 所示。由于此数据集中进行预测的重金属为铬，其含量情况与 4.4.1 节数据集中的镁存在较大区别，因此计算得到的差值范围也与 4.4.1 节实验存在较大差别，但是图 4.22 中的误差大小情况与前面的预测值与真实值对比情况还是比较符合的，可以看到在测试数据集 2、6、7 上，误差值的取值范围明显要比另外几个测试数据集上的误差值取值范围要小，而测试数据集 3、5、10 上的取值范围也要明显大于其他几个测试数据集。另外比较测试数据集 2 与测试数据集 5 时可以看到，无论是在哪个测试数据集上，误差曲线中都存在较多误差值接近 0 的样本点，它们之间的差别主要体现在部分极值点处具有较大的误差值。

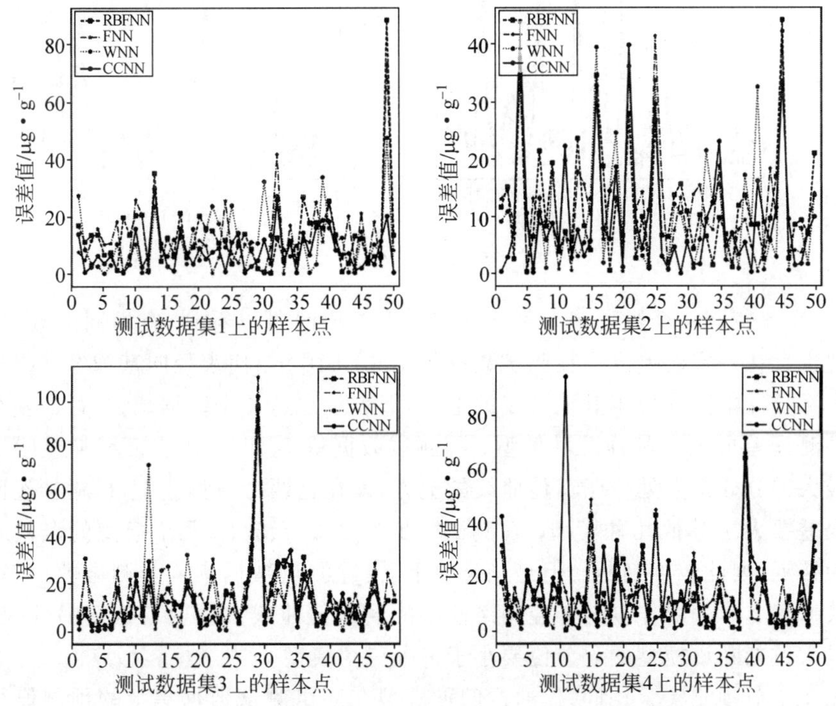

图 4.22 四种模型在十组测试数据集上的预测误差值对比

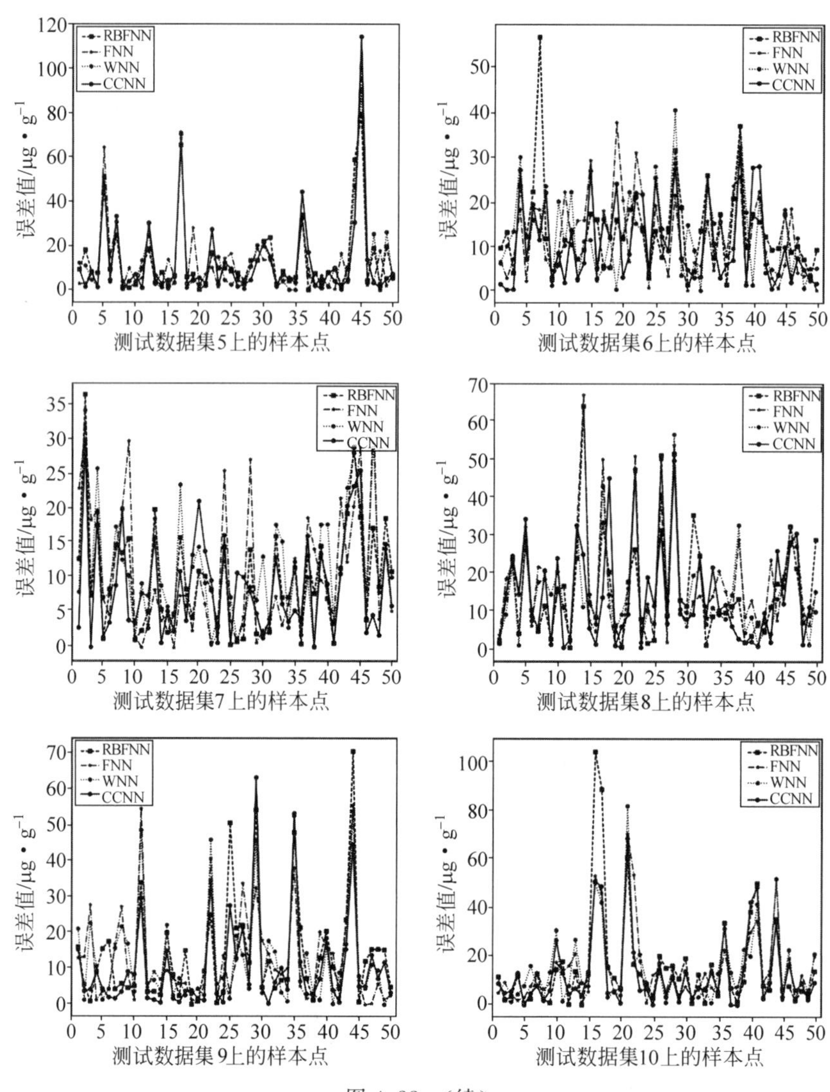

图 4.22 （续）

此外，在比较同一个数据集上不同模型的误差值时可以看到，在不同的数据集上，模型的表现也存在一定的差异。在测试数据集 1、6、9、10 上，代表径向基神经网络模型的误差曲线大部分样本点处位于其他曲线的上方，即表示在这几个数据集上，径向基神经网络模型的预测误差要大于其他几种模型；在测试数据集 7、8 上，代表模糊神经网络模型的误差曲线大部分样本点处位于其他曲线的上方，即在这两个数据集上，模糊神经网络模型的预测误差要大于其他几种模型；在测试数据集 2、3、4、5 上，几个模型的误差曲线相对来说较为接近，因此较难判断。但是从整体上看，除测试数据集 4 与测试数据集 5 外，其他测试数据集上代表协作复合神经网络模型的误差值曲线大体上均低于另外三个模型，因此可以大致判断该模型的误差值要小于另外三个模型。

同 4.4.1 节预测实验相同，仅通过四种模型在四组测试数据集上的预测值与真实值对比图以及预测误差值对比图难以直接判断出这四种模型性能的好坏，只能大致看出协作复合神经网络模型的预测误差在四种模型中最低，而径向基神经网络模型、小波神经网络模型以及模糊神经网络模型的预测误差值较为接近。

为了更加清晰地比较四种模型的预测性能，除了绘制预测值与真实值对比图以及预测误差图外，还分别使用了平均绝对误差、均方根误差、平均绝对百分比误差、对称平均绝对百分比误差以及准确率这五种模型预测性能指标对四种模型的预测结果进行统计。

首先对四种模型在十组测试数据集上的平均绝对误差进行统计，该值越小则模型的预测结果越好，统计结果如表 4.24 所示。

表 4.24 四种模型在十组测试数据集上的平均绝对误差 单位：$\mu g \cdot g^{-1}$

	RBFNN	FNN	WNN	CCNN
测试数据集 1	13.3213	12.7688	11.4094	8.1636
测试数据集 2	11.4021	11.6149	11.1774	9.6429
测试数据集 3	13.6984	14.7922	14.2384	10.7282
测试数据集 4	12.5566	13.9805	12.0791	11.0462
测试数据集 5	13.4463	11.8968	12.6881	12.9277
测试数据集 6	13.477	12.4543	12.3012	10.8406
测试数据集 7	10.8377	10.5639	11.1439	8.8889
测试数据集 8	15.0841	16.5779	15.2255	13.8489
测试数据集 9	13.8633	12.7724	12.4662	10.5301
测试数据集 10	15.6598	15.0821	14.5678	12.7191
平均值	13.3347	13.2504	12.7297	10.9336

由于采用 K 折交叉验证方法，因此最后分别计算出了所有测试数据集上平均绝对误差的平均值，从整体上看，按平均值由小到大对这四种模型进行排序，它们的顺序依次为协作复合神经网络模型、小波神经网络模型、模糊神经网络模型以及径向基神经网络模型，但是在部分数据集上，模型的实际情况与最后的平均值存在一定的差别，例如在测试数据集 2、3、4、8 上，径向基神经网络模型的平均绝对误差值要小于模糊神经网络模型，在测试数据集 5、7 上，模糊神经网络模型的平均绝对误差值要小于小波神经网络模型。

表 4.25 给出了四种模型在十组测试数据集上的均方根误差，该值越小则模型的预测结果越好。

表 4.25 四种模型在十组测试数据集上的均方根误差 单位：$\mu g \cdot g^{-1}$

	RBFNN	FNN	WNN	CCNN
测试数据集 1	17.6454	17.6622	15.4791	10.6138
测试数据集 2	14.8783	15.4424	15.5768	14.0296
测试数据集 3	19.7274	21.9308	22.5971	18.4943
测试数据集 4	17.5421	19.0842	16.8512	17.7874
测试数据集 5	19.2537	14.9421	22.2581	15.9568
测试数据集 6	17.5416	17.6199	15.3445	14.4061
测试数据集 7	12.3808	14.1291	13.6736	11.5031

续表

	RBFNN	FNN	WNN	CCNN
测试数据集 8	20.3732	22.1629	19.9311	18.8601
测试数据集 9	20.0989	18.3412	18.5521	16.9724
测试数据集 10	21.8233	21.4591	21.4472	18.6634
平均值	18.1265	18.2774	18.1711	15.7287

在此误差指标结果中，径向基神经网络模型、模糊神经网络模型、小波神经网络模型的误差结果是比较接近的，在测试数据集 2、3、7 下，径向基神经网络的均方根误差在三种模型中最小，在测试数据集 5、9 下，模糊神经网络模型的均方根误差在三种模型中最小，而在测试数据集 1、4、6、8、10 下，小波神经网络模型的均方根误差在三种模型中最小。将均方根误差平均值按从小到大进行排序，四种模型的顺序依次为协作复合神经网络模型、径向基神经网络模型、小波神经网络模型、模糊神经网络模型。

表 4.26 为四种模型在十组测试数据集上的平均绝对百分比误差，该值越小则模型的预测结果越好。在此统计结果中，无论哪个测试数据集上协作复合神经网络模型的平均绝对百分比误差均远小于另外三种模型，而除了测试数据集 7 上小波神经网络模型的平均绝对百分比误差大于径向基神经网络模型外，其他测试数据集上小波神经网络模型的平均绝对百分比误差均小于径向基神经网络模型与模糊神经网络模型，径向基神经网络模型与模糊神经网络模型的误差值整体上是比较接近的，二者在不同的测试数据集上均存在表现最差的情况。按照从小到大的顺序在最后的计算结果平均值中对这四种模型进行排序，它们的顺序依次为协作复合神经网络模型、小波神经网络模型、模糊神经网络模型以及径向基神经网络模型，其中协作复合神经网络模型与径向基神经网络模型之间的平均值差值接近 7%。

表 4.26 四种模型在十组测试数据集上的平均绝对百分比误差

	RBFNN	FNN	WNN	CCNN
测试数据集 1	24.95%	24.18%	25.38%	16.65%
测试数据集 2	29.51%	30.06%	25.88%	21.94%
测试数据集 3	27.38%	30.41%	26.53%	19.83%
测试数据集 4	25.74%	28.59%	24.11%	22.17%
测试数据集 5	29.65%	26.04%	26.42%	20.40%
测试数据集 6	29.02%	23.15%	27.09%	22.93%
测试数据集 7	21.64%	24.94%	24.46%	17.46%
测试数据集 8	28.36%	29.01%	28.30%	24.01%
测试数据集 9	29.18%	26.01%	24.04%	20.31%
测试数据集 10	26.67%	28.14%	26.52%	22.13%
平均值	27.21%	27.05%	25.87%	20.78%

表 4.27 为四种模型在十组测试数据集上的对称平均绝对百分比误差，该值越小则模型的预测结果越好。在表 4.27 中，协作复合神经网络模型的误差值依旧处于最低值，但另外几个模型的误差值在不同的测试数据集上均存在较大差别，与平均绝对百分比误差

指标计算结果不同的是，径向基神经网络模型在此指标上的计算结果平均值略高于小波神经网络模型，而模糊神经网络模型在此指标上的计算结果平均值低于其他模型。此结果与均方根误差指标的计算结果情况基本一致，在此统计结果下对这四种模型进行大小排序，由小到大的顺序依次为协作复合神经网络模型、径向基神经网络模型、小波神经网络模型、模糊神经网络模型，其中协作复合神经网络模型与模糊神经网络模型之间的平均值差值接近4%。

表4.27　四种模型在十组测试数据集上的对称平均绝对百分比误差

	RBFNN	FNN	WNN	CCNN
测试数据集1	23.36%	22.78%	21.81%	15.41%
测试数据集2	22.34%	23.73%	22.51%	19.31%
测试数据集3	23.78%	26.48%	27.14%	18.93%
测试数据集4	20.65%	24.21%	20.31%	21.33%
测试数据集5	22.01%	22.23%	20.61%	18.91%
测试数据集6	23.88%	21.27%	23.13%	19.76%
测试数据集7	18.74%	20.66%	21.17%	15.91%
测试数据集8	24.83%	26.52%	24.54%	21.78%
测试数据集9	22.32%	21.35%	20.70%	17.81%
测试数据集10	23.71%	24.67%	23.88%	19.64%
平均值	22.56%	23.39%	22.58%	18.88%

最后一项性能评价指标为准确率，此指标主要计算预测值的绝对值占真实值的绝对值的百分比情况，该值越大则模型的预测结果越好。统计结果如表4.28所示。

表4.28　四种模型在十组测试数据集上的准确率

	RBFNN	FNN	WNN	CCNN
测试数据集1	75.05%	75.82%	74.62%	83.35%
测试数据集2	70.49%	69.94%	74.12%	78.06%
测试数据集3	72.62%	69.59%	73.47%	80.00%
测试数据集4	74.26%	71.41%	75.90%	77.83%
测试数据集5	70.35%	76.82%	73.58%	79.60%
测试数据集6	70.98%	73.96%	72.91%	77.07%
测试数据集7	78.36%	75.06%	75.54%	82.54%
测试数据集8	71.64%	70.99%	71.70%	76.01%
测试数据集9	70.82%	74.01%	75.96%	79.70%
测试数据集10	73.33%	71.86%	73.48%	77.87%
平均值	72.79%	72.95%	74.13%	79.20%

在此统计结果中，无论哪一个测试数据集上协作复合神经网络模型的准确率均处于最高值，且其平均值与其他几个模型之间差别较大，与径向基神经网络模型以及模糊神经网络模型的差值均接近7%，与小波神经网络模型之间的差值超过5%。对它们的平均值按照从大到小进行排序，其顺序依次为协作复合神经网络模型、小波神经网络模型、模型

神经网络模型、径向基神经网络模型。

将这五种单个模型预测性能评价指标的统计结果进行综合分析，协作复合神经网络模型在十组测试数据集上的预测性能评价指标结果均排在第一，而径向基神经网络模型、模糊神经网络模型以及小波神经网络模型在不同的性能评价指标上表现不同，均存在较好的情况与较差的情况。为了更加清楚地了解这四种模型在此数据集上的差别，将使用Friedman检验与Nemenyi后续检验对模型的性能进行比较，首先对四种模型在前面五种单个性能评价指标上的计算结果平均值进行排序，具体的排序情况如表4.29所示。

表4.29　模型性能比较排序

性能评价指标	RBFNN	FNN	WNN	CCNN
平均绝对误差	4	3	2	1
均方根误差	2	4	3	1
平均绝对百分比误差	4	3	2	1
对称平均绝对百分比误差	2	4	3	1
准确率	4	3	2	1
平均序值	3.2	3.4	2.4	1

使用公式(4.30)对其变量τ_F进行计算，可以得到其结果为22.2501，在对比指标数量为5、对比模型数量为4时，显著度为0.05与显著度为0.1时的临界值分别为3.490与2.606，计算结果均大于临界值，因此可以得知这四个模型的预测性能之间存在显著不同，为了进一步区分四种预测模型，将使用Nemenyi后续检验对这四种模型的临界值域进行计算，计算依据为公式(4.31)，其中变量q_α选取表4.15中对应的2.569，将计算结果进行绘制获得的Friedman检验图如图4.23所示。

在图4.23中，代表协作复合神经网络模型的直线与代表小波神经网络模型的直线之间存在交叠，与代表模糊神经网络模型以及径向基神经网络模型的直线之间不存在交叠，说明协作复合神经网络模型与小波神经网络模型没有存在显著差别，与模糊神经网络模型以及径向基神经网络模型之间存在显著差别，因此结合平均序值可以得知协作复合神经网络模型的预测性能明显优于模糊神经网络模型以及径向基神经网络模型，略优于小波神经网络模型。同理，对小波神经网络模型、径向基神经网络模型以及模糊神经网络模型的预测性能进行比较，可以得知小波神经网络模型的预测性能优于径向基神经网络模型与模糊神经网络模型，径向基神经网络模型的预测性能优于模糊神经网络模型。综上可以得知，在使用武汉市六个新城区的农田土壤重金属数据集进行土壤重金属含量预测时，四种模型的预测性能排序依次为协作复合神经网络模型、小波神经网络模型、径向基神经网络模型以及模糊神经网络模型。

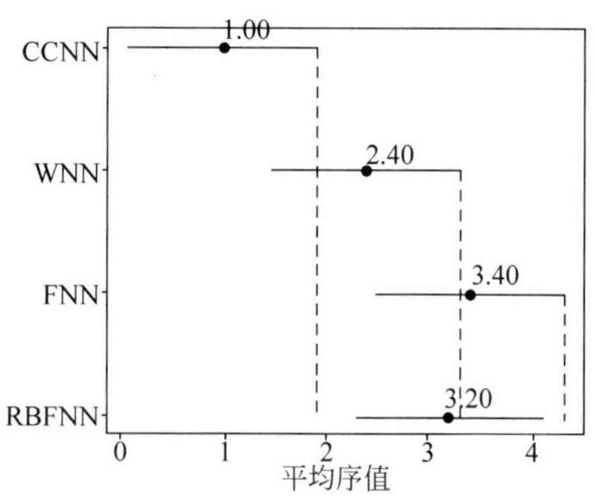

图4.23　Friedman检验图

与4.4.1节数据集中的预测结果不同的是，在4.4.1节数据集中模糊神经网络模型的预测性能要优于小波神经网络模型以及径向基神经网络模型，而在此数据集上预测性能则差于它们，这很可能是由于数据量的增加，对数据的非线性转换需求也随之增加，径向基神经网络与小波神经网络中非线性激活函数的功能得到了更充分的体现。而在比较平均绝对百分比误差、对称平均绝对百分比误差以及准确率这三个使用百分数来表示误差结果的指标时可以看到，四种模型在此数据集上的计算结果均低于上一个数据集，这主要是因为测试数据集数据量的增加以及待预测指标的量纲不同，从而导致实际计算的误差值也会存在一定的差异。

除了使用上述几种方式比较四种模型的预测性能之外，还对每种模型在不同测试数据集上的运行时间进行了比较，分别统计了它们在不同训练数据集上迭代训练100次所需的时间，统计结果如表4.30所示。

表4.30　四种模型在十组测试数据集上的运行时间　　单位：s

	RBFNN	FNN	WNN	CCNN
测试数据集1	117.2814	45.4664	126.8902	981.6676
测试数据集2	109.0253	35.5625	131.8723	948.2166
测试数据集3	104.7945	36.4582	152.2911	890.5695
测试数据集4	113.0921	34.0658	147.6776	938.2708
测试数据集5	110.6063	33.3052	158.5561	918.4499
测试数据集6	110.8136	33.6827	158.5713	932.2977
测试数据集7	101.4583	41.5973	141.7215	934.9011
测试数据集8	114.8738	33.6734	160.0086	876.1635
测试数据集9	113.8204	34.0466	156.6834	893.9481
测试数据集10	115.4421	35.0859	156.7755	881.5654
平均值	111.1208	36.2944	149.1047	919.6051

由表4.30可以看到，由于数据量的增加，四种模型在此数据集上的运行时间均高于4.4.1节数据集，但与4.4.1节数据集相同的是，协作复合神经网络模型的运行时间大约是小波神经网络模型的6倍，这与协作复合神经网络模型的训练过程包括使用自适应动态灰狼优化算法对小波神经网络初始参数的优化过程以及小波神经网络自身的参数调整过程这一原理是一致的。除此之外，径向基神经网络模型与小波神经网络模型的运行时间接近，模糊神经网络模型的运行时间小于另外几种模型这两种情况与4.4.1节数据集基本一致，即四种模型的运行时间由长到短排序依次为协作复合神经网络模型、小波神经网络模型、径向基神经网络模型、模糊神经网络模型。

综合四种不同的模型在两种不同的数据集上的预测结果比较及分析可以得知，无论是在哪一种土壤重金属数据集上，协作复合神经网络模型的预测性能最好，小波神经网络模型、径向基神经网络模型以及模糊神经网络模型的预测性能相对较差，同时在不同的数据集上它们的表现也会存在差异。而在训练所需时间的比较上，协作复合神经网络模型由于其模型原理相对另外几种模型更为复杂，因此其训练时间在四种模型之中最长，但其增加的运行时间符合算法原理，是可以接受的，同样这也是对此模型进行改进的方向之一。

4.5 知识扩展

在进行土壤重金属含量预测实验时，选用了径向基神经网络模型以及模糊神经网络模型作为实验的对比模型，但是对于这两种模型的具体原理并没有进行更加详细的介绍，这一节将分别针对这两种预测模型的基本原理以及建模过程展开相关介绍。

4.5.1 径向基神经网络预测模型

径向基神经网络是一种具有较强映射功能的三层前向网络，其最主要的特征为以径向基函数作为隐含层激活函数，数据从输入层传入隐含层后，通过径向基函数对其进行非线性映射，然后经过线性计算传递至输出层进行输出。径向基神经网络的结构如图 4.24 所示。

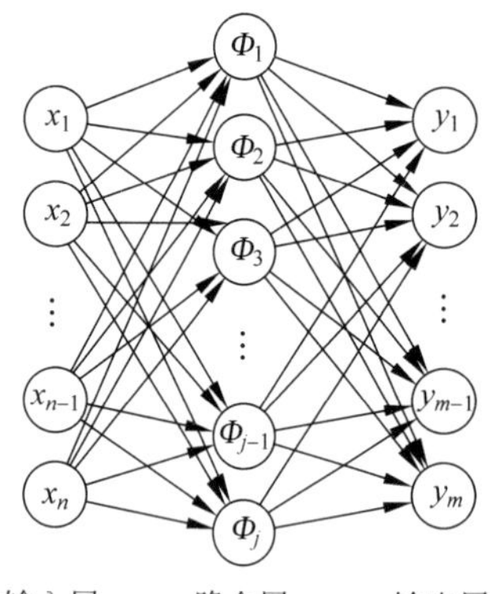

图 4.24 径向基神经网络的结构

径向基神经网络对输入数据的训练过程主要可分为两部分，分别为监督学习和无监督学习。在无监督学习部分，通过使用聚类算法如 K-means 对数据进行聚类，将聚类生成的中心点作为隐含层径向基函数的中心点，其中径向基函数一般选用高斯函数，然后利用中心点信息计算得出径向基函数的宽度向量，宽度向量的计算公式如下：

$$\boldsymbol{\sigma}_j = c_{\max} / \sqrt{2h} \tag{4.32}$$

其中，$C_{\max}$ 为中心点之间的最大距离；h 为节点数。

之后输入数据分别经过隐含层、输出层进行相关计算，输入样本 x_i 在隐含层的第 j 个节点的输出由以下公式计算得出：

$$\phi(x_i, j) = \exp\left(-\frac{1}{2\boldsymbol{\sigma}_j^2} x_i - c_j\right) \tag{4.33}$$

其中，c_j 与$\boldsymbol{\sigma}_j$ 分别为隐含层第 j 个节点的中心点与宽度向量。

输入样本 x_i 在输出层的第 m 个节点的输出由以下公式计算得出：

$$y_m = \varphi(\phi(x_i, j) * \omega_m) \tag{4.34}$$

其中，ω_m 为该节点的权值；φ 为激活函数。

在监督学习部分，主要是对网络隐含层的中心点、宽度向量以及输出层的权值、阈值进行不断修正的过程。这一过程主要通过误差函数计算出每个参数的梯度值，然后使用梯度下降法如随机梯度下降法等对权值进行不断修正。以输出层的权值为例，其更新公式如下：

$$\omega_t = \omega_{t-1} - \mu * \frac{\partial E}{\partial \omega_{t-1}} \tag{4.35}$$

其中，E 为误差函数；μ 为学习率。

除上述方法外，还可直接随机生成隐含层的中心点与宽度向量，之后按照监督学习过程的梯度修正公式对其进行更新。

按照上述径向基神经网络的基本原理以及第3章中关于神经网络前向与反向传播过程中相关方法的选择，可以将径向基神经网络预测模型的建模步骤总结如下：

(1) 根据输入数据的相关特征确定径向基神经网络输入层、隐含层以及输出层的节点数；

(2) 使用K-means算法对模型的输入数据进行聚类，将聚类生成的中心点作为隐含层径向基函数的中心点，通过中心点计算获得隐含层径向基函数的宽度向量；

(3) 选择一种参数初始化方法对径向基神经网络输出层的连接权值以及阈值进行随机初始化；

(4) 数据由输入层输入径向基神经网络，传递至隐含层后经径向基函数对数据进行非线性转换；

(5) 数据在隐含层输出后传递至输出层，在与输出层的连接权值进行线性计算后由激活函数进行非线性转换，最后得到网络的前向传播输出；

(6) 选择一种损失函数对网络的前向传播输出以及目标值进行相关计算得到损失值；

(7) 以输出层的损失值计算得到输出层连接权值以及阈值的梯度，选择一种反向传播算法对它们进行调整；

(8) 损失值传递至隐含层，同样使用相同的反向传播算法对隐含层的中心点以及宽度向量进行调整；

(9) 获得一个参数得到更新后的径向基神经网络；

(10) 在达到最大迭代次数之前，重复步骤(4)～步骤(9)，在达到最大迭代次数后，输出隐含层与输出层参数确定的多层前馈神经网络。

与传统多层前馈神经网络相同的是，使用径向基神经网络进行大数据预测时，除其隐含层参数外，输出层的连接权值与阈值均是通过随机初始化获得的，因此模型最后的预测效果容易受到参数初始值的影响，当初始值更接近较优值时，网络会获得更好的收敛速度与收敛精度；反之，网络的收敛时间会随之增加，同时容易出现陷入局部最优的情况。径向基神经网络算法如算法4.1所示。

算法4.1　径向基神经网络算法

```
确定神经网络的节点数，计算获得隐含层的中心点及宽度向量
随机初始化神经网络中所有的参数
设置全局学习率μ以及反向传播算法中的相关参数
while(未达到最大迭代次数)do
  计算神经网络前向传播的输出
  计算每个参数的梯度值
  使用加入反向传播算法对每个参数进行更新
end while
输出隐含层与输出层参数确定的多层前馈神经网络
```

4.5.2 模糊神经网络预测模型

模糊神经网络本质上是一种将模糊理论与人工前向神经网络相结合的多层前向神经网络。在处理信息时，该网络能够具有更大的处理范围以及更快的信息处理速度，因此该网络的自学习能力与映射也相对较高。图 4.25 为模糊神经网络的结构图。

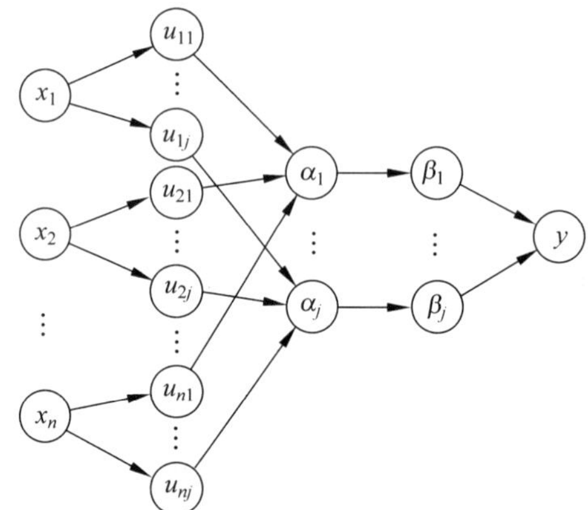

图 4.25 模糊神经网络的结构

数据输入模糊神经网络总共需要经过五层网络结构，最先是输入层，这一层的节点数量为输入数据的特征维度，即当数据的特征维度为 n 时，输入层的节点数为 n。

然后数据从输入层传递至隶属度函数计算层，在这一层需要使用隶属度函数来计算每个节点的隶属度，每一个节点代表一个隶属度函数，这一层的节点个数为输入变量有可能构成的模糊条件的个数。隶属度函数一般选用高斯函数，公式如下：

$$u_{ij} = \mathrm{e}^{-[(x_i - c_{ij})/\boldsymbol{b}_{ij}]}, \quad i = 1,2,\cdots,n;\ j = 1,2,\cdots,m \tag{4.36}$$

其中，u_{ij} 为节点的输出；x_i 为输入数据；c_{ij} 为隶属度函数的中心点；$\boldsymbol{b}_{ij}$ 为隶属度函数的宽度向量；m 为对输入进行模糊分级的个数。

之后数据传递至规则生成层，这一层的节点数为模糊规则数，这一层的输出为每条规则的适用度，一般采用下列公式进行计算：

$$\alpha_j = \prod u_{ij} \tag{4.37}$$

紧接着在归一化层对规则生成层的节点输出进行归一化处理。这一层的节点与规则生成层相同，使用如下公式进行归一化：

$$\beta_j = \alpha_j / \sum_{j=1}^{m} \alpha_j \tag{4.38}$$

最后数据在输出层进行加权处理获得最终输出，计算公式为：

$$y = \sum_{j=1}^{m} \omega_j \beta_j \tag{4.39}$$

其中，ω_j 为输出层的连接权值。上述公式是基于网络的输出变量维度为 1 时而设定的权值，当输出变量的维度增加时，对权值也将进行相应的调整。另外，模糊神经网络与前面的径向基神经网络与小波神经网络一样，在反向传播过程中一般使用传统梯度下降法如随机梯度下降法对隶属度函数的中心点、宽度向量以及输出层的连接权值进行优化。

按照上述模糊神经网络的基本原理以及第 3 章中关于神经网络前向与反向传播过程中相关方法的选择，可以将模糊神经网络预测模型的建模步骤总结如下：

(1) 根据输入数据的相关特征确定模糊神经网络输入层、隶属度函数计算层、规则生成层、归一化层以及输出层的节点数；

(2) 选择一种参数初始化方法对模糊神经网络隶属度函数计算层中隶属度函数的中心点、宽度向量以及输出层的连接权值、阈值进行随机初始化；

(3) 数据由输入层输入模糊神经网络，依次经过隶属度函数计算层以及规则生成层计算获得输出；

(4) 将规则生成层的输出在归一化层进行归一化处理之后经由输出层的加权处理获得网络的最终前向传播输出；

(5) 传递至隐含层后经径向基函数对数据进行非线性转换；

(6) 选择一种损失函数对网络的前向传播输出以及目标值进行相关计算得到损失值；

(7) 以输出层的损失值计算得到输出层连接权值的梯度，选择一种反向传播算法对它们进行调整；

(8) 损失值传递至隶属度函数计算层，同样使用相同的反向传播算法对隶属度函数的中心点以及宽度向量进行调整；

(9) 获得一个参数得到更新后的模糊神经网络；

(10) 在达到最大迭代次数之前，重复步骤(3)～步骤(9)，在达到最大迭代次数后，输出隐含层与输出层参数确定的多层前馈神经网络。

算法 4.2 为模糊神经网络算法。

算法 4.2　模糊神经网络算法

```
确定模糊神经网络每一层的节点数
随机初始化神经网络中所有的参数
设置全局学习率 μ 以及反向传播算法中的相关参数
while(未达到最大迭代次数)do
    数据通过输入层、隶属度函数计算层、规则生成层、归一化层、输出层获得输出
    计算每个参数的梯度值
    使用加入反向传播算法对每个参数进行更新
end while
输出隐含层与输出层参数确定的多层前馈神经网络
```

与径向基神经网络不同的是，模糊神经网络中不需要激活函数对某层的输出进行非线性转换，这主要是由于在其隶属度函数计算层中已经涉及数据的非线性处理，同时该网络的前向传播与反向传播速度也会因此较径向基神经网络有所加快；与径向基神经网络

相同的是，由于其隶属度函数计算层的中心点、宽度向量以及输出层的连接权值均采用随机初始化的方式获得，因此使用该网络建模进行大数据预测时其预测性能同样也会受到参数初始值的影响。

4.6 本章小结

本章主要介绍了以土壤重金属数据为例，使用协作复合神经网络模型进行大数据预测的相关过程及结果分析，由于涉及预测实验过程，因此本章的内容主要分为五部分，分别为大数据的分析机制、可调整参数的设置机制、预测模型的性能评价指标、预测性能评价结果及相关分析以及相关知识扩展。

在大数据的分析机制部分，首先对大数据的基本分析方法进行了相关介绍，介绍了图表相关性分析、协方差分析、相关系数分析以及回归分析这四种常用的数据分析方法，并以武汉市六个新城区的土壤重金属数据集为例使用相关系数分析方法对其中不同特征指标之间的相关性进行了分析，以此选取出了预测模型的输入特征指标，然后介绍了常用的交叉验证方法，同时使用 K 折交叉验证方法对所选择的两个数据集进行了训练数据集与测试数据集的划分，最后则介绍了常用的归一化方法，选用其中的最大最小归一化方法对划分后的数据进行归一化处理。

在可调整参数的设置机制部分，分别针对模型中神经网络隐含层节点数的确定、反向传播算法学习率设置以及衰减系数设置三方面展开相关的验证实验，通过对比实验确定了在进行大数据预测实验时神经网络隐含层节点数、反向传播算法中学习率的大小以及衰减系数的大小。

预测模型的性能评价指标部分主要围绕单个模型的预测性能评价指标以及多模型性能对比评价方法的介绍展开，在进行大数据预测实验获得预测结果后，首先需以单个模型的预测性能评价指标对单个模型进行评价，然后以此为依据比较确定多种对比模型之间的预测性能好坏。

完成上述三部分之后，则展开两个数据集上四种模型的大数据预测实验，同时使用不同的性能评价指标对不同的模型的预测结果进行对比分析。分析结果表明，无论在哪一个数据集上，协作复合神经网络模型相较于径向基神经网络模型、模糊神经网络模型、小波神经网络模型均具有更好的预测性能。

在最后的相关知识扩展部分则主要介绍作为对比模型的径向基神经网络预测模型以及模糊神经网络预测模型的基本原理，同时针对它们的建模过程进行了具体说明。

第 5 章

并行支持向量机的基本原理

前面几章的内容介绍了大数据预测的相关知识，而接下来的内容则是介绍大数据评价的相关方法以及具体实现过程。本章主要对进行大数据评价的并行支持向量机(Parallel Support Vector Machine，PSVM)的基本原理展开介绍，因此本章的内容将分为五节，分别为并行支持向量机概述、协同鸟群算法、支持向量机分类模型、并行支持向量机模型的构建以及知识扩展。

5.1 并行支持向量机概述

在对大数据进行分类时，最常用的机器学习算法为支持向量机，支持向量机的基本思想可以概括为通过非线性变换将输入空间映射到高维空间之后，求取一个最优的线性分类面从而将数据进行划分。在二维空间中这个线性分类面为一条直线；在三维空间中，这个线性分类面为一个平面，以此类推。

目前支持向量机已被证明在许多分类问题上具有较好的应用效果，例如 Edelman 将支持向量机应用于澳大利亚赛马比赛的小样本数据集中并对其中的 100 场比赛进行测试，结果显示支持向量机能够取得较好的分类结果；Takeda 等人针对支持向量机对异常值较为敏感的问题提出一种扩展健壮支持向量机，然后将其应用于金融风险度量，通过相关实验证明了在适当的参数设置下该模型具有更好的性能；Kim 等人针对在高度复杂的时间与空间上，实际实现的支持向量机分类效果无法达到理论上的预期水平这一问题，将 Boosting 算法与支持向量机相结合，然后将其应用于虹膜数据分类、手写数字识别等分类问题上，实验结果证明这一方法在分类精度上要优于单一支持向量机；Liu 等人利用支持向量机建立了城市土壤质量综合分类模型，并利用该模型对太原市土壤进行了分类评价，实验结果中，基于支持向量机的土壤质量模型能够较好地结合土壤数据，获得较好的分类准确率。

支持向量机在近年来也得到了许多进展，例如 Suykens 等人在支持向量机的基础上提出了最小二乘支持向量机分类器，并以一个双螺旋基准分类问题为例验证了该分类器的有效性；Simon 等人提出一种基于支持向量机的主动学习算法，以此来避免使用随机选择的数据集，而是直接访问未被标记的实例并可以请求为其中一些实例添加标签，通过实验证明此方法可以显著减少归纳标准中需要标记的训练实例；Qi 等人在进行支持向量机特征权重分配时分别将加权特征消除算法与模糊加权特征消除算法应用到其中，以此来提高传统支持向量机的分类精度；Maali 等人则提出了一种提高支持向量机性能的新方法，此方法的主要目的是将更多的信息从训练阶段转移到测试阶段，且这些信息主要从训练阶段的错误分类中获得，实验结果表明，在不增加算法参数的情况下，这一方法可以显著提高支持向量机的分类性能。

虽然目前支持向量机在进行大数据分类时可以取得较好的效果，但在实际应用时仍存在一些问题，其中最主要的问题为其超参数的设置。支持向量机的超参数有许多，例如其分类模型原型形式和对偶形式中的惩罚系数 C，其核函数中的参数 γ 等。这些参数直接影响模型最后的分类性能，因此在实验过程中需要采用交叉验证的方式选出最优的一组参数值，这一方式往往需要反复的实验，有时实验过后只能获得一个较优值而不是最优值，为了节省实验时间并获得更好的参数值，研究者通常将群智能优化算法与支持向量机相结合，使用群智能优化算法进行这些超参数的寻优过程。

并行支持向量机则继承了群智能优化算法与支持向量机相结合的思想，选用群智能优化算法中的鸟群算法(Bird Swarm Algorithm，BSA)进行支持向量机中超参数的寻优，在实际的建模过程中，以取值范围内不同数值的超参数组合作为鸟群算法的种群个体，以支持向量机的最终分类结果作为鸟群算法中每个个体的适应度值，将鸟群算法的个体寻优过程与支持向量机的训练过程相结合，并行展开多个支持向量机的分类训练，在训练结束后，将鸟群算法中表现最优的个体即最优参数组合赋值给支持向量机，以此作为最终的分类模型并展开大数据分类。

由于群智能优化算法本身仍具有一定的不确定性，因此在使用鸟群算法进行超参数寻优时容易出现陷入局部最优以及收敛速度较慢的问题，为了有效解决这一问题，在鸟群算法的基础上有针对性地在种群的寻优过程中为种群增加抱团行为以及接受准则，同时使用基于适应度差值比的位置更新方法来替代原有算法中的部分位置更新方法，以此提出了一种新的协同鸟群算法。最后使用协同鸟群算法替代传统的鸟群算法，将其与支持向量机相结合，组成并行支持向量机来实现大数据的分类过程。

5.2 协同鸟群算法

鸟群算法是由 Meng 等人于 2016 年提出的一种群智能优化算法，在研究者看来，自然界中的鸟类主要是以群居的方式进行生活，这些个体在群体中主要进行觅食与飞行等行为，而这些行为通常被认为是由分离、对齐和内聚等简单规则而产生的主要行为，通过这些简单的群体内行为，群体行为可以发展为更加复杂的运动与互动。

鸟类以群体的方式进行各种活动，这往往比以个体的形式进行活动所具有的生存优势与觅食效率更高。在鸟群进行觅食时，当种群中的某个个体在搜索范围内发现食物时，该个体会通过声音等方式将此信息传递给种群中的其他个体，以此来帮助其他个体进行觅食，同时在捕食的过程中，随时可能会出现威胁到个体的情况，例如捕食者的出现，因此个体也会经常抬头巡视周围的环境。上述两种状态即为鸟类觅食时的两种主要行为：捕食行为与保持警戒。研究表明，鸟类会在这两种状态中随机切换，一旦发现威胁到个体的情况，鸟类同样会通过声音的方式将信息传递给其他个体，当其他个体接收到信息后，整个种群会迅速飞离此环境来避免可能出现的威胁。由此可以看出，与以个体形式进行各种活动的鸟类相比，当鸟类以群体的方式进行各种活动时，个体之间的信息交流会更加频繁，这不仅可以让个体在觅食过程中减少自身受到捕食者威胁的风险，还可以增加个体进行觅食的时间以及觅食成功的概率，并且种群的规模越大，这种优势越能够体现。

当鸟群的种群规模达到一定程度，鸟群在觅食时将以一个包围圈的形式分布在觅食范围内，倘若此时出现捕食者并对鸟群进行攻击，捕食者的攻击目标更有可能是包围圈边缘的个体，而不是包围圈内部的个体，因此，在捕食过程中，鸟群个体将会更趋向于向它们自身所认为的鸟群中心进行移动，以此来避免受到捕食者的攻击，而这一移动行为一般在个体保持警戒的过程中进行。

通常鸟群在某个觅食范围内搜索完毕后或发现威胁的存在时，将会飞行至另一个觅食区域重新开始搜索，但是可以通过观察看到，在到达一个新的区域后并不是种群中的每一个个体都在寻找食物，往往存在这样一种现象，那就是部分个体会直接进食其他个体发现的食物，而不是通过自身的搜索获得，这些个体一般扮演者乞讨者的角色，而那些积极搜索食物的个体则扮演着生产者的角色。研究表明，鸟群中那些食物储量较低的个体通常是乞讨者，而那些食物储量较高的个体则是生产者。

由上述这些鸟群的群体行为可知，鸟类的群居生活给种群中的每个个体都带来更大的生存优势，每个个体都能从其他个体处获得一定的利益。而鸟群算法则是从上述这些群体行为中得以启发而设计出来的，它将鸟群的觅食过程与对客观问题的优化过程进行联系，将鸟群个体的觅食行为、保持警戒行为、飞行行为、生产行为、其他行为通过理想化的规则进行归纳，以此而得到的算法基本思路如下：

(1) 种群中所有个体通过信息共享来相互传递与觅食或威胁有关的信息，每个个体与整个种群都能记录和更新关于历史最佳捕食的信息；

(2) 每个个体在觅食的过程中会在觅食与保持警戒这两个状态中进行转换，同时这个转换具有随机性；

(3) 在保持警戒时，个体会试图向它所认为的鸟群中心进行移动，以此来避免自身受到捕食者的攻击，但此行为容易受到其他因素的影响，例如个体自身的位置信息；

(4) 当鸟群在某个区域的觅食结束后会以整个种群为单位进行飞行，从而到达一个新的觅食区域，通常每次飞行之间的间隔是固定的；

(5) 在鸟群飞行到达一个新的区域后，种群中的个体会分别扮演生产者与乞讨者的角色，种群中食物储备量最高的个体为生产者，食物储备量最低的个体为乞讨者，其他个体则会随机选择一种角色；

（6）扮演生产者角色的个体会积极地进行食物的搜索，而扮演乞讨者角色的个体则是在生产者发现食物后跟随其进行觅食。

按照最理想化的状态实施上述基本思路，从而得到鸟群算法的整个过程。

5.2.1 鸟群算法原理

鸟群算法的基本原理主要依托于鸟群的飞行行为、生产者行为、乞讨者行为、觅食行为以及保持警戒行为。下面将分别从这五方面进行介绍。

1. 飞行行为

由上述基本思路可以得知，鸟群在某个区域的觅食结束后会以整个种群为单位进行飞行来到达一个新的觅食区域，之后在新的区域种群个体将分别扮演生产者与跟随者，因此在鸟群算法中飞行行为主要用来判断鸟群个体是否要进行生产者与跟随者的相关行为。在算法寻优开始前会设置一个迭代周期，在每次达到预设的固定迭代周期时，种群中的个体将会按照自身的适应度值大小进行生产者与乞讨者两种角色的选择，而在其他迭代过程中，种群中的个体将随机选择觅食行为或警戒行为。

2. 生产者行为

在每次达到预设的固定迭代周期 FQ 时，整个种群将进行飞行行为来到达一个新的区域，此时个体将选择扮演生产者或乞讨者，在此算法中，每次迭代时种群中适应度值最高的个体将扮演生产者，适应度值最低的个体将扮演乞讨者，其他个体则会随机选择两种角色中的一种进行相关行为。当个体为生产者时，则使用下述公式进行自身的位置更新：

$$x_i^{t+1}=x_i^t+x_i^t*\mathrm{randn}(0,1) \tag{5.1}$$

其中，x_i^t 为个体 i 在第 t 次迭代时的位置；x_i^{t+1} 为个体 i 在第 t 次迭代后的位置；randn(0,1)表示符合均值为 0、标准差为 1 的高斯分布的随机数。

3. 乞讨者行为

由前面的基本思路可知乞讨者主要在生产者发现食物后跟随其进行觅食，因此在其算法实现过程中通过下列公式进行乞讨者位置的更新：

$$x_i^{t+1}=x_i^t+(x_k^t-x_i^t)*\mathrm{FL}*\mathrm{rand}(0,1) \tag{5.2}$$

其中，x_k^t 为个体 $k(k\neq i)$在第 t 次迭代时的位置；FL 表示乞讨者跟随生产者寻找食物的行为，取值范围为[0,2]；rand(0,1)表示 0～1 的随机数。

4. 觅食行为

当种群未进行飞行行为时，则会进行觅食行为或保持警戒，且种群中的所有个体将会在这两种状态中随机选择。在此将设定一个常量 p，p 的取值范围为 0～1，当每次迭代判断种群个体不进行飞行行为时，将针对每个个体生成一个 0～1 的均匀分布的随机数，当此数小于常量 p 时，个体则进行觅食行为，否则个体保持警戒。当个体进行觅食行为时，将使用下列公式对个体的位置进行更新：

$$x_i^{t+1}=x_i^t+(p_i-x_i^t)*C*\text{rand}+(g_i-x_i^t)*S*\text{rand}(0,1) \tag{5.3}$$

其中，p_i 为个体 i 在当前迭代次数下的历史最优位置信息；g_i 为整个种群在当前迭代次数下的历史最优位置信息；C 为感知系数；S 为社会加速系数，rand 表示 0～1 的均匀分布的随机数。

5. 保持警戒行为

当种群个体切换到保持警戒的状态时，由前面的基本思路可知个体试图向它所认为的鸟群中心进行移动，这一移动方式可通过下列公式进行描述：

$$x_i^{t+1}=x_i^t+A_1*(\text{mean}-x_i^t)*\text{rand}(0,1)+A_2*(p_k-x_i^t)*\text{rand}(-1,1) \tag{5.4}$$

$$A_1=a_1*\exp\left(-\frac{\text{pFit}_i}{\text{sumFit}+\varepsilon}*N\right) \tag{5.5}$$

$$A_2=a_2*\exp\left(-\frac{\text{pFit}_i-\text{pFit}_k}{|\text{pFit}_i-\text{pFit}_k|+\varepsilon}*N*\frac{\text{pFit}_i}{\text{sumFit}+\varepsilon}\right) \tag{5.6}$$

其中，A_1 表示个体向种群中心移动的距离；A_2 表示个体向种群最优位置移动的距离；mean 表示整个种群的平均位置；rand(0,1)表示 0～1 的随机数；rand(−1,1)表示−1～1 的随机数；p_k 表示个体 $k(k\neq i)$在第 t 次迭代时的历史最优位置；a_1 与 a_2 均为 0～1 的常量；pFit_i 为个体 i 在第 t 次迭代时的历史最优适应度值；sumFit 为整个种群在第 t 次迭代时的历史最优适应度值之和；N 为种群的个体数量；pFit_k 为个体 $k(k\neq i)$在第 t 次迭代时的历史最优适应度值；ε 为避免分母部分为 0 而设置的极小值。

在公式(5.4)中，个体的位置更新主要分为两部分。前一部分表示当个体向它所认为的鸟群中心移动时，它不可避免地会受到来自种群中其他个体位置的影响，这主要是因为所有个体均想向中心位置移动，即所有个体之间也存在一定的竞争关系，因此使用整个种群的平均位置来表示其他个体对此个体带来的影响，而此影响不应过大，即 A_1 与 rand(0,1) 的乘积需小于 1，具体的影响大小则通过个体适应度值的比较来确定。后一部分表示个体在移动的过程中直接受到某个特定的个体 k 的影响，当个体 k 的历史最优适应度值大于个体 i 的历史最优适应度值时，$A_2>a_2$，则个体 i 相较于个体 k 会受到更大的影响。另外，上述适应度的比较均基于算法用于最小化问题寻优时展开，适应度值越小，则个体的适应度越好。

此外对算法中存在的主要参数进行归纳，鸟群算法中的主要参数分别为：鸟群的飞行间隔 FQ；表示乞讨者跟随生产者寻找食物的行为的参数 FL，取值范围为[0,2]；感知系数 C 与社会加速系数 S，这两个参数一般均取值为 1.5；保持警戒行为中的常量 a_1 与 a_2，这两个参数取值范围为 0～1，一般均取值为 0.5。

结合上述五种行为的基本原理可以了解到使用鸟群算法进行优化问题的求解时主要具有以下九个特性：

(1) 鸟群中的信息共享可以使算法在迭代过程中保存和更新个体的历史最优位置信息与最优适应度值以及整个种群的历史最优位置信息与最优适应度值；

(2) 鸟群个体通过对位置进行移动从而在目标区域内搜索猎物，此搜索区域可以为多维，而不仅仅是二维，即求解的优化问题可以是多维的；

(3) 飞行间隔 FQ 控制个体通过何种方式进行位置的移动；

(4) 飞行行为中生产者通过随机方式进行位置移动，扩大了种群的搜索范围；

(5) 非飞行行为时个体通过向种群内部表现更优的位置信息进行学习来进行位置移动，增加了种群内部信息的利用率；

(6) 感知系数 C 和社会加速系数 S 可以帮助算法平衡外部信息的探索与内部信息的利用这两个过程；

(7) 将适应度值的比较加入保持警戒过程中，位置移动增加了个体的自适应性；

(8) 当 A_1 较大时，个体的位置移动受到种群整体的影响较大，当 A_2 较大时，个体的位置移动受到种群中某个个体的影响较大；

(9) 鸟群算法中主要有两个参数需要进行调整，这两个参数分别为飞行间隔 FQ 与参数 FL。

使用鸟群算法对优化问题进行求解时的具体步骤可以归纳如下：

(1) 设置种群的个体数量、飞行间隔 FQ、表示乞讨者跟随生产者寻找食物的行为的参数 FL、感知系数 C 与社会加速系数 S 以及保持警戒行为中的常量 a_1 与 a_2；

(2) 以鸟群个体的位置信息作为待优化问题的解，根据待优化问题的解的范围，随机初始化种群所有个体的位置信息；

(3) 根据待求解问题，计算种群中每个个体的适应度值，将其作为每个个体的历史最优适应度值，将此时对应的位置信息作为每个个体的历史最优位置信息，之后对种群个体的适应度值进行比较，将最高适应度值作为种群的历史最优适应度值，将其对应的位置信息作为种群的历史最优位置信息；

(4) 根据飞行间隔 FQ 判断个体是否进行飞行行为，若为飞行行为，则为每个个体分配生产者以及乞讨者的身份，适应度值最高的个体将扮演生产者，适应度值最低的个体将扮演乞讨者，其他个体则会随机选择两种角色中的一种，之后根据相关公式进行位置更新；

(5) 若不为飞行行为，则根据常量 p 与随机数的比较判断个体是进行觅食行为还是保持警戒，并对位置信息进行更新；

(6) 计算每个个体更新后的位置信息以及对应的适应度值，对个体的历史最优适应度值、历史最优位置信息以及种群的历史最优适应度值、历史最优位置信息进行更新；

(7) 根据预设的迭代次数重复步骤(4)～步骤(6)，当达到最大迭代次数时停止迭代过程，输出种群的历史最优位置信息，此位置信息即为算法优化后获得的问题最优解。

按照上述过程对鸟群算法进行归纳，如算法 5.1 所示。

算法 5.1　鸟群算法

1：　初始化鸟群种群中每个个体的位置信息
2：　设置种群数量 N、飞行间隔 FQ、常量 p、参数 FL、C、S、a_1 与 a_2
3：　根据待求解问题计算每个个体的适应度值
4：　确定种群的历史最优位置相关信息以及个体历史最优位置相关信息

```
while(未满足停止迭代条件)do
  if 达到飞行间隔
      将种群个体分为生产者与乞讨者
      for i = 1: N
        if i 为生产者
          生产行为
        else
          乞讨行为
        end if
      end for
  else
    for i = 1: N
      if rand(0,1)<p
        觅食行为
      else
        保持警戒
      end if
    end for
  计算位置更新后的适应度值
  更新种群的历史最优位置相关信息以及个体历史最优位置相关信息
end while
输出种群的历史最优位置信息
```

5.2.2　抱团行为

在鸟群算法中，当鸟群个体进行大部分行为时，其位置移动主要是朝着种群中保存的较高适应度相关位置方向进行移动，例如在觅食行为中，个体进行位置移动时主要对个体历史最优位置信息以及种群历史最优位置信息进行学习，因此容易导致种群的位置多样性降低，易陷入局部最优。而在自然界中存在一种现象，那就是当鸟群种群规模较大时，鸟群在进行飞行或觅食行为的过程中，鸟群中的个体会根据彼此之间的距离划分为多个小团体，个体的行为主要受到小团体的影响，一旦再次进行飞行或觅食行为时，鸟群内每个个体的位置发生变化，小团体的个体组成也会随之改变，在这种方式下每个个体之间的信息交换则会更加随机，受到这一现象的启发，协同鸟群算法在鸟群算法的基础上为种群个体增加了抱团行为。

鸟群的抱团行为主要发生在每次迭代时判断种群是否进行飞行行为之前，此时整个种群将会随机分配成若干小团体，此行为的执行步骤如下：

(1) 随机在整个种群中选择若干个体作为小团体的中心点，选择的个体的总数即为小团体的总数；

(2) 分别计算每个个体与每个小团体中心点的空间距离，按照就近优先原则等量依次将个体分配至每个小团体；

(3) 在之后的觅食行为、警戒行为以及乞讨者行为中，每个个体对小团体中的最优个体进行位置学习迁移，例如觅食行为的更新公式中需要对整个种群的历史最优位置信息进行学习，而在新的更新公式中使用小团体中的历史最优位置信息替换种群的历史最优位置信息，其他行为的位置更新公式的修改方式与之相同。

（4）在对每个个体的位置、个体历史最优位置与种群历史最优位置更新完毕后，对每个小团体进行重组，即重新随机确定若干中心点，并根据个体与中心点的空间距离确定新的小团体个体构成，通过比较新的小团体中每个个体的历史最优位置信息来确定新的小团体历史最优位置信息。

为鸟群增加抱团行为，首先可以帮助鸟群在位置移动时获得更多方向上的选择，随着小团体数量的增加，鸟群可选择的飞行方向也随之增加，朝着不同方向的飞行过程也是种群朝着周围位置发散的过程，相较于鸟群算法中种群朝着一个方向的收敛过程，这一方式可以扩大种群的搜索范围，提高种群的多样性。而在每次飞行或觅食行为时均进行抱团行为，旨在调整每次迭代时个体的飞行方向，避免种群中的个体一直朝着同一方向移动而陷入局部最优。另外，在觅食行为等位置更新公式中，个体位置移动的距离受到被学习个体的适应度值的影响，抱团行为可以使个体在每次迭代中选择不同的个体进行学习。若被学习个体的适应度值较之前有所增加，则可以加快个体朝向更好位置的移动速度以提高其适应度值；若被学习个体的适应度值较之前降低，移动速度降低，则可以通过移动方向的改变来增加发现更多较优解的概率。

5.2.3 基于适应度差值比的位置更新方式

在个体进行位置学习移动时，参数 FL 代表乞讨者跟随生产者寻找食物，该值越大则学习的量越多，越小则学习的量越少。传统鸟群算法中将 FL 设为固定值，但是在实际的学习过程中，除了种群中适应度值最高的个体外，其他的生产者均为随机选择的，因此每个被学习个体的位置好坏无法得到保证，倘若学习位置较差个体的学习量与学习位置较好个体的学习一致，则会直接影响整个算法的收敛速度，因此采用固定值 FL 是不合理的，每个乞讨者在跟随生产者进行位置移动时具体的学习量应该视生产者的适应度值大小而定。

基于适应度差值比的正弦变换位置更新将正弦变换作为 FL 的变化方式，之后分别计算学习个体与被学习个体间的适应度差值和最优个体与最差个体间的适应度差值，并将两者的比值作为 FL 变化的自变量，其具体的计算公式如下：

$$\mathrm{FL}_i = (\mathrm{FL}_{\max} - \mathrm{FL}_{\min}) + \mathrm{FL}_{\min} \cdot \sin\left(\frac{\pi \mid f_k - f_i \mid}{2(f_{\max} - f_{\min})}\right) \tag{5.7}$$

其中，$\mathrm{FL}_{\max}$ 与 $\mathrm{FL}_{\min}$ 为 0～2 的常数，$\mathrm{FL}_{\max}$ 大于 $\mathrm{FL}_{\min}$，确保了 FL 的变化范围与原算法中的取值范围相同；$f_{\max}$ 为小团体中的最高适应度值；$f_{\min}$ 为小团体中的最小适应度值；f_k 为被学习的个体 k 的适应度值；f_i 为学习个体 i 的适应度值。假设 $\mathrm{FL}_{\max}$ 取值为 2，$\mathrm{FL}_{\min}$ 取值为 1，则 FL 随适应度差值比的变化过程如图 5.1 所示。

在图 5.1 中 FL 的大小主要受被学习个体适应度值的影响且主要存在两种情况：一种是学习个体的适应度值低于被学习个体，此时 FL 随被学习个体适应度值的增大而增大，个体学习较优位置的量也随之增加，以此向更好的位置移动；另一种是学习个体的适应度值高于被学习个体，此时 FL 随被学习个体适应度值的减小而增大，个体向周围区域探索的量也随之增加，以此发现更多可能存在的较优解以避免陷入局部最优。

另外由图 5.1 中的曲线变化情况可以看到，在前期适应度差值比较小时，FL 具有较快的增长速度以及较大的增加幅度，主要是因为此时学习个体与被学习个体之间的适应度值较为接近，个体之间的学习不一定能够帮助其获得更好的适应度值，通过 FL 的快速增长，可以使个体快速获得较大的学习的量，以此来避免适应度差值较小对个体位置学习带来的影响。而随着适应度差值比逐渐接近 1，学习个体与被学习个体之间的适应度差值也逐渐接近种群中的最优个体与最差个体之间的适应度差值，此时 FL 已取得一个较高值，可以满足低适应度个体学习量的需求以及高适应度个体向周围探索的需求，因此 FL 无须再进行增加，而是令其增长速度与增加幅度逐渐减小至 0。

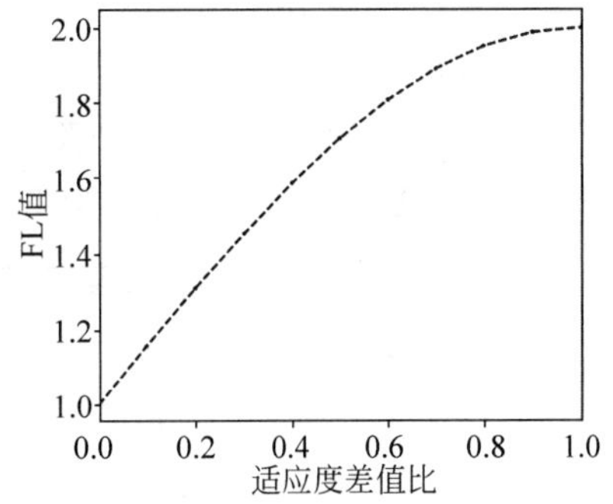

图 5.1　FL 随适应度差值比的变化过程

5.2.4　接受准则

由于鸟群算法在其每次迭代中的位置更新属于一种随机搜索的行为，因此在每次位置更新时，即使个体向种群信息交流中适应度更高的位置信息进行学习，也无法保证更新后的位置信息较更新前更好，个体的适应度值仍可能较更新之前有所降低，而这一种情况的出现意味着算法有可能已经陷入了局部最优，这将会直接影响到算法的收敛速度。为了能够有效应对这一情况并提高算法的收敛速度，协同鸟群算法将接受准则加入其算法步骤中，以此来提高整个算法的收敛速度。

接受准则主要用于在每次种群个体进行位置更新后判断是否接受此次位置更新，若接受，则保持此次更新状态；若不接受，则将位置信息恢复到上一次迭代更新时的状态。在接受准则中，主要涉及的变量为判断个体是否接受此次位置更新的概率 P，其具体的计算公式如下：

$$P=\begin{cases}\exp\left(-\dfrac{T}{3}\right), & f_{\text{new}}-f_{\text{old}}\leqslant 0\\ 1, & f_{\text{new}}-f_{\text{old}}>0\end{cases}\tag{5.8}$$

其中，f_{new} 为个体在位置更新之后计算得到的适应度值；f_{old} 为个体在位置更新之前的适应度值；T 表示个体在迭代过程中连续出现适应度降低或保持不变的次数，其初始值为 0。当开始连续出现更新后的适应度值降低或保持不变的情况时，对 T 值按照迭代次数进行累加；当出现位置更新后适应度值较更新前增加的情况时，T 值将变为其初始值 0。

图 5.2 给出了在连续出现适应度降低或保持不变的情况下，概率 P 随次数 T 的变化曲线。由图 5.2 可以看到，随着次数 T 的增加，概率 P 在不断减小，但其减小的速度是在不断变化的。在连续出现上述情况的次数较少时，概率 P 具有较大的减小速度，这主要

是因为前期概率 P 保持在一个较大值，此时仍有很大的概率去接受位置更新之后的状态，较大的减小速度可以有效避免陷入局部最优情况的出现，而当连续出现上述情况的次数开始增多后，概率 P 已经逐渐降低至一个较小值，其接受位置更新之后的状态的可能性较小，因此使其减小速度逐渐降低直至概率 P 降低至 0。

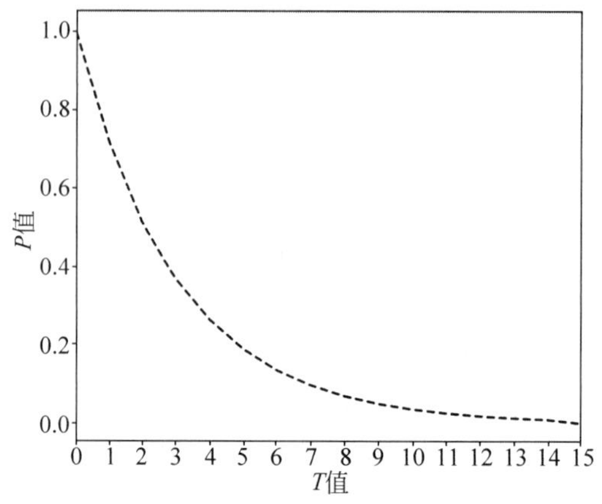

图 5.2　概率 P 随次数 T 的变化曲线

加入接受准则后，此算法的步骤调整如下：

(1) 每次迭代后，分别计算种群中每个个体的适应度值，并将位置更新后的适应度值与位置更新前的适应度值进行比较；

(2) 当个体出现适应度值降低或保持不变的情况时，将此次情况累加到个体对应的 T 值，当个体出现适应度值增加的情况时，将 T 值变为其初始值 0；

(3) 按照适应度值比较的结果分别对每个个体使用公式(5.8)计算其接受此次更新状态的概率；

(4) 依次对每个个体生成一个 0～1 的随机数，倘若该数值小于或等于其对应的概率，个体则接受更新之后的位置状态；倘若该数值大于其对应的概率，个体则恢复到上一次迭代更新时的位置状态。

5.2.5　协同鸟群算法运行机制

将上述抱团行为、基于适应度差值比的位置更新方式、接受准则与鸟群算法相结合，即为协同鸟群算法(Collaborative Bird Swarm Algorithm，CBSA)。由前面对这三种改进的介绍可以得知，协同鸟群算法除了具有鸟群算法的八个特性外，还下列几种特性：

(1) 在每次判断是否进行飞行行为之前为种群个体增加抱团行为，使种群个体的学习对象在整个迭代过程中不断改变，进一步增加了种群个体的多样性；

(2) 抱团行为随机选取种群中的个体作为小团体的中心点，一定程度上扩大了种群的搜索范围；

(3) 基于适应度差值比的位置更新方式主要以个体自身适应度值与被学习个体适应度值的大小比较作为依据来确定个体位置更新的量，具有自适应性；

(4) 基于适应度差值比的位置更新方式更符合实际情况，即当被学习个体的适应度值相对较高时，则向其学习更多的位置信息，当被学习个体的适应度值相对较低时，则向其学习较少的位置信息；

(5) 以正弦曲线变化的 FL 值可以加快算法的收敛速度；

(6) 接受准则在有效避免算法陷入局部最优的同时，加快了算法向全局最优收敛的速度；

(7) 概率 P 的变化方式有助于个体在迭代过程中对最优解进行搜索；

(8) 除原算法中的参数外，此算法中主要增加了 FL_{max} 与 FL_{min}、连续出现适应度降低或保持不变的次数 T 以及概率 P 这几个参数，其中 FL_{max} 与 FL_{min} 的取值为原有 FL 值的取值范围最大值与最小值，次数 T 通过统计次数获得，概率 P 由次数 T 计算得来，因此无新增参数需要进行调整。

将鸟群算法的算法特性与上述八个特性相结合，可以将协同鸟群算法的算法步骤归纳总结如下：

(1) 设置种群的个体数量、小团体数量、飞行间隔 FQ、表示乞讨者跟随生产者寻找食物的行为的参数 FL_{max} 与 FL_{min}、感知系数 C 与社会加速系数 S、保持警戒行为中的常量 a_1 与 a_2 以及统计连续出现适应度降低或保持不变的参数 T；

(2) 以鸟群个体的位置信息作为待优化问题的解，根据待优化问题的解的搜索范围，随机初始化种群所有个体的位置信息；

(3) 根据待求解问题，计算种群中每个个体的适应度值，将其作为每个个体的历史最优适应度值，将此时对应的位置信息作为每个个体的历史最优位置信息，之后对种群个体的适应度值进行比较，将最高适应度值作为种群的历史最优适应度值，将其对应的位置信息作为种群的历史最优位置信息；

(4) 按照预先设置的小团体数量随机在整个种群中选择对应数量的个体作为小团体的中心点；

(5) 分别计算每个个体与每个小团体中心点的空间距离，按照就近优先原则等量依次将个体分配至每个小团体，之后通过小团体内的个体适应度值比较确定小团体的历史最优适应度值；

(6) 根据飞行间隔 FQ 判断个体是否进行飞行行为，若为飞行行为，则为每个个体分配生产者以及乞讨者的身份，适应度值最高的个体将扮演生产者，适应度值最低的个体将扮演乞讨者，其他个体则会随机选择两种角色中的一种；

(7) 生产者使用原算法中的更新方式进行位置更新，乞讨者使用基于适应度差值比的位置更新方式进行位置更新；

(8) 若不为飞行行为，则根据常量 p 与随机数的比较判断个体是进行觅食行为还是保持警戒，并使用相关公式对位置信息进行更新；

(9) 计算每个个体更新后的位置信息以及对应的适应度值，比较更新前后的适应度值同时对每个个体对应的参数 T 进行更新；

(10) 通过参数 T 计算得出每个个体接受此次更新状态的概率 P；

(11) 依次对每个个体生成一个 0～1 的随机数，倘若该数值小于或等于其对应的概率 P，个体则接受更新之后的位置状态，倘若该数值大于其对应的概率 P，个体则恢复到上一次迭代更新时的位置状态；

(12) 对个体的历史最优适应度值、历史最优位置信息以及种群的历史最优适应度值、历史最优位置信息进行更新；

(13) 根据预设的迭代次数重复步骤(4)～步骤(12)，当达到最大迭代次数时停止迭代过程，输出种群的历史最优位置信息，此位置信息即为算法优化后获得的问题最优解。

按照上述过程对协同鸟群算法进行归纳，如算法 5.2 所示。

算法 5.2　协同鸟群算法

```
初始化鸟群种群中每个个体的位置信息
设置种群数量 N、飞行间隔 FQ、常量 p，参数 FL_max、FL_min、C、S、a_1、a_2 以及 T
根据待求解问题计算每个个体的适应度值
确定种群的历史最优位置相关信息以及个体历史最优位置相关信息
while(未满足停止迭代条件)do
  对种群进行小团体划分，确定小团体历史最优位置相关信息
  if 达到飞行间隔
      将种群个体分为生产者与乞讨者
      for i=1：N
        if i 为生产者
          生产行为
        else
          乞讨行为
        end if
      end for
  else
    for i=1：N
      if rand(0,1)<p
        觅食行为
      else
        保持警戒
      end if
    end for
  计算位置更新后的适应度值
  for i=1：N
    更新参数 T，计算概率 P
    if rand(0,1)≤P
      接受更新后的位置信息
    else
      回到更新前的位置状态
  更新种群的历史最优位置相关信息以及个体历史最优位置相关信息
end while
输出种群的历史最优位置信息
```

5.2.6　对比实验

由于协同鸟群算法是一种在原有算法基础上进行改进而提出的新算法，因此在将其应用到并行支持向量机之前需要对其算法性能进行验证。为了验证此算法的有效性，选择十种不同的基准函数对协同鸟群算法、鸟群算法、萤火虫算法（Firefly Algorithms，FA）以及磷虾群算法（Krill Herd Algorithm，KHA）进行测试，后面三种算法主要作为对比算法与协同鸟群算法的性能进行比较。

所使用的十种测试函数与第3章中对自适应动态灰狼优化算法进行算法性能测试时所使用的测试函数完全相同。其中，前五种为单峰函数，即在所考虑的范围区间内只有一个严格局部极值（峰值）；后五种为多峰函数，即在所考虑的范围区间内有多个局部极值（峰值），它们在目标范围内搜索最小值，且目标最小值为0，另外将每个测试函数的维度都设为20。

在参数设置方面，将上述四种算法的种群数量都设为30，将它们的算法迭代次数都设为100，每个算法具体的参数设置如下：协同鸟群算法与鸟群算法中将飞行间隔FQ设为3，感知系数C与社会加速系数S均设为1.5，保持警戒行为中的常量a_1与a_2均设为0.5；鸟群算法中表示乞讨者跟随生产者寻找食物的行为的参数FL设为1.5；协同鸟群算法中FL_{max}与FL_{min}分别设为2和1；萤火虫算法中初始吸引度值β_0设为1，传播介质对光的吸收系数γ设为1，步长的扰动因子α设为0.2；磷虾群算法中诱导速度最大值N_{max}设为0.01，觅食速度V_f设为0.02，惯性权重ω_f、ω_n以及参数C_t的初始值分别设为0.9、0.9与0.5，且它们均会在迭代过程中随着迭代次数的增加线性减小至0.1。

对这四种算法的性能进行比较主要通过以下指标展开，分别是在迭代过程中每种算法的种群最优适应度值的变化情况、迭代之后四种算法种群个体候选解的最优适应度值、适应度值的平均值以及适应度值的标准差、Friedman检验与Nemenyi后续检验以及四种算法迭代相同次数所需的运行时间。

首先分别统计了每种算法在每种测试函数下进行迭代训练时的种群历史最优适应度值的变化情况，并将其进行绘图，依据适应度值的差别来比较这四种算法在十种基准函数上的收敛速度与收敛精度，统计结果如图5.3所示。由图5.3可以看到，除测试函数Schwefels P2.22、Dixon-Price以及Levy外，其他测试函数下所有算法在迭代初期时的种群历史最优适应度值是比较接近的，之后随着迭代次数的增加，算法之间的性能差别逐渐得以体现，不同算法之间的种群历史最优适应度值差值逐渐增大。另外，由单峰函数与多峰函数的曲线比较可以看到，鸟群算法与协同鸟群算法在除Schwefels函数外的测试函数上均能在迭代前期获得较大的收敛速度，同时其迭代过程中种群历史最优适应度值的下降幅度也较大，而萤火虫算法与磷虾群算法在所有单峰函数上可以取得相同的效果，但是在多峰函数上其收敛速度与最优适应度值下降幅度均相对较小，特别是在测试函数Schwefels与Ackley上，通过图片比较仅能观察到其收敛速度与最优适应度值下降幅度发生了较为细微的变化。

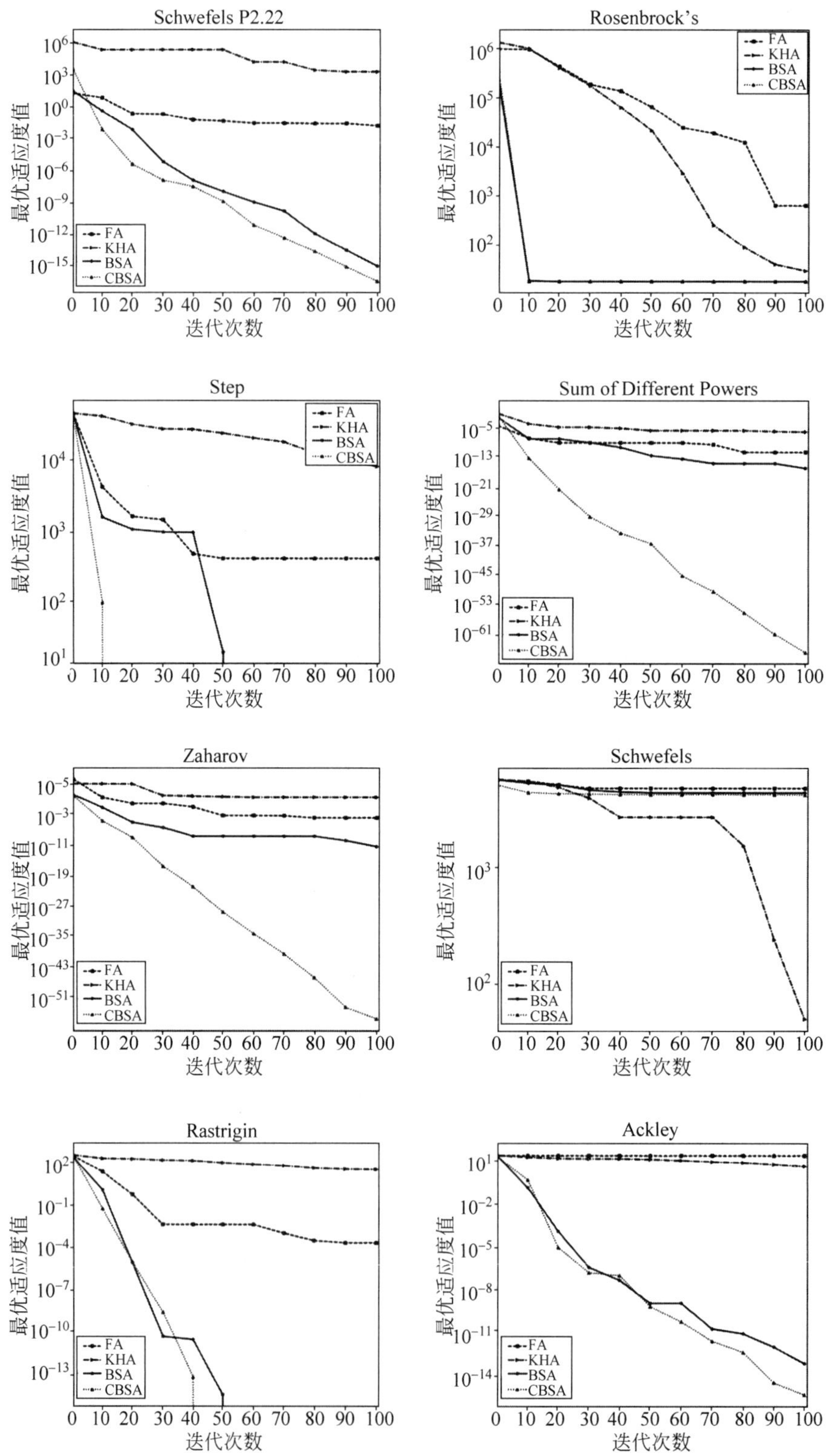

图 5.3 四种算法在十种基准函数上的最优适应度值的变化情况

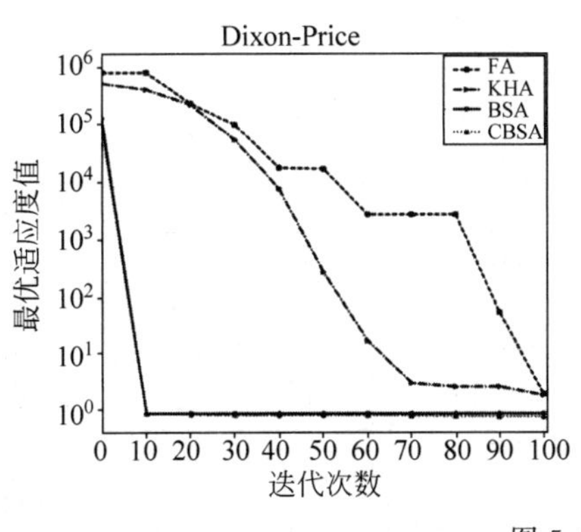

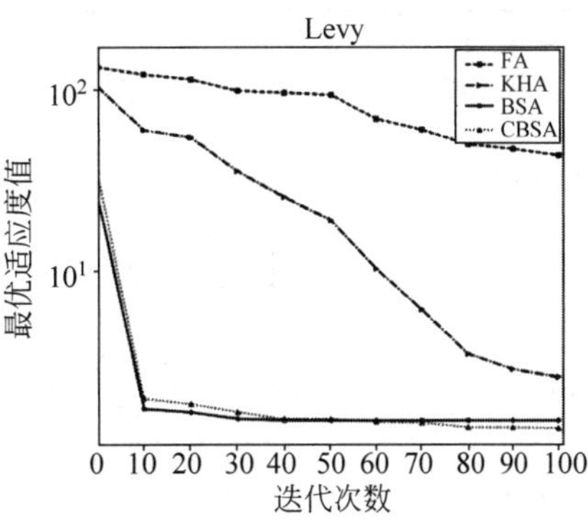

图 5.3 （续）

比较不同测试函数下代表不同算法种群历史最优适应度值曲线可以看到，在除Schwefels以外的测试函数上，代表鸟群算法与协同鸟群算法的曲线均处于代表萤火虫算法与磷虾群算法的曲线之下，其中代表协同鸟群算法的曲线位于代表鸟群算法的曲线之下，代表萤火虫算法与磷虾群算法的曲线保持在一个较为接近的位置，由于所使用的测试函数均为在目标范围内搜索最小值，因此曲线越低代表算法搜索的适应度值越好，由此可以得知鸟群算法与协同鸟群算法的收敛速度与收敛精度相对另外两种算法要更好一些，萤火虫算法与磷虾群算法的收敛速度与收敛精度相对较为接近。而在测试函数Schwefels中，代表磷虾群算法的曲线位于代表另外三种算法曲线之下，另外三条曲线之间相对较为接近，说明在此测试函数上磷虾群算法的收敛速度与收敛精度要优于另外三种算法，另外三种算法的收敛速度与收敛精度较为接近，这一比较情况与其他测试函数上的比较情况差别较大，因此单从此对比图难以做出相关结论，还需要参考其他对比指标。

第二个对比指标对四种算法在十种测试函数上迭代训练结束后其种群的历史最优适应度值、适应度值的平均值以及适应度值的标准差，统计结果如表5.1所示。由于算法对优化问题寻优后输出的种群历史最优位置信息即为问题的解，因此种群历史最优适应度值代表了算法的寻优能力。比较这十个测试函数上不同算法的最优适应度值可以看到，除测试函数Schwefels外，鸟群算法与协同鸟群算法的最优适应度值均小于另外两种算法，其中在测试函数Step与Rastrigin上均达到了目标范围内的最小值0，而在其他算法上协同鸟群算法的最优适应度值均小于鸟群算法。在比较另外两种算法的最优适应度值时可以看到，九种测试函数中有五种测试函数上萤火虫算法的最优适应度值小于磷虾群算法，四种测试函数上磷虾群算法的最优适应度值小于萤火虫算法。由此可以得知，使用算法进行测试函数最小值寻优时，协同鸟群算法能够在大部分情况下具有最好的寻优结果，其次是鸟群算法，而磷虾群算法与萤火虫算法的寻优结果较为接近。这一结果与图5.3中的历史最优适应度值比较情况是符合的。

表 5.1 四种算法在十个基准函数上的优化结果对比

基准函数	算法	最优适应度值	适应度平均值	适应度标准差
Schwefels P2.22	FA	2.58E−02	5.69E+01	2.15E+01
	KHA	3.33E+03	3.59E+09	1.84E+10
	BSA	1.47E−15	2.04E−12	2.57E−12
	CBSA	5.56E−17	2.76E−14	5.91E−14
Rosenbrock's	FA	7.73E+02	2.76E+06	5.11E+06
	KHA	3.18E+01	8.11E+01	3.89E+01
	BSA	1.89E+01	1.89E+01	1.10E−01
	CBSA	1.89E+01	1.90E+01	1.71E−01
Step	FA	2.86E+02	5.28E+03	1.04E+04
	KHA	7.01E+03	1.38E+04	4.36E+03
	BSA	0.00E+00	4.81E+04	6.22E−04
	CBSA	0.00E+00	3.33E−02	1.79E−01
Sum of Different Powers	FA	1.09E−11	4.07E+00	6.93E−00
	KHA	3.56E−06	8.36E−03	2.81E−02
	BSA	5.64E−16	3.46E−00	6.44E−00
	CBSA	1.56E−65	8.65E−61	1.87E−60
Zaharov	FA	9.15E−04	4.62E+10	1.48E+11
	KHA	2.13E+02	1.91E+08	9.21E+08
	BSA	2.91E−11	1.89E+10	5.99E+10
	CBSA	3.07E−56	1.21E−51	3.62E−51
Schwefels	FA	5.57E+03	8.29E+03	8.72E+02
	KHA	5.42E+01	3.96E+03	2.71E+03
	BSA	5.11E+03	7.29E+03	8.77E+02
	CBSA	4.89E+03	6.39E+03	1.56E+03
Rastrigin	FA	2.18E−04	2.43E+01	2.13E+00
	KHA	2.87E+01	5.13E+01	1.29E+01
	BSA	0.00E+00	2.18E−10	7.56E−10
	CBSA	0.00E+00	2.72E−15	8.23E−15
Ackley	FA	1.01E+01	1.97E+01	4.90E−01
	KHA	3.54E+00	4.41E+00	4.64E−01
	BSA	6.65E−11	4.00E−05	7.22E−05
	CBSA	4.22E−14	2.70E−10	6.50E−10
Dixon-Price	FA	2.15E+00	1.11E+06	1.89E+06
	KHA	2.04E+00	7.78E+00	4.09E+00
	BSA	9.83E−01	2.87E+06	3.49E+06
	CBSA	8.66E−01	2.84E+05	1.44E+06
Levy	FA	4.38E+01	2.32E+02	1.93E+02
	KHA	2.68E+01	3.08E+02	2.84E−01
	BSA	1.56E+00	3.36E+02	4.12E−02
	CBSA	1.41E+00	1.71E+00	4.11E−01

适应度平均值与适应度标准差代表了算法迭代结束后种群中所有个体位置信息的分布情况，对比十种测试函数上的这两个指标可以看到，不同的算法在不同的测试函数上表现均不同，除测试函数 Step、Sum of Different Powers 以及 Zaharov 外，鸟群算法与协同鸟群算法在这两个指标上的统计结果较为接近，这主要是因为协同鸟群算法是在鸟群算法的基础上进行改进，因此它们的算法搜索机制是相同的，而另外两种算法在大部分测试函数上这两个指标的统计结果均小于协同鸟群算法与鸟群算法，说明其迭代结束后种群中不同个体的位置信息分布情况相对较差，这可能是由于萤火虫算法与磷虾群算法在位置移动过程中的位置更新方式更倾向于随机搜索，种群内的信息交流情况相对鸟群算法与协同鸟群算法来说更差一些。综合四种算法在十种测试函数上的历史最优适应度值变化情况以及训练结束后种群个体的最优适应度值、适应度平均值以及适应度标准差可以初步得知，四种算法中协同鸟群算法的寻优能力较好，鸟群算法次之，萤火虫算法与磷虾群算法的寻优能力较为接近。

在第 4 章对多个模型进行性能比较时介绍了一种多模型性能对比评价方法 Friedman 检验与 Nemenyi 后续检验，同时也将其扩展应用到了多种算法的性能对比上，因此为了更好地了解这四种算法之间的性能差别，将使用 Friedman 检验与 Nemenyi 后续检验对这四种算法的性能进行比较。由于这四种算法是在十种测试函数上进行最小化寻优，且最能体现其性能好坏的指标为种群历史最优适应度值，因此将以此指标作为参考依据并对不同测试函数下的算法性能进行排序，具体排序结果如表 5.2 所示。

表 5.2 算法性能比较排序

测试函数	FA	KHA	BSA	CBSA
Schwefels P2.22	3	4	2	1
Rosenbrock's	4	3	2	1
Step	3	4	1.5	1.5
Sum of Different Powers	3	4	2	1
Zaharov	3	4	2	1
Schwefels	4	1	3	2
Rastrigin	3	4	1.5	1.5
Ackley	4	3	2	1
Dixon-Price	4	3	2	1
Levy	4	3	2	1
平均序值	3.5	3.3	2	1.3

首先对 Friedman 检验中的检验变量 τ_F 进行计算，可以得到其计算结果为 22.6901，当对比算法数量为 4、测试函数数量为 10 时，由显著度为 0.05 时的常用检验值表可以得知临界值为 2.960，此临界值小于计算结果，因此可以得知这四种算法之间存在显著差别。之后使用 Nemenyi 后续检验对这四种算法的临界值域进行计算，从而更进一步区分这四种算法，计算过程中变量 q_α 选用对比算法数量为 4、测试函数数量为 10 时的常用值 3.164，根据最终计算结果得到的 Friedman 检验图如图 5.4 所示。

在对 Friedman 检验图进行观察时，主要需要比较代表不同算法的直线之间是否存在交叠，若存在交叠则算法性能之间不存在显著差别，反之则存在显著差别。由图5.4可以看到，代表协同鸟群算法的直线与代表鸟群算法的直线之间存在交叠，与代表磷虾群算法以及萤火虫算法的直线之间不存在交叠，因此协同鸟群算法的性能与鸟群算法的性能之间不存在显著差别，与磷虾群算法以及萤火虫算法的算法性能存在显著差别，而代表鸟群算法、磷虾群算法以及萤火虫算法的直线之间存在交叠，即表示这三种算法之间不存在显著差别。之后对这四种算法的平均序值进行比较，可以看到四种算法的平均序值从小到大排序依次为协同鸟群算法、鸟群算法、磷虾群算法以及萤火虫算法。将平均序值排序结果与直线之间的交叠情况进行结合可以得出结论：使用这四种算法在十种测试函数上进行最小寻优时，协同鸟群算法的算法性能最好，鸟群算法次之，磷虾群算法的算法性能略优于萤火虫算法。

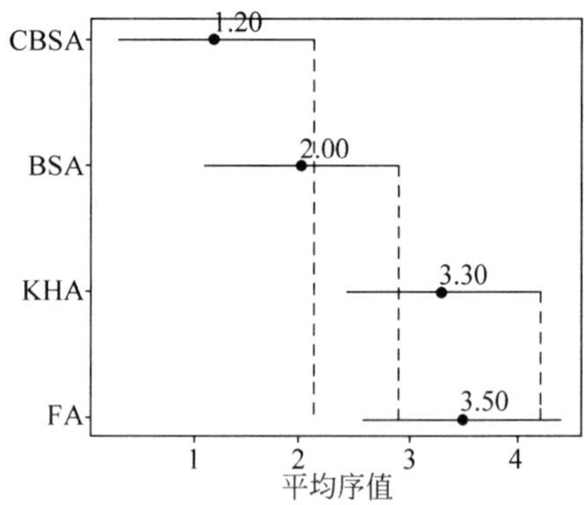

图5.4 Friedman检验图

在实际使用算法对优化问题进行求解时，除了将算法性能作为选择算法的参考依据外，还要考虑算法的运行效率，即算法在求解问题时所需的运行时间，因此最后统计了每个算法在不同测试函数下迭代训练100次所需的运行时间，统计结果如表5.3所示。

表5.3 四种算法在十种基准函数上的运行时间 单位：s

基准函数	算法	运行时间	基准函数	算法	运行时间
Schwefels P2.22	FA	5.2791	Schwefels	FA	4.2071
	KHA	2.3762		KHA	2.7341
	BSA	0.1548		BSA	0.3255
	CBSA	0.2286		CBSA	0.5228
Rosenbrock's	FA	6.9841	Rastrigin	FA	6.4157
	KHA	3.0019		KHA	2.5876
	BSA	0.2494		BSA	0.4075
	CBSA	0.5422		CBSA	0.7256
Step	FA	5.8287	Ackley	FA	6.1711
	KHA	2.7082		KHA	2.8651
	BSA	0.2001		BSA	0.3993
	CBSA	0.2447		CBSA	0.4832
Sum of Different Powers	FA	5.6044	Dixon-Price	FA	2.9337
	KHA	2.7415		KHA	2.2786
	BSA	0.3351		BSA	0.1794
	CBSA	0.5807		CBSA	0.3311
Zaharov	FA	6.5607	Levy	FA	6.5919
	KHA	2.4252		KHA	3.0937
	BSA	0.1981		BSA	0.5526
	CBSA	0.6611		CBSA	0.7265

由表 5.3 可以看到，不同算法之间的运行时间差别较大，但是在不同的测试函数上的表现基本一致，萤火虫算法所需的运行时间最长，磷虾群算法次之，鸟群算法与协同鸟群算法所需的运行时间相对较短，其中萤火虫算法的运行时间达到鸟群算法的三十倍以上，磷虾群算法的运行时间达到鸟群算法的二十倍以上，因此从算法效率上来看，鸟群算法与协同鸟群算法的算法效率要优于萤火虫算法与磷虾群算法。而在比较鸟群算法与协同鸟群算法时从十种基准函数上的运行时间可以看到，协同鸟群算法的运行时间要略长于鸟群算法，这两种算法从算法复杂度上来看是相同的，其不同点主要表现在协同鸟群算法为鸟群在每次判断是否进行飞行行为之前增加了抱团行为，同时使用接受准则对每次迭代前后的适应度值进行比较，这两个步骤均是针对种群中的每个个体进行，因此在运行时间上会有所增加，增加的部分是合理的，相对于整个运行时间来说，增加的时间是可以接受的。因此可以得出结论：在使用这四种优化算法进行十种测试函数的最小寻优过程中，鸟群算法与协同鸟群算法的运行效率相对较高，其中协同鸟群算法的改进部分并未使其原有效率降低。

5.3 支持向量机分类模型

5.3.1 概述

20 世纪 90 年代中期，随着统计学习理论的不断发展和成熟，支持向量机作为一种基于统计学习理论的新型机器学习方法出现在大家的视野中。人类在学习中通过对已知事实的分析和对规则的总结，进而预测不可能发生的事实，这种能力称为泛化能力。在机器学习问题中，泛化能力也很重要。研究者期望他们提出的方法能够通过对已知数据的学习，发现数据之间的内在联系，从而预测未知的事物或因素。这也是机器学习研究的主要内容。如何从大量的数据中学习有用且正确的规则在机器学习研究中起着极其重要的作用。在此背景之下，数据挖掘以及数据分析技术应运而生，机器学习在各行各业得到了广泛应用和迅速发展。统计学在机器学习从最初到现在的发展中起着基础性的作用，但传统的统计主要集中在渐近理论上，即样本的性质趋于无穷大。

在实际情况中面对的样本数量通常有限，当样本数有限时，原模型的泛化能力较差。随着 1958 年 Rosenblatt 最早的机器学习模型 perceptron 问世，机器学习的数学研究时代已经到来。此后不久，随着 BP 技术的发展，机器学习的研究进入了一个新的阶段，即神经网络时代。在神经网络时代，第一次神经网络模拟考试得到了迅速而全面的发展。但是，神经网络有其自身的局限性：它的实现过程主要依赖于人们的主观意识和先验知识，而不是建立在严格的数学理论基础上，其运行过程更像一个黑箱，因此，神经网络的理论分析比较困难。另外，如上所述，神经网络研究的是样本数趋于无穷大的情况，但在实际问题中，样本数往往是有限的，神经网络的过学习问题就是一个典型的例子。当样本数据有限时，学习能力强的学习模型泛化能力较差。在这种背景下，Vapnik 自 20 世纪 70 年代开始从事统计学习理论的研究。统计学习理论是专门研究小样本情况下机器学习规律的基础理论。它为解决有限样本学习问题提供了一种新的思路，可以解决许多难以解决的问题。由于支持向量机良好的数学特性，人们开始关注该方法，其成为继神经网络之后的一个新的研究热点。目前，国内外学者在支持向量机的目标函数、模型、算法及应用等方面做了大量的研究。

支持向量机是一种有监督学习模型，主要应用于二分类问题，其模型的基础是定义在特征空间上的最大化间隔分类(Maximal Margin Classification)方法。在对一维数据进行二分类时，通常倾向于找到两个类别的边界数据点，使用两个边界数据点的中间点作为分类阈值。阈值与边界点的距离称为间隔(Margin)。当选取两个边界数据点的中间点作为阈值时，间隔最大，这种使间隔最大来确定阈值的方法就是最大化间隔分类。使用最大化间隔分类方法使支持向量机与感知机区别开来，感知机的思想是让所有误分类的点到超平面的距离和最小。与一维时一样，在对二维数据进行二分类时，通常寻找一条直线作为分类阈值。在对三维数据进行二分类时，则需要找到一个平面，而在面对更高维的数据进行二分类时，就需要找到一个超平面。在实际应用中，不管数据的维度是多少，以上提到的点、直线、平面、超平面都可以统一称为超平面(Hyperplane)。

上面提到的数据是严格线性可分的，通过间隔最大化，使支持向量机与感知机区别开来。间隔最大化有两种类型：硬间隔最大化和软间隔最大化。硬间隔最大化可以训练得到线性可分支持向量机。由于数据不可避免会有异常值的存在，当异常值分布在类别边界时，数据不再是严格线性可分的，硬间隔最大化分类会受到异常值的影响而造成分类错误。为了减小最大化间隔分类方法受异常值的影响，可以引入松弛变量，通过软间隔最大化以及交叉验证寻找分类阈值，训练得到线性支持向量机。位于间隔边界上的数据点就是支持向量(Support Vector)。最后，在面对非线性数据时，无法通过硬间隔或者软间隔最大化得出分类阈值，一般的解决方法是使用核函数(Kernel Function)将数据映射到更高维的空间，再寻找超平面进行分类，这时训练得到的则是非线性支持向量机。可见，支持向量机既可以支持线性数据的分类，也可以支持非线性数据的分类。

支持向量机分类模型具有坚实的理论基础，适合用于解决小样本非线性的高维度问题，在使用支持向量机进行分类前不需要对数据分布做任何假设。因此，当拿到一个数据集不确定其是何分布时，可以尝试使用支持向量机模型进行分类。

5.3.2 统计学习原理

1. 函数间隔与几何间隔

因为支持向量机的分类策略就是找到一个分割数据的超平面，并使间隔最大化，所以在推导分类函数之前需要对函数间隔和几何间隔进行区分。

在划分超平面固定为$\boldsymbol{\omega}^{\mathrm{T}}x+b=0$时，$|\boldsymbol{\omega}^{\mathrm{T}}x+b|$表示点$x$到超平面的相对距离。通过观察$|\boldsymbol{\omega}^{\mathrm{T}}x+b|$和$y$是否同号，可以判断分类是否正确。这里引入函数间隔的概念，定义函数间隔l'表达式为：

$$l'=y(\boldsymbol{\omega}^{\mathrm{T}}x+b) \tag{5.9}$$

其中，l'是感知机模型里面的误分类点到超平面距离的分子。对于数据集中的m个样本点，每个样本对应的m个函数间隔中的最小值，就是整个数据集的函数间隔。

函数间隔并不能反映点到超平面的距离，在感知机模型中，当分子成比例的增长时，分母也成倍增长。为了统一度量，给法向量$\boldsymbol{\omega}$定义一个约束条件，就能够得到几何间隔l，几何间隔计算表达式为：

$$l=\frac{y(\boldsymbol{\omega}^{\mathrm{T}}x+b)}{\|\boldsymbol{\omega}\|}=\frac{l'}{\|\boldsymbol{\omega}\|} \tag{5.10}$$

几何间隔表示的其实是点到超平面的真实距离，几何间隔主要被应用于感知机模型。

2. 支持向量与划分超平面模型

以二分类为例，给定数据集$S=\{(x_1,y_1),(x_2,y_2),\cdots,(x_n,y_n)\}$，类别空间$y=\{-1,1\}$。

首先，假设数据集S的特征空间是二维空间，给定数据集S中某个样本点x'。图5.5用直角坐标系展示了划分超平面和样本点的情况，其中圆点表示样本点的类别$y=-1$，方点表示样本点的类别$y=1$。则样本点x'在直角坐标系中的二维特征坐标可以表示为(x_1',x_2')。此时的划分超平面应该是一条直线，直线方程表达式如公式(5.11)所示。

$$\omega_1x_1+\omega_2x_2+b=0 \tag{5.11}$$

图5.5为使用直角坐标系表示二维特征空间的划分超平面。

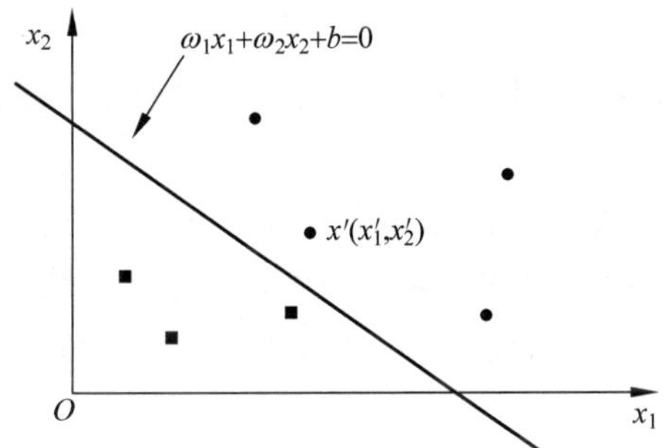

图5.5 使用直角坐标系表示二维特征空间的划分超平面

根据距离公式可以得到该样本点到该划分超平面的距离l，计算表达式如下所示：

$$l=\frac{|\omega_1x_1'+\omega_2x_2'+b|}{\sqrt{\omega_1^2+\omega_2^2}} \tag{5.12}$$

若希望该划分超平面可以正确分类，则对于样本$(x_i,y_i)\in S$，应该满足当$\omega_1x_{1i}+\omega_2x_{2i}+b>0$时，类别$y_i=1$；当$\omega_1x_{1i}+\omega_2x_{2i}+b>0$时，类别$y_i=-1$。可以令

$$\begin{cases}\omega_1x_{1i}+\omega_2x_{2i}+b\geqslant 1, & y_i=1\\ \omega_1x_{1i}+\omega_2x_{2i}+b\leqslant -1, & y_i=-1\end{cases} \tag{5.13}$$

把公式(5.9)由二维空间推广到一般，划分超平面可以通过以下方程进行描述：

$$\boldsymbol{\omega}^{\mathrm{T}}x+b=0 \tag{5.14}$$

其中，$\boldsymbol{\omega}=(\omega_1;\omega_2;\omega_3;\cdots;\omega_d)$为法向量，决定了超平面的方向；$b$为位移项，决定了超平面与原点之间的距离。划分超平面可以由法向量$\boldsymbol{\omega}$和b确定。

因为希望该划分超平面可以正确分类，所以有样本$(x_i,y_i)\in S$，应该满足当$\boldsymbol{\omega}^{\mathrm{T}}x_i+b>0$时，类别$y_i=1$；当$\boldsymbol{\omega}^{\mathrm{T}}x_i+b>0$时，类别$y_i=-1$。可以令

$$\begin{cases}\boldsymbol{\omega}^{\mathrm{T}}x_i+b\geqslant 1, & y_i=1\\ \boldsymbol{\omega}^{\mathrm{T}}x_i+b\leqslant -1, & y_i=-1\end{cases} \tag{5.15}$$

因为支持向量机的基本模型是最大化间隔分类，所以需要得出间隔的计算表达式。由图 5.5 可以看出，样本点 x' 是类别属于 $y=-1$ 的点中距离划分超平面最近的点，该点就是支持向量机中的支持向量。同理，在类别属于 $y=1$ 的点中，距离划分超平面最近的点也是支持向量。两个不同类别的支持向量到划分超平面的距离之和就是间隔。通过公式(5.12)可以推导出间隔的计算表达式如公式(5.16)所示。

$$r=\frac{2}{\|\boldsymbol{\omega}\|} \tag{5.16}$$

最大化间隔的表达式可以写为：

$$\max_{\boldsymbol{\omega},b}\frac{2}{\|\boldsymbol{\omega}\|} \tag{5.17}$$

且上式需要满足约束 $y_i(\boldsymbol{\omega}^{\mathrm{T}}x_i+b)\geqslant 1, i=1,2,\cdots,n$。对上式求倒数可以把最大化问题转换为求最小化问题，表达式可以转换为：

$$\min_{\boldsymbol{\omega},b}\frac{1}{2}\|\boldsymbol{\omega}\|^2 \tag{5.18}$$

其中，对 $\|\boldsymbol{\omega}\|$ 求平方，去掉根号方便后续计算；同样地，该式也需要满足约束条件 $y_i(\boldsymbol{\omega}^{\mathrm{T}}x_i+b)\geqslant 1, i=1,2,\cdots,n$。

至此，就可以通过对公式(5.18)求解得出划分超平面所对应的模型。可以看到公式(5.18)的目标函数是二次的，且关于 $\boldsymbol{\omega}$ 的约束条件是线性约束，因此这个问题是一个受约束的二次型规划(Quadratic Programming，QP)问题。所以可以利用拉格朗日乘子法解决约束最优问题。

3. 拉格朗日对偶性质

因为本问题的特殊结构，可以利用拉格朗日的对偶(Lagrange Duality)性质将其转换为对偶变量(Dual Variable) 的优化问题。也就是，通过求解与原问题等价的对偶问题(Dual Problem)而得出原始问题的最优解。这就是线性可分条件下支持向量机的对偶算法。这种算法的优点有两点：第一是对偶问题往往更容易求解；第二是核函数可以自然地引入到线性分类问题中，进而推广到非线性分类问题中。引入拉格朗日乘子(Lagrange Multiplier)法，给原始目标函数的每一个约束条件都加上一个拉格朗日乘子，将有约束的原始目标函数转换为无约束的新构造的拉格朗日函数，得到表达式：

$$L(\boldsymbol{\omega},b,\alpha)=\frac{1}{2}\|\boldsymbol{\omega}\|^2-\sum_{i=1}^{n}\alpha_i(y_i(\boldsymbol{\omega}^{\mathrm{T}}x_i+b)-1) \tag{5.19}$$

其中，α_i 为拉格朗日乘子，且 $\alpha_i\geqslant 0, i=1,2,\cdots,n$；令 $\theta(\boldsymbol{\omega})=\max\limits_{\alpha_i\geqslant 0}L(\boldsymbol{\omega},b,\alpha)$，根据之前的约束条件 $y_i(\boldsymbol{\omega}^{\mathrm{T}}x_i+b)\geqslant 1, i=1,2,\cdots,n$ 可知，公式(5.19)中第二项为非负项。如果样本点不在可行解区域内，即不满足约束条件时，应该得到 $y_i(\boldsymbol{\omega}^{\mathrm{T}}x_i+b)<1$。此时，如果将 α 设置为无穷大，则显然有 $\theta(\boldsymbol{\omega})$ 也为无穷大。而当所有约束条件都满足时，$\theta(\boldsymbol{\omega})$ 则

为原函数$\frac{1}{2}\|\boldsymbol{\omega}\|^2$。因此，在要求约束条件得到满足的情况下最小化$\frac{1}{2}\|\boldsymbol{\omega}\|^2$，实际上等价于直接最小化$\theta(\boldsymbol{\omega})$，当然，此处也有约束条件，就是$\alpha_i \geqslant 0$，且$i=1,2,\cdots,n$。

最终，得到目标函数为：

$$\min_{\boldsymbol{\omega},b}\theta(\boldsymbol{\omega}) = \min_{\boldsymbol{\omega},b} \max_{\alpha_i \geqslant 0} L(\boldsymbol{\omega},b,\alpha) = p^* \tag{5.20}$$

因为在求最大化的过程中，约束条件有不等式，不方便求解，所以可以利用拉格朗日函数的对偶性，交换最大化和最小化的先后顺序，可以得到：

$$\max_{\alpha_i \geqslant 0} \min_{\boldsymbol{\omega},b} L(\boldsymbol{\omega},b,\alpha) = d^* \tag{5.21}$$

交换顺序之后的新问题是原问题的对偶问题，要使$d^*=p^*$，首先需要该问题是一个凸优化问题，通过对公式(5.19)的观察可以确定该问题是凸优化问题。其次，由 Kuhn Tucker 定理可知，该问题的最优解还需要满足 KKT(Karush-Kuhn-Tucker)条件，KKT条件的要求如下所示：

$$\begin{cases} \alpha_i \geqslant 0 \\ y_i(\boldsymbol{\omega}^{\mathrm{T}} x_i + b) - 1 \geqslant 0 \\ \alpha_i y_i(\boldsymbol{\omega}^{\mathrm{T}} x_i + b) - 1 = 0 \end{cases} \tag{5.22}$$

为了求解得到该对偶问题的具体形式，首先需要令$L(\boldsymbol{\omega},b,\alpha)$对$\boldsymbol{\omega}$和$b$求偏导，令$\frac{\partial L}{\partial \boldsymbol{\omega}}=0$，$\frac{\partial L}{\partial b}=0$，可得：

$$\boldsymbol{\omega} = \sum_{i=1}^{m} \alpha_i y_i x_i \tag{5.23}$$

$$\sum_{i=1}^{m} \alpha_i y_i = 0 \tag{5.24}$$

将公式(5.23)与公式(5.24)代入拉格朗日目标函数$L(\boldsymbol{\omega},b,\alpha)$，即公式(5.19)中得到：

$$L(\boldsymbol{\omega},b,\alpha) = \frac{1}{2}\sum_{i,j=1}^{n} \alpha_i\alpha_j y_i y_j x_i^{\mathrm{T}} x_j - \sum_{i,j=1}^{n} \alpha_i\alpha_j y_i y_j x_i^{\mathrm{T}} x_j - b\sum_{i=1}^{n}\alpha_i y_i + \sum_{i=1}^{n}\alpha_i \tag{5.25}$$

化简后写为：

$$L(\boldsymbol{\omega},b,\alpha) = \sum_{i=1}^{n}\alpha_i - \frac{1}{2}\sum_{i,j=1}^{n} \alpha_i\alpha_j y_i y_j x_i^{\mathrm{T}} x_j \tag{5.26}$$

此时该函数只有一个变量，即拉格朗日乘数α。由此可以得到，对$\min\limits_{\boldsymbol{\omega},b} L(\boldsymbol{\omega},b,\alpha)$求以$\alpha$为变量的极大值，就是直接求极大。

$$\max_{\alpha_i \geqslant 0} \min_{\boldsymbol{\omega},b} L(\boldsymbol{\omega},b,\alpha) = \max_{\alpha} \sum_{i=1}^{n}\alpha_i - \frac{1}{2}\sum_{i,j=1}^{n} \alpha_i\alpha_j y_i y_j x_i^{\mathrm{T}} x_j \tag{5.27}$$

该表达式需要满足两个约束，即$\alpha_i \geqslant 0, i=1,2,\cdots,n$，且$\sum\limits_{i=1}^{n}\alpha_i y_i = 0$。给上式加上负

号再次转为求极小值问题：

$$\min_{\alpha} \frac{1}{2}\sum_{i,j=1}^{n}\alpha_i\alpha_j y_i y_j x_i^{\mathrm{T}} x_j - \sum_{i=1}^{n}\alpha_i \tag{5.28}$$

该表达式仍然需要满足以上两个约束 $\alpha_i \geqslant 0, i=1,2,\cdots,n$，且 $\sum_{i=1}^{n}\alpha_i y_i = 0$。

对于这种形式的问题，只需要利用序列最小优化(Sequential Minimal Optimization，SMO)算法即可求解出拉格朗日乘子 α，并且通过 α 求出 $\boldsymbol{\omega}$ 和 b，最后完成对划分超平面方程的求解。SMO 算法的具体思路在 5.3.4 节介绍。

4. 软间隔与松弛变量

上面通过计算得到的划分超平面方程，是以数据集的数据严格线性可分为前提以及硬间隔最大化求来的。当数据集的数据不是严格线性可分时，需要使用软间隔最大化的方式求划分超平面方程。软间隔放宽了约束条件，允许部分样本点不满足约束条件 $y_i(\boldsymbol{\omega}^{\mathrm{T}} x_i + b) \geqslant 1$，其中 $i=1,2,\cdots,n$，对原优化问题采用 hinge 损失，并且引入松弛变量，可得到公式(5.29)：

$$\min_{\boldsymbol{\omega},b,\xi_i} \frac{1}{2}\|\boldsymbol{\omega}\|^2 + C\sum_{i=1}^{n}\xi_i \tag{5.29}$$

约束条件为：$y_i(\boldsymbol{\omega}^{\mathrm{T}} x_i + b) \geqslant 1 - \xi_i$，且 $\xi_i \geqslant 0, i=1,2,\cdots,n$。其中，$\xi_i$ 为松弛变量，$\xi_i = \max(0, 1 - y_i(\boldsymbol{\omega}^{\mathrm{T}} x_i + b))$，即 hinge 损失函数。针对数据集中每一个样本都有一个对应的松弛变量，用来表示这个样本不满足约束的程度。$C>0$，且 C 是一个常数，被称为惩罚参数。C 值越大，对分类错误情况下的惩罚越大，C 值越小，对分类错误情况下的惩罚越小。C 值在实际应用中需要通过调参来选择。

软间隔最大化与硬间隔最大化计算划分超平面目标函数的方式一样，也是通过拉格朗日乘子法，给原始目标函数的每一个约束条件都加上一个拉格朗日乘子，将有约束的原始目标函数转换为无约束的新构造的拉格朗日函数，其计算表达式如下所示：

$$\begin{aligned} L(\boldsymbol{\omega}, b, \xi, \alpha, \mu) = {} & \frac{1}{2}\|\boldsymbol{\omega}\|^2 + C\sum_{i=1}^{n}\xi_i - \\ & \sum_{i=1}^{n}\alpha_i[y_i(\boldsymbol{\omega}^{\mathrm{T}} x_i + b) - 1 + \xi_i] - \sum_{i=1}^{n}\xi_i\mu_i \end{aligned} \tag{5.30}$$

其中，μ_i 和 α_i 都为拉格朗日乘子，且 $\alpha_i \geqslant 0, \mu_i \geqslant 0, i=1,2,\cdots,n$。

最终，得到待优化的目标函数表达式为：

$$\min_{\boldsymbol{\omega},b,\xi} \max_{\alpha_i \geqslant 0, \mu_i \geqslant 0} L(\boldsymbol{\omega}, b, \xi, \alpha, \mu) \tag{5.31}$$

这个待优化目标函数也需要满足 KKT 条件，同样因为求最大化的过程中，约束条件有不等式，不方便求解，所以利用拉格朗日函数的对偶性，交换最大化和最小化的先后顺序，可以得到公式(5.32)：

$$\max_{\alpha_i \geqslant 0, \mu_i \geqslant 0} \min_{\boldsymbol{\omega},b,\xi} L(\boldsymbol{\omega}, b, \xi, \alpha, \mu) \tag{5.32}$$

为了求解得到该对偶问题的具体形式，首先，需要求待优化目标函数对 $\boldsymbol{\omega}$、b、ξ 的极小值，然后求待优化目标函数对于 α、μ 的极大值。对 ω、b、ξ 求偏导，令 $\frac{\partial L}{\partial \boldsymbol{\omega}}=0$，$\frac{\partial L}{\partial b}=0$，$\frac{\partial L}{\partial \xi}=0$ 分别得到表达式：

$$\boldsymbol{\omega}=\sum_{i=1}^{n}\alpha_i y_i x_i \tag{5.33}$$

$$\sum_{i=1}^{n}\alpha_i y_i=0 \tag{5.34}$$

$$C-\alpha_i-\mu_i=0 \tag{5.35}$$

把公式(5.33)、公式(5.34)以及公式(5.35)代入待优化目标，并化简可以得出：

$$L(\boldsymbol{\omega},b,\xi,\alpha,\mu)=\sum_{i=1}^{n}\alpha_i-\frac{1}{2}\sum_{i,j=1}^{n}\alpha_i\alpha_j y_i y_j x_i^{\mathrm{T}}x_j \tag{5.36}$$

从公式(5.36)可以看出其与硬间隔最大化的划分超平面目标函数没有差别，区别在于约束条件，即 $\alpha_i\geqslant 0, i=1,2,\cdots,n, \mu_i\geqslant 0, i=1,2,\cdots,n$，$\sum_{i=1}^{n}\alpha_i y_i=0$ 且 $C-\alpha_i-\mu_i=0$。

对约束条件进行化简，即 $0\leqslant\alpha_i\leqslant C$，且 $\sum_{i=1}^{n}\alpha_i y_i=0$。给公式(5.36)加上负号再次转换为求极小值问题：

$$\min_{\alpha}\frac{1}{2}\sum_{i,j=1}^{n}\alpha_i\alpha_j y_i y_j x_i^{\mathrm{T}}x_j-\sum_{i=1}^{n}\alpha_i \tag{5.37}$$

其中，约束条件为 $0\leqslant\alpha_i\leqslant C$，且 $\sum_{i=1}^{n}\alpha_i y_i=0$。

最后，同样是用 SMO 算法求解出软间隔最大化目标函数的拉格朗日乘数 α，并且通过 α 求出 $\boldsymbol{\omega}$ 和 b 来完成对划分超平面方程的求解。

5.3.3　核函数

在 5.3.2 节中假设样本数据集全部都是线性可分的，虽然使用软间隔最大化的问题的样本数据集不是严格的线性可分，但大部分数据集还是可分的。然而，在实际任务中很可能遇到以下情况，即不存在一个能够正确划分两个类别的样本的超平面。对于这种类型的问题，可以将样本从原始空间映射到一个更高维的特征空间中，使得样本在这个特征空间中线性可分。从数学上可以证明，如果原始空间的维数是有限的，也就是样本属性数是有限的，则一定会存在一个高维特征空间使数据集可分。把样本从原始空间映射到一个更高维空间所用到的方法就是核函数方法。

令 $\boldsymbol{\phi}(x)$ 表示将 x 映射后的特征向量，于是，在特征空间中划分超平面所对应的方程可表示为：

$$f(x)=\boldsymbol{\omega}^{\mathrm{T}}\boldsymbol{\phi}(x)+b \tag{5.38}$$

其中，$\boldsymbol{\omega}$ 和 b 为参数。类似公式(5.18)，有：

$$\min_{\boldsymbol{\omega},b}\frac{1}{2}\|\boldsymbol{\omega}\|^2 \tag{5.39}$$

其中，约束条件为 $y_i(\boldsymbol{\omega}^{\mathrm{T}}\boldsymbol{\phi}(x_i)+b)\geqslant 1, i=1,2,\cdots,n$。写出其对偶问题，可得到计算公式(5.40)：

$$\max_{\alpha}\sum_{i=1}^{n}\alpha_i-\frac{1}{2}\sum_{i,j=1}^{n}\alpha_i\alpha_j y_i y_j\boldsymbol{\phi}(x_i)^{\mathrm{T}}\boldsymbol{\phi}(x_j) \tag{5.40}$$

约束条件为：$\sum_{i=1}^{n}\alpha_i y_i=0$，且 $\alpha_i\geqslant 0$。

由于在线性支持向量机学习的对偶问题里对公式(5.38)进行求解时，目标函数和分类决策函数都要计算$\boldsymbol{\phi}(x_i)^{\mathrm{T}}\boldsymbol{\phi}(x_j)$，也就是计算样本 x_i 和样本 x_j 映射到特征空间之后的内积。因此不需要显式地指定非线性变换，当数据集维度非常高时，要计算出内积是非常困难的。所以可以使用核函数来替换内积来计算，则有计算公式如下：

$$k(x_i,x_j)=\boldsymbol{\phi}(x_i),\quad \boldsymbol{\phi}(x_j)=\boldsymbol{\phi}(x_i)^{\mathrm{T}}\boldsymbol{\phi}(x_j) \tag{5.41}$$

通过函数 $k(\cdot,\cdot)$可以计算得到样本 x_i 和样本 x_j 映射到特征空间之后的内积。

即可以针对公式(5.39)，用 $k(x_i,x_j)$代替$\boldsymbol{\phi}(x_i)^{\mathrm{T}}\boldsymbol{\phi}(x_j)$，得到针对非线性问题的划分超平面方程：

$$\min_{\alpha}\frac{1}{2}\sum_{i,j=1}^{n}\alpha_i\alpha_j y_i y_j k(x_i,x_j)-\sum_{i=1}^{n}\alpha_i \tag{5.42}$$

约束条件为：$\sum_{i=1}^{n}\alpha_i y_i=0$，且 $\alpha_i\geqslant 0$。

关于核函数有如下定理：令 χ 为输入空间，对于任意数据 $x_i,x_j\in\chi, i,j=1,2,\cdots,n$。$k(x_i,x_j)$定义在 $\chi\cdot\chi$ 上的对称函数。核矩阵(Kernel Matrix)$\boldsymbol{K}$ 是半正定矩阵：

$$\boldsymbol{K}=\begin{pmatrix} k(x_1,x_1) & \boldsymbol{L} & k(x_1,x_n) \\ \boldsymbol{M} & \boldsymbol{O} & \boldsymbol{M} \\ k(x_n,x_1) & \boldsymbol{L} & k(x_n,x_n) \end{pmatrix} \tag{5.43}$$

该定理表明，只要一个对称函数所对应的和矩阵半正定，它就能够作为核函数使用。下面对常用的几种核函数分别做介绍。

1. 线性核函数

线性核函数(Linear Kernel Function)是形式最为简单的核函数，其表达式如下所示：

$$k(\boldsymbol{x}_i,\boldsymbol{x}_j)=\boldsymbol{x}_i^{\mathrm{T}}\boldsymbol{x}_j \tag{5.44}$$

2. 多项式核函数

多项式核函数(Polynomial Kernel Function)表达式如下所示：

$$k(\boldsymbol{x}_i,\boldsymbol{x}_j)=(\boldsymbol{x}_i^{\mathrm{T}}\boldsymbol{x}_j)^d \tag{5.45}$$

其中，$d=1$ 时表示线性核函数；$d>1$ 表示多项式的次数。

3. 径向基核函数

径向基核函数(Radial Basis Function, RBF)也称为高斯核函数(Gaussian Kernel

Function),其表达式如下所示:

$$k(\boldsymbol{x}_i,\boldsymbol{x}_j)=\exp\left(-\frac{\|\boldsymbol{x}_i-\boldsymbol{x}_j\|^2}{2\sigma^2}\right) \tag{5.46}$$

其中,$\sigma>0$ 表示高斯核的带宽。

4. 拉普拉斯核函数

拉普拉斯核函数的表达式如下所示:

$$k(\boldsymbol{x}_i,\boldsymbol{x}_j)=\exp\left(-\frac{\|\boldsymbol{x}_i-\boldsymbol{x}_j\|}{\sigma}\right) \tag{5.47}$$

其中,$\sigma>0$ 表示参数。

5. Sigmoid 核函数

Sigmoid 核函数(Sigmoid Kernel Function)的表达式如下所示:

$$k(\boldsymbol{x}_i,\boldsymbol{x}_j)=\tanh(\beta\boldsymbol{x}_i^{\mathrm{T}}\boldsymbol{x}_j+\theta) \tag{5.48}$$

其中,tanh 为双曲正切函数,$\theta<0,\beta>0$。

核函数的选择对支持向量机分类性能有很大影响,如果选择了不合适的核函数,可能会因为把数据样本映射到不合适的特征空间而导致分类结果欠佳。核函数的选择不局限于上述提到的几种,上述几种核函数在日常情况下使用得较多。比如,在自然语言处理领域的文本分类中,常使用线性核函数。在不清楚数据的详细信息时,可以尝试使用径向基核函数。

5.3.4 分类过程

支持向量机的主要特点如下:第一,支持向量机基于数学理论,通过逐步推导和计算,克服了传统神经网络学习依赖经验和启发式先验成分的特点,并且都有公式可寻。第二,支持向量机结合了经验风险最小化和结构风险最小化的原理来寻找目标函数,避免了训练过程中的过拟合问题,提高了模型在新的测试数据集上的泛化能力。第三,支持向量机的分割超平面只与样本边界上的支持向量机点有关,而且这些点比所有样本点都少。因此,在使用支持向量机进行数据挖掘时,与其他机器学习算法相比,支持向量机可以大大降低计算复杂度,减少维数灾难的影响。第四,面对不同类型的问题,模型选择的好坏直接影响支持向量机的分类性能。模型选择主要是指支持向量机中模型判断因素的选择和参数的搜索方法。根据不同的具体问题,需要选择符合问题实际情况的相应模型。在使用支持向量机算法进行数据挖掘时,主要包括两个步骤:训练和预测。训练主要是对已知类别的样本点进行监督训练。预测是根据训练好的模型对新的未知类别的数据进行计算,从而对数据的类别进行预测。结果预测的准确性与支持向量机的训练过程密切相关。支持向量机的训练方法主要有增量算法、分解算法、块算法和 SMO 算法,其中 SMO 算法是目前求解实际问题中应用最广泛的优化方法。

其中,增量算法是在利用支持向量机算法进行训练时,如果此时将新的样本点数据输入进来，则不需要把新的样本点数据和原始数据混合起来，从头开始训练，而是通过修改或删除新的样本点与原来的模型之间有关联的部分完成训练，其他没有关联的部分则不进行修改或删除。另外利用该算法进行训练时不是一次性就能完成的，而是通过不断增加数据集、不断进行迭代优化来完成的。

块算法通常采用迭代策略逐步地减去非支持的向量，从而达到改变训练过程中数据集大小的目的。其具体实施方法为，将一个较为复杂的二次规划问题拆分为若干个小的二次规划问题，再进行求解，并把矩阵中的拉格朗日乘子为零的所有行和列进行删除。当支持向量的样本数目远远小于总的训练样本数目时，块算法可以提高训练效率。利用块算法在数据上进行训练可以快速地得到一个用于分类或回归预测的模型。

分解算法是求解大规模二次规划问题最有效、最常用的方法。分解算法的工作原理是将一个二次规划问题分解为一系列小的二次规划子问题进行后续的迭代计算。使用该算法进行分类训练时，需要将训练数据集分为两部分：一部分是工作集；另一部分是非工作集。主要是在工作集上进行训练，因此需要用尽可能少的工作集来保证训练效果，这就需要一种良好的划分方法，将训练数据集有效地划分为两部分，使工作集尽可能小，并包含支持向量机的所有样本点。

SMO 算法是一种启发式的算法，该算法的基本原则是假如所有变量的解都能达到最优化问题的 KKT 条件，那么最优化问题的解就可以通过计算求得。因为 KKT 条件是求解最优化问题的充要条件，如果并非所有变量都满足这些条件，那么就可以选择两个变量，固定其他变量，单独针对这两个变量构建一个二次规划问题，而这个问题对应这两个变量的解，是近似原始问题的解。通过这种方式迭代地把原二次规划问题划分为一些子二次规划问题进行求解，从而达到计算原始二次规划问题的目的。注意，子问题两个变量中只有一个是自由变量，另一个由等式约束确定。把 SMO 算法应用于求解支持向量机的划分超平面模型，就是先固定 α 之外的所有参数，再求以 α 为变量的极值。由于存在约束，如果固定 α 之外的其他变量，则 α 可以由其他变量计算得出。因此，SMO 每次固定其他的参数，选择两个合适的变量 α_i 和 α_j。合适的变量必须满足两个条件：第一个条件是 α_i 和 α_j 的值必须要在 α 分隔边界之外；第二个条件是 α_i 和 α_j 都不在边界上。如此一来，在参数初始化后，SMO 算法不断执行以下两个步骤直至收敛：

(1) 选取一对需要更新的变量 α_i 和 α_j；

(2) 固定 α_i 和 α_j 以外的参数，求解公式(5.27)获得更新后的 α_i 和 α_j。

在支持向量机分类模型的构建过程中，使用诸如 SMO 算法等优化算法对公式(5.28)或(5.37)求解后，得出拉格朗日乘子$\boldsymbol{\alpha}^*$和法向量$\boldsymbol{\omega}^*$、位移项 b^* 的值后，便可以计算出硬间隔最大化线性支持向量机的最优划分超平面函数。而最优分类函数表达式为：

$$f(x)=\operatorname{sign}(\boldsymbol{\omega}^* \cdot x+b^*)=\left[\operatorname{sign}\left(\sum_{i,j=1}^{n}\alpha_i^* y_i x_i^{\mathrm{T}} x_j+b^*\right)\right] \tag{5.49}$$

硬间隔最大化线性支持向量机算法如算法 5.3 所示。

算法 5.3　硬间隔最大化线性支持向量机算法

1：　输入：训练数据集 $S=\{(x_1,y_1),\cdots,(x_n,y_n)\}$；类别空间 $y_i=\{-1,1\},i=1,2,\cdots,n$

2：　构造划分超平面目标函数：见公式(5.42)，目标函数满足约束 $\alpha_i\geqslant 0,i=1,\cdots,n$，且 $\sum_{i=1}^{n}\alpha_i y_i=0$。

3：　使用 SMO 算法求出划分超平面目标函数最小时的$\boldsymbol{\alpha}^*=(\alpha_1^*,\alpha_2^*,\cdots,\alpha_n^*)^{\mathrm{T}}$

4：　通过$\boldsymbol{\alpha}^*$向量值计算出法向量 $\boldsymbol{\omega}^*=\sum_{i=1}^{n}\alpha_i^* y_i x_i=0$

5：　找出所有 S 个支持向量，也就是满足条件 $\alpha_s>0$ 的对应的样本(x_s,y_s)，通过 $y_s\left(\sum_{i=1}^{n}\alpha_i y_i x_i^{\mathrm{T}} x_s+b\right)=1$，计算出每个样本$(x_s,y_s)$所对应的 b_s^* 对应的平均值，即为最终的 $b^*=\frac{1}{s}\sum_{i=1}^{s}b_s^*$

6：　计算出划分超平面函数 $f(x)=\mathrm{sign}(\boldsymbol{\omega}^*\cdot x+b^*)$，得出分类决策函数并输出

软间隔最大化线性支持向量机算法如算法 5.4 所示。

算法 5.4　软间隔最大化线性支持向量机算法

1：　输入：训练数据集 $S=\{(x_1,y_1),\cdots,(x_n,y_n)\}$；类别空间 $y_i=\{-1,1\},i=1,2,\cdots,n$

2：　选择一个惩罚系数 $C>0$，构造划分超平面目标函数：见公式(5.42)，目标函数满足约束 $0\leqslant\alpha_i\leqslant C,i=1,\cdots,n$，且 $\sum_{i=1}^{n}\alpha_i y_i=0$

3：　使用 SMO 算法求出划分超平面目标函数最小时的$\boldsymbol{\alpha}^*=(\alpha_1^*,\alpha_2^*,\cdots,\alpha_n^*)^{\mathrm{T}}$

4：　通过$\boldsymbol{\alpha}^*$向量值计算出法向量 $\boldsymbol{\omega}^*=\sum_{i=1}^{n}\alpha_i^* y_i x_i=0$

5：　找出所有 S 个支持向量，也就是满足条件 $\alpha_s>0$ 的对应的样本(x_s,y_s)，通过 $y_s\left(\sum_{i=1}^{n}\alpha_i y_i x_i^{\mathrm{T}} x_s+b\right)=1$，计算出每个样本$(x_s,y_s)$所对应的 b_s^* 对应的平均值，即为最终的 $b^*=\frac{1}{s}\sum_{i=1}^{s}b_s^*$

6：　计算出划分超平面函数 $f(x)=\mathrm{sign}(\boldsymbol{\omega}^*\cdot x+b^*)$，得出分类决策函数并输出

非线性支持向量机的最优划分超平面的最优分类函数表达式为：

$$f(x)=\mathrm{sign}(\boldsymbol{\omega}^{\mathrm{T}}\boldsymbol{\phi}(x)+b)=\left[\mathrm{sign}\left(\sum_{i,j=1}^{n}\alpha_i^* y_i k(x_i,x_j)+b^*\right)\right] \tag{5.50}$$

使用径向基核函数的非线性支持向量机算法如算法 5.5 所示。

算法 5.5　非线性支持向量机(使用径向基核函数)算法

1：　输入：训练数据集 $S=\{(x_1,y_1),\cdots,(x_n,y_n)\}$；类别空间 $y_i=\{-1,1\},i=1,2,\cdots,n$

2：　选择一个惩罚系数 $C>0$，与径向基核函数构造划分超平面目标函数：见公式(5.42)，目标函数满足约束 $0\leqslant\alpha_i\leqslant C,i=1,2,\cdots,n$，且 $\sum_{i=1}^{n}\alpha_i y_i=0$。

3：　使用 SMO 算法求出划分超平面目标函数最小时的 $\boldsymbol{\alpha}^*=(\alpha_1^*,\alpha_2^*,\cdots,\alpha_n^*)^{\mathrm{T}}$

4：　通过 $\boldsymbol{\alpha}^*$ 向量值计算出法向量 $\boldsymbol{\omega}^*=\sum_{i=1}^{n}\alpha_i^* y_i x_i=0$

5：　计算出 $b^*=y_j-\sum_{i=1}^{n}\alpha_i^* y_i k(x_i,x_j)$

6：　计算出划分超平面函数 $f(x)=\mathrm{sign}\left(\sum_{i,j=1}^{n}\alpha_i^* y_i k(x_i,x_j)+b^*\right)$，得出分类决策函数并输出

5.4　并行支持向量机模型的构建

通过 5.3 节对支持向量机中相关原理的介绍，可以将使用支持向量机进行大数据分类的建模步骤总结如下。

(1) 将需要进行分类的相关数据转换为支持向量机所支持的数据格式，即每一条数据由两部分组成：一部分为数据的类属性标签，若为二分类问题则标签为 0 与 1，若为多分类问题则对标签数量按照此形式进行增加；另一部分则为类属性标签对应的多种属性值。

(2) 对实验数据进行训练数据集与测试数据集的划分，一般在比较实验结果时通过 K 折交叉验证方式获得多个测试数据集下的结果并取平均值，因此进行实验数据划分时应根据数据量的大小按照 K 折交叉验证方式进行划分。

(3) 使用归一化方式对数据中的属性值部分进行归一化处理，以避免较大的属性值对较小属性值的支配影响，归一化方式一般选择最大最小归一化处理。

(4) 对支持向量机的核函数进行选择，支持向量机可选择得出核函数主要有线性核函数、多项式核函数以及高斯核函数，一般优先选择高斯核函数，另外还可通过实验比较的方式进行选择。

(5) 在不同的核函数中存在不同参数，在对参数值进行设置时可通过交叉验证的方式进行确定。

(6) 使用设置了最佳参数值的支持向量机进行训练数据集的训练过程。

(7) 使用测试数据集对训练好的支持向量机模型进行测试，通过各种性能比较指标确定此模型的分类性能是否达到预设的期望值。

(8) 当模型的分类性能达到预设的期望值时，支持向量机分类模型完成构建，之后可以将其应用到其他数据集进行大数据分类。

在上述步骤中，支持向量机分类模型的建模复杂点主要体现在三方面：首先是在实

验前需要对数据集按照分类要求进行数据格式的转换；然后在对支持向量机核函数进行选择时通过比较实验确定最适合的核函数；最后则是进行核函数参数值确定时所需要的交叉验证方式，其中核函数的选择以及核函数参数值将直接影响模型最后的分类结果。

由于核函数主要从线性核函数、多项式核函数以及高斯核函数这三种中进行选择，因此在实验阶段可以通过对比实验来选择最适合的核函数，但核函数中的参数取值范围较大，难以通过简单的对比实验来确定，倘若使用交叉验证的方式进行获取，可能获得的参数值为局部最优值，非目标范围内的最优值，而目前的研究中并未有一种公认的方法可以用于核函数参数值的确定。

通过前面对群智能优化算法的介绍可以得知，群智能优化算法主要用于在目标范围内进行问题最优解的搜索，而支持向量机核函数参数值的确定正好可以视作目标范围内最优核函数参数值的搜索过程，因此将群智能优化算法与支持向量机核函数参数值寻优相结合可以很好地解决核函数参数值难以确定的问题。前面已经通过算法性能对比实验证明了协同鸟群算法用于优化问题求解的有效性，因此将协同鸟群算法与支持向量机相结合，以此构建并行支持向量机模型并用于大数据分类。

结合协同鸟群算法的相关原理以及支持向量机的建模步骤，可以将并行支持向量机模型的建模步骤归纳总结如下。

(1) 将需要进行分类的相关数据转换为支持向量机所支持的数据格式，即每一条数据由两部分组成：一部分为数据的类属性标签，若为二分类问题则标签为 0 与 1，若为多分类问题则对标签数量按照此形式进行增加；另一部分则为类属性标签对应的多种属性值。

(2) 对实验数据进行训练数据集与测试数据集的划分，一般在比较实验结果时通过 K 折交叉验证方式获得多个测试数据集下的结果并取平均值，因此进行实验数据划分时应根据数据量的大小按照 K 折交叉验证方式进行划分。

(3) 使用归一化方式对数据中的属性值部分进行归一化处理，以避免较大的属性值对较小属性值的支配影响，归一化方式一般选择最大最小归一化处理。

(4) 对支持向量机的核函数进行选择，支持向量机可选择核函数主要有线性核函数、多项式核函数以及高斯核函数，一般优先选择高斯核函数，另外还可通过实验比较的方式进行选择。

(5) 设置鸟群种群的个体数量、小团体数量、飞行间隔 FQ、表示乞讨者跟随生产者寻找食物的行为的参数 FL_{max} 与 FL_{min}、感知系数 C 与社会加速系数 S、保持警戒行为中的常量 a_1 与 a_2 以及统计连续出现适应度降低或保持不变的参数 T。

(6) 将支持向量机核函数中的参数作为协同鸟群算法中种群个体的位置形式，若参数数量为 1，则种群个体位置信息为一维；若参数数量为 2，则种群个体位置信息为二维；以此类推，在目标范围内随机初始化所有个体的位置信息。

(7) 以基于不同参数值的支持向量机对训练数据集进行分类训练后的误差值作为不同种群个体的适应度值，对基于不同参数值的支持向量机进行训练，从而得到其对应的适应度值，适应度值越低，则对应个体的位置信息越好。

(8) 按照预先设置的小团体数量随机在整个种群中选择对应数量的个体作为小团体

的中心点，之后按照协同鸟群算法中的小团体分配原则依次将个体分配至小团体，通过小团体内的个体适应度值比较确定小团体的历史最优适应度值。

(9) 根据飞行间隔 FQ 判断个体是否进行飞行行为，若为飞行行为，则为每个个体分配生产者以及乞讨者的身份，之后每个个体都按照其身份对应的位置更新公式进行位置更新。

(10) 若不为飞行行为，则根据相关准则判断个体是进行觅食行为还是保持警戒，并使用相关公式对位置信息进行更新。

(11) 计算每个个体更新后的位置信息以及对应的适应度值，比较更新前后的适应度值同时对每个个体对应的参数 T 进行更新。

(12) 根据参数 T 计算得出每个个体接受此次更新状态的概率 P，之后按照概率 P 判断个体是否接受此次更新并进行相关操作。

(13) 对个体的历史最优适应度值、历史最优位置信息以及种群的历史最优适应度值、历史最优位置信息进行更新。

(14) 根据预设的迭代次数重复步骤(8)～步骤(13)，当达到最大迭代次数时停止迭代过程，输出种群的历史最优位置信息，此位置信息即为支持向量机进行分类的最优核函数参数值或核函数参数组合。

(15) 使用设置了最佳参数值的支持向量机进行训练数据集的训练过程。

(16) 使用测试数据集对训练好的支持向量机模型进行测试。

(17) 并行支持向量机分类模型完成构建，之后可以将其应用到其他同类型数据集进行大数据分类。

并行支持向量机分类模型的流程如图 5.6 所示。

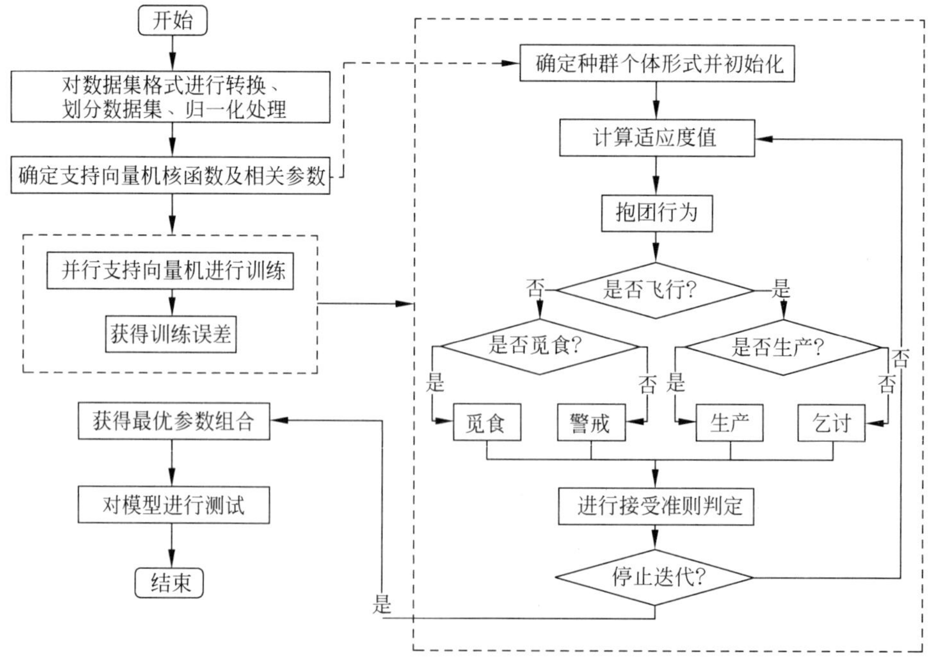

图 5.6 并行支持向量机分类模型的流程

按照上述并行支持向量机的相关建模步骤，可以将并行支持向量机的特性总结如下：

(1) 由于不同类型的数据集之间数据分布特征存在较大区别，因此在对不同类型的数据集进行分类之前，需要通过对比确定最为适合的核函数；

(2) 支持向量机核函数中的参数数量较少，因此相较于大部分优化问题，此寻优过程较为简单；

(3) 在使用协同鸟群算法进行参数寻优时，需要同时对种群数量个支持向量机进行训练数据集的训练过程，这也是并行支持向量机并行性的主要体现；

(4) 相较于使用交叉验证等传统方法确定核函数参数值，并行支持向量机同时对多个支持向量机进行训练，可以节省大量训练时间；

(5) 并行支持向量机使用协同鸟群算法进行目标范围内的核函数参数搜索过程，能够更好地发现目标范围内的全局最优值；

(6) 对传统支持向量机的训练过程结束后，由于参数值的不确定性，需要判断其分类性能是否符合预期，而并行支持向量机的训练过程结束后可直接获得符合预期的参数值；

(7) 对并行支持向量机进行训练后，可直接获得一个具有较好性能的大数据分类模型，并可以将其应用到其他同类型数据集进行大数据分类；

(8) 并行支持向量机的模型复杂度主要体现在使用协同鸟群算法进行参数寻优，因此其复杂度与协同鸟群算法相同；

(9) 在参数设置上，并行支持向量机只增加了协同鸟群算法中的相关参数，此外并未新增其他的参数。

5.5 知识扩展

在对协同鸟群算法进行算法性能验证时使用了萤火虫算法与磷虾群算法作为对比算法，因此本节将专门针对这两种算法的基本原理及其实现步骤展开相关介绍，同时针对前面章节所涉及的实验中使用到的几种群智能优化算法，展开它们各自算法特性的对比分析。

5.5.1 萤火虫算法

萤火虫算法是由 Xin-She Yang 于 2010 年提出的一种群智能优化算法，在自然界中，萤火虫之间通过自身发光来吸引异性前来交配以及吸引猎物进行捕猎，而该算法主要仿照自然界中萤火虫之间受彼此的亮度而相互吸引的行为来进行目标范围内的寻优过程。

自然界中的萤火虫数量大约有两千多种，其中大多数萤火虫均会产生短暂而有节奏的闪光，不同的萤火虫物种之间具有不同的闪光时长与频率。萤火虫闪光的最基本功能主要包括两方面：一个是对异性萤火虫进行吸引，从而达到交配的目的；另一个则是对潜在猎物的吸引，进而达到捕食的目的。通常来说，闪光的节奏、速度以及时间长度，构成了某个物种的萤火虫独有的信号，因此只有同一个物种的萤火虫才会被彼此之间的闪光所吸引。

萤火虫的光源较弱，一般只有在黑夜才能够被观察到，而光在空气中进行传播时，其强度大小受到观察者距离光源距离大小的影响，即光的强度大小与距离的平方成反比，当对同一个光源进行观察时，增加观察者与光源之间的距离，则能被观察到的光亮会随着距离的增加变得越来越弱，这个因素使得萤火虫之间只能在有限的距离内被彼此所吸引。将上述萤火虫之间的吸引行为进行理想化，萤火虫算法的基本思想可以归纳如下：

（1）种群中所有萤火虫都是雌雄同体的，即种群中的每只萤火虫都会被其他萤火虫所吸引，与它们的性别无关；

（2）萤火虫的发光行为假定在黑夜，发光亮度只与不同萤火虫之间的距离有关，不受任何其他因素的影响；

（3）萤火虫彼此之间相互吸引，吸引力的强弱受它们各自亮度的影响，亮度较弱的个体会被吸引着向亮度较强的个体移动；

（4）具体吸引力的大小与萤火虫之间的距离相关，随着距离的增加，吸引力也会随之减小；

（5）萤火虫的亮度大小类比为萤火虫个体的适应度值，即当对优化问题进行求解时，个体的适应度值越大，萤火虫的亮度越大，对其他个体的吸引力也越大。

在上述基本思想中，主要涉及的概念为吸引力和个体间的位置移动。下面将分别进行介绍。

1. 吸引力

在萤火虫算法中，每个萤火虫的位置代表了一个待求问题的可行解，而萤火虫的亮度表示该萤火虫位置的适应度值，亮度越高的萤火虫个体在解空间内的位置越好。在解空间内，每个萤火虫会向着亮度比自己高的萤火虫飞行来搜寻更优的位置，亮度越大对其他的萤火虫的吸引度越大。同时，萤火虫之间光的传播介质会吸收光，降低光的亮度，影响光的传播，所以萤火虫之间的吸引度会随着空间距离成反比，即两只萤火虫之间的吸引度会随着这两只萤火虫之间距离的增大而减小。基于此，使用相互吸引度公式对萤火虫之间的吸引力进行计算。

$$\beta(r)=\beta_0 \mathrm{e}^{-\gamma r^2} \tag{5.51}$$

其中，β_0 为初始吸引度值，即两只萤火虫之间的距离为 0 时的吸引度，初始 β_0 取值为 1；γ 为传播介质对光的吸收系数；r 为两只萤火虫之间的空间距离。

在计算两只萤火虫之间的空间距离时，采用下列公式：

$$r_{ij}=x_i-x_j=\sqrt{\sum_{k=1}^{d}(x_{ik}-x_{jk})^2} \tag{5.52}$$

其中，d 表示位置信息的具体位置；x_{ik} 与 x_{jk} 分别表示个体 i 与个体 j 在第 k 个维度的具体位置信息。

2. 个体间的位置移动

受到吸引力的影响，种群中的每只萤火虫均会被亮度比自己大的萤火虫所吸引，进而向其所在的方向进行移动，而依次向所有亮度更大的个体移动完之后的位置才是萤火虫的最终确定位置，具体的位置更新公式如下。

$$x_i^{t+1}=x_i^t+\beta(x_i^t-x_j^t)+\alpha * \text{rand}() \tag{5.53}$$

其中，x_i^t 为个体 i 在第 t 次迭代前的位置信息；x_j^t 为个体 j 在第 t 次迭代前的位置信息；x_i^{t+1} 为个体 i 在第 t 次迭代后的位置信息；β 为个体 j 对个体 i 的吸引度；α 为步长的扰动因子，一般为 0～1 的随机数；rand()是－0.5～0.5 的满足均匀分布的随机数。由于萤火虫是朝向亮度比自己高的萤火虫进行飞行，因此在上述公式中个体 j 的适应度值高于个体 i 的适应度值。

对上述两个概念中存在的参数进行归纳，萤火虫算法中主要参数分别为：初始吸引度值 β_0，一般取值为 1；传播介质对光的吸收系数 γ，一般取值为 1；步长的扰动因子 α，一般为 0～1 的随机数。结合上述相关思想与概念，可以将使用萤火虫算法进行优化问题求解时的特性总结如下。

(1) 萤火虫个体通过被其他萤火虫吸引从而在目标范围内对位置进行移动，此目标区域可以为多维，而不仅仅是二维，即求解的优化问题可以是多维的。

(2) 萤火虫亮度的大小由其适应度值的大小决定，即个体的位置信息越好，亮度越大。

(3) 萤火虫相互吸引力的大小只与彼此之间的空间距离相关，不受其他因素的影响。

(4) 萤火虫在进行位置移动时主要分为两部分：一部分为向其他个体的位置信息进行学习，通过此过程可以有效利用种群内部的位置信息；另一部分为受步长扰动因子的影响进行随机位移，以此扩大向外部进行随机搜索的范围。

(5) 步长扰动因子 α 的取值大小将直接决定算法的外部信息探索能力。

(6) 由于每个萤火虫个体会记录自身的亮度信息，因此整个种群的历史最优位置信息与最优适应度值会在迭代过程中进行保存与更新。

(7) 萤火虫算法中主要可进行调整的参数为步长的扰动因子 α。

使用萤火虫算法对优化问题进行求解时的具体步骤可以归纳如下。

(1) 设置种群的个体数量、初始吸引度值 β_0、传播介质对光的吸收系数 γ 以及步长的扰动因子 α。

(2) 以萤火虫个体的位置信息作为待优化问题的解，以萤火虫个体的亮度作为解对应的适应度值，根据待优化问题的解的范围，随机初始化种群所有个体的位置信息。

(3) 根据待求解问题，计算种群中每个个体的适应度值，之后对种群个体的适应度值进行比较，将最高适应度值作为种群的历史最优适应度值，将其对应的位置信息作为种群的历史最优位置信息。

(4) 依次将每个个体与其他个体进行适应度值的比较，同时计算个体之间的空间距离，按照适应度值低的个体被适应度高的个体吸引的原则，确定每个个体分别被种群内哪些个体吸引并根据空间距离计算出每个个体受到的所有吸引力。

(5) 每个个体依次向所有适应度值比它高的个体位置方向进行移动，按照相关公式进行位置更新。

(6) 计算每个个体更新后的适应度值，对种群的历史最优适应度值、历史最优位置信息进行更新。

(7) 根据预设的迭代次数重复步骤(4)～步骤(6)，当达到最大迭代次数时停止迭代过程，输出种群的历史最优位置信息，此位置信息即为算法优化后获得的问题最优解。

萤火虫算法的流程如图 5.7 所示。

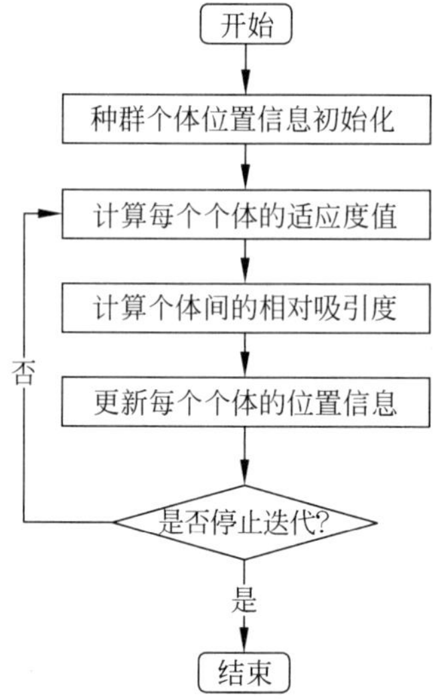

图 5.7 萤火虫算法的流程

按照上述流程对萤火虫算法进行归纳，如算法 5.6 所示。

算法 5.6 萤火虫算法

```
初始化萤火虫种群中每个个体的位置信息
设置种群数量 N、参数 β0、γ 与 α
根据待求解问题计算每个个体的适应度值
确定种群的历史最优位置信息以及历史最优适应度值
while(未满足停止迭代条件)do
  for i=1：N
    for j=1：N
      计算与其他个体间的空间距离、相对吸引度
      对位置信息进行更新
    end for
  end for
  计算位置更新后的适应度值
  更新种群的历史最优位置信息以及历史最优适应度值
end while
输出种群的历史最优位置信息
```

下面以萤火虫算法对 Dixon-Price 测试函数进行目标范围内的最小值寻优为例进行说明，此测试函数为多峰函数，计算公式如公式(5.54)所示，其取值范围为[－10,10]，取值范围内的理想最优解为 0，将其搜索的空间维度设为 20。

$$f(x)=(x_1-1)^2+\sum_{i=2}^{n} i(2x_i^2-x_{i-1})^2 \tag{5.54}$$

在参数设置方面，将萤火虫算法的种群数量设置为 50，初始吸引度值 β_0 设为 1，传播介质对光的吸收系数 γ 设为 1，步长的扰动因子 α 设为 1，迭代次数设为 500。

主要的寻优过程：首先在此函数的取值范围[-10，10]内随机生成 50 个 20 维数组作为种群个体的位置信息，将每个数组依次使用上述公式计算适应度值，确定适应度值最高的个体作为种群历史最优个体，保存该个体的位置信息以及适应度值；然后依次进行每个个体与种群中其他个体的适应度值比较，计算它们的空间距离并根据空间距离求得相互吸引度；之后根据相互吸引度依次对每个个体的位置进行更新，计算它们的新的适应度值，更新种群历史最优个体相关信息；最后重复上述适应度值比较及位置移动相关步骤，当迭代次数达到 500 时，停止算法迭代，输出此时的种群历史最优个体适应度值及其位置信息。

在优化过程中，种群个体的历史最优适应度值的大小随迭代次数的变化情况如图 5.8 所示。可以看到在整个迭代过程中，适应度值的主要变化阶段为迭代开始到迭代 50 次左右，此时历史最优适应度值具有较快的下降速度，说明此萤火虫算法在迭代前期能够具有一个较快的收敛速度，而在迭代 100 次之后，历史最优适应度值保持在一个相对稳定的状态，其中在迭代 300 次左右发生了一次较为明显的小幅变化，结合最优算法得到的历史最优适应度值为 0.2498。可以推测，在迭代 100 次到迭代 300 次之间，算法可能陷入了局部最优，但在迭代 300 次时跳出了此局部最优，之后获得了一个更好的寻优值。

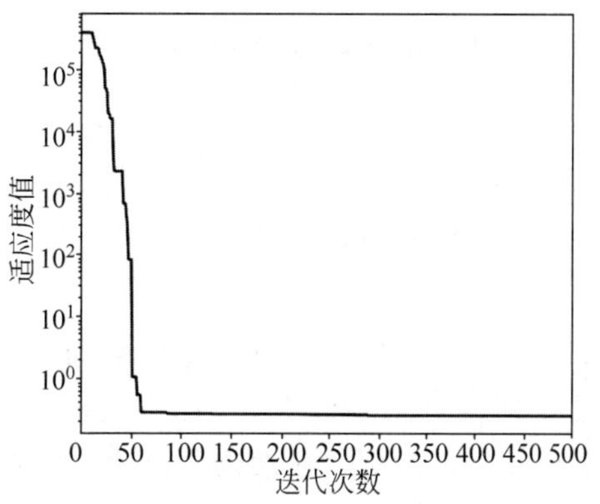

图 5.8　历史最优适应度值的变化情况

5.5.2　磷虾群算法

磷虾群算法是由 Gandomi 等人于 2012 年提出的一种群智能优化算法，该算法主要对磷虾个体的聚集行为进行模拟，模拟的过程中，磷虾个体的移动行为主要受三方面的影响，分别为其他个体的存在引起的移动、觅食活动引起的移动以及随机扩散。

磷虾群算法中的磷虾主要指的是南极磷虾，它是目前研究得最好的海洋动物之一，研究者在对其观察时发现，这个物种的一个主要特征在于它们能够形成一个大的群体，磷虾群是这个物种的基本组成单位。当磷虾群的捕食者对磷虾群进行攻击时，它们会先将磷虾个体移走，从而降低磷虾群密度，而被捕食后磷虾群的形成主要有两个目标，分别为增加磷虾密度和获得食物。基于上述两个目标，磷虾群算法将食物作为目标最佳解决方案，将高密度作为磷虾个体在算法寻优过程中的移动趋势，让磷虾个体分别受到高种群密度趋势的吸引(其他个体的存在)、觅食活动、随机扩散这三方面的影响而进行自身的位置移动，除此之外，还将遗传算法中的交叉、变异这两个遗传算子加入到算法思想中以增加算法的多样性。下面将分别就磷虾个体位置移动的几种影响因素展开相关介绍。

1. 磷虾个体主要移动行为对其造成的综合影响

由于磷虾群个体的移动主要朝着提高种群密度和觅食两个目的进行,因此将捕食者刚对磷虾群进行攻击后的分散状作为种群的初始状态,之后随着时间的流逝,磷虾个体开始进行位置移动,其位置移动主要受其他个体的存在引起的移动、觅食活动引起的移动以及随机扩散三方面的影响,因此可将使用拉格朗日模型将其移动距离与这三个因素之间的关系归纳如下:

$$\frac{\mathrm{d}x_i}{\mathrm{d}t_i}=N_i+F_i+D_i \tag{5.55}$$

其中,N_i 是由其他磷虾个体引起的运动;F_i 是觅食运动;D_i 是磷虾个体的随机物理扩散。

2. 其他个体引起的移动

一般在磷虾的移动过程中,主要受到一定范围内的其他个体的影响、种群中位置信息最优的个体的影响以及在上次移动中的影响惯性,因此可以将其他个体引起的移动使用下列公式进行归纳:

$$N_i^{\text{new}}=N_{\max}\alpha_i+\omega_n N_i^{\text{old}} \tag{5.56}$$

其中,N_i^{new} 为第 i 个个体在本次移动过程中受到其他个体影响而进行的运动;N_i^{old} 为第 i 个个体在上次移动过程中受到其他个体影响而进行的运动;ω_n 为惯性权重,取值范围为 0~1;$N_{\max}$ 表示最大诱导速度;α_i 表示第 i 个个体受到一定范围内的其他个体以及种群中位置信息最优的个体的影响。其计算公式为:

$$\alpha_i=\alpha_i^{\text{local}}+\alpha_i^{\text{target}} \tag{5.57}$$

当磷虾群受到一定范围内其他个体的影响时,主要伴随着吸引或排斥运动。此影响的计算公式分别如下:

$$\alpha_i^{\text{local}}=\sum_{j=1}^{M}f_{ij}x_{ij} \tag{5.58}$$

$$x_{ij}=\frac{x_j-x_i}{x_j-x_i+\varepsilon} \tag{5.59}$$

$$f_{ij}=\frac{f_i-f_j}{f_{\text{worst}}-f_{\text{best}}} \tag{5.60}$$

其中,x_i 与 x_j 分别表示第 i 个个体以及对其造成影响的第 j 个个体的位置信息;f_i 与 f_j 分别对应它们的适应度值;f_{worst} 与 f_{best} 分别为种群中最低的适应度值与最高的适应度值;ε 为避免分母为 0 而设置的极小值;M 为个体 i 周围能对其造成影响的个体总数。由上述公式可知,个体受到周围个体的影响主要由两个因素决定:一个是不同个体之间的距离;另一个是不同个体之间的适应值比较。当周围个体较第 i 个个体的适应度值高,则 f_{ij} 为正值,个体将朝向周围个体移动;反之则周围个体远离此个体移动。

由于磷虾个体的位置是在不断变化的,因此在每一次移动位置后都需要对能够影响其移动的个体进行确定，判定的依据为个体之间的空间距离，公式如下：

$$d_{si}=\frac{1}{5N}\sum_{j=1}^{N}x_i-x_j \tag{5.61}$$

其中，d_{si} 为磷虾之间的感应距离；N 为磷虾群的个体总数。若种群中某个个体与个体 i 之间的空间距离小于此感应距离，则个体 i 将会受到此个体的影响。

当磷虾个体受到种群中适应度值最高的个体影响时，此影响的计算公式如下：

$$\alpha_i^{\text{target}}=C^{\text{best}}f_{\text{ibest}}x_{\text{ibest}} \tag{5.62}$$

其中，f_{ibest} 与 x_{ibest} 的计算方式与个体受到周围某个个体影响的计算方式一致；C^{best} 表示适应度最高的个体对第 i 个个体进行影响的有效系数。其计算公式如下：

$$C^{\text{best}}=2(\text{rand}+I/I_{\max}) \tag{5.63}$$

其中，rand 为 0～1 的随机数；I 为当前迭代次数；$I_{\max}$ 为预设的最大迭代次数，此有效系数随着迭代次数的增加而不断增大。

3. 觅食移动

磷虾的觅食移动主要由两个因素进行诱导：一个是食物所在的位置；另一个则是先前关于食物位置的相关经验。可以将觅食移动用下列公式进行描述：

$$F_i^{\text{new}}=V_f\beta_i+\omega_f F_i^{\text{old}} \tag{5.64}$$

其中，F_i^{new} 与 F_i^{old} 分别为个体 i 在本次移动与上次移动中的觅食移动量；ω_f 为惯性权重，取值范围为 0～1；V_f 为觅食速度；而受到食物的影响，β_i 主要由两部分组成，一部分为当前食物的吸引力，另一部分则为第 i 个个体的历史最优位置信息的影响，其计算公式为：

$$\beta_i=\beta_i^{\text{food}}+\beta_i^{\text{best}} \tag{5.65}$$

通常食物的具体位置是无法确定的，但可以通过每次迭代过程中个体的位置及其适应度值对食物的位置进行估计，估计的方式如下：

$$x^{\text{food}}=\frac{\sum_{i=1}^{N}\frac{1}{f_i}x_i}{\sum_{i=1}^{N}\frac{1}{f_i}} \tag{5.66}$$

通过估计食物的位置计算出其对应的适应度值，然后通过下列公式计算得出当前食物对个体的吸引力：

$$\beta_i^{\text{food}}=C^{\text{food}}f_{\text{ifood}}x_{\text{ifood}} \tag{5.67}$$

其中，f_{ifood} 与 x_{ifood} 的计算方式与个体受到周围某个个体影响的计算方式一致；而 C^{food} 表示食物影响系数。由于随着时间的流逝，食物对个体的影响将逐渐减小，因此食物系数取值是在不断变化的，其计算公式如下：

$$C^{\text{food}}=2(\text{rand}-I/I_{\max}) \tag{5.68}$$

一般磷虾群会被食物逐渐吸引，从而到达食物所在的位置，而由前面的定义可知食物所在的位置即为全局最优解，因此将食物影响系数按照上述方式进行设置有助于种群进行全局收敛。

第 i 个个体的历史最优位置信息对此个体位置移动的影响主要通过下列公式进行描述：

$$\beta_i^{\text{best}} = f_{\text{ibest}} x_{\text{ibest}} \tag{5.69}$$

其中，f_{ibest} 与 x_{ibest} 的计算方式与个体受到周围某个个体影响的计算方式一致。

4. 物理扩散移动

在磷虾个体进行物理扩散移动时，主要是基于最大扩散速度以及随机的扩散方向来进行描述的，其计算公式为：

$$D_i = D^{\max}\delta \tag{5.70}$$

其中，$D^{\max}$ 为最大扩散速度；δ 为随机方向矢量，该矢量的数组为 $-1\sim1$ 的随机值。在磷虾个体进行物理扩散行为时，其随机方向矢量不受其他因素影响，但其最大扩散速度会随着迭代次数的增加而在不断减小，这主要是因为当磷虾个体的位置信息越好，则越不需要通过物理扩散进行位置移动，随着迭代次数的增加，个体的位置信息也在逐渐变好，则扩散速度相应逐渐变小。结合最大扩散速度不断减小的原理，可以磷虾个体物理扩散移动的计算公式总结如下：

$$D_i = D^{\max}(1 - I/I_{\max})\delta \tag{5.71}$$

5. 磷虾个体位置移动

结合磷虾个体主要移动行为对其造成的综合影响，可将其在每次迭代中的位置移动公式归纳如下：

$$x_i(t + \Delta t) = x_i(t) + \Delta t \frac{\mathrm{d}x_i}{\mathrm{d}t_i} \tag{5.72}$$

式中，Δt 为速度的比例因子，因此该值的设置主要与优化问题的搜索空间直接相关，一般可以使用下列公式对其进行定义：

$$\Delta t = C_t \sum_{j=1}^{V} (\text{UB}_j - \text{LB}_j) \tag{5.73}$$

其中，V 表示优化问题中的变量总数；UB_j 与 LB_j 表示第 j 个变量的上下界；C_t 为 $0\sim2$ 的常数。

6. 遗传算子

为了提高算法的性能，磷虾群算法将遗传算法中的交叉操作与变异操作引入其中，以此来提高种群的多样性。交叉操作主要由交叉概率 Cr 进行控制，对个体位置信息的交叉操作可以使用下列公式进行描述：

$$x_{i,m} = \begin{cases} x_{r,m}, & \text{rand}_{r,m} < \text{Cr} \\ x_{i,m}, & \text{其他} \end{cases} \tag{5.74}$$

$$\text{Cr} = 0.2 f_{\text{ibest}} \tag{5.75}$$

上述交叉过程可以归纳为首先根据个体 i 当前的适应度值与历史最优适应度值的相

关情况计算个体 i 的交叉概率，然后针对个体 i 的位置信息中的每个变量随机生成一个 0～1 的均匀分布的随机数，当此数小于个体 i 的交叉概率时，随机选择种群中的一个个体的对应变量则作为个体 i 的新变量，反之，则该变量保持不变。

变异操作主要由变异概率 Mu 进行控制，对个体位置信息的变异操作可以使用下列公式进行描述：

$$x_{i,m}=\begin{cases}x_{\text{gbest},m}+\mu(x_{p,m}-x_{q,m}), & \text{rand}_{r,m}<\text{Cr}\\ x_{i,m}, & \text{其他}\end{cases} \tag{5.76}$$

$$\text{Mu}=0.05/f_{\text{ibest}} \tag{5.77}$$

其中，$x_{\text{gbest},m}$ 表示种群历史最优位置信息的第 m 个变量；$x_{p,m}$ 与 $x_{q,m}$ 表示随机选取的两个个体的第 m 个变量；μ 表示 0～1 的随机数。

上述变异过程可以归纳为首先根据个体 i 当前的适应度值与历史最优适应度值的相关情况计算个体 i 的变异概率，然后针对个体 i 的位置信息中的每个变量随机生成一个 0～1 的均匀分布的随机数，当此数小于个体 i 的变异概率时，对该变量进行变异操作，反之则该变量保持不变。

在上述磷虾群算法原理中主要的参数分别为：最大诱导速度 $N_{\max}$；惯性权重 ω_n，取值范围为 0～1；觅食速度 V_f；惯性权重 ω_f，取值范围为 0～1；食物影响系数 C^{food}，该值与迭代次数与迭代周期相关；最大扩散速度 $D^{\max}$，一般选取 0.002～0.01 的均匀分布的随机数；参数 C_t，一般为 0～2 的常数；交叉概率 Cr 与变异概率 Mu，均与当前个体的适应度值直接相关。通常，惯性权重 ω_f、ω_n 以及参数 C_t 的初始值会分别设为 0.9、0.9 与 0.5，且它们均会在迭代过程中随着迭代次数的增加线性减小至 0.1。结合上述相关算法原理，可以将使用磷虾群算法进行优化问题求解时的特性总结如下：

(1) 磷虾群个体在移动过程中提高种群密度，同时搜索食物，此移动范围不仅可以为二维，还可以为多维，即求解的优化问题可以是多维的；

(2) 磷虾群理想的食物所在区域即为目标范围内的最佳位置信息；

(3) 磷虾个体的位置移动受到三方面的影响，以此形式进行位置移动可以扩大对食物的搜索范围；

(4) 磷虾群个体在受到其周围个体的影响移动时，周围个体的适应度值越高，磷虾群个体向其移动位置的量越大，通过此方式可以快速提高个体的适应度值；

(5) 磷虾群个体在受到其他个体的影响移动时考虑到了种群最优位置信息对其造成的影响，通过向种群最优位置进行移动可以提高算法收敛到全局最优的能力；

(6) 磷虾群个体受到食物的吸引度会随着迭代次数的增加而不断减小，可以有效避免在迭代后期陷入局部最优；

(7) 磷虾群个体的觅食移动方式中增加了对个体历史最优位置的影响，以此提高了种群内部信息的利用率；

(8) 在磷虾个体进行物理随机扩散移动时，移动的速度随着迭代次数的增加而不断减小，以减小后期出现个体位置移动后适应度值降低的概率；

(9) 将变异算法加入磷虾群算法中，可以有效提高种群个体位置信息的多样性，避免个体朝着一个方向进行移动，有利于提高搜索到全局最优解的概率；

(10) 此算法中主要进行调节的参数为最大诱导速度 $N_{\max}$ 和觅食速度 V_f。

使用磷虾群算法对优化问题进行求解时的具体步骤可以归纳如下：

(1) 设置种群的个体数量、最大诱导速度 $N_{\max}$、惯性权重 ω_n 初始值、觅食速度 V_f、惯性权重 ω_f 初始值和参数 C_t 初始值；

(2) 将磷虾群个体的位置信息作为待优化问题的解，根据待优化问题的解的范围，随机初始化种群所有个体的位置信息；

(3) 根据待求解问题，计算种群中每个个体的适应度值，将其作为每个个体的历史最优适应度值，将此时对应的位置信息作为每个个体的历史最优位置信息，之后对种群个体的适应度值进行比较，将最高适应度值作为种群的历史最优适应度值，将其对应的位置信息作为种群的历史最优位置信息；

(4) 根据当前迭代次数及迭代周期对惯性权重 ω_n、ω_f、参数 C_t、食物影响系数 C^{food} 以及种群最优个体影响系数 C^{best} 进行更新；

(5) 依次对每个磷虾个体计算其他个体引起的移动量、觅食行为的移动量以及物理随机扩散的移动量；

(6) 按照上述三种移动量对个体的位置信息进行更新；

(7) 针对每个个体的适应度值和个体的历史最优适应度值计算其交叉概率与变异概率；

(8) 遍历每个个体位置信息中的每个变量，按照个体的交叉概率与变异概率对所有变量进行交叉与变异操作；

(9) 计算每个个体进行交叉与变异操作后的位置信息和对应的适应度值，对个体的历史最优适应度值、历史最优位置信息和种群的历史最优适应度值、历史最优位置信息进行更新；

(10) 根据预设的迭代次数重复步骤(4)～步骤(9)，当达到最大迭代次数时停止迭代过程，输出种群的历史最优位置信息，此位置信息即为算法优化后获得的问题最优解。

按照上述过程对磷虾群算法进行归纳，如算法 5.7 所示。

算法 5.7　磷虾群算法

初始化鸟群种群中每个个体的位置信息
设置种群数量 N、最大诱导速度 $N_{\max}$、觅食速度 V_f、参数 ω_n、ω_f 以及 C_t 初始值
根据待求解问题计算每个个体的适应度值
确定种群的历史最优位置相关信息以及个体历史最优位置相关信息
while(未满足停止迭代条件)do
　　更新惯性权重 ω_n、ω_f、参数 C_t、最优个体影响系数 C^{best} 以及食物影响系数 C^{food}
　　for $i=1:N$
　　　　计算其他个体引起的移动量
　　　　计算觅食行为的移动量
　　　　计算物理随机扩散的移动量
　　　　更新位置信息

```
        交叉与变异操作
    end for
    计算位置更新后的适应度值
    更新种群的历史最优位置相关信息以及个体历史最优位置相关信息
end while
输出种群的历史最优位置信息
```

磷虾群算法的算法流程如图 5.9 所示。

下面以磷虾群算法对 Schwefels 测试函数进行目标范围内的最小值寻优为例进行说明，该测试函数的计算公式如下所示，其取值范围为[−500,500]，取值范围内的理想最优解为 0，将其搜索的空间维度设为 20。

$$f(x)=418.9829n-\sum_{j=1}^{n} x_i \sin\left(\sqrt{|x_i|}\right) \tag{5.78}$$

在参数设置方面将种群数量设为 50，诱导速度最大值 $N_{\max}$ 设为 0.01，觅食速度 V_f 设为 0.02，惯性权重 ω_f、ω_n 以及参数 C_t 的初始值分别设为 0.9、0.9 与 0.5，且它们均会在迭代过程中随着迭代次数的增加线性减小至 0.1，迭代次数设为 500。

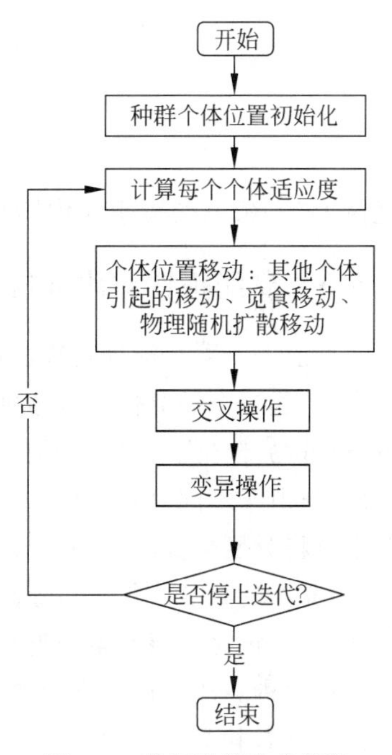

图 5.9　磷虾群算法的流程

主要的寻优过程如下：首先在此函数的取值范围[−500,500]内随机生成 50 个 20 维数组作为磷虾群中每个个体的位置信息，将每个数组依次使用上述公式计算适应度值，并将其作为每个个体的历史最优位置信息与适应度值，通过比较选出适应度值最高的个体作为种群历史最优个体，保存该个体的位置信息以及适应度值；然后分别计算其他个体引起的移动量、觅食行为的移动量以及物理随机扩散的移动量，以此对每个个体进行位置更新；之后对每个个体进行交叉与变异操作，然后计算它们新的适应度值，更新个体历史最优信息以及种群历史最优信息；最后重复上述位置移动与交叉变异操作，当达到最大迭代次数 500 时停止迭代，输出此时的种群历史最优个体适应度值及其位置信息。

在优化过程中，种群的历史最优适应度值的大小变化情况如图 5.10 所示。

由图 5.10 可以看到，在整个迭代的过程中，虽然历史最优适应度值在不断减小，但其减小速度是在不断改变的。在迭代开始到迭代 200 次时，历史最优适应度值由接近 10^4 下降到 10，降幅较大且减速较快，这主要是因为在迭代前期，控制算法全局搜索能力的惯性权重 ω_n、ω_f、参数 C_t、食物影响系数 C^{food} 均处于一个较大值状态，此时个体能够以较快的速度在搜索范围内搜索到相对较好的值，而当迭代次数由 200 增加到 300 这一阶段，磷虾群个体基本均处于一个相对较好的位置，因此算法开始注重局部搜索，历史最优适应度值的下降速度也相对较低，在迭代次数到达 300 次之后，历史最优适应度值基本保持不变，这可能是因为算法已经搜索到了一个较好的寻优值，最后算法迭代结束得到的最优寻

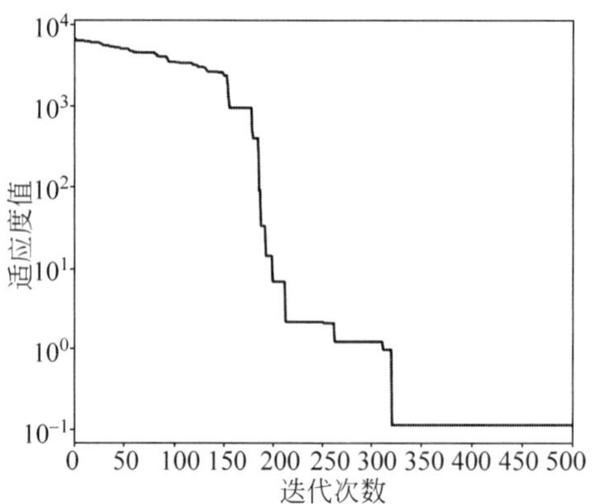

图 5.10 历史最优适应度值的变化情况

优值为 0.1029,与理想最优解 0 较为接近。

5.5.3 算法特性对比分析

目前关于群智能优化算法性能的研究主要集中在对局部寻优能力与全局寻优能力的平衡上,通过全局寻优可以帮助种群在目标区域扩大搜索范围,发现更多可能存在的较优解,通过局部寻优可以充分提高种群内部的信息利用率,提高向现有搜索最优位置移动的速度,而由于不同算法寻优方式的不同,其局部寻优能力与全局寻优能力也完全不同,因此本节将分别从算法的局部寻优能力、全局寻优能力、超参数数量以及时间复杂度这四方面,对前面的章节中作为对比算法使用的灰狼优化算法、遗传算法、粒子群优化算法、鸟群算法、萤火虫算法以及磷虾群算法展开对比介绍。

这六种算法在这四方面的对比如表 5.4 所示。在算法的局部寻优能力方面,这六种算法均具有相对较好的局部寻优能力,其中粒子群优化算法与磷虾群算法的局部寻优能力是可以调节的,在粒子群优化算法中,当其惯性因子 w 选取较大值时,个体对自身历史位置信息继承较多,导致局部寻优能力相对较弱,而当惯性因子 w 选取较小值时,个体的位置更新主要受到自身历史最优位置信息以及种群历史最优位置信息的影响,因此局部寻优能力相对较强;在磷虾群算法中,性权重 ω_n、ω_f、参数 C_t、食物影响系数 C^{food} 以及最优个体影响系数 C^{best} 是随着迭代次数不断变化的,前四个参数随着迭代次数的增加而不断减小,最后一个参数则随迭代次数的增加而不断增加,这使得在迭代前期个体在位置移动时对历史更新量的继承较多,因而具有较弱的局部寻优能力,而到了迭代后期个体更多的是朝向种群当前最优位置信息进行移动,因而能够更好地搜索局部区域。

在算法的全局寻优能力方面这六种算法的差别较大,这主要是因为提出时间的不同,研究者对全局寻优能力的考量也有所区别。遗传算法与粒子群优化算法的提出时间相对较早,因此这两种算法实现全局寻优能力的方式相对较为简单,其中遗传算法通过交叉与变异操作来实现,而粒子群优化算法则通过对过去移动位置信息的继承来实现。萤火虫算法与磷虾群算法的提出时间在六种算法中处于中间阶段,与前两种算法相比,萤火虫算法中的步长扰动因子使位置移动具有更多的随机性,磷虾群算法也加入物理随机扩散移

表 5.4　算法寻优能力对比

算　　法	局部寻优能力	全局寻优能力	超参数数量	时间复杂度
遗传算法	通过选择操作选取种群中适应度较高的个体来获得较好的局部寻优能力	主要受交叉算法与变异算子的影响	2	$O(N^2)$
粒子群优化算法	由惯性因子 w 决定。该值较大时，局部寻优能力弱；反之，局部寻优能力强	较弱，主要通过对过去移动位置信息的继承来获得较好的全局寻优能力	3	$O(N^2)$
灰狼优化算法	较强，个体均朝向位置信息最好的灰狼 α、β 和 δ 移动，可迅速收敛	受收敛因子 a 的影响。迭代前期 $a>1$ 使得 $\|A\|>1$，全局搜索能力强；迭代后期 $a<1$ 使得 $\|A\|<1$，全局搜索能力弱	1	$O(N^2)$
萤火虫算法	较强，个体受多个亮度强于自己的个体吸引而移动，可迅速收敛	主要受到步长的扰动因子影响，具有一定的随机性	3	$O(N^3)$
磷虾群算法	较强，个体在多种位置移动方式中均受到适应度值更高的位置信息的影响而移动	通过物理扩散移动来提高个体搜索能力，加入交叉操作、变异操作来提高种群的多样性	5	$O(N^2)$
鸟群算法	较强，觅食行为与警戒行为中分别通过学习个体自身历史最优、种群历史最优、种群中心位置以及其他个体历史最优来进行移动，收敛速度快	通过飞行间隔 FQ 的设置以平衡全局搜索与局部搜索的能力，飞行行为中的生产者行为可以对自身周围区域进行探索以增加种群的多样性	6	$O(N^2)$

动这一算法步骤，因此它们的全局寻优能力有所增强。而灰狼优化算法与鸟群算法的提出时间在这六种算法中最晚，因此这两种算法对全局寻优能力的考量也更多，其中灰狼优化算法通过收敛因子 a 的设定来进行全局寻优与局部寻优能力的平衡，鸟群算法则是通过设置飞行间隔 FQ，让个体通过不同的位置移动方式来平衡这两种能力。

超参数数量与时间复杂度主要与算法中的位置更新方式直接相关，磷虾群算法与鸟群算法中的个体位置更新方式相对于另外四种算法更为复杂，因此它们的超参数数量也相对多一些；而在时间复杂度方面，除萤火虫算法以外的其他算法主要是在迭代周期内依次对每个个体按照位置更新方式进行更新，因此它们的时间复杂度相同，均为 $O(N^2)$，而萤火虫算法在对其位置进行更新时需要学习所有亮度高于自身的个体位置信息，因此增加了一个遍历过程，导致算法复杂度相对更高一些。

由前面的算法介绍以及性能比较实验可以得知，不同的算法均存在各自的优缺点，且它们在不同优化问题上的表现也存在一定的区别，因此在实际的使用过程中不能够单凭算法某一方面的指标来进行选择，最好的方式是针对实际的优化问题选择多种不同优化算法进行相关实验，通过结果的对比来选择表现最好的优化算法。

5.6 本章小结

本章主要介绍了一种用于大数据分类的并行支持向量机模型的基本原理，此并行支持向量机主要将协同鸟群算法与支持向量机相结合，使用协同鸟群算法对支持向量机中核函数的相关参数进行优化，因此本章内容主要由四部分组成，分别为协同鸟群算法相关原理、支持向量机分类模型、并行支持向量机的构建以及知识扩展。

在协同鸟群算法相关部分，首先针对协同鸟群算法的基础算法——鸟群算法展开相关介绍，包括其算法原理与算法步骤等，然后针对原始算法中存在的相关问题，分别加入抱团行为、基于适应度差值比的位置更新方式以及接受准则来优化算法的性能，最后将协同鸟群算法与鸟群算法、萤火虫算法、磷虾群算法进行比较算法优化性能的比较，实验结果证明了无论是算法收敛速度还是收敛精度，协同鸟群算法较对比算法均具有更好的表现。

在支持向量机分类模型部分，主要通过对支持向量机的统计学原理、核函数以及分类过程的实现等内容展开介绍来更好地理解使用支持向量机进行大数据分类的原理及过程。

之后对并行支持向量机的构建进行说明时，主要围绕使用并行支持向量机进行大数据分类的具体建模过程进行说明，包括并行支持向量机的核函数选择以及如何使用协同鸟群算法对核函数参数进行优化等，最后给出了具体的建模步骤及流程图。

最后在知识扩展部分分别对前面算法性能对比实验所使用到的萤火虫算法以及磷虾群算法的算法原理展开介绍，同时对使用这两个算法进行最小化问题寻优的具体过程做详细说明，之后以表格的形式对前面章节所使用到的六种群智能优化算法的寻优能力进行了对比分析。

第 6 章

并行支持向量机下的风险分类评价研究——以土壤重金属数据为例

第 5 章介绍了进行大数据分类时所使用的并行支持向量机的基本原理，包括该模型所使用的协同鸟群算法、支持向量机的基本原理以及模型的构建过程等，本章将以土壤重金属数据为例，展开并行支持向量机下的风险分类评价相关研究。并行支持向量机下的风险评价研究主要分为六部分展开介绍：土壤重金属污染概述及风险评价研究现状、土壤污染评价方法、土壤重金属数据的预处理、大数据风险评价结果、评价模型的性能评价以及知识扩展。

6.1 土壤重金属污染概述及风险评价研究现状

随着国家工业化发展工作的不断推进，工业生产过程中的废水废料等使得土壤中的重金属含量不断增加。镉、汞、砷、铅、铬、铜、镍、锌等重金属元素原本是土壤的构成元素，由于其含量的增加，土壤中微生物无法分解这些重金属元素，从而形成了重金属污染。如果该土壤作为农用地耕种粮食稻谷，重金属残留物会随着粮食制作成食物，跟着日常饮食进入人体却难以被人体代谢出去，长此以往极大地提高了人体患病的风险，最终危害人体健康。

在对某区域的土壤重金属污染情况进行风险评价时，需要获取该区域土壤中的重金属残留物含量。一般是按照制定好的采样路线和采样点，采集表层的土壤样品。在实验室中对土壤样品进行风干并采用光谱法进行含量测定。除此之外，还需要该采样点的土壤环境背景值、种植的作物类型、土壤 pH(酸碱度)、经度、维度及海拔等地理位置信息等。在获取到土壤重金属相关信息后，通常会使用概率统计方法、遥感及地理信息系统等技术来分析风险源的组成及空间分布，并在最后对该区域不同采样点的风险进行综合评价。在风险综合评价阶段，通常依靠一些常用的污染评价方法，比如单因子污染指数法、内梅罗综合污染指数法等，得出相应的风险等级，并依据风险等级实施风险管控措施。

将人工智能算法应用于风险评价，目的是通过算法自主学习采样点的重金属含量及地理位置等信息得出采样点的风险等级。人工智能算法考虑了采样点的多方面的信息，而污染评价方法，比如内梅罗综合污染指数法，只使用了重金属含量值。可见，人工智能算法学习到的信息更为全面，可以更加真实地表征风险情况，且具有收敛速度快、预测准度高等优势。

已经有不少学者将人工智能算法应用于风险评价，周兆勇等人在2008年提出了基于支持向量机的综合水质评价模型，构建了基于浮点数编码的遗传算法来优选模型参数，实验证明该方法能够较好地实现水质综合评价。

2009年，刘勇提出了基于支持向量机的土地质量风险评价模型，该模型使用支持向量机方法进行土地各项指标(如区位条件、立地植被类型等)间的相互关系分析集成，通过学习确定土地质量评价的分类面，综合表征土地质量。最后，从样本数据中选择支持向量并由专家进行原始评价确定样本数据标签，构建基于SVM的评价系统，对未知类别样本的土地质量生态风险进行评价。

何同弟等于2011年提出一种基于遗传算法优选参数的径向基神经网络水质评价方法。利用水质实地检测数据等得到了符合条件的且具有代表性的四类水质变量，对径向基神经网络进行训练测试并配合遗传算法来优化参数，结果表明该水质反演模型较单因子法等能从整体上准确、客观反映河流水质情况。与之类似的还有苏彩红等针对BP神经网络水质评价模型的不足，引入人工蜂群算法来求解BP神经网络各层权值、阈值。

2014年，苏超使用支持向量机对太原市土壤重金属污染情况进行评价分类，土壤重金属数据通常是小样本、非线性问题，结果证明支持向量机在这类问题上具有普遍适用性和健壮性。

由此可见，运用人工智能算法对土壤重金属污染、水质污染等进行风险综合评价，能够更全面地表征污染情况，为风险评价方法提供了一种新的解决方案，具有一定的理论现实意义。

6.2 土壤污染评价方法

6.2.1 土壤地球化学基准值与背景值

土壤地球化学基准值是指未受或很少受到人类活动影响或现代工业污染破坏的，并且能反映土壤原始沉积环境的地球化学元素含量。原本土壤地球环境背景值是指不受污染情况下，环境组成要素(大气、水体、土壤、岩石、河流沉积物和植物等)的平均化学成分。由于工业发展，污染物在地球表层土壤中得到大量累积，地球表层土壤中化学元素的含量及分布较未污染之前已经发生了显著改变，现在的土壤地球环境背景值是一个相对的概念，指土壤在某个阶段或者时期下的某元素或者化合物的含量值。

在2014年，成杭新等通过对中国31个省会城市3799件表层土壤样品(0～20cm)和1011件深层土壤样品(150～180cm)中的52种化学元素等数据分布结构的研究，计算出了中国31个省会城市土壤52种化学元素的地球化学背景值、基准值及其变化区间。其中，因为表层土壤中叠加有人类活动带来的外源化学物质，所以表层土壤中化学元素的含量水平代表的是土壤环境化学基准值，深层土壤中化学元素的含量水平代表的是土壤环境化学背景值。该研究通过计算获得了中国城市土壤及各个省会城市土壤化学元素的基准值和背景值，为定量研究中国城市土壤的环境质量状况及演变趋势提供了参考标准。

6.2.2　国家规定的土壤污染风险管控标准

2018年，生态环境部与国家市场监督管理总局联合发布了《土壤环境质量　农用地土壤污染风险管控标准（试行）》（GB 15618—2018）和《土壤环境质量　建设用地土壤污染风险管控标准（试行）》（GB 36600—2018）等两项国家环境质量标准，用于代替1995年的《土壤环境质量标准》（GB 15618—1995）。

1. 农用地土壤污染风险管控标准

农用地土壤污染风险指因土壤污染导致食用农产品质量安全、农作物生长或土壤生态环境受到不利影响。此处农用地土壤主要是指耕地土壤（水田、水浇地、旱地等），园地（果园、茶园等）和牧草场地（天然牧草地、人工牧草地等）可参照执行。为了对农用地土壤污染风险进行管控，主要设置了两类限制值：农用地土壤污染风险筛选值和农用地土壤污染风险管制值。

农用地土壤污染风险筛选值主要用于判断农用地土壤是否存在风险。如果当前农用地土壤中污染物的含量低于或者等于规定的风险筛选值，则说明当前农用地土壤污染风险低，一般可以忽略。如果当前农用地土壤中污染物的含量高于规定的风险筛选值，则代表该地土壤环境存在风险，可能影响到农作物生长或者农产品质量安全，对于此农用地以及产出的农作物都需要监督检测并采取相关措施。《土壤环境质量　农用地土壤污染风险管控标准（试行）》中规定了必测项目，即八种重金属镉、汞、砷、铅、铬、铜、镍、锌的污染风险筛选值，并细分了在不同农用地以及不同pH值背景下的筛选值。除此以外，还规定了选测项目——六六六、滴滴涕等的风险筛选值。

农用地土壤污染风险管制值主要用于判断农用地土壤是否需要进行管制。如果当前农用地土壤中污染物含量超过该风险管制值，则说明当前农用地土壤产出的食用农产品存在质量安全问题，应该禁止在当前农用地土壤种植食用农产品，对于此农用地应该采取严格管控措施。

2. 建设用地土壤污染风险管控标准

建设用地土壤污染风险指建设用地上居住、工作人群长期暴露于土壤中污染物，因慢性毒性效应或致癌效应而对健康产生的不利影响。此处，建设用地主要是指建造建筑物、构筑物的土地，包括城乡住宅和公共设施用地、工矿用地、交通水利设施用地、旅游用地、军事设施用地等。

建设用地土壤污染风险筛选值主要用于判断建设用地土壤是否存在对人体健康产生风险。如果当前建设用地土壤中污染物的含量等于或者低于规定的风险筛选值，则说明当前建设用地土壤污染风险低，对人体健康产生的影响可以忽略。如果当前建设用地土壤中污染物的含量高于规定的风险筛选值，则代表该地土壤环境可能对人体健康产生风险。

建设用地土壤污染风险管制值主要用于判断建设用地土壤是否需要进行风险管控。如果建设用地超过土壤污染风险管制值，则对人体健康存在不可接受的风险，应该采取风险管控。

6.2.3 土壤重金属污染评价方法

下面将分别展开介绍几种常用的土壤重金属污染评价方法。

1. 单因子污染指数法

单因子污染指数法是通过以土壤元素背景值为评价标准来评价重金属元素的累积污染程度，计算公式如下所示：

$$P_i = C_i / S_i \tag{6.1}$$

其中，P_i 是土壤中重金属 i 的单因子污染指数；C_i 是重金属元素 i 在土壤中的实测含量值；S_i 是重金属元素 i 的评价标准值，一般为国家标准规定的污染风险筛选值或者土壤地球化学背景值等。

表 6.1 展示了单因子污染指数法分级指数对应的污染程度。指数越大说明污染程度越高。该方法虽然只能反映单个重金属元素的污染情况，但却是其他土壤重金属污染评价方法的基础。

表 6.1 单因子污染指数法分级指数对应的污染程度

单因子污染指数	指数分级	污染程度
$P_i > 3$	4	重度污染
$2 < P_i \leqslant 3$	3	中度污染
$1 < P_i \leqslant 2$	2	轻度污染
$P_i \leqslant 1$	1	清洁（安全）

2. 内梅罗综合污染指数法

当土壤同时被多种重金属元素污染时，需要对土壤整体污染情况做综合评价，这时会用到内梅罗综合污染指数法。内梅罗综合污染指数法突出了高浓度污染物对土壤环境质量的影响，能反映出各种污染物对土壤环境的作用。此方法的计算表达式为：

$$P = \sqrt{\frac{\max(P_i)^2 + \mathrm{avg}(P_i)^2}{2}} \tag{6.2}$$

其中，P 为采样点的综合污染指数；P_i 为采样点 i 的八种重金属的单因子评价指数；$\max(P_i)$为单因子评价指数中的最大值；$\mathrm{avg}(P_i)$为单因子评价指数中的平均值。

表 6.2 展示了内梅罗污染综合指数法分级指数对应的污染程度。虽然内梅罗综合污染指数法反映出多种重金属元素对土壤的污染情况，但重金属污染对生态环境的影响却

没能表征出来。

表 6.2　内梅罗污染综合指数法分级指数对应的污染程度

内梅罗污染指数	指数分级	污染程度
$P>3$	4	重度污染
$2<P\leqslant 3$	3	中度污染
$1<P\leqslant 2$	2	轻度污染
$P\leqslant 1$	1	清洁(安全)

3. 潜在生态污染指数法

潜在生态危害指数法是瑞典科学家 Hakanson 提出的。该方法从沉积学角度提出，考虑到了重金属元素与周边生态环境的关系，综合评价了重金属元素的潜在生态危害。其计算公式如下所示：

$$C_f^i = C_s^i / C_n^i \tag{6.3}$$

$$E_r^i = T_r^i \times C_f^i \tag{6.4}$$

$$\mathrm{RI} = \sum_{i=1}^{n} E_r^i \tag{6.5}$$

其中，C_f^i 为重金属 i 的相对于参比值的污染系数；C_s^i 为重金属 i 的实测含量；C_n^i 为计算所需的参比值，一般是国家规定土壤环境标准值或者土壤地球化学背景值；E_r^i 为土壤中重金属的潜在生态危害系数；T_r^i 为重金属 i 的毒性系数；RI 为土壤中多种重金属的综合生态危害指数。表 6.3 展示了潜在生态危害指数法分级指数对应的污染程度。

表 6.3　潜在生态危害指数法分级指数对应的污染程度

潜在生态危害指数	污染程度
$E_r^i\geqslant 320$，$\mathrm{RI}\geqslant 1200$	极强污染
$160\leqslant E_r^i<320$，$600\leqslant \mathrm{RI}<1200$	很强污染
$80\leqslant E_r^i<160$，$300\leqslant \mathrm{RI}<600$	强污染
$40\leqslant E_r^i<80$，$150\leqslant \mathrm{RI}<300$	中度污染
$E_r^i<40$，$\mathrm{RI}<150$	轻度污染

4. 地积累指数法

地积累指数法是德国海德堡大学沉积物研究所的科学家 Muller 在 1969 年提出的，它是研究水环境沉积物的重金属污染程度的定量指标。该方法近年来被广泛用于对认为活动产生的重金属土壤污染进行相关评价。其计算公式为：

$$l_{\mathrm{geo}} = \mathrm{lb}[C_n/(kB_n)] \tag{6.6}$$

其中，C_n 是重金属元素 n 在土壤中的含量；B_n 是重金属元素 n 在土壤中的地球化学背景值；k 一般取值为 1.5，是考虑不同地区存在差异引起背景值不同而取的变动转换系数。表 6.4 展示了地积累指数法分级指数对应的污染程度。

表 6.4 地积累指数法分级指数对应的污染程度

地积累指数	地积累指数分级	污 染 程 度
$l_{geo}>5$	6	极重污染
$4<l_{geo}<5$	5	重污染—极重污染
$3<l_{geo}<4$	4	重污染
$2<l_{geo}<3$	3	中污染—重污染
$1<l_{geo}<2$	2	中污染
$0<l_{geo}<1$	1	无污染—中污染
$l_{geo}<0$	0	无污染

5. 污染负荷指数法

污染负荷指数法是 Tomlinson 等人在从事重金属污染水平的分级研究中提出的一种评价方法。该方法的优点是能直观地反映各个重金属对污染的贡献程度，以及重金属在时间、空间上的变化趋势，但不能反映重金属的化学活性和生物可利用性。其计算公式如下所示：

$$P_i = C_i / S_i \tag{6.7}$$

$$\mathrm{PLI} = \sqrt[n]{P_1 \cdot P_2 \cdot \cdots \cdot P_n} \tag{6.8}$$

$$\mathrm{PLI}_{zone} = \sqrt[m]{\mathrm{PLI}_1 \cdot \mathrm{PLI}_2 \cdot \cdots \cdot \mathrm{PLI}_m} \tag{6.9}$$

其中，P_i 是土壤中重金属 i 的单因子污染指数；C_i 是重金属元素 i 在土壤中的实测含量值；S_i 是重金属元素 i 的评价标准值，一般为国家标准规定的污染风险筛选值，或者环境背景值；n 为重金属元素的个数；m 为采样点个数；PLI 为某采样点的污染负荷指数；PLI_{zone} 为评价区域污染负荷指数。表 6.5 展示了污染负荷指数法对应的污染程度。

表 6.5 污染负荷指数法对应的污染程度

污染负荷指数	污染负荷指数分级	污 染 程 度
PLI≥3	Ⅲ	极强污染
2≤PLI<3	Ⅱ	强污染
1≤PLI<2	Ⅰ	中等污染
PLI<1	0	无污染

6.3 土壤重金属数据的预处理

在使用并行支持向量机进行重金属风险研究时，主要需要先根据重金属数据的相关含量信息按照 6.2 节中提高的土壤污染风险管控标准以及相关土壤污染风险评价方法对其进行等级划分，之后使用该数据对模型进行训练，最后将训练好的模型应用于土壤重金属污染风险评价，因此土壤重金属污染风险评价问题的本质为大数据分类问题。

本研究所使用的土壤重金属数据为武汉市六个新城区的农田土壤重金属含量数据，数据集中包含八种重金属指标，它们分别为砷、镉、铬、铜、镍、铅、锌以及汞，表 6.6 给出了这八种土壤重金属含量的相关情况。

表 6.6　土壤重金属含量相关情况　　单位：$\mu g \cdot g^{-1}$

重金属类别	最小值	最大值	平均值	标准差
砷	0.24	82.07	10.15	6.00
镉	0.01	4.94	0.21	0.39
铬	11.13	171.21	57.49	24.64
铜	2.16	159.36	26.21	14.06
镍	3.32	77.67	28.22	12.04
铅	1.96	83.30	19.46	8.60
锌	15.16	293.73	71.17	29.29
汞	0.01	2.37	0.14	0.17

在这八种重金属中，重金属镉和汞含量的平均值超过湖北省土壤重金属背景值，重金属铜和锌含量的平均值接近湖北省土壤重金属背景值，重金属砷、铬、镍和铅含量的平均值低于湖北省土壤重金属背景值。与农用地土壤污染风险筛选值和农用地土壤污染风险管制值相比，这八种重金属的平均值均低于它们，即这八种重金属的污染情况相对较低。为了更好地进行土壤重金属污染风险评价实验，首先需要对实验数据进行相关处理，由于本章中的分类实验主要为二分类实验与多分类实验，因此下面将分别针对这两种实验对数据进行相关预处理。

1. 二分类数据的预处理

二分类数据是指数据集的类属性标签有两种，由于本数据集中的八种重金属平均值均低于用地土壤污染风险筛选值和农用地土壤污染风险管制值，因此在对重金属污染的类属性标签进行划分时将以湖北省土壤重金属背景值作为划分标准，当重金属的含量小于或等于湖北省土壤重金属背景值时，判定此重金属无污染趋势，当重金属的含量高于湖北省土壤重金属背景值时，判定此重金属存在污染趋势，湖北省土壤重金属背景值如表 6.7 所示。

表 6.7　湖北省土壤重金属背景值　　单位：$\mu g \cdot g^{-1}$

重金属类型	砷	镉	铬	铜	镍	铅	锌	汞
背景值	12.3	0.172	86	30.7	37.3	0.08	26.7	83.6

在此选用平均值高于湖北省土壤背景值的重金属镉进行类属性标签的确定，其他的重金属指标作为类属性标签对应的多种属性值。重金属镉的类属性标签划分标准如表 6.8 所示。

表 6.8　重金属镉的类属性标签划分标准

重金属含量/$\mu g \cdot g^{-1}$	类属性标签	污染趋势
≤0.172	0	无污染风险趋势
>0.172	1	存在污染风险趋势

在对模型的性能进行验证时，需要使用前面章节介绍的K折交叉验证法对模型的性能进行交叉验证，因此本实验将采用10折交叉验证法，首先从上述数据集中随机选取500组数据作为实验数据，然后以此选出其中的50组数据作为测试数据集，剩余的450组数据作为训练数据集，总共生成不同的10组训练数据集与测试数据集，每个数据集中类属性标签为0的数据共有337组，类属性标签为1的数据共有163组，划分后的每个测试数据集与训练数据集中包含的类属性标签的个数情况如表6.9所示。

表6.9 不同数据集中的类属性标签个数情况

训练数据集	0	1	测试数据集	0	1
1	307	143	1	30	20
2	303	147	2	34	16
3	307	143	3	30	20
4	299	151	4	38	12
5	302	148	5	35	15
6	300	150	6	37	13
7	298	152	7	39	11
8	302	148	8	35	15
9	311	139	9	26	24
10	304	146	10	33	17

另外还需对数据集中的多种属性值进行归一化处理，以此将不同属性值的量纲进行统一，避免对实验结果造成影响。本实验中使用的归一化方法为最大最小归一化方法，具体的计算公式如下：

$$x^* = \frac{x - x_{min}}{x_{max} - x_{min}} \tag{6.10}$$

其中，x 表示原始数据；x_{min} 表示此特征变量下的最小数值；x_{max} 表示此特征变量下的最大数值；x^* 表示归一化之后的数据。

2. 多分类数据的预处理

多分类数据是指数据集的类属性标签有多种。由于数据集中的大多数重金属含量的平均值均低于湖北省土壤重金属背景值，因此在对上述数据进行多分类的类属性标签确定时，将在以湖北省土壤重金属背景值作为划分标准的基础上增加对数据集中重金属平均值的考量，即当重金属含量小于或等于数据集中的重金属平均值时，判定此重金属无污染趋势。当重金属含量大于数据集中的重金属平均值且小于或等于湖北省土壤重金属背景值时，判定此重金属存在轻微污染趋势；当重金属含量大于湖北省土壤污染背景值时，判定此重金属存在较高污染趋势。此实验选择重金属铬进行类属性标签的确定，其他的重金属指标作为类属性标签对应的多种属性值。重金属铬的类属性标签划分标准如表6.10所示。

表 6.10 重金属铬的类属性标签划分标准

重金属含量/$\mu g \cdot g^{-1}$	类属性标签	污染趋势
≤57.59	0	无污染风险趋势
>57.59 且≤86	1	轻微污染风险趋势
>86	2	较高污染风险趋势

与二分类实验一样，多分类实验同样采用 10 折交叉验证法进行模型性能的交叉验证，因此同样随机选择 500 组数据作为实验数据，然后以此选出其中的 50 组数据作为测试数据集，剩余的 450 组数据作为训练数据集，总共生成不同的 10 组训练数据集与测试数据集，划分后的每个测试数据集与训练数据集中包含的类属性标签的个数情况如表 6.11 所示。

表 6.11 不同数据集中的类属性标签个数情况

训练数据集	0	1	2	测试数据集	0	1	2
1	266	139	45	1	0	1	2
2	263	138	49	2	26	14	10
3	261	139	50	3	29	15	6
4	262	136	52	4	31	14	5
5	266	133	51	5	30	17	3
6	263	138	49	6	26	20	4
7	265	134	51	7	29	15	6
8	260	139	51	8	27	19	4
9	259	139	52	9	32	14	4
10	263	142	45	10	33	14	3

每个数据集中类属性标签为 0 的数据共有 292 组，类属性标签为 1 的数据共有 153 组，类属性标签为 2 的数据共有 55 组。在数据划分完成之后同样适用最大最小归一化方法对每个数据集的多种属性值进行归一化处理。

6.4 大数据风险评价结果

在对实验数据集完成数据预处理后将展开相关分类实验，由于所使用的并行支持向量机模型中的支持向量机核函数暂未确定，因此首先需要通过实验比较不同核函数下支持向量机的数据分类效果，在确定核函数之后再使用并行支持向量机与常见的大数据分类模型进行土壤重金属污染风险分类评价对比实验，同时对土壤重金属污染风险分类评价结果进行展示。

6.4.1 评价模型的参数设置

由前面的介绍可以得知，并行支持向量机模型的基础算法之一为支持向量机，而支持向量机的性能主要受到其核函数的影响，目前支持向量机的常用核函数分别为线性核函数、非线性核函数、径向基核函数、多项式核函数以及 Sigmod 核函数。

不同的核函数之间也存在一定的差别，例如线性核函数适合用于线性可分的情况，非线性核函数可以定义在离散数据的集合上，多项式核函数以及 Sigmod 核函数可以将低维的输入空间映射到高维的特征空间等，因此在使用支持向量机进行大数据分类之前需要先对不同核函数下的支持向量机进行比较，从而确定最适合的核函数。

为了确定最适用于土壤重金属污染风险分类评价的支持向量机核函数，选用按照 6.3 节中的方法进行预处理的二分类数据进行支持向量机的核函数对比实验，此实验选用训练数据集 1 与测试数据集 1 分别作为训练数据与测试数据，训练数据集 1 中包含类属性特征为 0 的数据 307 组、类属性特征为 1 的数据 143 组，测试数据集 1 中包含含类属性特征为 0 的数据 30 组、类属性特征为 1 的数据 20 组。在实验过程中使用训练数据集 1 分别对上述五种不同核函数的支持向量机模型进行训练，之后使用测试数据集 1 进行性能测试，在核函数的参数设置方面将选用默认值。

首先对这五种不同核函数的支持向量机在测试数据集 1 上的分类准确度进行比较，分类准确度主要通过计算分类正确的数据与数据总量之间的比值获得，其计算公式如下：

$$\text{Accuracy}=\frac{n_{\text{correct}}}{n_{\text{total}}} \tag{6.11}$$

其中，n_{correct} 表示分类正确的样本数量；n_{total} 表示总样本个数。五种支持向量机的分类准确率如表 6.12 所示。

表 6.12　不同核函数下的支持向量机分类准确率

核函数	线性核函数	非线性核函数	径向基核函数	多项式核函数	Sigmod 核函数
准确率	0.68	0.7	0.7	0.68	0.6

由表 6.12 可以看到，在这五种支持向量机中，使用径向基核函数与非线性核函数的支持向量机的分类准确率最高，使用线性核函数与多项式核函数的支持向量机的分类准确率次之，使用 Sigmod 核函数的支持向量机的分类准确率最低。

之后使用 ROC(Receiver Operating Characteristic，接受者操作特征)曲线对这五种支持向量机的分类结果进行比较，该曲线最初用于雷达信号分析技术，之后被引入机器学习领域。

假设在二分类问题中类属性标签分别为 0 和 1，将类属性标签为 0 的样本视作正样本，将类属性标签为 1 的样本视作负样本，则被模型正确分类为正样本的正样本被称为真正例(True Positive，TP)，被模型正确分类为负样本的负样本被称为真负例(True Negative，TN)，被模型错误分类为正样本的负样本被称为假正例(False Positive，FP)，被模型错误分类为负样本的正样本被称为假负例(False Negative，FN)，而在 ROC 曲线中，横轴表示假阳率(False Positive Rate)，纵轴表示真阳率(True Positive Rate)，假阳率表示被分类错误的负样本占负样本总数的比例，真阳率表示被分类正确的正样本占正样本总数的比例。当模型的分类效果越好时，此曲线越往图的左上角偏移，即使用 ROC 曲线的面积对分类结果的好坏进行评价，面积的取值范围为 0～1。这五种支持向量机的

ROC 曲线对比如图 6.1 所示。

由图 6.1 可以看到，在这五种支持向量机的 ROC 曲线中，使用径向基核函数的支持向量机 ROC 曲线面积最大，为 0.73，使用非线性核函数的支持向量机 ROC 曲线面积略低于它，而使用线性核函数的支持向量机 ROC 曲线面积略高于使用非线性核函数的支持向量机 ROC 曲线面积，因此结合前面的支持向量机分类准确率比较结果，确定在使用并行支持向量机进行土壤重金属污染风险分类评价时选用径向基核函数作为支持向量机的核函数。

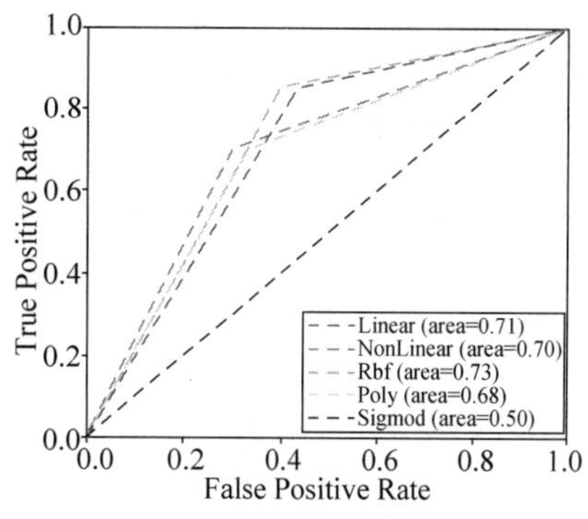

图 6.1 ROC 曲线对比

注：为了方便，图中用了英文形式，下同。

在径向基核函数中，主要有两个参数可以进行调节，它们分别为惩罚系数 C 以及参数 gamma，这两个参数的取值均大于 0，而它们取值的大小将直接影响支持向量机分类结果的好坏，因此在并行支持向量机中将使用协同鸟群算法对这两个参数进行寻优。为了更好地了解这两个参数对支持向量机分类性能的影响，下面分别展开了两组对比实验，这两组实验均选用核函数对比实验中的数据集作为实验数据集，主要比较支持向量机在不同参数取值下的分类准确率与 ROC 曲线面积。

1. 惩罚系数 *C* 的对比实验

此实验将惩罚系数 C 分别在 1～10 进行正整数取值，而参数 gamma 选用默认值且保持不变，然后比较不同取值下支持向量机的分类准确率与 ROC 曲线面积，比较结果如图 6.2 所示。

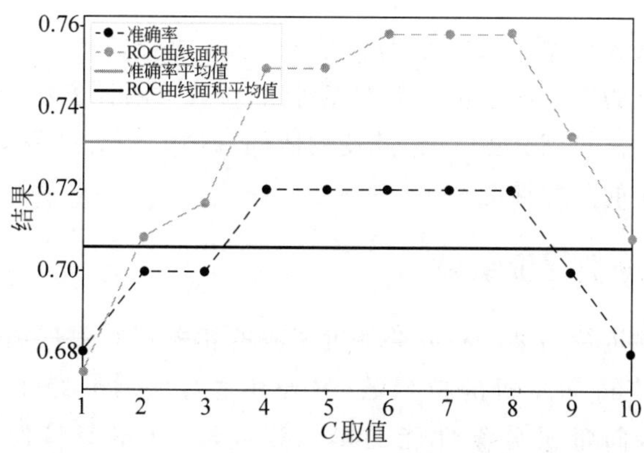

图 6.2 不同 C 取值下支持向量机的分类准确率与 ROC 曲线面积对比

由图 6.2 可以看到，代表分类准确率与 ROC 曲线面积的两条曲线的走势基本上是一致的，且这两条曲线是随着 C 取值的变化而在不断变化的，总的来看，在 1～10 对惩罚系数 C 进行正整数取值时，支持向量机的平均分类准确率大约在 0.71，ROC 曲线面积大约在 0.73，当惩罚系数 C 取值在 6～8 时，支持向量机的 ROC 曲线面积处于一个最高的状态，而当惩罚系数 C 取值在 4～8 时，支持向量机的预测准确率处于一个最高的状态，而在其他取值情况下的预测准确率与 ROC 曲线面积均相对较低。

2. 参数 gamma 对比实验

此实验将参数 gamma 分别在 1～19 进行正整数取值，而惩罚系数 C 选用默认值且保持不变，然后比较不同取值下支持向量机的分类准确率与 ROC 曲线面积，比较结果如图 6.3 所示。

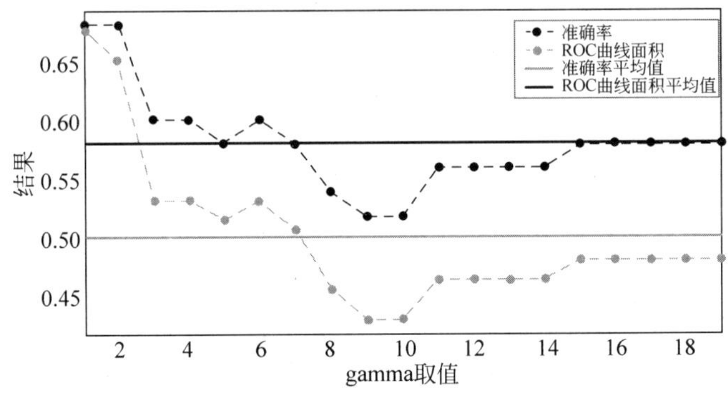

图 6.3　不同 gamma 取值下支持向量机的分类准确率与 ROC 曲线对比

由图 6.3 可以看到，在不同的参数 gamma 取值下代表分类准确率与 ROC 曲线面积的两条曲线与不同惩罚系数 C 取值下的曲线形状完全不同，在 1～19 对参数 gamma 进行正整数取值时，支持向量机的平均分类准确率大约在 0.58，ROC 曲线面积大约在 0.51，而当 gamma 的取值越接近 1 时，支持向量机的分类准确率与 ROC 曲线面积越高，而这两个指标的最低值处于 8～10，在取值大于 15 之后，这两个指标的曲线皆趋于平缓。

上述实验结果仅为在惩罚系数 C 与参数 gamma 两个中的一个保持不变，另外一个在不断变化的情况下的支持向量机分类性能对比，倘若这两种参数同时进行变化，支持向量机分类性能的变化情况则会更大，因此使用协同鸟群算法对这两个参数进行寻优将会有效提高支持向量机的分类性能。

6.4.2　污染风险分类评价结果

在 6.4.1 节中对进行污染风险分类评价实验的相关实验数据进行了预处理，之后通过对比实验确定了支持向量机的核函数，另外还通过实验介绍了惩罚系数 C 与参数 gamma 取值对支持向量机分类性能的影响程度，因此本节将使用并行支持向量机(Parallel Support Vector Machine，PSVM)作为污染风险分类评价模型，支持向量机(Support Vector Machine，SVM)分类模型、决策树(Decision Tree)分类模型、K-近邻(K-Nearest Neighbor，KNN)分类模型以及 BP 神经网络(Back Propagation Neural Network，BP)分类模型作为对比模型的基础分别展开二分类与多分类实验，通过实验比较不同模型的污染风险分类评价结果。

在参数设置方面，并行支持向量机中将核函数设为径向基核函数，惩罚系数 C 与参数 gamma 通过协同鸟群算法寻优的方式获得，而协同鸟群算法中将飞行间隔 FQ 设为 3、感知系数 C 与社会加速系数 S 均设为 1.5、保持警戒行为中的常量 a_1 与 a_2 均设为 0.5、参数 FL_{max} 与 FL_{min} 分别设为 2 和 1。其他几种对比模型均采用 Python 语言编程中的 Sklearn 库进行实现，因此除支持向量机分类模型的核函数选用径向基核函数外，其他参数均为默认值。

在评价指标方面，二分类污染风险分类评价主要使用准确率、精确率、召回率、F1-score、ROC 曲线面积作为比较依据，这五个指标的计算结果越大，模型的分类效果越好；多分类污染风险分类评价主要使用准确率、精确率、召回率以及 F1-score 作为比较依据，另外还使用混淆矩阵对测试数据集上的污染风险分类评价结果进行展示。

在 6.4.1 节中已经介绍了真正例、真负例、假正例以及假负例的定义，精确率是指对于分类为某种类属性标签的样本中实际分类正确的概率，则针对类属性标签 0 与类属性标签 1，其精确率的计算方式分别为：

$$\text{Precision}=\frac{\text{TP}}{\text{TP}+\text{FP}} \tag{6.12}$$

召回率主要是指将某种类属性标签分类正确的概率，与精确率以分类结果为比较依据不同，召回率是以实际结果作为比较依据，针对类属性标签 0 与类属性标签 1，其召回率的计算方式分别为：

$$\text{Recall}=\frac{\text{TP}}{\text{TP}+\text{FN}} \tag{6.13}$$

F1-score 是精确率与召回率的调和平均值，其计算公式为：

$$F_1=\frac{2\text{Precision}\cdot\text{Recall}}{\text{Precision}+\text{Recall}} \tag{6.14}$$

多分类与二分类在进行上述指标的计算时存在的最大区别在于多分类首先需要针对每个不同的类属性标签进行计算，然后通过平均的方式获得最后的结果。目前常用的平均方式有三种，分别为宏平均、微平均以及加权平均。

宏平均(Macro Average)为对所有类属性标签的计算结果进行算数平均。以精确率为例，宏平均的精确率计算公式为：

$$\text{Precision}=\frac{1}{n}\sum_{i=1}^{n}\text{Precision}_i \tag{6.15}$$

其中，n 表示类属性标签的类别总个数；Precision_i 表示类属性标签 i 的精确率。

微平均(Micro Average)是指将所有的类属性标签预测情况进行综合相加计算。假设每种类别预测正确的个数为 TP_i，预测错误的个数为 FP_i，以精确率为例，微平均的精确率计算公式为：

$$\text{Precision}=\frac{\sum_{i=1}^{n}\text{TP}_i}{\sum_{i=1}^{n}(\text{TP}_i+\text{FP}_i)} \tag{6.16}$$

加权平均(Weighted Average)则是根据每种类属性标签个数占总标签个数的比例来进行加权计算。以精确率为例,加权平均计算公式如下:

$$\text{Precision} = \sum_{i=1}^{n} \text{Precision}_i \cdot \frac{n_i}{n_{\text{total}}} \tag{6.17}$$

其中,n_i 表示类属性标签 i 的总个数;n_{total} 表示类属性标签的总个数。

加权平均的原理与宏平均相同,区别在于加权平均更多地考虑了每个类属性标签数量占总数量的比重,而微平均的计算原理与准确率的计算原理相似,因此在本多分类实验中将使用加权平均进行精确率、召回率以及 F1-score 的计算。另外,为了在对模型的整体分类性能进行评价时统一标准,二分类实验同样采用加权平均进行精确率、召回率以及 F1-score 的计算。

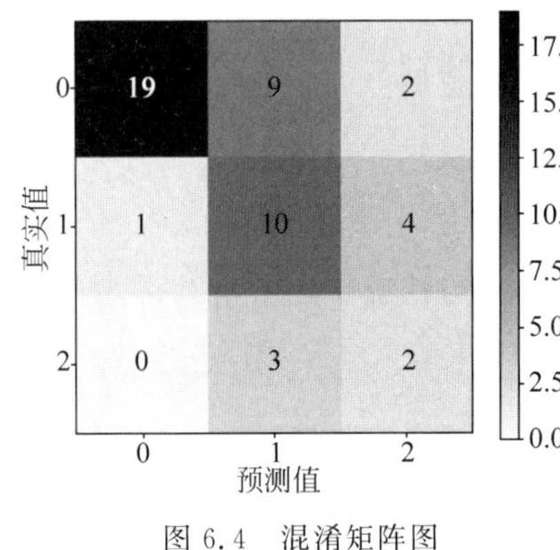

图 6.4 混淆矩阵图

混淆矩阵(Confusion Matrix)是一种以矩阵的形式直接表现模型分类结果的方法,其矩阵的行与列分别表示实际的类属性标签与预测的类属性标签,通常通过绘图的形式对其进行描述,通过该矩阵可以直观地了解实际类属性标签为 i 的样本被预测为类属性标签为 j 的样本的个数。图 6.4 为常见的混淆矩阵图。由图 6.4 可以看到,样本的个数与该矩阵块的颜色直接相关,颜色越深,则样本数量越大。

实验过程主要使用训练数据集对不同的模型进行训练,然后使用测试数据集获得分类结果。下面将分别就两种分类实验在测试数据集上的污染风险分类评价结果情况展开相关介绍。

1. 二分类污染风险分类评价结果

二分类实验主要对金属镉的污染风险趋势进行分类评价,总共进行十组对比实验,首先计算五种模型在十组测试数据集上分类准确率,计算结果如表 6.13 所示。由表 6.13 可以看到不同的模型在不同测试数据集上的分类准确率存在一定的区别,在所有结果中,使用并行支持向量机在测试数据集 5 与测试数据集 7 上进行分类时的准确率最高,达到了 0.86,而准确率最低的为使用决策树分类模型在测试数据集 2 与测试数据集 5 上进行分类,为 0.52。另外,不同的模型在不同测试数据集上的分类准确率最大值与最小值之间的差值也存在较大区别,例如支持向量机分类模型与决策树分类模型的分类准确率差值均为 0.18,而并行支持向量机与 BP 神经网络分类模型的差值均为 0.12。最后对这五种分类模型的分类准确率平均值按照从大到小的顺序进行排序,分别为并行支持向量机、BP 神经网络分类模型、支持向量机分类模型、K-近邻分类模型、决策树分类模型,最大值与最小值之间差值为 0.19。

表 6.13　五种模型在十组测试数据集上的分类准确率

	并行支持向量机	支持向量机分类模型	K-近邻分类模型	决策树分类模型	BP 神经网络分类模型
测试数据集 1	0.74	0.68	0.66	0.68	0.68
测试数据集 2	0.80	0.60	0.56	0.52	0.62
测试数据集 3	0.72	0.66	0.64	0.68	0.66
测试数据集 4	0.78	0.60	0.64	0.56	0.72
测试数据集 5	0.86	0.78	0.68	0.52	0.74
测试数据集 6	0.82	0.70	0.62	0.58	0.70
测试数据集 7	0.86	0.74	0.62	0.70	0.74
测试数据集 8	0.80	0.66	0.58	0.52	0.64
测试数据集 9	0.74	0.68	0.70	0.68	0.68
测试数据集 10	0.76	0.66	0.70	0.60	0.70
平均值	0.79	0.68	0.64	0.60	0.69

这五种模型在十组测试数据集上的分类精确率如表 6.14 所示。在表 6.14 中，并行支持向量机在测试数据集 7 上的分类精确率最高，达到了 0.88，而 K-近邻分类模型在测试数据集 3 上的分类精确率最低，为 0.63。对这五种分类模型的分类精确率平均值按照从大到小的顺序进行排序，分别为并行支持向量机、支持向量机分类模型、BP 神经网络分类模型、K-近邻分类模型、决策树分类模型，最大值与最小值之间差值为 0.11，但排名较为靠后的分类模型在部分测试数据集上有着较好的表现，例如决策树分类模型在测试数据集 7 上的分类精确率达到了 0.81，这与并行支持向量机分类精确率的平均值相同。此外，对这五种分类模型的精确率最大值与最小值之间的差值进行比较，其中 K-近邻分类模型的差值最大，支持向量机分类模型与 BP 神经网络模型的差值最小，这一结果与分类准确率差值的比较结果存在一定差别。

表 6.14　五种模型在十组测试数据集上的分类精确率

	并行支持向量机	支持向量机分类模型	K-近邻分类模型	决策树分类模型	BP 神经网络分类模型
测试数据集 1	0.77	0.69	0.68	0.68	0.69
测试数据集 2	0.85	0.72	0.73	0.67	0.68
测试数据集 3	0.73	0.66	0.63	0.67	0.68
测试数据集 4	0.83	0.75	0.79	0.73	0.75
测试数据集 5	0.86	0.78	0.72	0.69	0.74
测试数据集 6	0.86	0.71	0.75	0.68	0.69
测试数据集 7	0.88	0.80	0.72	0.81	0.80
测试数据集 8	0.80	0.78	0.71	0.69	0.77
测试数据集 9	0.75	0.76	0.70	0.72	0.76
测试数据集 10	0.76	0.67	0.70	0.65	0.68
平均值	0.81	0.73	0.71	0.70	0.72

表 6.15 为这五种模型在十组测试数据集上的召回率。表 6.15 中分类召回率最高值是 0.86，此情况为使用并行支持向量机对测试数据集 7 进行分类，当使用决策树分类模型对测试数据集 2、测试数据集 5 以及测试数据集 8 进行分类时召回率最低，为 0.52。对这五种分类模型的分类精确率平均值按照从大到小的顺序进行排序，分别为并行支持向量机、BP 神经网络分类模型、支持向量机分类模型、K-近邻分类模型、决策树分类模型，最大值与最小值之间差值为 0.19，这与准确率平均值的排序结果一致。另外，这五种模型的召回率最大值与最小值之间的差值分别为 0.14、0.18、0.14、0.18、0.12，其中 BP 神经网络模型的差值最小，支持向量机分类模型与 K-近邻分类模型的差值最大，但是从整体上来看，并行支持向量机的分类召回率均在 0.7 以上，而其他分类模型中均存在低于 0.7 的召回率。

表 6.15　五种模型在十组测试数据集上的分类召回率

	并行支持向量机	支持向量机分类模型	K-近邻分类模型	决策树分类模型	BP 神经网络分类模型
测试数据集 1	0.74	0.68	0.66	0.68	0.68
测试数据集 2	0.80	0.60	0.56	0.52	0.62
测试数据集 3	0.72	0.66	0.64	0.68	0.66
测试数据集 4	0.78	0.68	0.64	0.56	0.72
测试数据集 5	0.86	0.78	0.68	0.52	0.74
测试数据集 6	0.82	0.70	0.62	0.58	0.70
测试数据集 7	0.86	0.74	0.62	0.70	0.74
测试数据集 8	0.80	0.66	0.58	0.52	0.64
测试数据集 9	0.74	0.68	0.70	0.68	0.68
测试数据集 10	0.76	0.66	0.70	0.60	0.70
平均值	0.79	0.68	0.64	0.60	0.69

由前面的分类精确率与分类召回率计算得到这五种模型在十组测试数据集上的 F1-score，计算结果如表 6.16 所示。在表 6.16 中，使用并行支持向量机在测试数据集 5 上进行分类时的 F1-score 最高，为 0.86，而使用决策树分类模型在测试数据集 2 上进行分类时的 F1-score 最低，为 0.52。对这五种分类模型的 F1-score 最大值与最小值之间的差值进行比较，其中决策树分类模型的差值最大，为 0.21，K-近邻分类模型与 BP 神经网络模型的差值最小，为 0.14，此差值相较于前面几种对比指标的差值而言均有所增加。最后对这五种分类模型的 F1-score 平均值按照从大到小的顺序进行排序，分别为并行支持向量机、支持向量机分类模型、BP 神经网络分类模型、K-近邻分类模型、决策树分类模型，其中支持向量机分类模型与 BP 神经网络分类模型的平均值相同，并行支持向量机与决策树分类模型的 F1-score 平均值差值为 0.16。

表 6.16　五种模型在十组测试数据集上的 F1-score

	并行支持向量机	支持向量机分类模型	K-近邻分类模型	决策树分类模型	BP 神经网络分类模型
测试数据集 1	0.74	0.68	0.66	0.68	0.68
测试数据集 2	0.77	0.61	0.56	0.52	0.63
测试数据集 3	0.70	0.62	0.62	0.67	0.61
测试数据集 4	0.70	0.63	0.67	0.59	0.73
测试数据集 5	0.86	0.78	0.69	0.53	0.74
测试数据集 6	0.78	0.70	0.64	0.61	0.70
测试数据集 7	0.83	0.76	0.65	0.73	0.76
测试数据集 8	0.80	0.67	0.59	0.53	0.65
测试数据集 9	0.74	0.65	0.70	0.67	0.65
测试数据集 10	0.74	0.66	0.70	0.61	0.66
平均值	0.77	0.68	0.65	0.61	0.68

之后计算对这五种模型在十组测试数据集上的 ROC 曲线面积，通过绘图进行比较，比较结果如图 6.5 所示。

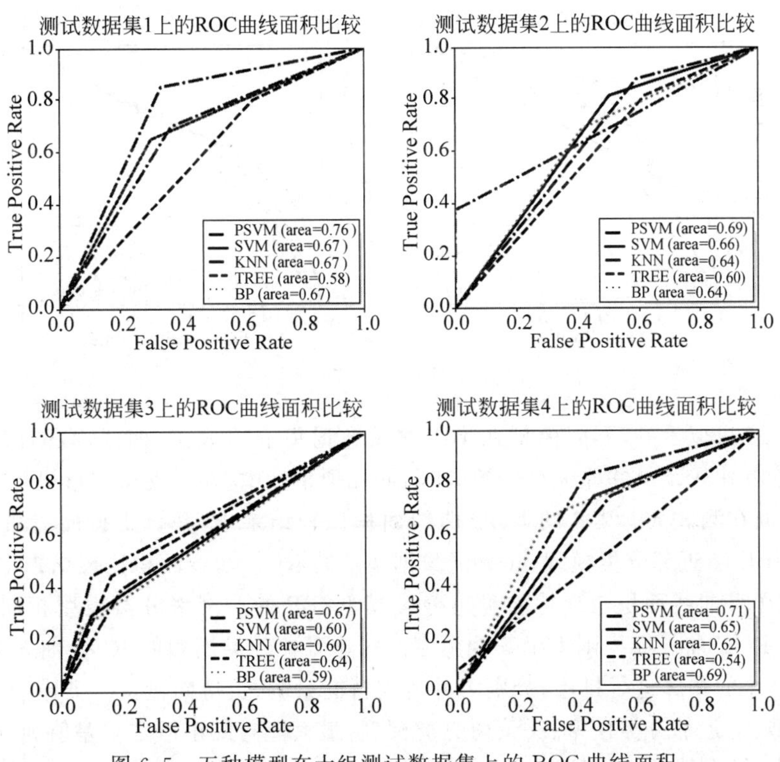

图 6.5　五种模型在十组测试数据集上的 ROC 曲线面积

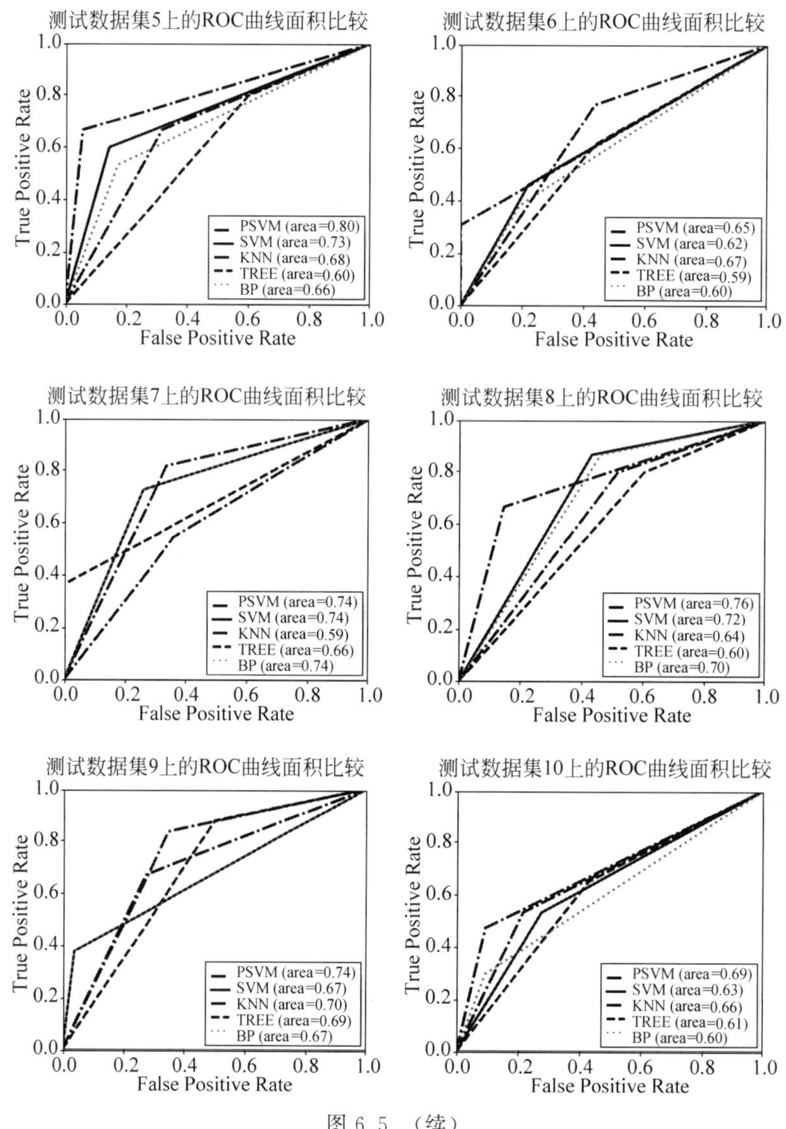

图 6.5 （续）

由图 6.5 可以看到，不同模型在十组测试数据集上的 ROC 曲线面积比较结果与前面的几项指标比较结果并非完全一致，在前面几项指标中，并行支持向量机均较其他模型表现更好，而在测试数据集 6 的 ROC 曲线面积比较结果中，并行支持向量机的 ROC 曲线面积要小于 K-近邻分类模型，在测试数据集 7 的 ROC 曲线面积比较结果中，并行支持向量机的 ROC 曲线面积与支持向量机分类模型、BP 神经网络分类模型相同；在其他数据集上，其 ROC 曲线面积则大于其他模型。对这五种分类模型的 ROC 曲线面积平均值按照从大到小的顺序进行排序，分别为并行支持向量机、支持向量机分类模型、BP 神经网络分类模型、K-近邻分类模型、决策树分类模型，最大值与最小值之间差值为 0.11。

总体来看，在使用这五种模型对十组测试数据集进行分类时，最大的 ROC 曲线面积为 0.8，最小的 ROC 曲线面积为 0.54，分别为并行支持向量机在测试数据集 5 与决策树分类模型在测试数据集 4 上分类获得，而这五种模型 ROC 曲线面积最大值与最小值之间的差值分别为 0.15、0.14、0.11、0.15、0.15，其中差值最大的模型分别为并行支持向量机、决策树分类模型以及 BP 神经网络分类模型，差值最小的为 K-近邻分类模型，结合前面的不同指标差值情况可以了解到无论是在哪种指标的比较上，这五种模型的指标差值排序是不确定的，但差值之间相对来说是比较接近的，因此它们的性能稳定性也是接近的。

最后使用混淆矩阵将这五种模型的土壤重金属污染风险分类评价结果进行展示，主要为使用训练好的五种模型对 500 组测试数据集的类属性标签进行分类。在测试数据集中，类属性标签为 0 的数据共有 337 组，表示金属镉无污染风险趋势；类属性标签为 1 的数据共有 163 组，表示金属镉存在污染风险趋势，分类后的混淆矩阵如图 6.6 所示。

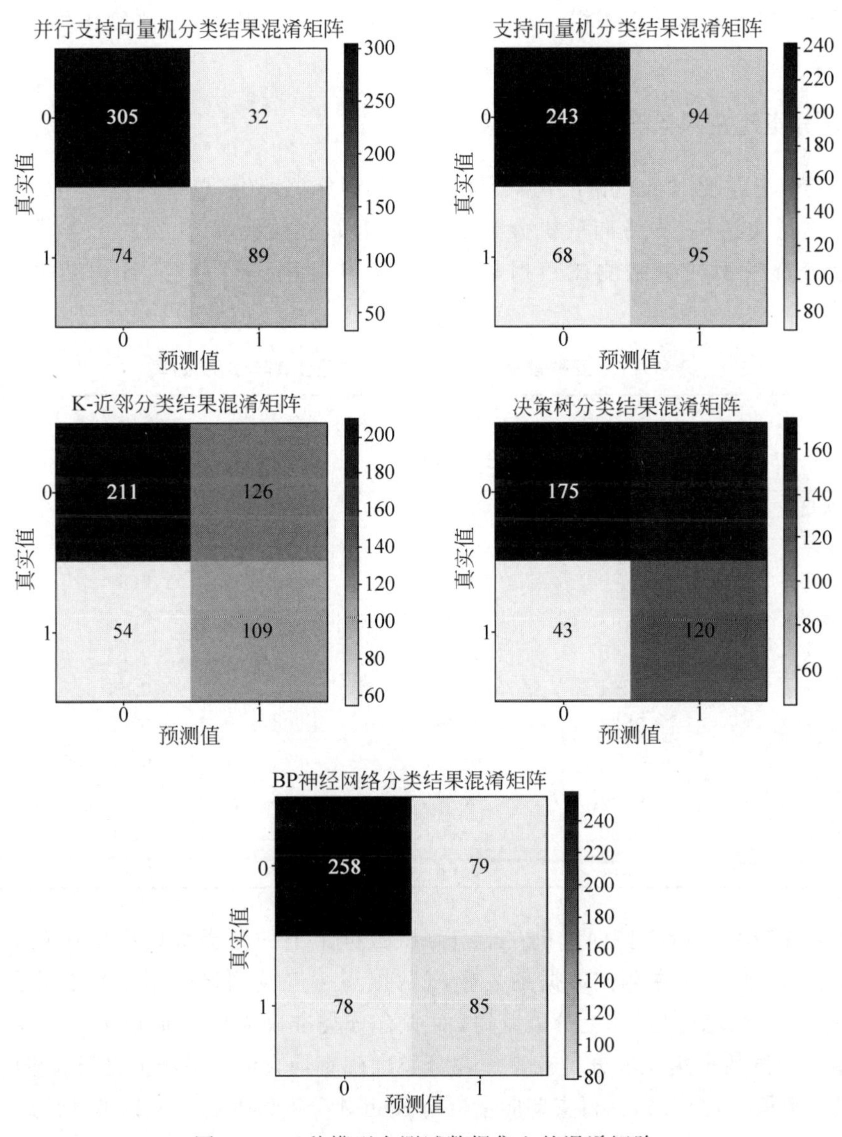

图 6.6　五种模型在测试数据集上的混淆矩阵

由图 6.6 可以看到，在对类属性标签为 0 的数据进行污染风险评价时，并行支持向量机的评价效果最好，它将 305 组无金属镉污染风险趋势的数据进行了正确评价，将 32 组无金属镉污染风险趋势的数据评价为存在金属镉污染风险趋势，决策树分类模型的评价效果最差，它将 162 组无金属镉污染风险趋势的数据评价为存在金属镉污染风险趋势，远大于其他几种模型。在对类属性标签为 1 的数据进行污染风险评价时，决策树分类模型的评价效果最好，它将 120 组存在金属镉污染风险趋势的数据进行了正确评价，BP 神经网络分类模型的评价效果最差，它将 78 组存在金属镉污染风险趋势的数据评价为无金属镉污染风险趋势。虽然决策树分类模型在对类属性标签为 1 的数据进行污染风险评价时表现较好，但从整体对污染风险评价结果比较时，它进行了正确评价的数据只有 295 组，而并行支持向量机、支持向量机分类模型、K-近邻分类模型以及 BP 神经网络分类模型评价正确的数据分别为 394 组、338 组、320 组以及 343 组，即它评价正确的数据数量最少。

2. 多分类污染风险分类评价结果

二分类实验主要对金属铬的污染风险趋势进行分类评价，总共进行十组对比实验，首先对并行支持向量机、支持向量机分类模型、K-近邻分类模型、决策树分类模型以及 BP 神经网络分类模型在十组测试数据集上的分类准确率进行计算，计算结果如表 6.17 所示。

表 6.17 五种模型在十组测试数据集上的分类准确率

	并行支持向量机	支持向量机分类模型	K-近邻分类模型	决策树分类模型	BP 神经网络分类模型
测试数据集 1	0.72	0.60	0.62	0.60	0.68
测试数据集 2	0.84	0.74	0.64	0.68	0.76
测试数据集 3	0.70	0.64	0.64	0.60	0.64
测试数据集 4	0.84	0.62	0.60	0.74	0.70
测试数据集 5	0.65	0.60	0.60	0.58	0.60
测试数据集 6	0.84	0.80	0.68	0.64	0.68
测试数据集 7	0.68	0.66	0.60	0.62	0.60
测试数据集 8	0.78	0.72	0.74	0.64	0.72
测试数据集 9	0.80	0.74	0.72	0.76	0.72
测试数据集 10	0.80	0.70	0.64	0.66	0.70
平均值	0.77	0.68	0.65	0.65	0.68

在表 6.17 中，并行支持向量机在十组测试数据集上的分类准确率均在 0.7 以上，其中最大值为 0.84，分别在测试数据集 2、测试数据集 4 以及测试数据集 6 上分类获得，最小值为 0.7，在测试数据集 3 上分类获得，而所有分类准确率中最低值为 0.58，为决策树分类模型在测试数据集 5 上分类获得。在分类准确率最大值与最小值之间的差值方面，支持向量机差值最大，为 0.2，并行支持向量机与 K-近邻分类模型的差值最小，均为 0.14，决策树分类模型与 BP 神经网络分类模型差值分别为 0.18 与 0.16，整体上它们分类准确率最

大值与最小值之间的差值较为接近。将这五种分类模型的分类准确率平均值按照从大到小的顺序进行排序，分别为并行支持向量机、支持向量机分类模型、BP 神经网络分类模型、K-近邻分类模型、决策树分类模型，其中支持向量机分类模型与 BP 神经网络分类模型的平均值相同，K-近邻分类模型与决策树分类模型的平均值相同，而最大值与最小值之间差值为 0.12。

表 6.18 给出了这五种模型在十组测试数据集上的分类精确率。由表 6.18 可以看到，这五种模型在十组测试数据集上的分类精确率较分类准确率普遍有所增加，其中并行支持向量机的分类精确率最大值与最小值分别为 0.85 与 0.73，此最大值同时也是整体比较中的最大值，而最小值则是使用 BP 神经网络分类模型对测试数据集 1 分类时获得，为 0.6。另外，决策树分类模型的分类精确率平均值排名较分类准确率平均值排名有所提高，在五种模型中排在第三位，并行支持向量机的排名最高，BP 神经网络分类模型的排名最低，分类精确率平均值最大值与最小值之间的差值为 0.11。在分类精确率最大值与最小值之间的差值比较上，决策树分类模型的差值最小，为 0.11，并行支持向量机与支持向量机分类模型的差值均为 0.12，K-近邻分类模型与 BP 神经网络分类模型的差值均为 0.17，是五种模型中的最大值。

表 6.18　五种模型在十组测试数据集上的分类精确率

	并行支持向量机	支持向量机分类模型	K-近邻分类模型	决策树分类模型	BP 神经网络分类模型
测试数据集 1	0.75	0.71	0.69	0.65	0.60
测试数据集 2	0.85	0.75	0.62	0.73	0.67
测试数据集 3	0.82	0.79	0.75	0.75	0.73
测试数据集 4	0.79	0.73	0.66	0.75	0.75
测试数据集 5	0.73	0.72	0.74	0.74	0.65
测试数据集 6	0.85	0.83	0.69	0.72	0.67
测试数据集 7	0.79	0.77	0.73	0.71	0.76
测试数据集 8	0.83	0.73	0.78	0.76	0.65
测试数据集 9	0.79	0.80	0.79	0.75	0.77
测试数据集 10	0.83	0.77	0.69	0.70	0.60
平均值	0.80	0.76	0.71	0.73	0.69

这五种模型在十组测试数据集上的分类召回率如表 6.19 所示。在表 6.19 中，召回率最大值为 0.84，分别是并行支持向量机在测试数据集 2、测试数据集 4 以及测试数据集 6 上分类获得，最小值为 0.58，由决策树分类模型在测试数据集 5 上分类获得，这一情况与分类准确率中的最大值和最小值完全一致。在分类召回率最大值与最小值之间的差值方面，这五种模型的差值分别为 0.16、0.2、0.14、0.18 以及 0.16，最大值为支持向量机分类模型，最小值为 K-近邻分类模型。对这五种模型的分类召回率平均值按照从大到小的顺序进行排序，分别为并行支持向量机、支持向量机分类模型、BP 神经网络分类模型、K-近邻分类模型、决策树分类模型，其中支持向量机分类模型与 BP 神经网络分类模型的平均值相同，K-近邻分类模型与决策树分类模型的平均值相同，而最大值与最小值之间差

值为 0.11。从整体上看,五种模型分类召回率的比较情况与分类准确率的比较情况基本一致。

表 6.19 五种模型在十组测试数据集上的分类召回率

	并行支持向量机	支持向量机分类模型	K-近邻分类模型	决策树分类模型	BP 神经网络分类模型
测试数据集 1	0.72	0.60	0.62	0.60	0.68
测试数据集 2	0.84	0.74	0.64	0.68	0.76
测试数据集 3	0.70	0.64	0.64	0.60	0.64
测试数据集 4	0.84	0.62	0.60	0.74	0.70
测试数据集 5	0.63	0.60	0.60	0.58	0.60
测试数据集 6	0.84	0.80	0.68	0.64	0.68
测试数据集 7	0.68	0.66	0.60	0.62	0.60
测试数据集 8	0.78	0.72	0.74	0.64	0.72
测试数据集 9	0.80	0.74	0.72	0.76	0.72
测试数据集 10	0.80	0.70	0.64	0.66	0.70
平均值	0.76	0.68	0.65	0.65	0.68

通过分类精确率与分类召回率对这五种模型的 F1-score 进行计算,计算结果如表 6.20 所示。

表 6.20 五种模型在十组测试数据集上的 F1-score

	并行支持向量机	支持向量机分类模型	K-近邻分类模型	决策树分类模型	BP 神经网络分类模型
测试数据集 1	0.72	0.61	0.63	0.53	0.68
测试数据集 2	0.84	0.72	0.62	0.68	0.71
测试数据集 3	0.72	0.66	0.67	0.64	0.65
测试数据集 4	0.81	0.66	0.63	0.74	0.71
测试数据集 5	0.62	0.57	0.60	0.60	0.60
测试数据集 6	0.84	0.80	0.69	0.62	0.65
测试数据集 7	0.63	0.65	0.62	0.62	0.58
测试数据集 8	0.80	0.70	0.75	0.66	0.68
测试数据集 9	0.79	0.76	0.74	0.75	0.71
测试数据集 10	0.81	0.66	0.62	0.60	0.64
平均值	0.76	0.68	0.66	0.64	0.66

在表 6.20 中,当使用并行支持向量机在测试数据集 2 与测试数据集 6 上进行分类时,获得的 F1-score 为最大值 0.84,当使用决策树分类模型在测试数据集 1 上进行分类时,获得的 F1-score 为最小值 0.53,最大值与最小值之间的差值为 0.31,与前面几个指标的差值差别较大,而在比较这五种模型各自的 F1-score 差值时可以看到,除 BP 神经网络分类模型与 K-近邻分类模型外,其他三种模型的差值都超过了 0.2,其中支持向量机分类模型的差值最大,为 0.23。将这五种模型在十组测试数据集上的 F1-score 平均值按照从

大到小的顺序进行排序，分别为并行支持向量机、支持向量机分类模型、K-近邻分类模型、BP 神经网络分类模型、决策树分类模型，其中 K-近邻分类模型与 BP 神经网络分类模型的平均值相同，最大值与最小值之间的差值为 0.12。

最后使用混淆矩阵将这五种模型的土壤重金属污染风险分类评价结果进行展示，主要为使用训练好的五种模型对 500 组测试数据集的类属性标签进行分类。在测试数据集中，类属性标签为 0 的数据共有 292 组，表示金属铬无污染风险趋势；类属性标签为 1 的数据共有 153 组，表示金属铬存在轻微污染风险趋势；类属性标签为 2 的数据共有 55 组，表示金属铬存在较高污染风险趋势。分类后的混淆矩阵如图 6.7 所示。

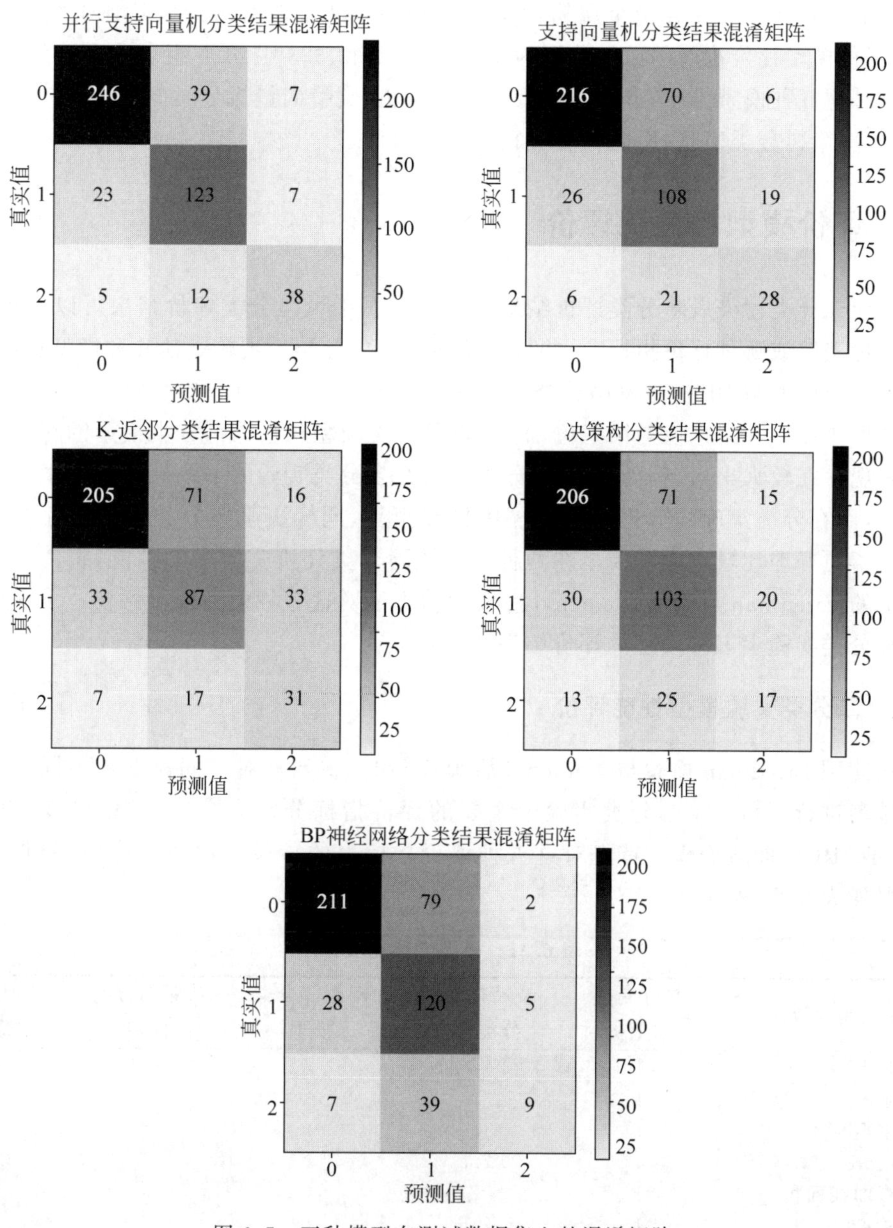

图 6.7　五种模型在测试数据集上的混淆矩阵

由图 6.7 可以看到,无论是对哪种类属性标签的数据进行污染风险评价,并行支持向量机的评价效果在五种模型最好,它将 248 组无金属铬污染风险趋势、123 组存在轻微金属铬污染风险趋势以及 38 组存在较强金属铬污染风险趋势的数据进行了正确评价。K-近邻分类模型在类属性标签为 0 与类属性标签为 1 的数据上评价效果最差,它将 87 组无金属铬污染风险趋势的数据分别评价为存在轻微金属铬污染风险趋势与较强金属铬污染风险趋势,将 66 组存在轻微金属铬污染风险趋势的数据分别评价为无金属铬污染风险趋势与较强金属铬污染风险趋势。在类属性标签为 2 的数据评价结果中,表现最差的为 BP 神经网络分类模型,它将 46 组存在较强金属铬污染风险趋势的数据分别评价为无金属铬污染风险趋势与在轻微金属铬污染风险趋势。从整体对污染风险评价结果进行比较,这五种模型评价正确的数据分别为 409 组、352 组、323 组、326 组以及 340 组,按照从大到小对这五种模型排序,分别为并行支持向量机、支持向量机分类模型、BP 神经网络分类模型、决策树分类模型、K-近邻分类模型。

6.5 评价模型的性能评价

结合二分类污染风险分类评价结果与多分类污染风险分类评价结果可以看到,无论是在哪种实验或哪种评价指标上,并行支持向量机的分类表现较其他几种模型更好,支持向量机分类模型与 BP 神经网络分类模型的分类效果较为接近,在大多数情况下,它们的计算结果排序排在第二位与第三位,而 K-近邻分类模型与决策树分类模型的在不同指标上的表现存在较大出入,例如 K-近邻分类模型在多分类实验的 F1-score 平均值排序中排在第三,而在分类正确的数据总数排序中排在第五,同样决策树分类模型也存在这种情况。为了更好地比较这五种模型在两种污染风险分类评价实验中的性能,将使用第 4 章中介绍的 Friedman 检验与 Nemenyi 后续检验方法对这五种模型进行评价。下面将分别就两种分类实验上五种模型的评价结果展开相关介绍。

1. 二分类实验模型性能评价

在使用 Friedman 检验与 Nemenyi 后续检验时,主要是对不同模型在不同指标上的综合排名进行评价;在二分类实验中主要的评价指标分别为准确率、精确率、召回率、F1-score、ROC 曲线面积。首先对这五种评价指标上的结果平均值进行排序,具体的排序情况如表 6.21 所示。

表 6.21 模型性能比较排序

性能比较指标	并行支持向量机	支持向量机分类模型	K-近邻分类模型	决策树分类模型	BP 神经网络分类模型
准确率	1	3	4	5	2
精确率	1	2	4	5	3
召回率	1	3	4	5	2
F1-score	1	2.5	4	5	2.5
ROC 曲线面积	1	2	4	5	3
平均序值	1	2.5	4	5	2.5

然后使用公式(6.18)与公式(6.19)对 Friedman 检验中的判断变量 τ_F 进行计算，当计算结果小于常用临界值时，模型之间不存在显著差别；当计算结果大于常用临界值时，模型之间存在显著差别。

$$\tau_{\chi^2}=\frac{k-1}{k}*\frac{12N}{k^2-1}\sum_{i=1}^{k}\left(r_i-\frac{k+1}{2}\right)^2 \tag{6.18}$$

$$\tau_F=\frac{(N-1)\tau_{\chi^2}}{N(k-1)-\tau_{\chi^2}} \tag{6.19}$$

其中，r_i 表示第 i 个模型性能的平均序值；N 为数据集的个数；k 为模型的个数。

通过计算得到变量 τ_F 值为 17.5053，大于常用临界值，因此可以得知这五个模型在进行二分类实验时的性能存在显著差别，为了对模型做更进一步的区分，将使用 Nemenyi 后续检验对这四种算法的临界值域进行计算，计算公式如(6.20)所示。

$$\mathrm{CD}=q_\alpha\sqrt{\frac{k(k+1)}{6N}} \tag{6.20}$$

其中，变量 q_α 选用 Nemenyi 后续检验中的常用取值 2.728。

图 6.8 为展示了各个模型平均序值和临界值域的 Friedman 检验图。

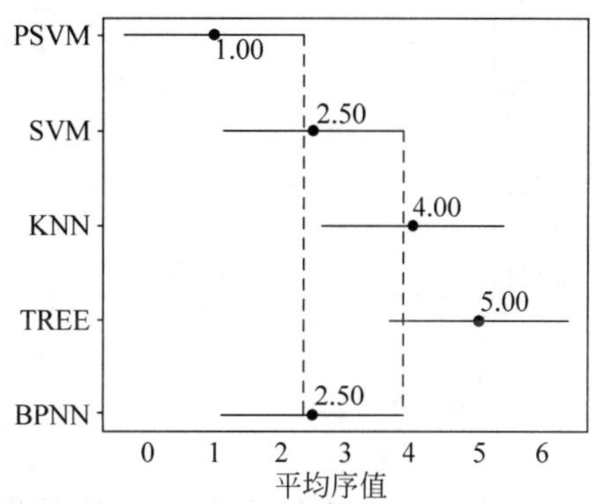

图 6.8　Friedman 检验图

由图 6.8 可以看到，代表并行支持向量机临界值域的直线与代表 K-近邻分类模型以及决策树分类模型临界值域的直线之间均不存在交叠，说明它们的性能之间存在显著差别，且并行支持向量机显著优于 K-近邻分类模型与决策树分类模型。而代表并行支持向量机、支持向量机分类模型以及 BP 神经网络分类模型临界值域的直线之间存在交叠，说明这三种模型的性能之间不存在显著差别，且并行支持向量机的平均序值小于另外两个模型，即并行支持向量机的性能要略优于它们，另外，支持向量机分类模型与 BP 神经网络分类模型的平均序值以及临界值域完全相同，说明这两个模型的性能基本相同。因此，综合平均序值与临界值域情况可以得出结论，在使用这五种模型对此土壤重金属数据集进行土壤重金属污染风险二分类评价时，并行支持向量机的分类性能最好，支持向量机分类模型与 BP 神经网络分类模型分类性能相同，仅次于并行支持向量机，而 K-近邻分类模型的分类性能略优于决策树分类模型。

2. 多分类实验模型性能评价

多分类实验中使用的评价指标分别为准确率、精确率、召回率以及 F1-score，同二分类实验模型性能评价一样，首先对这五种模型在这四种评价指标上的结果平均值进行排序，排序结果如表 6.22 所示。

表 6.22 模型性能比较排序表

性能比较指标	并行支持向量机	支持向量机分类模型	K-近邻分类模型	决策树分类模型	BP 神经网络分类模型
准确率	1	2.5	4.5	4.5	2.5
精确率	1	2	4	3	5
召回率	1	2.5	4.5	4.5	2.5
F1-score	1	2	3.5	5	3.5
平均序值	1	2.25	4.125	4.25	3.375

使用公式(6.17)与公式(6.18)对变量 τ_F 进行计算，其计算结果为 9.4675，大于常用临界值，因此可以得知这五个模型在进行多分类实验时的性能存在显著差别。同样，为了对模型做更进一步的区分，将使用 Nemenyi 后续检验计算它们的临界值，将计算结果进行绘制获得的 Friedman 检验图如图 6.9 所示。

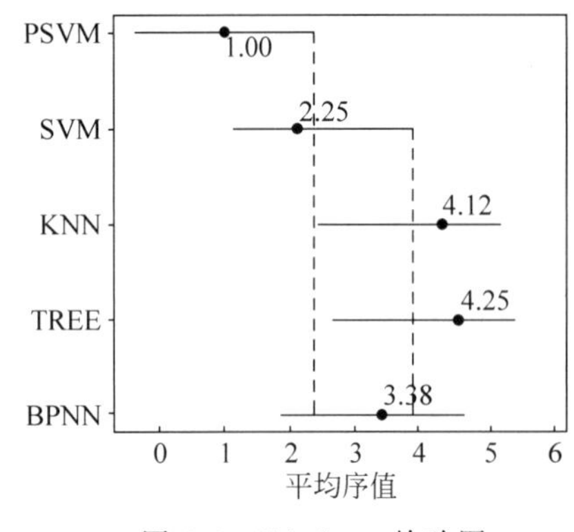

图 6.9 Friedman 检验图

在此多分类 Friedman 检验图中，代表并行支持向量机临界值域的直线与代表 K-近邻分类模型、决策树分类模型临界值域的直线之间均不存在交叠，说明它们之间的性能存在显著差别，这一点与二分类 Friedman 检验图中的情况完全相同，与二分类 Friedman 检验图一致的情况还有代表并行支持向量机、支持向量机分类模型以及 BP 神经网络分类模型临界值域的直线之间存在交叠即这三种模型的性能之间不存在显著差别。与二分类 Friedman 检验图中不同的是，代表支持向量机分类模型临界值域的直线以及其平均序值与代表 BP 神经网络分类模型临界值域的直线以及其平均序值均存在较大区别，虽然它们之间的临界值域直线存在交叠，但支持向量机分类模型的平均序值要小于 BP 神经网络分类模型，说明支持向量机分类模型的性能要略优于 BP 神经网络分类模型。结合 Friedman 检验图对这五种模型在此土壤重金属数据上进行土壤重金属污染风险多分类评价时的性能由好到坏进行排序，它们的顺序依次为并行支持向量机、支持向量机分类模型、BP 神经网络分类模型、K-近邻分类模型、决策树分类模型。

结合二分类实验模型性能评价以及多分类模型性能评价的相关结果可以得知，无论是在哪一种分类实验的模型性能评价中，并行支持向量机的分类性能均要优于其他四种模型，支持向量机分类模型在进行二分类实验时性能与 BP 神经网络分类模型相同，在进行多分类实验时性能优于 BP 神经网络分类模型，而 K-近邻分类模型、决策树分类模型的分类性能在这五种分类模型中相对较差。

6.6 知识扩展

6.6.1 决策树算法

决策树算法是机器学习领域最为常用的分类算法之一。决策树通过贪心算法(Greedy Algorithm)自上而下的(Top-Down)、递归的划分产生一个近似解,其分类模型的形成需要经历三个阶段,分别是特征的选择、树的构建(Tree Building)和树的剪枝(Tree Pruning)。

特征选择就是从当前输入的特征集合中以某种指标选择出一个特征,并将该特征作为决策树当前节点的划分标准。决策树算法可以根据特征选择所遵循的指标分为以下三种:ID3算法、C4.5算法和CART分类回归算法。ID3算法是以信息增益作为指标选择特征,C4.5算法是以信息增益比作为指标选择特征,而CART分类回归算法是以基尼系数作为指标选择特征。一般地,输入的特征集合包含两种类型的特征:第一种是数值型特征,通常会对该类型特征进行排序,使用大于或等于、小于或等于等作为分割条件;第二种是类别型特征,通常是根据该特征值是否属于该类别作为分割条件。

决策树的构建过程就是通过特征选择自上而下生成新节点:对该特征进行阈值化,根据最佳阈值将数据集分割为两个子区域。然后取其中一个子区域,再通过一个新的满足某种指标的特征并根据阈值进行分区。最后,以递归的方式来继续对模型的训练,总是选择一个子节点、一个特征和一个阈值来生成新的分割。直到输入数据集不可再分时,决策树构建完成。决策树的节点包括有根节点、内部节点以及叶子节点,其中,根节点位于树的最顶端,内部节点位于树的中间部分,内部节点同时拥有父节点和子节点。内部节点和根节点都表示数据集中的一个特征。叶子节点表示了最终可能的分类结果。

给定一个数据集 $D=\{t_1,t_2,\cdots,t_n\}$,其中 $t_i=\langle t_{i1},t_{i2},\cdots,t_{in}\rangle$,数据集包含下列特征 $\{A_i,A_{i+1},\cdots,A_n\}$。同时给定类别集合 $C=\{C_1,C_2,\cdots,C_m\}$,共有 m 个类别。对于数据集 D,决策树是具有三个性质的树:第一个性质是每个内部节点都被标记一个属性 A_i;第二个性质是每个分支都被标记一个特征,这个特征可应用于相应父节点的属性;第三个性质是每个叶节点被标记一个类 C_j。

决策树构建完毕后,便可以对数据集中每个样本 $t_i\in D$,利用构建的决策树确定该样本的类别。由于数据集中的样本点不可避免会存在一些异常点,异常点的干扰会使得生成的决策树过于复杂。在针对训练集生成模型时,使用全局数据生成的决策树往往也会造成模型过拟合。因此,需要对决策树进行剪枝处理。常用的剪枝技术分为预剪枝和后剪枝两种。预剪枝是在树的构造过程中对某些情况主动停止构造而避免树过于复杂。由于不需要针对数据生成完整的决策树,因此预剪枝方法构建决策树效率较高,在大规模决策问题上,这是一种比较好的剪枝策略。后剪枝是对已经建立完全的决策树进行修剪,通过对生成树的某些子树改为叶节点使最终树不断缩减分支。后剪枝的应用较为广泛,如C4.5算法采用的就是后剪枝方法。

在剪枝过程中所依据的标准有最小描述长度原则(MDL)和期望错误率最小原则等。最小描述长度原则对决策树进行二进位,最佳剪枝树就是编码所需二进位最少的树;

期望错误率最小原则是计算某节点上子树被剪枝后出现的期望错误率，由此判断是否剪枝。

下面分别对常用的ID3算法、C4.5算法以及CART算法进行详细介绍。

1. ID3算法

ID3算法由Quinlan在1986年提出，是一种基于信息熵理论的决策树算法。ID3算法利用信息增益最大的特征作为分支的选取标准，建立分支后又对各子分支递归使用该方法选择特征建立新的分支，作为最为典型的决策树生成算法。ID3算法具有很大影响力，许多新的决策树算法都以此为基础而提出的。

信息熵(Information Entropy)这个概念由Shannon在1948年提出的信息论理论中给出了定义。对于单个事件A，其信息熵$I(A)$可通过公式(6.21)计算：

$$I(A)=-p(A)\mathrm{lb}p(A) \tag{6.21}$$

其中，$p(A)$表示事件A发生的概率；对数函数计算的信息熵单位为比特。单个事件A的不确定性越大，其信息熵也会越大。

对于包含m个样本数据的样本集S，假设类别特征有n个不同的取值，即有n个不同的类，表示为$C_i(i\in[i,n])$，a_i为类别为C_i的样本个数，则样本集S总的信息熵由公式(6.22)给出：

$$I(C_1,C_2,\cdots,C_n)=-\sum_{i=1}^{n}p(C_i)\mathrm{lb}p(C_i) \tag{6.22}$$

其中，$p\left(C_i=\frac{a_i}{m}\right)$表示类别为$C_i$的样本在总样本中出现的概率。

对于样本集S中的某个类别型特征A，假设A特征包含k个值。利用特征A对样本集S进行划分，可以得到k个子集$\{S_1,S_2,\cdots,S_k\}$。假设S_i为S的某个子集，在特征A上的值为a_i。当对特征A进行测试时，S的子集即S的所有分支上，假设S_i中对应某一类别C_i的样本数为S_{ji}，则根据特征A划分各个子集的信息熵可由公式(6.23)给出：

$$\mathrm{Entropy}(A)=\sum_{j=1}^{k}\frac{S_{1i}+S_{2i}+\cdots+S_{ji}}{S}I(C_{1j},C_{2j},\cdots,C_{nj}) \tag{6.23}$$

其中，$I(C_{1j},C_{2j},\cdots,C_{nj})$与公式(6.22)类似，即某个子集在$n$个不同类别下的信息熵。因此，样本集$S$对特征$A$进行测试时，根据$A$进行划分后的信息增益由公式(6.24)定义：

$$\mathrm{Gain}(S,A)=I(C_1,C_2,\cdots,C_n)-\mathrm{Entropy}(A) \tag{6.24}$$

信息增益表示了样本集根据某个特征进行划分后，样本集的分类不确定性减少的程度。

ID3算法利用最大信息增益作为特征选择的依据，进而递归使用生成分支直到生成完整的决策树，该依据的不足之处在于信息增益容易偏向于选择取值较多的特征。这是因为当某特征的取值较多时，根据该特征来划分更容易获取到纯度更高的子样本集。ID3算法如算法6.1所示。

算法 6.1 ID3 算法

输入：数据集 $D=\{(x_1,y_1),(x_2,y_2),\cdots,(x_n,y_n)\}$；特征集 A；划分阈值 ε
for 子节点 i，以 D_i 为训练集，以 $A-\{A_g\}$为特征集合 do
  if D 中所有实例属于同一类 C_i
    T 为单节点树，并将类 C_k 作为该节点的类标记，返回 T
  end if
  if $A=\varnothing$
    T 为单节点树，并将 D 中实例数最大的类 C_k 作为该节点的类标记，返回 T
  else
    根据信息增益的计算公式，计算出 A 中个特征对 D 的信息增益，选择信息增益最大的特征 A_k
  end if
  if A_g 的信息增益小于阈值 ε
    T 为单节点树，并将 D 中实例数最大的类 C_k 作为该节点的类标记，返回 T
  else
    对 A_g 的每一种可能值 a_i，依 $A_g=a_i$ 将 D 分割为若干非空子集 D_i，将 D_i 中实例数最大的类作为标记，构建子节点，由节点及其子树构成树 T，返回 T
  end if
end for
输出：ID3 决策树

因为 ID3 算法在提出时没有相应的剪枝概念，所以 ID3 算法在实验过程中容易对样本集产生过拟合。除此之外，由于没有考虑连续型特征的划分和缺失值的处理方式，ID3 算法的推广受到了许多的限制。为了改进 ID3 算法的不足，Quinlan 提出了 C4.5 算法。

2. C4.5 算法

C4.5 算法由 Quinlan 于 1993 年提出，是在 ID3 算法基础上的一种改进，它继承了原算法的优点。ID3 算法在利用最大信息增益选择特征的时候倾向取值多的特征，并且不能处理连续特征。C4.5 算法在选择分支特征时利用信息增益率而不是信息增益，信息增益比表示的是信息增益与某个特征的信息熵的比值。信息增益率在信息增益的基础上得出，其表达式如公式(6.25)所示：

$$\text{GainRatio}(S,A)=\frac{\text{Gain}(S,A)}{\text{SplitInfo}(S,A)} \tag{6.25}$$

其中，SplitInfo(S,A)为分裂信息，由公式(6.26)计算得出：

$$\text{SplitInfo}(S,A)=-\sum_{j=1}^{v}\frac{S_{1j}+S_{2j}+\cdots+S_{mj}}{S}\text{lb}\left(\frac{S_{1j}+S_{2j}+\cdots+S_{mj}}{S}\right) \tag{6.26}$$

C4.5 算法能够应对有缺失值的数据集和处理连续型特征，其处理方式是将连续的特征值进行离散化处理。离散化处理的具体形式是，将连续型特征按从小到大的顺序排列，计算相邻两特征值得平均数作为分割点，分别计算这些分割点的信息增益值，并选择信息增益值最大的点作为这个连续特征的二分类节点。

C4.5 算法相较 ID3 算法，还引入了剪枝策略来防止决策树模型的过拟合。

相比之下，C4.5 算法的执行效率高于 ID3 算法，但仍然存在一定的不足。C4.5 算法生成的不是二叉树，而是多叉树，这可能导致生成模型时需要花费更多的时间。此外，C4.5 算法只能用于分类问题。

3. CART 算法

在 ID3 算法和 C4.5 算法的不足基础上，CART 算法被提出。CART 算法不仅可以用于分类问题，还可以用于回归，且生成的树是二叉树，其性能较前面两种决策树算法都有了很大的提升。因此 CART 算法也被应用于集成学习，作为生成随机森林中的个体学习器。有关 CART 算法的原理这里暂不做介绍，详细内容可参考第 7 章。

6.6.2 K-近邻算法

K-近邻算法既可以应用于分类，也可以应用于回归。其基本思路是：如果输入数据集的特征空间中与某样本距离最近的样本中的大多数属于某一个类别，则该样本也属于这个类别，其中 K 通常是不大于 20 的整数。该算法在分类决策上只依据最近的一个或者几个样本的类别来决定待分类样本所属于的类别。

在 K-近邻算法中，通过计算样本间的某种距离来作为各个对象之间的非相似性指标，避免了样本之间的匹配问题，在这里距离一般使用欧氏距离或者曼哈顿距离。

给定两个 n 维向量 $\boldsymbol{x}$ 和 $\boldsymbol{y}$，两向量间的欧氏距离和曼哈顿距离的计算表达式如公式(6.27)与公式(6.28)所示：

$$d(\boldsymbol{x},\boldsymbol{y})=\sqrt{\sum_{i=1}^{n}(x_i-y_i)^2} \tag{6.27}$$

$$d(\boldsymbol{x},\boldsymbol{y})=\sum_{i=1}^{n}|x_i-y_i| \tag{6.28}$$

其实，欧氏距离和曼哈顿距离都是闵可夫斯基距离的特殊形式，闵可夫斯基距离可以表示为：

$$d(\boldsymbol{x},\boldsymbol{y})=\sqrt[p]{\sum_{i=1}^{n}|x_i-y_i|^p} \tag{6.29}$$

其中，当 p 的取值为 1 时得到的是曼哈顿距离，当 p 的取值为 2 时得到的是欧氏距离。

给定训练集 $D=\{(x_1,y_1),(x_2,y_2),\cdots,(x_n,y_n)\}$，$\boldsymbol{x}_i$ 是一个 m 维向量，$i=1,2,\cdots,n$。在训练集中数据和标签已知的情况下，输入测试数据，将测试数据的特征与训练集中对应的特征进行相互比较，找到训练集中与之距离最为接近的前 K 个数据，则该测试数据对应的类别就是 K 个数据中出现次数最多的类别，其中距离一般采用欧氏距离。K-近邻算法进行分类的具体实施流程如下：

(1) 计算测试数据与各个训练数据之间的欧氏距离；

（2）按照距离的递增关系进行排序；

（3）选取距离最近的 K 个数据点；

（4）确定前 K 个数据点所属类别的出现频率；

（5）返回前 K 个数据点中出现频率最高的类别作为测试数据的预测分类。

K-近邻算法如算法 6.2 所示。

算法 6.2　K-近邻算法

1：　输入：已知训练集 $S=\{(x_1,y_1),(x_2,y_2),\cdots,(x_n,y_n)\}$；测试集 $D=\{x_1,x_2,\cdots,x_m\}$；K 值

2：　for $i=1,2,\cdots,m$

3：　　针对当前输入的测试样本 D_i，计算其与训练集 S 中 n 个样本的欧氏距离 d_{ij}，其中 $j=1,2,\cdots,n$

4：　　按照从小到大的顺序给 d_{ij} 排序

5：　　选取与测试样本距离 d_{ij} 最小的前 K 个点

6：　　分别记录前 K 个点中包含的类别，记录每个类别下包含的样本数，返回样本数最多的类别作为当前测试样本的预测类别

7：　end for

8：　输出：待测试样本所属类别

偏差表示了模型输出值与真实值之间的差异。偏差越大，表示模型越容易欠拟合，未能充分利用数据中的有效信息。方差则表示了模型对数据轻微改变的敏感程度。方差越大，表示模型越容易过拟合，对噪声越敏感。

由 K-近邻算法的实施流程可知，K 的取值会直接影响到 K-近邻算法的预测性能。当 K 的取值较小时，相当于对某样本进行预测时，只使用了较小范围内的训练样本进行学习预测，当该范围内的样本集合存在噪声时，意味着模型可能变得复杂。模型容易发生过拟合，导致了方差的增大。当 K 的取值较大时，相当于对某样本进行预测时，使用了较大范围内的训练样本进行学习预测，其优点是可以减少噪声数据对模型的干扰，降低学习的估计误差。但此时，与输入样本距离较远的训练样本也会被模型学习到，可能导致预测出错。并且，如果取 K 为总的训练数据数，那么每次获取最终分类结果时，肯定都是训练数据中样本数目多的类别维结果。显然对结果造成了明显影响。通常情况下，需要对 K 的取值经过多种尝试，来确定到底使用多大的 K 值作为模型的最终超参数。K 通常取值为 3～10，或者直接取 K 等于训练样本数目的平方根。在实际应用中，一般会采用交叉验证法配合网格搜索法来确定最优的 K 值。

K-近邻算法具有以下优点：第一，K-近邻算法的思想简单，便于理解且很容易实现，不需要进行模型训练便可直接得出预测结果；第二，K-近邻算法既可以用于分类问题，也可以用于回归问题；第三，K-近邻算法对数据集中存在的少数异常值并不敏感，异常值的存在不会对最终的模型输出造成很大的影响；第四，K-近邻算法不仅可以用于二分类问题，还可以用于多分类问题，对于类别交叉或者重叠的情况也能适用；第五，将 K-近邻算法与支持向量机算法针对不同数据集时有不同的表现。当输入数据集的特征维度很高

时，支持向量机算法表现出更好的性能，但K-近邻算法在复杂度方面低于支持向量机算法，K-近邻算法的训练复杂度仅为$O(n)$。

K-近邻算法同时也具有以下缺点：第一，当输入测试样本集的特征维度非常高时，K-近邻算法对测试样本进行预测所需的计算量大，内存开销大，这是因为对于每一个待预测样本，都需要计算该样本到全体已知样本的距离，从而得到该样本的K个最近邻点；第二，K-近邻算法的可解释性不够优秀，无法得出变量与目标值的相关性以及特征重要性排序；第三，当输入数据集是类别不平衡数据集时，多数类中包含的样本数目往往很大，而少数类中包含的样本数目很小，有可能导致输入新的测试样本时，该样本的K个最近邻样本中多数类的样本占多数，但少数类的样本距离该测试样本更近，最终发生错分的情况，这导致对少数类的样本预测准确率较低；第四，K-近邻算法属于懒惰算法，不需要训练，所以在进行预测时速度可能较慢。

针对输入数据集特征维度非常高的情况，目前常用的解决方法有两个：其一是通过PCA降维等方法降低数据集的维度，去除与目标值相关性低的特征；其二是事先对已知样本点进行处理，把分类作用不大的样本去除。针对类别不平衡数据集中对少数类样本分类准确度低的情况，可以采用增加权重的方式，给距离更近的最近邻样本分配更高权值的方法来改进。在实际应用中，K-近邻算法在人脸识别、文字识别、医学图像处理等领域可以取得良好的分类效果。

由上述分析可知，K-近邻算法确实具有一些局限性，为了破除K-近邻算法存在的局限性，有学者提出了KD树(K-Dimensional Tree)算法。KD树本质是一种平衡二叉树，该算法顾名思义是要通过树来进行问题预测。

KD树算法实施过程大致可分为三个步骤，分别是构建KD树、找到最近邻样本以及预测并输出结果。第一步是构建KD树，KD树在生成时也是由根节点开始建立的。其对输入数据集的m个样本的n维特征，计算每个特征的方差，采用方差最大的第K个特征n_k作为KD树的根节点，并且选择n_k的所有取值的中位数n_{kn}对应的样本作为划分点，将原始数据集划分为两个子数据集。将第K个特征的特征值小于n_k的样本划分到左子树，将第K个特征的特征值大于或等于n_k的样本划分到右子树，针对每个子树递归上述步骤直至KD树构建完成。第二步是在生成KD树后，将测试集输入KD树对测试样本进行预测。对于当前测试样本，根据该测试样本所包含的特征值由根节点开始向叶子节点寻找，找到其对应的叶子节点。以该测试样本为圆心，该测试样本到叶子节点的距离为半径，构成一个超球体，最近邻的点都在该超球体内部。随后查看该叶子节点的父节点，检查另一个子节点包含的超矩形体是否与超球体相交。若相交，则到该子节点中寻找是否存在距离更小的近邻点，若有则更新近邻点。若不相交则直接返回父节点的父节点，并在另一个子树继续搜索最近邻。直到回溯到根节点时，KD树算法结束。此时保存的最近邻节点就是最终的最近邻。第三步则可以通过最近邻进行预测。在KD树搜索最近邻的基础上，重复执行K次，就得到了测试样本的K个最近邻，然后根据多数投票法，如果是分类问题，预测为K个最近邻里面有最多类别数的类别，如果是回归问题，用K个最近邻样本输出的平均值作为回归预测值。

6.7 本章小结

本章主要以土壤重金属风险分类评价为例，对使用并行支持向量机模型进行大数据风险分类评价研究进行了相关介绍，内容主要包括土壤重金属污染及其风险分类评价的相关现状、土壤污染评价方法、土壤重金属数据预处理、大数据风险评价结果、评价模型的性能评价以及知识扩展这六部分。

在土壤重金属污染及其风险分类评价的相关现状以及土壤污染评价方法这两部分，专门围绕现如今土壤重金属污染的现状、人工智能算法与土壤重金属风险分类评价的结合以及对土壤重金属污染等级进行评价的方法展开相关介绍，同时在之后的土壤重金属数据预处理部分也将使用前两部分中提到的湖北省土壤重金属背景值对武汉市六个新城区农田土壤重金属数据集进行重金属污染风险趋势的划分，将重金属镉划分为无污染风险趋势以及存在污染风险趋势，将重金属铬划分为无污染风险趋势、存在轻微污染风险趋势以及存在较强污染风险趋势。另外，在土壤重金属数据预处理部分还对训练数据集与测试数据集的选择以及数据的归一化处理进行了说明。

在大数据风险评价部分，分别针对并行支持向量机、支持向量机分类模型、BP 神经网络分类模型、K-近邻分类模型以及决策树分类模型这五种模型在测试数据上的分类评价结果进行比较，对二分类污染风险进行分类评价时使用的指标为准确率、精确率、召回率、F1-score、ROC 曲线面积这五种，在多分类污染风险分类评价结果时使用的指标为准确率、精确率、召回率、F1-score 这四种，最后均使用混淆矩阵对这五种模型的污染风险分类评价结果进行了展示。

之后在评价模型的性能评价部分分别就二分类实验与多分类实验对这五种模型的分类结果进行了评价，使用的评价方法为 Friedman 检验与 Nemenyi 后续检验方法。评价结果表明，无论在哪种分类实验中，并行支持向量机的分类性能均要优于其他四种模型。最后在知识扩展部分分别介绍了二分类与多分类实验过程中作为对比模型的决策树分类模型以及 K-近邻分类模型所涉及的决策树算法以及 K-近邻算法，另外针对它们的实施流程以及算法优缺点也做了进一步的说明。

第7章

集成学习与贝叶斯优化的相关理论

第6章中，主要以土壤重金属风险分类评价为例，对使用并行支持向量机模型进行大数据风险分类评价研究进行了相关介绍。本章将围绕大数据风险分类评价研究的其他方法——集成学习(Ensemble Learning)与贝叶斯优化(Bayesian Optimization)的相关理论展开，包括集成学习方法、类别不平衡数据集的处理思路、贝叶斯优化以及知识扩展这四部分。

7.1 集成学习方法

7.1.1 集成学习

随着近几十年机器学习与模式识别技术的发展，集成学习方法因其特点在各种研究领域得到广泛的应用。集成学习方法并非指一个单一的算法，而是一种算法框架。集成学习方法往往是为了解决某种机器学习问题，生成多个个体学习器，再通过某种策略将多个个体学习器集成为一个学习器，其中个体学习器一般选择弱学习器(Weak Learner)。这里的弱学习器常指泛化性能略优于随即猜测的学习器，例如，在二分类问题上精度略高于50%的分类器；反之则可看作是强学习器。之所以选择弱学习器，是因为使用强学习器训练可能会产生计算复杂度高、数据过拟合等问题。在某些集成学习方法中每个个体学习器收获的特征是不同的，这使得个体学习器之间的相关性降低。集成学习方法一方面解决了单个模型准确率不高的问题，另一方面解决了模型选择难题，降低了选择糟糕模型的可能性。

目前，常见的用于生成集成学习器的方法可以粗略地分为两类：一类是将不同类型的学习算法应用于同一数据集上，这种方法通常被称为异质(Heterogeneous)集成；另一类是将同一学习算法应用于不同的数据集(可基于原有的训练数据集进行随机抽样等方法得到)，这种方法则被称为同质(Homogeneous)集成。对于生成同质类型个体学习器的方法，基于它们获取不同数据集所采用的技术，又可以分为对训练集重抽样(如Bagging和Boosting算法)和操纵输入特征[如随机子空间方法(Random Subspace Method，RSM)等]。

1. Bagging算法介绍

Breiman在1996年首次提出了Bagging算法(全称为Bootstrap Aggregating Algorithm)。该算法基于Bootstrap对数据集进行有放回的采样以获取多个子训练集，对子训练集进行训练得到多个个体学习器，每个个体学习器在最后对结果进行投票，将获得投票最多的作为输出的结果，如算法7.1所示。

算法7.1　Bagging算法

输入：数据集 $S=\{(x_1,y_1),(x_2,y_2),\cdots,(x_n,y_n)\}$，$T$ 个个体学习器
for $i=1,2,\cdots,T$
　对包含 n 个样本的训练集 S 进行有放回抽样 n 次，得到子训练集 S_i'
　对子训练集 S_i' 训练出个体学习器 L_i
end for
将测试集输入到个体学习器集合 $L=\{L_1,L_2,\cdots,L_T\}$
记录每个个体学习器对每个样本的分类结果
对每个样本，如果是分类，选择所有类别中被个体学习器投票次数最多的类别进行输出 $H(x)$；如果是回归，将所有个体学习器的回归结果求平均值后输出预测结果 $H(x)$

由于采用Bagging算法随机有放回的方法生成子数据集，若某数据集有 n 个样本，设其中某样本一次被抽到的概率为 $1/n$，则一次没有被抽到的概率为 $1-1/n$，那么该样本 n 次未被选中的概率为 $(1-1n)^n$，假如数据集足够的大，即当 n 趋向于无穷大的时候得到公式(7.1)，求极限可得到结果为1/e，约等于0.368。由此可以得到数据集中大约有1/3的样本没有被选中生成子数据集并参加训练。这些没有被抽取过的1/3的样本就被称为袋外(Out-of-Bag，OOB)样本。

$$\lim_{n\to\infty}\left(1-\frac{1}{n}\right)^n \tag{7.1}$$

袋外样本有许多用处，可以用作测试集来估计算法性能。因此，使用Bagging算法训练时不需要提前将数据集划分为训练集和测试集。将袋外样本作为测试集输入到个体学习器中训练得到的结果与真实值进行比较得到的准确率也就是袋外准确率，它可以直接作为算法性能的评价指标。除此以外，如果Bagging算法选用的个体学习器是决策树，袋外样本可以用来帮助决策树剪枝；如果Bagging算法选用的个体学习器是神经网络，袋外样本可以控制迭代次数及时停止迭代，以免模型过拟合。Breiman指出，稳定性是Bagging算法能否提高预测准确率的关键因素，Bagging算法对不稳定的学习算法能提高预测的准确度，而对稳定的学习算法效果不明显，有时甚至使预测精度降低。学习算法的不稳定性是指如果训练集有较小的变化，学习算法产生的预测函数将发生较大的变化。也就是说个体学习器不稳定时，应用 Bagging 算法来提升预测或者分类的准确度才会更有效。

如果假设 Bagging 算法中的个体学习器的计算复杂度为 $O(m)$，则 Bagging 算法的计算复杂度大致上可以写为 $T(O(m)+O(s))$。考虑到 Bagging 采样与投票、平均过程的复杂度 $O(s)$ 很小，而 T 通常是一个不太大的常数，因此，使用 Bagging 算法训练与直接使用个体学习器算法训练出一个个体学习器的复杂度同阶，这正好说明 Bagging 算法集成的高效性。Bagging 算法随机森林作为以 Bagging 算法为基础提出的集成学习算法，其详细实施过程，将在 7.1.2 节进行介绍。

2. Boosting 算法介绍

Boosting 与 Bagging 的区别在于 Bagging 算法中的个体学习器是并行结构，而 Boosting 算法中的个体学习器是串行结构。Boosting 算法是一种通过迭代实现将一个弱学习器逐渐训练成为强学习器的算法，它通过增加迭代次数，产生一个表现近乎完美的强学习器。Boosting 算法使用样本空间中划分的训练集进行训练，得到第一个个体学习器，之后将整个样本空间输入该学习器得到训练正确与错误的样本，挑选出有对有错的一部分样本作为训练集进行训练得到新的个体学习器，再将整个样本空间输入该学习器，与第一个个体学习器进行对比，得到预测不一致的部分，给到下一个学习算法进行训练，最后给到每个训练结果不同的权重组合得出最终结果。

AdaBoost 算法作为数据挖掘领域的十大算法之一，是基于集成学习方法中的 Boosting 算法思想而提出的。从 AdaBoost 算法的提出到目前已有十几年，有许多机器学习领域的知名学者不断投入到算法相关理论的研究中去。AdaBoost 算法的主要思想是，给定一个弱学习器(通常是决策树)和一个训练集 $D=\{(x_1,y_1),(x_2,y_2),\cdots,(x_n,y_n)\}$，这里 x_i 为待训练样本，y_i 对于分类问题为一类标记，对于回归问题为一数值。以二分类场景为例，初始化时，如果该训练集的两个类别下样本是等比例的，则对每一个训练样本赋予相等的权重 $1/n$；如果两个类别下的样本是不等比例的，在分配权重时需要保证两个类别下的样本各自总权重皆为 1/2。然后，用该学习算法对训练集训练一个弱分类器。在训练过程中，对训练集降低分类正确的训练样本的权重，升高分类错误的训练样本的权重。更新权重的训练集继续用于训练下一个弱分类器。每次都只训练一个弱分类器，训练好的分类器继续参加下一轮迭代。直到完成规定的训练最大轮次 T。最后，将所有弱分类器组合成强分类器。弱分类器中，分类误差小的具有较高的权重(可信度)，相反，训练误差大的弱分类器具有较低权重(可信度)。最后通过分类函数得出最终的分类结果。如果是预测问题，则使用加权平均的方法得出最终预测结果。AdaBoost 算法和随机森林类似，都有较强的泛化能力，预测精度也相对其他机器学习算法较高。

AdaBoost 算法最开始应用于现实问题是用来识别手写字体的，其在此领域一经应用便十分成功。在早期流行的手写字体识别算法中，研究者都是使用多层前向神经网络作为弱分类器。与单个神经网络相比，由 AdaBoost 算法增强的神经网络识别能力更强，不仅能够极大地降低识别错误率，还能够识别更多不同书写风格的字体。随着研究的深入，能够使用的弱分类器也已经扩展到决策树、K-近邻以及支持向量机等多种机器学习算法。相关的应用场景也扩展到手写文档识别与检索等。由 Schapire 和 Singer 开发的

Boos Texter 系统，是第一个基于 Boosting 思想的文本分类系统。在这之后，Boosting 技术在文本分类中的应用被不同研究者发展与完善，目前已经成为构建文本分类器、提高文本分类准确率的一种重要方法。基于 AdaBoost 算法的信息检索算法不仅可以用于文本信息检索与分类，同时也广泛地应用于图像、视频与音频等多媒体信息检索的研究中。代价敏感学习以及不平衡数据集学习是机器学习研究的重要内容。目标检测、医疗诊断、入侵检测以及经济预测等领域的应用问题常伴随着天生的不对称性。不同分类错误引起的代价差异较大，或是关注的样本难以获得高效训练和检测样本类分布严重不平衡。研究指出，AdaBoost 算法有着内在的非对称性，可以直接应用于非对称学习，算法使用的改变样本分布的策略，能够很自然地与经典代价敏感学习方法以及不平衡数据集学习方法相结合，使得 AdaBoost 算法及其变种算法已发展成为实现非对称学习的一种重要方法。

AdaBoost 算法如算法 7.2 所示。

算法 7.2　AdaBoost 算法

输入：数据集 $D=\{(x_1,y_1),(x_2,y_2),\cdots,(x_n,y_n)\}$；假设类别空间 $y=\{0,1\}$；个体学习算法为 L；训练的最大轮次为 T
假设数据集两个类别下样本等比例，初始化权重 $u^{t=1}=1/n$，每个样本权重相同，权重和为 1
for $i=1,2,\cdots,T$
　$h_t=L(D,u^t)$，根据当前权重 u^t 使用个体学习算法 L 训练出个体学习器 h_t
　$\varepsilon_t=\sum_{i=1}^{N}u_i^t\mid h_t(x_i)-y_i\mid/N$，计算训练误差 ε_t
　if $\varepsilon_t>0.5$
　　停止
　else
　　令 $s_t=(1-\varepsilon_t)/\varepsilon_t$，确定 h_t 的权重
　　if $h_t(x_i)\neq y_i$
　　　$u_i^{t+1}=u_i^t$
　　else
　　　$u_i^{t+1}=u_i^t/s_t$
　　end if
　　进行归一化，令 $u_i^{t+1}=u_i^{t+1}/\sum_{j=1}^{N}u_j^{t+1}$
　　确认该弱学习器的权重 $\alpha_t=\ln s_t(0<\alpha_t<\infty)$
　end if
end for
将 T 个 $h_t(x)$ 集成为一个强学习器并输出
if $\sum_{t=1}^{T}\alpha_t h_t(x)\geqslant\sum_{t=1}^{T}\alpha_t/2$
　$H(x)=1$
else
　$H(x)=0$
end if

AdaBoost 算法的每一次迭代，本质是在进行梯度下降，虽然该方法能够显著提高弱学习器的学习效果，但很容易受到噪声的影响产生数据的过拟合，并且每个个体学习器只能顺序生成，训练效率相对较差。AdaBoost 算法最开始的设计是为了解决二分类问题，但随着技术不断深入发展，实际生活中大多数的问题都是多分类问题。为了适应数据变换，学者们对多分类 AdaBoost 算法展开了研究。对二分类问题，弱分类器的条件是：要求对任意样本分布，分类器的分类准确率只需要稍微高于 50%。对于类别数目为 k 的多分类问题，这一条件过于严格。但是如果仅仅要求分类准确率略高于 $1/k$，这一条件又过于宽松。一个较为精准的弱分类器条件能够帮助算法设计者选择更简洁的子分类器来防止发生过拟合，防止集成以后分类器的准确率下降。一个较为精准的弱分类器条件还能够作为 AdaBoost 算法停止迭代的条件。因此，如何找一个精确的弱分类器条件，是多分类 Boosting 算法设计的一个重要部分。在使用 AdaBoost 算法进行多分类时，可以使用拆解法将一个多分类问题分解成多个二分类问题，在每个二分类问题中应用分类准确率高于 50%这样的弱分类器条件。拆解法可以分为一对一(One Against One)策略、一对多(One Against All)策略以及纠错输出编码(Error Correcting Output Code，ECOC)、层次分解策略等。

AdaBoost 算法具有扎实的理论基础，其不只是让 Boosting 算法从最初的一道猜想变成了一个真正具有实用价值的算法，同时，AdaBoost 算法所采用的打破原始样本分布的技巧，也启发了其他大量的统计学习算法，其相关理论的研究成果也极大地促进了集成学习方法的发展。对 AdaBoost 算法的改进主要集中在以下三方面：一是调整权值更新方法，以达到提升分类器性能、减缓退化等效果；二是改进 AdaBoost 算法的训练方法，使 AdaBoost 算法能更高效地进行拓展；三是结合其他算法和一些额外信息而产生的新算法，达到提高精确度的目的。

7.1.2 随机森林原理

随机森林(Random Forest，RF)算法结合了 Bagging 算法和随机子空间方法，并使用 CART 分类回归树作为个体学习器。由于 Bagging 算法在 7.1.1 节已经介绍过，本节不再赘述。本节主要介绍随机子空间算法、CART 算法，并在最后对随机森林算法进行总结。

1. 随机子空间算法

随机子空间算法由 Ho 于 1998 年提出，主要用于分类预测。随机子空间算法对训练集的特征集合进行无放回的随机采样形成特征子集，并使用该特征子集训练得出个体分类器，重复该过程训练出 n 个个体分类器，最后和 Bagging 算法一样，对 n 个个体分类器的分类结果，取获得投票最多的类别作为最终结果。随机子空间算法可与其他机器学习算法结合应用于高维数据集，可大幅降低算法运行时间。随机子空间算法如算法 7.3 所示。

算法 7.3　随机子空间算法

输入：特征集 $A=\{(x_1,y_1),(x_2,y_2),\cdots,(x_n,y_n)\}$，$T$ 个个体分类器；训练集 S
for $i=1,2,\cdots,T$
　对包含 n 个特征的特征集合 A 进行有放回抽样 m 次($m\ll n$)，得到子特征集合 A_i'
　使用只含有子特征集合 A_i' 的训练集 S 训练出个体分类器 C_i
end for
将测试集输入到个体分类器集合 $C=\{C_1,C_2,\cdots,C_T\}$
记录每个个体学习器对每个样本的分类结果
对每个样本，选择所有类别中被个体分类器投票次数最多的类别进行输出分类结果 $H(x)$

2. CART 算法

CART 算法是一种决策树算法。CART(Classification and Regression Trees)即分类回归树，是 Breiman 等在 1984 年提出的，目前应用较为广泛。CART 的生成过程就是递归地采用二分分割的方法，每次将当前数据集分为两部分，每个非叶子节点都拥有两个分支，构建得到一棵二叉树。如果目标是生成回归树，则以平方误差最小作为划分准则，选择平方误差值最小的特征；如果目标是生成分类树，则以基尼系数(Gini Impurity)最小作为划分准则，选择基尼系数最小的特征。基尼系数代表了模型的不纯度，基尼系数越小表示该模型的不纯度越低，特征越好。

以生成分类树为例，对于数据集 S，假设某个特征有 n 种类别取值，N 个样本，基尼系数的计算方法如公式(7.2)所示。

$$\text{Gini}(S)=\sum_{i=1}^{n}p(i)(1-p(i))=1-\sum_{i=1}^{n}p(i)^2 \tag{7.2}$$

其中，$p(i)$为数据集中该特征类别取值为 i 的样本数占全部样本数的比例。假设类别取值为 i 的样本有 N_i 个，则 $p(i)$可以表示为：

$$p(i)=\frac{N_i}{N} \tag{7.3}$$

假设数据集 S 被划分为两个子数据集 S_1 和 S_2，其中样本个数分别为 N_{s1} 和 N_{s2}，则划分的基尼系数值可由公式(7.4)计算。

$$\text{Gini}_{\text{split}}(S)=\frac{N_{s1}}{N}\text{Gini}_{\text{split}}(S_1)+\frac{N_{s2}}{N}\text{Gini}_{\text{split}}(S_2) \tag{7.4}$$

如果是二分类问题，基尼系数计算方式如公式(7.5)所示。

$$\text{Gini}(s)=2p(1-p) \tag{7.5}$$

在建立 CART 分类树时，对于离散型特征，应该是有多少个离散型特征就分裂出多少个节点，但由于决策树都是二叉树，因此会选取其中一个特征作为一个节点，剩下的特征集合生成另一个节点。在进行分类时，以特征 A 为例，假设特征 A 共有 k 个取值，则有 k 种分裂方案，CART 分类树分别计算每个方案的基尼系数，选择基尼系数最小的分裂方案进行分裂，递归执行以上步骤最后生成分类树。按照决策树对数据分类的步骤，可以看出它隐式地定义了一个映射。这个映射所需要的过程就是决策树的数据判别从根到叶子节点的流程。由于不同的决策树算法所形成的决策树是不同的，因此对同一数据集的分类结果也可能会不同。CART 分类树生成算法如算法 7.4 所示。

算法 7.4　CART 分类树生成算法

```
1:  输入：训练集 D，样本个数阈值，基尼系数的阈值
2:  对于当前节点的数据集 D
3:    if 样本个数小于阈值或者特征个数小于 0
4:      返回决策子树，当前节点停止递归
5:    end if
6:    计算样本集 D 中的基尼系数
7:    if 基尼系数小于阈值
8:      返回决策树子树，当前节点停止递归
9:    end if
10: 计算当前节点现有的各个特征的各个特征值对数据集 D 的基尼系数
11: 在计算出来的各个特征的各个特征值对数据集 D 的基尼系数中，选择基尼系数最小的特征 A
    和对应的特征值 a。根据这个最优特征和最优特征值，把数据集划分成 D1 和 D2 两部分，同
    时建立当前节点的左、右节点，左节点的数据集为 D1，右节点的数据集为 D2
12: 对左、右子节点递归地调用 2～11 步，生成决策树并输出
```

对生成的 CART 分类树做预测时，假如测试集中的样本 A 落到了某个叶子节点，而节点中有多个类别选择，则对于 A 的类别预测采用的是这个叶子节点中概率最大的类别。

CART 回归树的建立过程与 CART 分类树类似，相同的部分不再赘述。不同之处的是在节点划分时，CART 回归树选择了常见的和方差的度量方式，CART 回归树的度量目标是，对于任意划分特征 A，对应的任意划分点 s 划分成的数据集 D_1 和 D_2，求出使 D_1 和 D_2 各自集合的均方差最小，同时 D_1 和 D_2 的均方差之和最小所对应的特征和特征值划分点。

CART 算法在 ID3 算法、C4.5 算法的基础上有了很多改进，不仅可以用于回归和分类，还可以处理连续型特征。CART 算法在处理连续型特征时，思想和 C4.5 算法是相同的，都是将连续型的特征离散化。唯一的区别是选择划分点时，C4.5 算法使用的是信息增益比，则 CART 算法使用的是基尼系数。CART 分类树对连续型特征具体的处理思路如下，假设有某个样本集，其中样本数为 m，则连续型特征 A 取值也有 m 个。将这 m 个取值按照从小到大的顺序排列，可得到 $a_1, a_2, \cdots, a_m$，CART 算法是取相邻的两个值的平均数。这样共可以取得 $m-1$ 个划分点，其中第 i 个划分点为 T_i，T_i 表示为：$T_i = \dfrac{a_i + a_{i+1}}{2}$。对于这 $m-1$ 个点，分别计算以该点作为二元分类点时的基尼系数。选择基尼系数最小的点作为该连续型特征的二元离散分类点。比如取到的基尼系数最小的点为 a_1，小于 a_1 的值为类别 1，大于 a_1 的值为类别 2。

CART 算法和 C4.5 算法一样，也采用后剪枝策略。当 CART 算法不能再继续分支，或者达到规定的结束条件后，决策树就生成了。这时开始剪枝，剪枝过程类似于线性回归的正则化，剪枝算法分成两部分：首先从生成的决策树自下而上地进行剪枝操作，直到该决策树的根节点，每次剪枝都得到一个子树，所有子树形成一个序列$\{T_0, T_1, T_2, \cdots, T_n\}$；其次，通过交叉验证对这个序列进行测试，选择出最优子树作为剪枝后的决策树输出。

在对每个节点的子树进行剪枝时，需要计算该节点的训练误差损失函数，计算公式如公式(7.6)所示。

$$C\alpha(Tt) = C(Tt) + \alpha \mid Tt \mid \tag{7.6}$$

其中，α 为正则化参数；$C(Tt)$为训练数据的预测误差，希望预测误差尽可能小(分类树是使用基尼系数度量，回归树是均方差度量)；$|Tt|$是子树 T 的叶子节点的数量，代表了子树 T 的复杂度，叶子节点数越大表示子树 T 的复杂度大。

如果对子树 T 进行剪枝，仅保留其根节点，可以得到$|Tt|=1$，则损失是：

$$C\alpha(T) = C(T) + \alpha \tag{7.7}$$

因为剪枝后的预测误差大于剪枝前的预测误差，剪枝后的子树的复杂度小于剪枝前的子树的复杂度，所以，当 α 不断增大时，$\alpha|Tt|$比 α 增大得快，则一定有一个 α 值可以使 $C\alpha(T)=C\alpha(Tt)$，所以可以求出 $\alpha=\dfrac{C(T)-C(Tt)}{|Tt|-1}$。当 α 再增大时，$C\alpha(T)\leqslant C\alpha(Tt)$，则进行剪枝，也就是将该子树 T 的根节点变为叶节点。这是因为剪枝后子树 T 的节点复杂度降低，并且此时的损失函数小于或等于剪枝前的损失函数，说明剪枝带来的影响是正向的。

3. 随机森林分类算法

本节主要针对随机森林分类算法做介绍。随机森林算法使用 CART 作为个体学习器。首先定义 CART 的数量为 T，训练数据集含有 n 个输入特征。对输入的训练数据集使用 Bagging 有放回抽样，形成子训练集。生成子训练集的数量与 CART 的数量一致，也为 T 个。随后，输入 T 个子训练集，训练生成 T 个 CART。在训练 CART 生成每个分裂节点的过程中，使用随机子空间方法从当前的子训练集的特征集合中随机选取 m 个特征，其中 $m\leqslant n$。在对选取的 m 个特征使用 CART 算法计算后，选择一个最优的特征生成分裂节点。最后，将测试集输入到 CART 中，通过投票法集成分类结果并输出。

给定训练数据集 $S=\{X,Y\}$，样本对应的标签值 $\omega_i=\{\omega_1,\omega_2,\cdots,\omega_c\}$；$c$ 为总的类别数目；和一组个体分类器为$\{h_1(X),h_2(X),\cdots,h_t(X)\}$，每个个体分类器接收到的训练集为 $s=\{s_1,s_2,\cdots,s_t\}$都是通过 CART 算法训练得到的。可以得出随机森林分类算法的余量函数(Margin Function)，其表达式如下所示：

$$\mathrm{mg}(X,Y) = \mathrm{avg}I(h_t(X)=Y) - \max_{\omega_i \neq Y} \mathrm{avg}I(h_t(X)=\omega_i) \tag{7.8}$$

其中，$I(\cdot)$表示示性函数；$h_t(X)=Y$ 表示该个体分类器分类类别与样本真实值 Y 一致，$h_t(X)=\omega_i$ 表示该个体分类器将样本划分到 ω_i 类别；当 $\omega_i\neq Y$ 时表示分类错误，$\omega_i=Y$ 时表示分类正确，且 $i=1,2,\cdots,c$。余量函数是用于测量分类正确数的平均数超过分类错误数的平均数的程度。余量值越大，说明该分类预测的结果越可靠；余量值越小，说明该分类预测的结果越不可靠。

随机森林的泛化误差可以用余量函数表示，其表达式如下所示：

$$\mathrm{PE}^{*}=P_{X,Y}(\mathrm{mg}(X,Y)<0) \tag{7.9}$$

其中 $P_{X,Y}$ 表示概率值。当随机森林中的 CART 达到一定的数目时，其服从强大数定律。随着 CART 的数目的增加，泛化误差会逐渐收敛于公式(7.10)：

$$P_{X,Y}(P_s(h(X,s)=Y)-\max_{\omega_i\neq Y}P_s(h(X,s)=\omega_i)<0) \tag{7.10}$$

其中 $h(X,s)=Y$ 表示接受子训练集 s 后个体分类器分类类别与样本真实值 Y 一致；$h(X,s)=\omega_i$ 表示接收子训练集 s 后个体分类器将样本划分到 ω_i 类别；同样地，当 $\omega_i\neq Y$ 时表示分类错误，$\omega_i=Y$ 时表示分类正确，且 $i=1,2,\cdots,c$。这恰好证明了随机森林不会因为 CART 数目过多而造成过拟合。

随机森林之所以结合了 Bagging 算法，其首要原因是使用随机特征输入到随机森林进行分类预测时可以提高预测精度。其次，因为随机森林会继承 Bagging 算法的特性，在训练中也会生成袋外样本。随机森林中输入每棵 CART 的训练集不同，对于每棵 CART 而言(假设对于第 k 棵决策树)，大约有 1/3 的训练样本没有参与第 k 棵决策树的生成，这些训练样本就是第 k 棵决策树的袋外样本数据。对于每个样本而言，也有大约 1/3 的 CART 没有使用到该样本。在计算时，如果是分类算法，则对数据集中的每个样本计算它作为袋外样本的决策树对其的分类结果，然后使用简单投票法来记录每个样本的分类结果。使用分类错误的样本个数占样本总数的比例作为随机森林的袋外误差估计。相反，计算分类正确的样本个数占样本总数的比例，得出的则是袋外准确率。将随机森林中所有 CART 的袋外误差估计取平均值，即可得到随机森林的泛化误差估计。Breiman 通过实验证明了袋外误差估计是无偏估计。

用交叉验证来估计集成分类器的泛化误差时，可能导致很大的计算量，从而降低算法的运行效率，而采用袋外样本数据估计集成分类器的泛化误差时，可以在构建各决策树的同时计算出袋外误差估计，最终只需增加少量的计算就可以得到。相对于交叉验证，袋外误差估计是高效的，且其结果近似于交叉验证的结果。因此，使用随机森林训练模型时也不需要进行交叉验证或提前划分出单独的测试集。袋外样本为随机森林提供了一个内部估计，通过该内部估计能够更清晰地了解随机森林的分类精度以及如何提高分类精度。

随机子空间方法随机选取特征构建子训练数据集，这种随机选取特征的方式造成随机森林的强度以及每个 CART 之间的相关性都依赖于选取的特征个数，使用这种方式来选取特征构建子训练数据集的随机森林，被称作 Forest-RI(Random Input)。

除了通过随机子空间方法选取特征，还可以通过对特征之间的线性组合来生成更多的随机特征。假设给定一个特征维度较低的训练数据集。如果使用随机子空间方法随机选取特征构建子训练数据集时，选取的特征数量如果过于少，每个 CART 生成分类时可选择的特征数目会特别少；如果选取的特征数量过于多，又会导致每个 CART 的相关性增加。在面对这种特征数量少的数据集时，可以对随机选取的若干特征以一定的系数线性组合在一起形成一个或多个新的特征，并将新特征与旧特征合并为一个特征集合，给 CART 进行计算并生成分裂节点。系数可以从区间[-1,1]随机选择。应用这种特征选取方式的随机森林算法被称为 Forest-RC(Random Combination)。

在随机森林算法的实际应用中，在随机选取特征时，从现有的 n 个特征中选取 m 个特征。m 的取值会对模型性能有不同程度的影响。为了适应不同场景，Breiman 研究了随机特征数与强度和相关系数的关系以及随机特征数与泛化误差的关系，发现对于样本量较小，比如样本个数小于 1000 的数据集，随着随机特征个数的增加，强度基本保持不变，但是相关系数会相应增加；测试集误差和袋外误差估计比较接近，都随着随机特征数的增加而增加，但袋外误差估计更加稳健。但对于样本量大的数据集，其结果与小样本数据集不同，强度和相关系数都随着随机特征数的增加而增加，而泛化误差率都随随机特征数的增加而略微减少。在许多文献中 m 的取值通常使用 $m=\mathrm{lb}n$ 或者 $m=\mathrm{lb}n+1$ 来计算。

随机森林分类算法如算法 7.5 所示。

算法 7.5　随机森林分类算法

输入：训练数据集 Train；测试数据集 Test；样本对应的标签值 $\omega_i=\{\omega_1,\omega_2,\cdots,\omega_c\}$；$c$ 为总的类别数目；训练的最大轮数为 T；h_t 表示 CART，其中 $t=1,2,\cdots,T$

初始化 $t=1$

for $t=1,2,\cdots,T$

　if $t<T$

　　对初始训练集 Train 采用 Bagging 算法，根据数据集划分的百分比进行采样得到 Train_t

　　在 Train_t 上构建出第 t 个 CART h_t；在训练 CART 生成每个分裂节点的过程中，使用随机子空间方法从当前的子训练集的特征集合中随机选取若干特征并计算出最优特征生成分裂节点

　　$t=t+1$

　else

　　将各分类器 $h_1,h_2,\cdots,h_t$ 集合生成最终集成分类器 $E=\{h_1,h_2,\cdots,h_t\}$

　end if

end for

将测试集 Test 输入至集成分类器 $E=\{h_1,h_2,\cdots,h_t\}$

记录每个分类器的投票结果

if

　分类器 h_t 分类结果为 ω_j

　$v_{t,j}=1$

else

　$v_{t,j}=0$

end if

根据公式 $V_j=\sum_{t=1}^{T}v_{t,j}, j=1,2,\cdots,c$ 得到总的投票结果

将得票最高的类别作为该样本的标签值，输出预测结果 $H(x)$

随机森林算法具有以下优点。第一，为了保证随机森林中决策树的多样性，不会对每个决策树输入全部特征，通常选取全部特征中的一部分。因此，随机森林算法面对高维度

的数据集时,特征选择这一步骤可以省略。第二,因为输入给每个 CART 的训练集不同,增加了每个 CART 之间的差异,使得每个 CART 的学习结果也不同,从而提高了随机森林的预测能力。也因此随机森林算法具有良好的泛化能力。第三,每个 CART 的训练过程彼此独立,可以并行执行,这让随机森林算法不需要很长时间进行训练。第四,在模型训练过程中,随机森林可以对特征的重要性进行度量,最终给出特征的重要性排序。随机森林主要有两种方法来对度量数据集中每个特征的重要性。第一种方法是计算输入到随机森林的特征空间中每个特征的平均信息增益,从小到大对平均信息增益排序。平均信息增益值越大的特征,重要性越高。第二种方法是针对 Bagging 得到的训练子集构建出 CART。基于每个 CART 的袋外样本,估算出该 CART 的袋外误差估计。然后扰动特征空间中的某一特征值,向该 CART 输入特征扰动后的袋外样本,获得此时的袋外误差估计。最后,将所有 CART 针对某特征扰动前后的袋外误差取平均值,得到该特征的重要性指标。重复以上步骤,便可得到所有特征的重要性指标,从而得出特征重要性排序。

从随机森林算法提出开始至今,随机森林已经在众多领域有了十分广泛的应用。比如,在临床医学方向,为了提高肺结节检测系统的检测性能,Lee 等提出了一种基于聚类的(CAC)集成分类方法。该方法利用了随机森林算法的优势,提出了基于聚类以及混合随机森林的肺结节分类的结构。该方法进行了涉及所提出的方法以及其他两种现有方法的若干实验。使用 32 例患者的肺部扫描进行实验,包括 5721 张图像,其实验在 ROC 曲线评价下得出 0.9786 的结果。在地理遥感方向,Rodriguez 等将随机森林应用于遥感土地覆盖分类,探讨了随机森林分类器在较复杂地理环境下的土地覆盖分类性能,结果表明随机森林在 14 个类别中分类表现良好。

7.1.3 个体学习器集成策略

7.1.2 节介绍了随机森林算法的原理和实现流程,本节主要介绍随机森林算法在对个体学习器的预测结果进行集成时使用的策略。当使用随机森林算法进行回归预测时,通常使用简单平均法(Simple Averaging)或者加权平均法(Weighted Averaging)。

简单平均法的表达式可写为:

$$H(x)=\frac{1}{T}\sum_{i=1}^{T}h_i(x) \tag{7.11}$$

其中,T 表示个体学习器的个数;$h_i(x)$表示个体学习器 i 的预测结果。

加权平均法首先估计出个体学习器的误差,然后令权重大小与误差大小成反比,最终 T 个个体学习器加权平均的计算表达式可以写为:

$$H(x)=\sum_{i=1}^{T}w_i h_i(x) \tag{7.12}$$

其中,w_i 为第 i 个个体学习器的权重,通常权重 $w_i>0$,并且满足归一化条件 $\sum_{i=1}^{T}w_i=1$。权重不是应用于标签值,而是直接应用于实际的连续输出值。加权平均法的权值可以在集成系统生成期间作为训练的一部分获得。

当使用随机森林算法对该样本进行分类预测时,通常使用简单投票法(Simple

Voting)或者加权投票法(Weighted Voting)。简单投票法又分为绝对多数投票(Majority Voting)和相对多数投票(Plurality Voting)。

假设数据集中某样本对应的类别空间为 $\omega_j=\{\omega_1,\omega_2,\cdots,\omega_c\}$，$c$ 为总的类别数目，$h_i(x)$表示第 i 个个体分类器，个体分类器的数量为 T，并且个体分类器的分类函数如公式(7.13)所示：

$$v_{i,j}=\begin{cases}1, & \text{个体分类器 } h_i(x) \text{ 分类结果为 } \omega_j \\ 0, & \text{其他}\end{cases} \tag{7.13}$$

绝对多数投票是指当某类别的投票数超过个体分类器的数量的一半时，直接将该类别作为随机森林的分类结果进行输出。若不存在得票数超过一半的标签值，则拒绝分类。若一定要给出预测结果，则将绝对多数投票转化为相对多数投票得到分类结果。绝对多数投票可表示为：

$$H(x)=\begin{cases}\omega_j, & \sum_{i=1}^{T}v_{i,j}>\frac{1}{2}\sum_{k=1}^{c}\sum_{i=1}^{T}v_{i,k} \\ \text{拒绝分类}, & \text{其他}\end{cases} \tag{7.14}$$

其中 $H(x)$表示集成分类器通过绝对多数投票得出的分类结果。

相对多数投票是指直接输出投票数最多的类别作为分类结果，不需要考虑得票数是否超过个体分类器的数量的一半，若多个类别都得到最高的投票数，则随机选择其中一个类别输出。相对多数投票可表示为：

$$H(x)=\omega_{\underset{j}{\operatorname{argmax}}\sum_{i=1}^{T}v_{i,j}} \tag{7.15}$$

其中 $H(x)$表示集成分类器通过相对多数投票得出的分类结果。

以上两种投票方法给予具有优异分类性能的个体分类器与具有较差分类性能的个体分类器具有相等的投票权，这使得随机森林算法的整体准确性有一定的局限性，仍存在提升的空间。为了提高随机森林分类算法的准确性，可以将简单投票法改为加权投票法，即对分类性能优异的个体分类器赋予较高的权重，对分类性能较差的个体分类器赋予较低的权重，使随机森林算法在投票阶段能够进一步准确的得出分类结果。加权投票法可表示为：

$$H(x)=\omega_{\underset{j}{\operatorname{argmax}}\sum_{i=1}^{T}\operatorname{weight}(i)v_{i,j}} \tag{7.16}$$

其中，$H(x)$表示集成分类器通过加权投票得出的分类结果；weight(i)表示个体分类器的权重，通常大于 0，且满足归一化条件。

已有学者对随机森林算法的投票阶段进行加权处理，并验证了在随机森林的投票阶段使用加权投票法得出的分类精度优于简单投票法。权重的分配依据可以是每个个体分类器的分类准确率或袋外准确率等，这些可以统称为个体分类器的可信度。根据个体分类器的可信度分配相应的权重，最后汇总投票即可确定分类结果。比如，张翔等将文本分类器的可信度用个体分类器分类结果的后验概率来表示，后验概率使用贝叶斯公式计算得出。后验概率值越大，文本分类器的可信度越高，投票权重就越高。作者通过计算得出公式(7.17)，并将其作为投票阶段的权重分配公式：

$$\text{weight}(i)=1-\frac{1/\text{con}(i)}{\sum_{j=1}^{T}1/\text{con}(j)}-\frac{T-2}{T} \tag{7.17}$$

其中，$\text{con}(i)=P(i)$表示第 i 个个体分类器的可信度(这里是第 i 个个体分类器的分类结果的后验概率值)；T 表示个体分类器的数量；$\text{weight}(i)$表示第 i 个个体分类器的权重。该公式满足归一化条件，并且可信度越高，权重越大，证明如下：

$$\begin{aligned}\sum_{i=1}^{T}\text{weight}(i)&=\sum_{i=1}^{T}\left[1-\frac{1/\text{con}(i)}{\sum_{j=1}^{T}1/\text{con}(j)}-\frac{T-2}{T}\right]\\&=T-\frac{\sum_{i=1}^{T}1/\text{con}(i)}{\sum_{i=1}^{T}1/\text{con}(i)}-T\times\frac{T-2}{T}\\&=T-1-(T-2)=1\end{aligned} \tag{7.18}$$

除了使用后验概率作为可信度，贺捷提出可以将个体分类器的袋外误差估计作为可信度来赋权。基于公式(7.17)，由于随机森林的袋外准确率可以良好地预测通过Bagging算法训练得到的各分类器的分类正确程度，并且袋外准确率的计算难度比使用贝叶斯公式计算分类结果后验概率小，因此使用袋外准确率代替后验概率，即 $\text{con}(i)=\text{oob\_score}(i)$。

$$\text{weight}(i)=1-\frac{1/\text{oobCorr}(i)}{\sum_{j=1}^{T}1/\text{oobCorr}(j)}-\frac{T-2}{T} \tag{7.19}$$

其中，$\text{oob_score}(i)$表示个体分类器 i 的袋外准确率。文献中使用基于该集成策略的随机森林算法进行分类，实验证明该策略对随机森林分类性能的提高有积极作用，且相较之前的集成策略降低了计算复杂度。

以上两种集成策略均提高了分类性能，但没有考虑面对不同类型的数据集时，比如类别不平衡数据集时，分类准确率对该分类模型的性能评价参考意义不大。以二分类的类别不平衡数据集为例，在某些场景下，需要评价对少数类样本的分类性能。真阳率(True Positive Rate，TPR)也称为召回率，可以用来表示一个分类模型对于少数类样本的区分能力。计算公式如公式(7.20)所示：

$$\text{TPR}=\frac{\text{TP}}{\text{TP}+\text{FN}} \tag{7.20}$$

其中，TP 表示少数类样本中被归类为少数类的数量，少数类样本通常也被称为正例样本；FN 表示多数类样本中被归类为少数类的数量，多数类样本通常也被称为负例样本。

为了提高随机森林对类别不平衡数据集中少数类样本的召回率，可以考虑将真阳率作为可信度进行权重的分配。使 $\text{con}(i)=\text{TPR}(i)$得到公式(7.21)：

$$\text{weight}(i)=1-\frac{1/\text{TPR}(i)}{\sum_{j=1}^{T}1/\text{TPR}(j)}-\frac{T-2}{T} \tag{7.21}$$

其中，TPR(i)表示真阳率，由公式(7.20)计算得出。

个体学习器的集成策略中，加权平均或者加权投票不一定优于简单平均和简单投票法。因为权重一般时从训练数据中学习而得，现实任务中得训练样本通常不充分或存在噪声，这使得学出得权重不完全可靠。因此，将上文提出的基于真阳率的加权投票法需要与简单投票法进行对比实验，验证其有效性，对比实验见7.1.5节。

7.1.4 加权随机森林算法运行机制

结合7.1.3节所介绍的个体学习器赋权方法，作者提出了一种基于真阳率加权投票的随机森林分类算法(True Weighted Voting Random Forest，TWVRF)。该算法的提出主要是为了提高类别不平衡数据集下的对少数类样本的分类能力，以真阳率作为可信度，将权重分配给个体学习器，并在最后根据权重进行投票得出分类结果。该算法目前只适用于二分类问题，类别空间应当为 $y=\{-1,1\}$。对于类别标记为0和1的数据集，可以在训练前将0转换为−1使用。如果输入数据为类别不平衡数据集，则多数类类别标记为−1，少数类类别标记为1。基于真阳率加权投票的随机森林分类算法实施流程如下：

(1) 模型训练阶段，选用Bagging算法对训练集的样本采取有放回抽样，得到若干子训练集；

(2) 针对每一个子训练集，构建一个个体分类器(CART)；

(3) 在CART分裂节点时，对子训练集的特征集合采取随机子空间方法，根据设定的特征数量，抽取一定数目特征形成特征子集；

(4) CART从当前特征子集中通过计算选取最优的特征作为该分裂节点，不断分裂最终完成树的生成并不对其进行剪枝；

(5) 集成所有CART形成集成分类器；

(6) 将测试集输入集成分类器，计算每个个体分类器对测试集的分类结果的真阳率，以真阳率的值作为每个CART的可信度，根据权重分配公式给每个CART分配相应的权重；

(7) 在投票阶段，将权重与分类结果相乘，使用符号函数$\left(\operatorname{sign}(x)=\begin{cases}1, & x\geqslant 0\\ -1, & x<0\end{cases}\right)$输出最终的分类结果。

基于真阳率加权投票的随机森林分类算法如算法7.6所示。

算法7.6　基于真阳率加权投票的随机森林分类算法

1：　输入：训练集 $S=(\{x_1,y_1\},\{x_2,y_2\},\cdots,\{x_n,y_n\})$，包含有 n 个样本；测试集 $S'=(\{x_1,y_1\},\{x_2,y_2\},\cdots,\{x_m,y_m\})$，包含 m 个样本；类别空间 $y=\{-1,1\}$；样本特征数 d；森林中个体分类器(CART)的数量 T

2：　初始化 $t=1$

3：　for $t=1,2,\cdots,T$

4：　　if $t<T$

5：　　　对训练集 S 使Bagging算法，通过对训练集中的样本实施有放回抽样得到子训练集 S_t

使用子训练集 S_t 构建 CART，在节点分裂时对其特征集合随机抽取 k 个特征（$k \ll d$）得到子特征集，并训练出 h_t

$t = t + 1$

else

将测试集 S' 输入到所有的 CART，根据 CART 的分类结果，通过公式 $\mathrm{TPR} = \mathrm{TP}/(\mathrm{TP}+\mathrm{FN})$ 计算真阳率

依据公式 $\mathrm{weight}(i) = 1 - \dfrac{1/\mathrm{TPR}(i)}{\sum_{j=1}^{T} 1/\mathrm{TPR}(j)} - \dfrac{T-2}{T}$ 来计算每个个体学习器的权重

end if

end for

使用公式 $H(x) = \mathrm{sign}\left(\sum_{t=1}^{T} \mathrm{weight}(t) h_t(x)\right)$ 计算得出最终分类结果 $H(x)$ 并输出

7.1.5 对比实验

为了评价基于真阳率加权投票的随机森林分类算法对类别不平衡数据集的分类能力，将本算法与原始随机森林算法在不同数据集上进行了相关实验。在此简要介绍评价中使用的数据集。

从 UCI 数据库中选取了五个分类数据集，分别是 Cardio 数据集、Ionosphere 数据集、Diabetes 数据集、Sonar 数据集、Breast Cancer 数据集。

Cardio 数据集是胎儿心电图数据集。该数据集是由专业产科医生整理得出的。其特征包括胎儿心率值（FHR）等，其原本是多分类数据集，具有三个类别，分别是正常类、可疑类以及病理类。其中，正常类为多数类类别，病理类为少数类类别，可疑类的数据均未使用。

Ionosphere 数据集是电离层数据集。该数据集包含两个类别，类别标记分别为 good 和 bad，其中类别标记为 good 的为多数类类别，类别标记为 bad 的为少数类类别。

Diabetes 数据集是糖尿病数据集。该数据集记录了糖尿病病人的怀孕次数、血糖、血压、皮脂厚度、胰岛素、BMI（身体质量指数）、糖尿病遗传函数、年龄共八个特征。该数据集也是一个二分类数据集，两个类别分别为患糖尿病以及未患糖尿病。

Sonar 数据集为声呐数据集。数据集中的信息是在不同角度和条件下，向金属圆柱体以及岩石发射声呐信号收集而来。该数据集给定的 60 个特征均为连续型特征，且值域范围为[0,1]。作为一个二分类数据集，两个类别分别为岩石和金属。如果某样本属于岩石则标记为 R，如果某样本属于金属则标记为 M。

Breast Cancer 数据集为乳腺癌数据集。该数据集也是一个二分类数据集，两类别标记分别为乳腺癌复发和未复发，包含年龄、绝经期、肿瘤大小、淋巴结个数、有无结节、肿瘤恶性程度、是否经历过放射性治疗等。该数据集中所有特征均为类别型特征。

每个数据集的样本总数、维度、少数类样本数以及少数类占比等信息如表 7.1 所示。从少数类占比可以看出，Sonar 数据集为类别平衡数据集，Ionosphere、Diabetes 以及 Breast Cancer 数据集类别不平衡程度较低，唯有 Cardio 数据集属于高度类别不平衡数据集。

表 7.1　数据集信息

UCI 数据集	样本总数	维度(不计标签值)	少数类样本数	少数类占比
Cardio	1831	21	176	9.6%
Ionosphere	351	33	126	35.9%
Diabetes	768	8	268	34.9%
Sonar	208	60	97	46.6%
Breast cancer	277	9	81	29.2%

本次对比实验使用的计算机的操作系统为 Windows 10 家庭中文版 64 位操作系统。实验使用的计算机主要硬件配置如表 7.2 所示。

表 7.2　对比实验使用的计算机主要硬件配置

项　目	配　置
CPU	AMD Ryzen 7 4800U with Radeon Graphics
内存容量	16GB
硬盘容量	固态硬盘(SSD)512GB

本次对比实验中的原始随机森林算法以及基于真阳率加权投票的随机森林算法都是使用 Python 语言编写的。实验用计算机上安装的 Python 版本为 Python 3.8。实验均在 PyCharm 2020.3 上进行。使用原始随机森林和基于真阳率加权投票的随机森林对每个实验数据集使用了五折交叉验证法。在此基础上还分别进行了五轮训练,取五轮训练结果的平均值作为实验结果,两个算法选用相同的超参数进行实验,其中,CART 的个数均设置为 10,构建决策树模型时考虑的最大特征数采用原始特征数的开方值。由于实验数据集的维度都算不高,因此不限制 CART 决策树的最大深度,剩余超参数均取默认值。将准确率、召回率、精确率以及 F1-score 作为对比实验的评价指标。

F1-score 是类别不平衡数据集分类问题中较为有效的评价指标。F1-score 可以评价一个分类模型对少数类样本的综合分类性能,F1-score 是 F-score 的特殊形式,F-score 计算表达式如公式(7.22)所示。

$$\mathrm{F1}=\frac{(1+\alpha)\mathrm{Precision}\times\mathrm{Recall}}{\alpha^{2}(\mathrm{Precision}+\mathrm{Recall})} \tag{7.22}$$

其中,Precision 表示算法对数据集中少数类样本的分类精确率;Recall 表示算法对数据集中少数类样本的分类召回率,同时也可称为真阳率;当参数 α 取值为 1 时,得到 F1-score。只有当精确率和召回率都较高时,F1-score 才会比较高,F1-score 计算表达式如公式(7.23)所示。

$$\mathrm{F1}=2\,\frac{\mathrm{Precision}\cdot\mathrm{Recall}}{\mathrm{Precision}+\mathrm{Recall}} \tag{7.23}$$

分类召回率与分类精确率的计算表达式如公式(7.24)和公式(7.25)所示。

$$\mathrm{Recall}=\frac{\mathrm{TP}}{\mathrm{TP}+\mathrm{FN}} \tag{7.24}$$

$$\mathrm{Precision}=\frac{\mathrm{TP}}{\mathrm{TP}+\mathrm{FP}} \tag{7.25}$$

其中，TP 表示少数类样本中被归类为少数类的样本数；FP 表示少数类样本中被归类为多数类的样本数；TN 表示多数类样本中被归类为多数类的样本数；FN 表示多数类样本中被归类为少数类的样本数。

Accuracy 表示算法对数据集中整体样本的分类准确率，计算表达式如下所示：

$$\text{Accuracy}=\frac{\text{TP}+\text{TN}}{P+N} \tag{7.26}$$

其中，P 表示少数类的样本数；N 表示多数类的样本数。

改进前和改进后的随机森林在五个数据集上训练得到的实验结果如表 7.3 所示。表中对更优的实验结果进行了加粗处理。比较两种算法在五个分类数据集上的准确率，可见准确率大都有一定的提升，但提升效果十分微弱。仅在类别平衡的 Sonar 数据集上，准确率的提升较为明显。对于原始随机森林算法，准确率提升了 5.7%。在类别不平衡数据集上，尤其是类别高度不平衡的数据集，准确率一般不作为主要的评价指标。

表 7.3　改进前和改进后的随机森林在五个数据集上训练得到的实验结果

UCI 数据集	基于真阳率加权投票的随机森林				原始随机森林			
	准确率	召回率	精确率	F1-score	准确率	召回率	精确率	F1-score
Cardio	**0.979**	**0.802**	0.970	**0.878**	0.974	0.718	**0.981**	0.829
Ionosphere	**0.915**	**0.882**	0.882	**0.882**	0.913	0.824	**0.919**	0.869
Diabetes	0.687	**0.380**	0.570	**0.456**	**0.689**	0.240	**0.583**	0.340
Sonar	**0.768**	**0.827**	**0.760**	**0.792**	0.711	0.675	0.758	0.714
Breast Cancer	**0.731**	**0.170**	**0.386**	**0.236**	0.716	0.040	0.206	0.067

比较两种算法在五个分类数据集上的召回率，召回率表示了该分类算法是否能够把全部的少数类样本都查出来。可见在五种类别不平衡程度不同的数据集上，基于真阳率加权投票的随机森林算法得到的召回率均高于原始随机森林算法得到的召回率。在类别平衡的 Sonar 数据集上，基于真阳率加权投票的随机森林对少数类样本的召回率相较原始随机森林提高了 15.2%，在类别不平衡程度较低的 Ionosphere、Diabetes 和 Breast Cancer 数据集上，基于真阳率加权投票的随机森林较原始算法将召回率分别提高了 5.8%、14%和 13%，在高度类别不平衡的 Cardio 数据集上，召回率提高了 8.4%。由此可以发现，不论数据集的类别不平衡程度是怎样的，基于真阳率的加权投票的随机森林都能够提升原始随机森林对少数类样本的召回率。并且，在类别平衡数据集上，该算法对于召回率的提高反而更为显著。除此之外，虽然该算法能够在原始随机森林的基础上提高召回率，但在原始随机森林得到的召回率较低时，利用真阳率加权投票后提高的召回率依然不高。在 Diabetes 和 Breast Cancer 数据集上得到的召回率均不高，究其原因，可能是数据集所含特征数不多，且大多数是类别型特征，随机森林的训练阶段所能学习到的数据信息不足。

精确率表示是否查出来的少数类样本都确实属于少数类。比较两种算法在五个分类数据集上的精确率可知，在五种类别不平衡程度不同的数据集上，两种算法对少数类样本的分类精确率差别并不大，只有在 Breast Cancer 数据集上，基于真阳率加权投票的随机森林对少数类样本的精确率相较原始随机森林提高了18%。在其余数据集上，基于真阳率加权投票的随机森林的精确率较原始随机森林较低。

F1-score说明了一个分类算法针对不平衡数据集的分类稳定性。比较两种算法在五个分类数据集上的F1-score，由表7.3可知基于真阳率加权投票的随机森林算法得到的F1-score均高于原始随机森林算法得到的F1-score。在类别平衡的Sonar数据集上，基于真阳率加权投票的随机森林得出的F1-score相较原始随机森林提高了7.8%，在类别不平衡程度较低的Ionosphere、Diabetes和Breast Cancer数据集上，基于真阳率加权投票的随机森林较原始算法将F1-score分别提高了1.3%、11.6%和16.9%，在高度类别不平衡的Cardio数据集上，F1-score提高了4.9%。这也说明基于真阳率加权投票的随机森林在面对类别比例不同的数据集时，都能够提升原始随机森林对其得出的F1-score。这也说明了基于真阳率的加权投票法提高了算法的稳健性。此外，对比可知在高度类别不平衡数据集上，F1-score提高效果并不十分明显。造成这个结果，可能的原因是随机森林在投票阶段，集成分类结果时受到了权重更高的CART的影响，倾向于把样本标记为少数类，造成属于多数类的样本被错分。但是，在不同的分类场景下比如风险评价、信用评价时，为了将所有的风险类查出，宁可将无风险样本错分为有风险，牺牲一定的精确率。

最后，由本次对比实验可知，面对较为常规的不平衡数据集时，基于真阳率加权投票的随机森林算法较原始随机森林算法，在准确率、召回率、精确率以及F1-score上均有一定的提高。但当数据集中少数类样本过少时，经过K折交叉验证后每一折的子数据集中少数类样本数量更少，再经过随机森林的Bagging过程，每个CART可能甚至没有学习到少数类样本的信息，从而大大提高了错分的可能性。这时，可以考虑使用重采样(Resampling)算法对数据集中的样本进行处理，增加少数类样本数目或者减少多数类样本数目将类别不平衡的数据集转为类别平衡的数据集。此时再使用基于真阳率加权投票的随机森林进行分类，能够得到更为理想的结果。

7.2 类别不平衡数据集的处理

在7.1节中介绍了随机森林算法中个体学习器的集成策略，提出了一种将真阳率作为可信度为个体学习器分配权重，并进行加权投票的随机森林分类算法。在对比实验中，针对实验结果发现在面对少数类样本过少的数据集时，该算法分类效果并不太好。因此，本节首先介绍了针对类别不平衡数据集的重采样算法，对7.1节提出的基于真阳率加权投票的随机森林算法增加了上采样技术，并对其进行对比实验验证其有效性。

数据集的类别不平衡分为两种情况：第一种情况是指少数类样本的数目十分少，这种情况被称为极端类别不平衡；第二种情况是指数据集中不同类别下的样本个数比例差异很大，少数类样本所占比例很低。比如多数类样本(默认为负例样本)与少数类样本(默认为正例样本)的比例大于10：1，这种情况被称为相对类别不平衡。对不平衡数据集使用重采样算法，可以使得数据集中不同类别的比例趋于平衡或者达到预设的比例。对类别不平衡数据集使用重采样算法后，使用分类算法对数据集进行分类则可以得到更为优异的分类结果。重采样算法包括上采样算法、下采样算法以及混合采样算法。近些年，针对类别不平衡数据集分类，已有许多学者提出了各种重采样方法，以下内容介绍各种重采样算法。

7.2.1 上采样算法

上采样(Up-sampling)算法有时也被称为过采样(Over-sampling)算法。其主要思想就是在类别不平衡数据集中从少数类的样本中通过数学模型或者某些算法合成少数类样本，使得少数类样本与多数类样本的比例尽量接近 1∶1 或者其他人为设置的比例。由于合成样本的方法是人为设定的，使得生成的正样本会包含一些原本少数类样本不具有的特征，即噪声数据。这反而会致使分类器学习后的分类准确率下降。如何使生成的少数类样本具有有效特征，且均匀地分布在样本空间中，是上采样算法研究的关键与核心。

1. 随机上采样法

随机上采样法是最简单的上采样算法，其主要思想就是反复随机地从少数类样本中采样，使少数类样本与多数类样本的比例达到平衡。使用随机上采样处理后的数据集来训练分类器，其分类精度有一定程度的提高，但这种提高由于没有生成新的样本信息而存在一定的局限性。

2. SMOTE 算法

因为随机上采样是在不停重复少数类样本，所以可能导致少数类样本的过拟合，为了改善以上问题，Chawla 等提出 SMOTE 算法(Synthetic Minority Oversampling Technique，合成少数类的过采样技术)。SMOTE 算法是上采样法中比较常用的方法之一，SMOTE 算法的基本思想是对少数类样本进行分析并根据少数类样本与其周围样本的距离，人工合成新样本添加到数据集中。SMOTE 算法流程如下：

(1) 对于少数类中每一个样本 x，使用 K-近邻算法，计算该样本点与少数类中其他样本点的欧氏距离，得到距离最小的 K 个近邻样本点；

(2) 根据样本不平衡比例设置一个采样比例，对于每一个少数类样本 x，从其 K 个近邻样本中随机选择若干样本，假设选择的近邻为 x'；

(3) 对于每一个随机选出的近邻 x'，分别与原样本按公式(7.27)构建新的样本。

$$x_{\text{new}} = x + \text{rand}(0,1) * (x' - x) \tag{7.27}$$

SMOTE 算法如算法 7.7 所示。

算法 7.7 SMOTE 算法

```
输入：少数类样本个数 T；SMOTE 采样倍率 N%；K-近邻算法的 K 值；特征数量 numattr；
最初的少数类样本数组 Sample[][]；增加的样本数组 Sythetic[][]；初始值 0，记录增加的样
本数 newindex
if N<100
   打乱少数类样本的顺序，T=(N/100)*T，N=100
end if
```

```
for i=1,2,…,T
    使用K-近邻算法计算样本点 i 与少数类中其他样本点的欧氏距离，得到距离最小的 K 个
    近邻样本点，将这些近邻样本点的下标保存在 nnarray 中
    Populate(N,i,nnarray)
end for
while(N≠0) do
    从 1 到 k 中选择一个随机数作为 nn(随机选择 K 个近邻样本点中的一个)
    for attr=1,2,…,numattr
        dif=Sample[nnarray[nn]][attr] - Sample[i][attr]
        Sythetic[newindex][attr]=Sample[i][attr]+gap * dif,gap 为 0 到 1 的随机数
    end for
    newindex=newindex+1,N=N-1
end while
输出：增加的少数类样本个数(N/100) * T
```

SMOTE 算法相比随机上采样法不再是单纯的重复少数类样本，避免了少数类样本中的异常值被反复采样导致对少数类样本的过拟合。同时，SMOTE 算法也存在一些问题，主要有以下几方面。第一方面是，在近邻选择时存在一定的盲目性。从上面的算法流程可以看出，在算法执行过程中，需要确定 K 值，即选择多少个近邻样本点。从 K 值的定义可以看出，K 值的下限是 M(M 为从 K 个近邻中随机挑选出的近邻样本的个数，且有 $M<K$)，M 的大小可以根据少数类样本数量、多数类样本数量和数据集最后需要达到的平衡率决定。但 K 值的上限没有办法确定，只能根据具体的数据集去反复测试。因此如何确定 K 值，才能使算法达到最优这是未知的。第二方面是，该算法无法克服非平衡数据集的数据分布问题。如果某少数类样本的周围都是多数类样本，那么该样本可以看作是噪声样本。以此噪声样本为基础生成的新样本也极有可能是噪声样本。第三方面是，SMOTE 算法在合成少数类样本的同时，忽略了整体样本的分布情况。如果选取的少数类样本位于两类样本的边界，则新生成的少数类样本可能也分布在边界区域，与多数类样本产生重叠的情况。这样反而模糊了多数类样本和少数类样本的边界，随着类别边界变得越来越模糊，虽然数据集的平衡性得到了改善，但是模糊的边界加大了分类算法进行分类的难度。第四方面是，如果少数类样本的分布是不均匀的，通过 SMOTE 算法采样之后，会使得分布集中的区域分布更加集中，分布比较离散的区域相对来说分布仍然是离散的。这也加大了分类算法对少数类样本进行分类的难度。第五方面是上采样算法都会遇到的问题，由于上采样算法需要生成新的数据样本，这必然会加大算法的开销。

3. 改进的 SMOTE 算法

根据以上提出的 SMOTE 算法存在的不足，许多学者都提出了相应的改进方法。下面对最常用的 SMOTE 改进算法做介绍。首先介绍的是 Borderline-SMOTE 算法。Borderline-SMOTE 算法与 SMOTE 算法的区别在于，Borderline-SMOTE 算法只是使用位于边界上的少数类样本来生成新样本，这可以避免产生模糊边界的问题。设 a 为少数类样本中的一个样本，Borderline-SMOTE 将少数类样本分为三类，分别是噪声样本、危

险样本以及安全样本。噪声样本是指样本 a 的所有最近邻样本均为多数类样本。危险样本是指位于边界上的样本，也就说样本 a 的最近邻样本中，有一半以上为多数类样本。安全样本是指样本 a 的最近邻样本中，有一半以上为少数类样本。Borderline-SMOTE算法的具体流程是先根据以上规则判断出少数类的边界样本，再按照SMOTE算法的流程生成新的少数类样本，此时生成的新样本主要分布在类别边界的位置。对于原来边界位置的少数类样本较少、边界较模糊的情况，增加的少数类样本使得类别边界更加清晰，分类算法能够学习到更多边界信息，且该算法不受噪声样本的影响。

第二个要介绍的是，基于改进SMOTE算法的思想而提出的上采样算法是ADASYN算法。ADASYN(Adaptive Synthetic Sampling Approach)也即自适应综合采样法。该算法根据数据分布情况为不同的少数类样本生成不同数量的新样本，具体流程为：首先根据最终的平衡程度设定总共需要生成的新少数类样本数量；然后为每个少数类样本计算 K 个近邻中多数类样本所占比例，并对该比例进行标准化；最后根据标准化比例对每个少数类样本计算需要合成的新样本个数，再按照SMOTE算法的流程生成新的少数类样本。该算法考虑了数据的分布问题，根据少数类样本的分布是离散或者密集来自动地确定少数类样本的合成个数。使用该算法对少数类生成新样本后，少数类样本的分布将会更加均匀。

第三个以SMOTE为基础的上采样算法是Safe-Level-SMOTE算法。该算法主要关心如何解决SMOTE算法带来的类重叠情况。该算法的主要思想为，根据某少数类样本周围的邻近少数类样本的个数等信息，分别给每个少数类样本设置一个安全等级。根据安全等级的不同，在安全等级较高的少数类样本周围使用SMOTE算法生成更多新样本。该算法使新生成的样本大都分布在安全等级较高的区域内。

第四个是将SMOTE算法与聚类思想结合而提出的MWMOTE算法(Majority Weighted Minority Oversampling Technique Algorithm)算法。该算法通过计算少数类样本与多数类样本的分布距离，识别出难以学习的信息丰富的少数类样本。根据距离大小为识别出的少数类样本分配不同的权重，随后，对带有权重的少数类样本采用聚类算法并生成新样本。

SMOTE算法在处理不平衡数据时表现出良好的优势，但在面对不同现实问题时，比如不平衡大数据、不平衡流数据还有少量标签的不平衡数据等，如何利用SMOTE算法提高学习算法的性能仍需深入研究。

4. 其他上采样算法

其他上采样算法指的是并没有以改进SMOTE算法为基本思想提出的上采样算法，比如基于聚类思想的上采样算法。基于聚类的上采样算法基本思想是，通过聚类算法对少数类样本进行聚类，在每一个类别中选用其他上采样算法合成新的样本最后得出新的数据集。以二分类为例，假设给定数据集是类别不平衡数据集。基于聚类的上采样算法具体实施流程如下：

(1) 根据数据不平衡的情况设置采样倍率；

(2) 对少数类样本使用聚类算法进行聚类，得到少数类样本聚类结果有 C 个类别；

(3) 选用一种上采样算法对 C 个类别中的每个类别的少数类样本按照事先设置的采样倍率生成新样本；

(4) 将经过聚类和上采样的少数类样本与多数类样本合并成新的数据集，参与后续分类。

基于聚类的上采样算法通过先对少数类样本进行聚类，在聚类后的每个类中生成新样本，避免了生成的新样本过于集中在某一个类中，使得生成的少数类样本能够均匀地分布在少数类样本的样本空间中。基于聚类的上采样算法不仅可以解决不同类别之间不平衡问题，而且还能解决每个类别内部不平衡问题。Nekooeimehr 等提出了一种自适应半无监督的加权过采样算法，其中使用半无监督分层聚类算法对少数类样本进行聚类，并通过交叉验证和分类复杂度自适应地确定对每个子聚类过采样的数目。最后根据少数类样本和多数类样本的欧氏距离实施过采样。该算法通过考虑每个子聚类距离边界更近的样本来识别出较难分类的样本。实验证明该方法相较其他采样方法取得了更好的结果。

7.2.2 下采样算法

下采样算法也被称作欠采样(Under-sampling)算法。与上采样相反，下采样是从多数类样本通过随机地或者通过某种算法选择少量样本，使这部分少量样本与少数类样本比例接近，把这部分少量样本与少数类样本合并形成新的训练数据集。

1. 随机下采样

随机下采样同样是最简单的下采样算法。随机下采样有两种类型，分别是有放回下采样和无放回下采样。无放回下采样在对多数类样本被采样后不会再被重复采样，有放回采样则有可能。随机下采样丢弃了大量的多数类样本的信息，在实际应用中，数据量越大可挖掘的信息越多，通过丢弃大量的样本提高分类器精度并不划算。

2. EasyEnsemble 算法

由于随机下采样会丢失大量多数类样本的信息，为防止大量信息丢失，周志华实验室提出了 EasyEnsemble 算法。该算法利用了模型融合的方法，其主要思想是通过不断从多数类样本中抽取样本(有放回抽样，这样产生的训练集才相互独立)与少数类样本合并产生多个不同的训练集，进而训练多个不同的分类器，通过组合多个分类器的结果得到最终的输出。这里使用了 AdaBoost 集成算法作为分类器。EasyEnsemble 算法流程为：

(1) 从多数类样本中有放回抽样获取若干子集；

(2) 将每个子集与少数类样本合并生成若干子训练集，将子训练集训练生成若干个体分类器；

(3) 将所有个体分类器集成在一起形成集成分类器。

EasyEnsemble 算法如算法 7.8 所示。

算法 7.8 EasyEnsemble 算法

1: 少数类样本集合 P，多数类样本集合 N，$|P|<|N|$，从多数类样本中采样得到多数类子样本集合个数 T，H_i 训练个体分类器（默认为 AdaBoost，也可以使用其他集成算法）的迭代次数 s_i
2: for $i=1,2,\cdots,T$
3: 从多数类样本集合 N 中随机抽样得到子集 H_i，$|N_i|=|P|$
4: 使用 P 和 N_i 训练得到 H_i，H_i 是 AdaBoost 集成分类器，包含有 $h_{i,j}$ 个弱分类器和权重 $a_{i,j}$，集成分类器的阈值为 θ_i，$H_i(x)=\operatorname{sign}\left(\sum_{j=1}^{s_i}a_{i,j}h_{i,j}(x)-\theta_i\right)$
5: end for
6: 得到最终集成分类器 $H(x)$ 并输出，$H(x)=\operatorname{sign}\left(\sum_{i=1}^{T}\sum_{j=1}^{s_i}a_{i,j}h_{i,j}(x)-\sum_{i=1}^{T}\theta_i\right)$

3. BalanceCascade 算法

与 EasyEnsemble 算法比较类似的下采样方法还有 BalanceCascade 算法，BalanceCascade 算法与之不同之处是首先对多数类样本向下采样，再合并少数类样本产生训练集。使用该训练集训练出一个个体分类器，移除该训练集被个体分类器正确分类的多数类样本，然后对这个更小的多数类样本下采样生成新训练集，训练第二个个体分类器，移除正确分类的样本，重复以上操作直到达到预先设定的子集个数。最后，组合所有个体分类器形成集成分类器得到最终结果。

4. 数据清理技术

数据清理技术（Data Cleaning Technique）一般是通过某种规则，清除重叠的多数类样本而实现对多数类样本的下采样。比如 Tomek Link 技术，Tomek Link 表示不同类别之间距离最近的一对样本，也就是说这两个样本互为最近邻且分属不同类别。如果这两个样本形成了一个 Tomek Link，则要么其中一个是噪声，要么两个样本都在边界附近。通过移除 Tomek Link，就能清除掉类之间的重叠样本，使得互为最近邻的样本皆属于同一类别，从而能更好地进行分类。

比如 Laurikkala 在 2001 年提出的 NCL（Neighborhood Cleaning Rule，邻域清理规则）算法。NCL 算法实施流程如下：

（1）训练样本集中的样本 x；

（2）找到样本 x 的三个最近邻样本；

（3）如果样本 x 属于少数类，则判断其最近邻样本中是否有两个以上属于多数类，如果有，则删除最近邻中的多数类，否则保留所有最近邻样本；如果样本 x 属于多数类，则判断其最近邻样本中是否有两个以上属于少数类，如果有，则删除样本 x，否则保留样本 x；

（4）对训练集中所有样本完成步骤（2）～步骤（3）后，得到新的样本集，并使用该样本集参与后续训练。

同样是基于清理重叠样本的思想，Wilson 等提出了 ENN(Edited Nearest Neighbor)算法，使用了三最近邻规则来编辑数据集。其基本思路是删除那些类别与其最近三个近邻样本中的两个或两个以上的样本类别不同的样本。该算法的缺点在于多数类样本原本就占据多数，其附近大都是多数类，所以该算法所能删除的多数类样本十分有限。

5. 其他下采样算法

除了上述下采样方法，还有 NearMiss 下采样法。NearMiss 下采样法是基于给定数据的分布特征的下采样方法，本质上是一种原型选择(Prototype Selection)方法。基于数据集的分布特征，NearMiss 下采样法可以分为四种规则。第一种规则是对每个多数类样本，计算其到最近的三个少数类样本的平均距离，保留平均距离最小的多数类样本参与后续训练。第二种规则是对每个多数类样本，计算其到最远的三个少数类样本的平均距离，保留平均距离最小的多数类样本。第三种规则是通过事先设置好每个少数类样本周围最近的多数类样本的个数，再选择最近的多数类样本，目的是保证每个少数类样本都被一定数目的多数类样本包围。第四种规则是对每个多数类样本，计算其到最近的三个少数类样本的平均距离，保留平均距离最大的多数类样本。

聚类思想不仅可以应用于上采样算法，也同样可以应用于下采样算法，解决下采样的随机性问题。有学者提出了一种基于灵敏度的多元下采样算法，对多数类样本进行聚类以获取多数类样本的分布信息；从多数类样本的每个子聚类中选取具有代表性的样本，并计算其敏感度，再根据敏感度度量来从多数类样本和少数类样本中选取样本形成训练集。

7.2.3 混合采样算法

混合采样算法一般是将不同的重采样算法结合而成。使用混合采样算法生成的数据，往往能够同时学习到上采样算法和下采样算法的优势，其生成的数据集生成分类模型，往往性能更好。

比如，SMOTE 算法的缺点是生成的少数类样本容易与周围的多数类样本产生重叠难以分类，而数据清洗技术恰好可以处理掉重叠样本，所以可以考虑将两种采样算法结合起来。Batista 等基于以上思想，提出了 SMOTE＋Tomek 和 SMOTE＋ENN 的算法。SMOTE＋Tomek 是经过上采样后删去数据集中的 Tomek link 对。SMOTE＋ENN 是经过上采样之后，通过 K-近邻分类删去分类错误的样本。经过实验，Batista 等建议，SMOTE＋Tomek 和 SMOTE＋ENN 算法可能更适用于少数类样本数目很少的数据集。

古平等针对传统过采样算法的不足提出了一种基于错分的混合采样算法。该算法将样本分为噪声、安全和危险三种类型。通过 AdaBoost 算法在迭代过程中对每次错分的数据，根据其类型实行不同的策略结合 SMOTE 算法合成新样本不断训练。实验结果表明该算法能够有效地提高少数类的分类准确率。冯宏伟等针对非均衡数据分类问题，提出了一种基于边界混合采样方法 BMS 来均衡化数据集。该算法首先计算样本集中每一个样本点的变异系数，通过变异系数来界定边界域和非边界域；然后对于边界域中的少数类样本，采用 SMOTE 算法合成新的样本，对于非边界域中的多数类样本，采用基于欧氏距离的随机下采样形成新的多数类样本子集；最后将均衡化后的样本集输入到支持向量机算法中进行训练。

7.3 贝叶斯优化

7.3.1 贝叶斯优化调参原理

所谓优化，一般是以某值，比如分类算法的分类准确率，作为优化目标函数，根据参数空间求目标函数的极值，得出极值点对应的参数。常用的求极值方法就是求函数的导数，也就是基于梯度进行优化，这要求函数形式已知，并且要为凸函数。然而现实是，并非所有算法都是函数形式已知的，比如集成学习算法就是黑盒函数，无法得出函数形式。贝叶斯优化算法(Bayesian Optimization Algorithm，BOA)正好就可以用来解决这类算法的优化问题。

本节中所指的超参数(Hyper-parameter)是指在机器学习模型中需要预先设置的参数，不同的超参数对机器学习模型的性能有不同的影响。因此，在以某项模型评价指标为优化目标函数的前提下，如何在给定的参数空间中搜索到最优的参数组合，是现阶段机器学习领域研究的重点。比如在 K-近邻模型中的 K 值、随机森林模型中的树的个数、逻辑回归模型中的学习率等都是超参数。但超参数需要与模型训练过程中会发生改变的模型参数区分开来，超参数一旦设置好，是不会在模型训练过程中发生改变的。

贝叶斯优化算法的实质是基于模型的序列优化算法(Sequential Model-Based Optimization，SMBO)，其迭代方式是先完成第一次评估再寻找下一个评估点进行第二次评估，以此类推。当贝叶斯优化算法应用于机器学习模型的超参数调优时，给定需要优化的目标函数为 $f(x)$，假设 $f(x)$代表的是一个机器学习模型的泛化误差。那么，根据该目标函数，需要解决的优化问题可以表示为：

$$x' = \arg\min_{x \in X} f(x) \tag{7.28}$$

其中，X 表示给定的超参数搜索空间；x'表示以最小化 $f(x)$为目标，在给定的超参数搜索空间中搜索得到的超参数组合；$f(x)$表示的是目标函数，但不一定非要定义为模型的泛化误差。在不同的应用场景下，可以是一个机器学习回归模型的均方误差或者平均绝对误差等，也可以是一个机器学习分类模型的准确率或者召回率等。当 $f(x)$代表的是一个机器学习模型的准确率时，可以对 $f(x)$取负再求最小化。

贝叶斯优化遵循的基本思想是基于数据驱动的优化算法。该算法的核心思想就是在寻优的过程中，根据已有的信息，训练出一个回归预测模型，然后不断更新该模型使得其越来越接近真实的解。上面提到的回归预测模型的主要作用是，通过该模型对来自参数空间的当前样本点的回归结果来确定下一个次迭代中用于评估的样本点，然后通过目标函数获取这些尚未评价的样本点对应的目标函数值，在此基础上再不断更新回归预测模型，使得该模型的预测结果越来越接近更优的解。

贝叶斯优化的实施流程为：首先，从超参数搜索空间中随机采集若干点，根据若干点对应的目标函数值构建一个数据集。其次，选择一个概率模型来代理这个数据集在目标函数上的分布。根据该数据集的概率分布情况可以确定下一次迭代可选择的评估点，且通常是使用高斯过程回归模型作为概率代理模型。当使用高斯过程回归模型作为概率代理模型时，可以计算出采集函数。一般通过最大化采集函数找到下一个评估点。最后，把该评估点与该评估点计算得出的目标函数值同原本的数据集合并，更新概率代理模型并重复以上步骤，当达到预先设定的迭代次数时停止寻优。这样，通过较少的评估步数就可以找到复杂非凸目标函数的最小值，但每一步需要执行更多的计算以确定下一个采样点。由此可以知道，贝叶斯优化中最重要的两部分，分别是概率代理模型(Probabilistic Surrogate Model)和采集函数(Acquisition Function)。之所以称其为贝叶斯优化，主要是因为在整个优化过程中需要使用到贝叶斯公式。贝叶斯公式可以根据已知结果推测导致该结果的原因。因此，贝叶斯优化适用于反演问题，由结果或者模型出发求表征问题特征的参数。贝叶斯公式如下所示：

$$p(f \mid D)=\frac{p(D \mid f)p(f)}{p(D)} \tag{7.29}$$

其中，f 表示待优化的目标函数；$D=\{(x_1,y_1),(x_2,y_2),\cdots,(x_n,y_n)\}$表示从参数空间中选取的样本点 x_i 与其对应的目标函数值 $y_i=f(x_i)$构成的数据集合，其中 $i=1,2,\cdots,n$；$p(D|f)$表示 y 的似然分布，选取的样本点对应的目标函数值会存在误差，也就是数据集中不可避免会存在噪声；$p(f)$表示 f 的先验概率分布，表示了初始样本点在目标函数上表现的概率分布，在贝叶斯优化中是通过概率代理模型得到的；$p(D)$表示边际化 f 的边际似然分布，由于该边际似然存在概率密度函数的乘积和积分，通常难以得到明确的解析式，该边际似然在贝叶斯优化中主要用于优化超参数；$p(f|D)$表示了目标函数 f 的后验概率分布，通过后验概率分布可以计算出采集函数以确定下一组用于评价的样本点。

贝叶斯优化算法如算法 7.9 所示。

算法 7.9 贝叶斯优化算法

输入：目标函数 f；超参数搜索空间 X；概率代理模型 M(此处选用高斯过程回归作为概率代理模型)；采集函数 α；贝叶斯优化算法迭代次数 T

从超参数搜索空间 X 中随机取 n 个点，构建数据集 $D=\{(x_1,y_1),(x_2,y_2),\cdots,(x_n,y_n)\}$，$y_i=f(x_i)$，且 $i=1,2,\cdots,n$

for $i=1,2,\cdots,T$

  根据数据集 D 中的数据生成高斯过程回归模型 M，数据之间符合联合高斯分布，根据贝叶斯公式计算出之前 n 个点的后验概率分布

  以后验概率分布得出每个取值点的期望均值以及方差

  根据期望均值以及方差，求出采集函数的具体表达式。并通过最大化采集函数 α，采集得到下一个用于计算的采集点 x_{n+1}

  根据采集函数 α 得到的点 x_{n+1}，代入目标函数 f，计算出目标函数值 $y_{n+1}=f(x_{n+1})$

  整合数据 $D_{n+1}=\{D_n,(x_{n+1},y_{n+1})\}$

end for

输出：最小化目标函数的超参数组

为了便于理解，在这里对算法中一些描述做出解释。第一，并不是只能使用高斯过程回归作为概率代理模型，高斯过程回归只是较为常用。除了高斯过程回归模型，还可以使用 Tree Parzen Estimator（TPE）或者随机森林等作为概率代理模型。常用的概率代理模型将在 7.2.2 节详细介绍。第二，通过对数据集 D 生成高斯过程回归模型后，可以根据贝叶斯公式对数据集中的每个样本点计算出对应的期望均值和方差。根据期望均值和方差，可以求出采集函数的具体表达式。期望均值越大，代表着目标函数的取值也越大。方差则表示了这个样本点对应目标函数取值的不确定性，方差很大的点说不定会存在全局最优解。以期望均值大为策略或者方差大为策略，都有可能寻找到更优的评估点。因此给出概念：如果以期望均值最大作为条件来选取下一个评估点，就是在执行开发（Exploitation）策略；如果以方差最大作为条件来选取下一个评估点，就是在执行探索（Exploration）策略。第三，关于选择开发策略还是探索策略，可以根据当前模型训练的时间成本来确定。当模型训练所花费的时间成本非常高，需要大量算力时，一般选用开发策略，将期望均值大的点作为下一步的评估对象。当模型训练所需时间成本不高时，就可以选用探索策略。第四，在确定了寻找下一个评估点的策略后，就需要使用采集函数来权衡期望均值和方差的比例。常用的采集函数有针对高斯过程回归模型的上置信边界采集、熵搜索采集等。采集函数的具体形式将在 7.2.3 节详细介绍。

超参数调优算法除了贝叶斯优化，还有网格搜索（Grid Search）法和随机搜索（Random Search）法等。网格搜索法是指定参数搜索空间下的一种穷举搜索方法。网格搜索法将各个参数可能的取值进行排列组合，列出所有可能的参数组合。这些所有可能的参数就是网格搜索法中的网格。在形成网格后，将每个网格中保存的参数组合输入到需要进行超参数调优的机器学习模型中，再通过交叉验证法使用事先设置好的评价指标进行评估。在尝试了所有的参数组合后，网格搜索会返回一个使评估指标最优的参数组合。

随机搜索法是 Rastrigin 在 1963 年首次提出的。随机搜索法与网格搜索法不同，其首先在超参数搜索空间中随机初始化一组超参数，从给定半径的超球面上随机取某个位置，以当前位置为中心，围绕当前位置，计算出当前位置附近的某以点输入到目标函数得出的结果。比较当前位置与附近超参数点得出的目标函数值，如果附近的某一点输入得到的目标函数值更优，则将该点设为中心，重复以上步骤直至达到迭代次数或者预先期望的目标函数值。Bergstra 和 Bengio 经过实验证明了随机搜索法相对于网格搜索法会尝试更多参数搜索空间中的值，且在达到近似的目标函数值的情况下，随机搜索法所需要的搜索时间和迭代次数都要比网格搜索法少。

随机搜索法和网格搜索法都实现了让机器学习模型自动寻找更优的超参数组合。但随机搜索法和网格搜索法无法通过上一次迭代的结果中学习到信息并将其应用于下一次迭代。贝叶斯优化的优点就在于能够从每一次迭代中学习到经验，并能够通过该经验来指导下一次迭代，因此贝叶斯优化所需要的迭代步数通常不高。其唯一的不足在于，为了从每一次迭代中学习到经验，每一次的迭代都需要消耗较大的算力。

7.3.2 概率代理模型

本节主要对常用的概率代理模型进行一个较为详细的介绍。常用的概率代理模型包括参数模型和非参数模型。参数模型是指参数个数固定的概率模型,该参数模型在数据量增加或优化过程中,参数个数始终不发生改变。非参数模型的模型参数会随着数据的增加而增加,相比参数模型不易发生过拟合现象。

参数模型中较为常用的有贝塔-伯努利模型,通常用来解决目标函数值域仅为二值的优化问题。线性模型通常用来解决存在线性关系的参数空间的优化问题。

非参数模型主要介绍高斯过程回归(Gaussian Process Regression,GPR)模型。高斯过程回归模型通常是使用高斯过程(Gaussian Process,GP)来表示数据的先验概率分布,随后对数据进行回归预测。高斯过程可以用来表示函数的分布情况,而高斯分布用来表示函数自变量的分布情况。为了能够使用高斯过程预测其他数据,会将训练集和测试集联合起来得到多元高斯分布。可以用高斯分布作为先验来学习任意函数。

给定一个目标函数 f,输入空间为 $X\in R$,数据集 $D=\{(x_1,y_1),(x_2,y_2),\cdots,(x_n,y_n)\}$,共有 n 个样本,其中 $y_i=f(x_i)$。如果使用高斯过程回归来拟合数据集 D,则可以理解为数据集 D 中的 n 个样本构成了满足 n 维高斯分布条件的样本空间,可以表示为:

$$f \sim \mathrm{GP}(\mu(x),k(x,x')) \tag{7.30}$$

其中,$\mu(x)$表示均值函数,且 $\mu(x)=E[f(x)]$,通常设置均值函数为 0;$k(x,x')$表示一个协方差函数,且该协方差函数必须是半正定的;对任意变量 x,x'有 $k(x,x')=\mathrm{Cov}(f(x),f(x'))$;对于 n 组 D 维的输入数据 $X\in R$,协方差矩阵写为:

$$k(x,x')=\begin{pmatrix} k(x_1,x_1) & \cdots & k(x_1,x_n) \\ \vdots & \ddots & \vdots \\ k(x_n,x_1) & \cdots & k(x_n,x_n) \end{pmatrix} \tag{7.31}$$

其中,$k(x,x')$为核函数。为了使采样得到的高斯分布相对平滑,可以通过两个变量之间的某种距离来定义这两个变量对应的函数值之间的协方差。两个变量离得越近,对应函数值之间的协方差应该越大,意味着这两个函数值的取值可能越接近。核函数就是用来表示两个变量之间的距离。有关核函数的定义以及常用的核函数介绍可见 5.3.3 节。

高斯过程在参数优化过程中来代理优化模型的分布时,除了核函数中需要确定一些超参数值以外,不存在其他参数估计过程。高斯过程的优势在于可以用来表示黑盒函数的分布,能够模拟不确定性,但其训练复杂度较高,当已观测样本量十分大时,需要选择合适的核函数。非参数模型除了高斯过程,还有随机森林和深度神经网络等,其中深度神经网络需要先设计好神经网络的结构,合适的神经网络结构可以处理大规模的数据。将随机森林作为贝叶斯优化的概率代理模型是 2011 年由 Hutter 等提出的。将随机森林作为贝叶斯优化的概率代理模型,可以弥补高斯过程的不足,即处理参数空间中有离散类型参数的优化问题。随机森林模型的不足之处在于其不适用基于梯度的优化方法。

7.3.3 采集函数

采集函数是根据后验概率分布构造的,通过最大化采集函数来选择下一个最有潜力的评估点。同时,有效的采集函数能够保证选择的评估点序列总是使得总损失(Loss)最小。

1. Gaussian Process-Upper Confidence Bound

Gaussian Process-Upper Confidence Bound(GP-UCB),是一个通过最大化高斯过程的置信边界的采集函数。该函数把后验分布的均值和协方差求一个加权和来寻找最大化高斯过程的置信区间的点。均值对应的是开发策略,协方差对应的是探索策略。

$$\lambda = \arg\max_{\lambda}\{\mu(\lambda) + \beta^{\frac{1}{2}}\sigma(\lambda)\} \tag{7.32}$$

其中,$\mu(\lambda)$表示均值;$\sigma(\lambda)$表示协方差;$\beta^{\frac{1}{2}}$是一个权值,可以通过理论分析推导得出,在实际应用中为了简化计算,也可以把其设为一个常数。

2. Probability of Improvement

Probability of Improvement 简称 PI。选择 PI 作为采集函数,表示选择对当前最优目标函数值有所提升的位置作为新的评价点。PI 量化了变量 x 对应的目标函数值可能提高当前最优目标函数值的概率。假设 $f'=\min f$,这个 f'表示目前已知 f 的最小值。

$$u(x) = \begin{cases} 0, & f(x) > f' \\ 1, & \text{其他} \end{cases} \tag{7.33}$$

如果使用高斯过程作为概率代理模型,则定义采集函数为:

$$\begin{aligned} a_{\mathrm{PI}}(x) &= E[u(x) \mid x, D] = \int_{-\infty}^{f'} N(f;\ \mu(x), K(x,x))\mathrm{d}f \\ &= \Phi(f';\ \mu(x), K(x,x)) \end{aligned} \tag{7.34}$$

最大化采集函数 a_{PI} 即可得到基于高斯分布的满足条件的 x。

3. Expected Improvement

PI 注重模型预测结果的大小,仅仅想选择值大的点作为下一个评价点,不确定性并没有考虑其中,因此 PI 有可能找到的是局部最优点。为了改善这一点,有学者提出了 Expected Improvement(EI)。EI 也就是预期改进,选择能够带来最大期望提升的点作为下一个评估点。依然是假设 $f'=\min f$,然后定义:

$$u(x) = \max(0, f' - f(x)) \tag{7.35}$$

若使用高斯过程作为概率代理模型,则定义采集函数为:

$$\begin{aligned} a_{\mathrm{EI}}(x) &= E[u(x) \mid x, D] \\ &= \int_{-\infty}^{f'} (f' - f)N(f;\ \mu(x), K(x,x))\mathrm{d}f \\ &= (f' - \mu(x))\Phi(f';\ \mu(x), K(x,x)) + \\ &\quad K(x,x)N(f';\ \mu(x), K(x,x)) \end{aligned} \tag{7.36}$$

通过计算使得 a_{EI} 值最大的点就是下一次评估的最优点。

上式中有两个组成部分。要使得上式的值最大则需要同时优化左右两部分:左边需

要尽可能地减少 $\mu(x)$，右边需要尽可能的增大方差（或协方差）$K(x,x)$，但是二者并不能同时满足，所以这一个开发-探索策略。PI、EI、UCB 以及 LCB 这几种采集策略都是基于分布来选择下一个待评价的样本。如果初始样本分布不均匀，则很可能导致算法结果陷入局部最优解。

4. Entropy Search

Entropy Search(ES，熵搜索)。ES 是一种基于信息的策略，是指通过熵搜索的方式确定下一个评估点，其依赖全局最优解的后验分布。该分布隐含在函数的后验分布中（不同的有不同的全局最优解，从而也有一个后验分布）。ES 旨在寻找能够极大减少不确定度的评估点，从另外一个角度来说给予了与研究有关最多的信息。

$x^*=\arg\min(x)$，其中，对 f 的置信度决定了 x 的分布，但并没有近似该分布的表示。ES 找到评估点来最小化信息熵 $p(x*|D)$。因此有：

$$\mathrm{ux}=H(x^*\mid D)-H(x^*\mid D,x,fx) \tag{7.37}$$

基于信息的策略还有熵预测(Predictive Entropy Search，PES)，PES 继承了 ES 的优点，计算方便，但其缺点是计算量高。

7.4 知识扩展

7.4.1 Stacking 算法

Stacking 算法有时也被称为 Stacked Generalization 算法。该算法与 Bagging 算法以及 Boosting 算法都不同，Stacking 算法将相同或者不同类型的算法模型组合到一起通过一个两层的结构来完成分类或者回归任务。第一层的学习算法称为个体学习算法或者基学习算法，第二层的学习算法称为次级学习算法。把两层算法组合到一起的方法有两种，分别是固定的组合规则(Fixed Rules)和可训练的组合规则(Trained Rules)。其中，固定的组合规则不需要生成新的数据集输入到次级学习器，只需要通过简单的投票规则或者乘法规则得出分类结果。可训练的组合规则是让第二层的次级学习器通过学习第一层的个体学习器的预测结果生成的新的数据集来输出最终预测。因为 Stacking 算法使用第一层的个体学习器产生新训练集来训练次级学习器，直接使用个体学习器来产生次级数据集可能会有很大的风险造成过拟合，所以常常会使用交叉验证方法来训练产生次级数据集。

Stacking 算法实施流程描述如下：

(1) 对含有 n 个训练样本的训练集采用 K 折交叉验证，分为 k 个子训练集，每个子训练集有 $\frac{(k-1)n}{k}$ 个训练样本，$\frac{n}{k}$ 个测试样本；

(2) 对 k 个子训练集的训练样本和测试样本，使用事先选好的机器学习算法进行训练及预测，得到 K 折交叉验证法对训练集的预测结果以及第一个个体学习器；

(3) 使用第(2)步得到的个体学习器对测试集的样本进行预测，记录预测结果；

(4) 重复步骤(2)、(3)，得到 n 个个体学习器；

(5) 记录第 i 个个体学习器生成的训练集,将使用该训练集得到的预测结果作为新训练集的第 i 列特征,测试集的预测结果作为新的测试集的第 i 列特征,得出新训练集和测试集；其中 $i=1,2,\cdots,n$；

(6) 把新训练集和测试集输入到次级学习器中,次级学习器进行最终的预测并得出结果。

Stacking 算法(未使用交叉验证法划分数据集)如算法 7.10 所示。

算法 7.10 Stacking 算法

输入：数据集 $D=\{(x_1,y_1),(x_2,y_2),\cdots,(x_m,y_m)\}$；第一层学习算法 $L_1,L_2,\cdots,L_T$；第二层学习算法 L

for $t=1,2,\cdots,T$

  $h_t=L_t(D)$,对每个第一层学习算法输入原始数据集 D,进行训练得到个体学习器 h_t

end for

初始化新数据集,$D'=\phi$

for $i=1,2,\cdots,m$

  for $t=1,2,\cdots,T$

    $z_{it}=h_t(x_i)$,使用个体学习器 h_t 对训练样本 x_i 进行预测

  end for

  $D'=D'\cup\{((z_{i1},z_{i2},\cdots,z_{iT}),y_i)\}$

end for

$h'=L(D')$,对第二层学习算法输入数据集 D',得到次级学习器 h'

输出：$H(x)=h'(h_1(x),\cdots,h_T(x))$

Stacking 算法没有很多参数需要调整,一个较好的 Stacking 算法学习到的结果应该优于其选用的个体学习器中的最好算法。因此,在选用个体学习器时要尽量选择针对训练数据集准度较高的算法,并且要求个体学习器的预测过程差异尽量大。个体学习器、次级学习器和参数的选择会决定学习的效果,组合模型的数量也会对 Stacking 算法的迭代速度产生较大的影响,组合模型数过多可能会导致过长的计算时间。李寿山等使用朴素贝叶斯、最大熵准则、支持向量机以及随机梯度下降四种分类算法训练得出了四个第一层个体分类器,并把交叉和验证得到的次级数据集输入到第二层学习器中。其中第二层学习器选用了支持向量机和最大熵模型,由此形成了一个基于 Stacking 算法的组合分类模型。实验中,使用该组合模型进行中文情感文本分类,结果表明基于 Stacking 算法的组合方法能够提高分类效果,且针对不同类型的语料库,其分类结果较第一层个体学习器单独用于分类的结果均有一定的提高。

7.4.2 逻辑回归分类

1. 线性回归

线性回归(Linear Regression)属于监督学习算法(有标签值),常用于回归问题。回归问题和分类问题的区别在于,数据集样本点对应的标签值是连续型还是离散型。如果

是连续型标签，说明是回归问题；如果是离散型标签，说明是分类问题。比如，房价预测、降雨量预测都属于回归问题，而是否患病、垃圾邮件分类都属于分类问题。

回归可以理解为表示输入变量（数据集样本点的特征）到输出变量（数据集样本点的标签）之间映射的函数（或者模型）。所谓线性回归，就是找到一个能够尽可能拟合数据集中所有样本点的函数（或者模型）。对于 n 维特征的样本数据，用于拟合该样本的模型如公式(7.38)所示。

$$h_w(x)=w_0x_0+w_1x_1+w_2x_2+\cdots+w_nx_n=\sum_{i=0}^{n}w_ix_i \tag{7.38}$$

其中 $w_i(i=0,1,2,\cdots,n)$ 表示模型参数，$x_i(i=0,1,2,\cdots,n)$，$x_0=1$ 表示为每个样本的 n 个特征值。上式也可以用矩阵形式表示，如公式(7.39)所示。

$$\boldsymbol{h}_w(\boldsymbol{X})=\boldsymbol{XW} \tag{7.39}$$

其中，$\boldsymbol{X}$ 为 $m*n$ 维的特征矩阵；m 表示样本个数；n 表示样本特征数；$\boldsymbol{W}$ 表示 $n*1$ 的向量；$\boldsymbol{h}_w(\boldsymbol{X})$ 表示 $m*1$ 的向量。

为了找到与所有样本点拟合的更好的函数，需要一个评判标准，也就是损失值。以损失值大小来判断该函数与数据集的拟合程度。计算损失值的函数被称为损失函数（Loss Function），也被称为目标函数等。线性回归的损失函数通常使用均方误差来表示，则某样本的损失函数公式如(7.40)所示。

$$\begin{aligned}J(w)&=\frac{1}{2m}\sum_{i=1}^{m}(h_w(x_i)-y_i)^2\\&=\frac{1}{2m}(\boldsymbol{XW}-\boldsymbol{Y})^{\mathrm{T}}(\boldsymbol{XW}-\boldsymbol{Y})\end{aligned} \tag{7.40}$$

其中，$h_w(x_i)$ 表示某样本的估计值；y_i 表示某样本的真实值；m 表示数据集中样本点个数；$\boldsymbol{Y}$ 表示 $m*1$ 的向量；$\frac{1}{2m}$ 是为了在求偏导的时候抵消常数且便于理解。

有两种方法来求最小化损失函数的模型参数 $w_i(i=0,1,2,\cdots,n)$，分别是梯度下降法（Gradient Descent）和最小二乘法（Min Square）。

梯度下降算法流程如下：

(1) 需要初始化模型参数 $w_i(i=0,1,2,\cdots,n)$ 的值、算法终止距离 ε（拟合直线与样本点的距离）以及学习率（Learning Rate）α。模型参数初始值可以定义为 0；

(2) 确定当前位置的损失函数的梯度，$\frac{\partial J(w)}{\partial w_i}=\frac{1}{m}\sum_{j=0}^{m}(h_w(x_i)-y_i)x_i$，$i=0,1,\cdots,n$；

(3) 计算 $\alpha\frac{\partial J(w)}{\partial w_i}$ 得到当前下降的距离；

(4) 确定是否所有的模型参数 w_i 梯度下降的距离都小于 ε，如果小于则输出模型参数 w_i，如果不小于则转至步骤(5)；

(5) 更新参数，令 $w_i=w_i-\alpha\frac{\partial J(w)}{\partial w_i}$，然后回到步骤(1)。

由于梯度下降需要计算所有样本点到拟合直线的距离，数据量巨大时计算速度过慢，针对该不足，有学者提出了随机梯度下降法(Stochastic Gradient Descent)、小批量梯度下降法(Mnin-batch Gradient Descent)等。

与梯度下降法不同，最小二乘法不需要选择下降步长，且不需要迭代计算，因此计算速度很快。最小二乘法是直接找到使损失值 $J(w)$ 最小的 w_i，也就是对 $w_i(i=0,1,2,\cdots,n)$ 直接求偏导，令偏导数为 0，联立所有方程求解。

线性回归在最小化损失函数时，如果模型过于复杂，变量值稍微有点变动，就会引起预测精度问题，可能导致过拟合问题。正则化是一个通用的算法和思想，所有会产生过拟合现象的算法都可以使用正则化来避免过拟合。正则化之所以有效，就是因为其降低了特征的权重，使得模型更为简单。常用的正则化算法有 L1 正则化和 L2 正则化。

L1 正则化通常被称作 LASSO 回归，应用于线性回归时则是在其损失函数上增加了一个 L1 正则化的项，L1 正则化的项有一个常数系数来调节损失函数的均方差项和正则化项的权重。

$$J(w)=\frac{1}{2m}(\boldsymbol{XW}-\boldsymbol{Y})^{\mathrm{T}}(\boldsymbol{XW}-\boldsymbol{Y})+\alpha\|\boldsymbol{w}\|_1 \tag{7.41}$$

其中，α 为常数系数且 $\alpha>0$；$\|\boldsymbol{w}\|_1$ 为 L1 范数。

L2 正则化通常被称为岭回归(Ridge Regression)，L2 正则化在其损失函数上增加了一个 L2 正则化的项，增加的项是 L2 范数。

$$J(w)=\frac{1}{2m}(\boldsymbol{XW}-\boldsymbol{Y})^{\mathrm{T}}(\boldsymbol{XW}-\boldsymbol{Y})+\alpha\|\boldsymbol{w}\|_2^2 \tag{7.42}$$

其中，$\|\boldsymbol{w}\|_2^2$ 为 L2 范数；α 为常数系数且 $\alpha>0$。

2. 逻辑回归

逻辑回归(Logistic Regression)是由线性回归变换来的一个非常经典的机器学习算法。逻辑回归虽然被称为回归，但其实际上是分类算法，常用于二分类问题。根据线性回归的公式 $h_w(x)=\sum_{i=0}^{n}w_ix_i=\boldsymbol{XW}$，可以得到连续的预测值，如果定义预测值在某实数区间内属于某个类别，在另一个实数区间内属于另一个类别，就能够达到解决分类问题的目的。因此，在线性回归的前提下，逻辑回归引入了 Sigmoid()函数，如公式(7.43)所示，也称作对数概率函数。

$$g(z)=\frac{1}{1+\mathrm{e}^{-z}} \tag{7.43}$$

其中，z 表示线性回归公式输出的预测值，当 z 趋于无穷时，Sigmoid()函数值趋于 1，当 z 趋于负无穷时，Sigmoid()函数值趋于 0。令 $z=h_w(x)=\sum_{i=0}^{n}w_ix_i=\boldsymbol{XW}$，用矩阵形式表示，可以得到逻辑回归的公式(7.44)。

$$h_w(x)=\frac{1}{1+\mathrm{e}^{-h_w(x)}}=\frac{1}{1+\mathrm{e}^{-\boldsymbol{XW}}} \tag{7.44}$$

其中，$i=0,1,2,\cdots,n$，$\boldsymbol{X}$ 为 $m*n$ 维的特征矩阵；m 表示样本个数；n 表示样本特征数；

$\boldsymbol{W}$ 表示 $n*1$ 的向量；该公式得出的结果 $h_w(x)\in[0,1]$，可以理解为概率值。

使用逻辑回归进行二分类，需要在 0～1 的范围内定义一个阈值，高于该阈值的分为一类，低于该阈值则分为另一类。逻辑回归一般默认阈值为 0.5，假设有一样本集合其样本空间为 $y=\{0,1\}$，当 $h_w(x)<0.5$ 时分类结果为 0，当 $h_w(x)>0.5$ 时分类结果为 1。逻辑回归的损失函数不能像线性回归那样用均方误差来表示，一般是使用极大似然估计法来推导出模型参数，使数据样本的似然度最大。

$$P(y=1 \mid x,w)=h_w(x) \tag{7.45}$$

$$P(y=0 \mid x,w)=1-h_w(x) \tag{7.46}$$

把上面两个式子合并，得到公式(7.47)：

$$P(y \mid x,w)=h_w(x)^y(1-h_w(x))^{1-y} \tag{7.47}$$

其中，y 的取值只能是 0 或者 1。似然函数的代数表达式为公式(7.48)。

$$L(w)=\prod_{i=1}^{m}h_w(x_i)^{y_i}(1-h_w(x_i))^{1-y_i} \tag{7.48}$$

其中，m 为样本的个数。对公式(7.48)等式两边求对数并取反，写成对数似然函数，得到公式(7.49)。

$$\begin{aligned}-\ln L(w)&=-\sum_{i=1}^{m}[(y_i\ln h_w(x_i)+(1-y_i)\ln(1-h_w(x_i))]\\&=-\sum_{i=1}^{m}\left[\left(y_i\ln\frac{h_w(x_i)}{1-h_w(x_i)}+\ln(1-h_w(x_i)\right)\right]\end{aligned} \tag{7.49}$$

以上公式写成向量形式，即为公式(7.50)：

$$-\ln L(\boldsymbol{W})=-\boldsymbol{Y}^{\mathrm{T}}\ln h_w(\boldsymbol{X})-(\boldsymbol{E}-\boldsymbol{Y})^{\mathrm{T}}\ln(\boldsymbol{E}-h_w(\boldsymbol{X})) \tag{7.50}$$

其中 $\boldsymbol{E}$ 为全 1 向量。

逻辑回归最小化损失函数可以使用梯度下降法、牛顿法等。

由于逻辑回归也有过拟合风险，因此也需要对损失函数进行正则化。对逻辑回归进行 L1 正则化，如公式(7.51)所示。

$$-\ln L(\boldsymbol{W})=-\boldsymbol{Y}^{\mathrm{T}}\ln h_w(\boldsymbol{X})-(\boldsymbol{E}-\boldsymbol{Y})^{\mathrm{T}}\ln(\boldsymbol{E}-h_w(\boldsymbol{X}))+\alpha\|\boldsymbol{w}\|_1 \tag{7.51}$$

其中，α 为常数系数且 $\alpha>0$，$\|\boldsymbol{w}\|_1$ 为 L1 范数。

L2 正则化通常被称为岭回归(Ridge Regression)，L2 正则化在其损失函数上增加了一个 L2 正则化的项，增加的项是 L2 范数。

$$-\ln L(\boldsymbol{W})=-\boldsymbol{Y}^{\mathrm{T}}\ln h_w(\boldsymbol{X})-(\boldsymbol{E}-\boldsymbol{Y})^{\mathrm{T}}\ln(\boldsymbol{E}-h_w(\boldsymbol{X}))+\alpha\|\boldsymbol{w}\|_2^2 \tag{7.52}$$

其中，$\|\boldsymbol{w}\|_2^2$ 为 L2 范数；α 为常数系数且 $\alpha>0$。

7.5　本章小结

本章在 7.1 节主要介绍了集成学习 Bagging 算法、Boosting 算法思想中最具有代表性的算法，并对随机森林算法以及随机森林算法个体学习器的投票改进策略进行了解释。随机森林依靠 Bagging 算法有放回抽样获取不同子样本集，再通过随机子空间方法只选取了一部分的特征进行训练再结合所有个体学习器共同得出结果，因此其泛化能力强，面对高维数据时也可以很快处理。针对随机森林分类算法，从其投票阶段入手，尝试对随机森林算法进行改进。以面对不平衡类别数据集为例，提出了基于真阳率加权投票的随机森林分类算法，并通过对比实验验证了这种改进方法的有效性。

7.2 节主要介绍了针对类别不平衡数据集的处理方式，其中包括上采样法、下采样法以及混合采样法。上采样法通过生成少数类样本来平衡数据类别，包括随机上采样法、SMOTE、Borderline-SMOTE、ADASYN 上采样等，其中最为常用的上采样法是 SMOTE 算法，但其容易受到数据集中的噪声干扰生成一些异常值，或者模糊分类边界加大分类难度。下采样法通过选择一部分多数类样本来平衡数据类别，包括随机下采样法、EasyEnsemble、数据清理技术以及 NearMiss 等，其中较为常用的下采样法有 EasyEnsemble 和数据清理技术等。混合采样法一般是以某重采样算法的不足而提出的。比如 SMOTE 算法可能会导致样本重叠问题，将 SMOTE 与 ENN 结合进行混合采样，可以删除重叠样本，取得更好的采样结果。

7.3 节主要介绍了机器学习模型的超参数调优问题中应用较广的贝叶斯优化，以及贝叶斯优化常用的概率代理模型和采集函数。贝叶斯优化的核心思想就是在寻优的过程中，根据已有的信息，训练出一个回归预测模型。然后，不断更新该模型使得其越来越接近真实的解。相较网格搜索法和随机搜索法，贝叶斯优化所需要的迭代步数不多，且每一次都从上一次迭代中学习使下一次迭代更接近最优解。

7.4 节作为知识扩展部分，针对 Stacking 算法和逻辑回归分类的基本思路做了一个较为详尽的介绍。其中，Stacking 算法将相同或者不同类型的算法模型组合到一起通过一个两层的结构迭代完成分类或者回归任务，而逻辑回归分类则是通过对数概率函数和分类阈值来完成分类任务。逻辑回归常用于解决二分类问题。

第 8 章

结合贝叶斯优化与集成学习的大数据评价研究——以土壤重金属数据为例

第 7 章介绍了用于大数据风险分类评价的集成学习与贝叶斯优化的相关理论，本章主要运用这些理论对大数据进行风险分类评价，同样以第 6 章中使用的土壤重金属数据为例进行相关实验说明。本章主要包括四部分：污染评价方法及目标值标记、数据重采样与预处理、集成学习下的土壤污染风险评价结果以及知识扩展。

8.1 污染评价方法及目标值标记

土壤重金属数据集包含武汉市周边七个区县（蔡甸区、东西湖区、东湖高新区、汉南区、黄陂区、江夏区、新洲区）的农田土壤中的八种重金属元素（镉、汞、砷、铅、铬、铜、镍、锌）的采样信息和测定信息，共含 1161 个样本。该土壤重金属数据集中八种重金属元素的描述性统计结果如表 8.1 所示。表中包括了每种重金属元素含量值的最大值、最小值、均值、标准差和变异系数等。由表 8.1 可知，该土壤重金属数据集中砷、镉、铬、铜、镍、铅、锌以及汞的平均含量分别为 10.15μg/g、0.21μg/g、57.49μg/g、26.21μg/g、28.22μg/g、19.46μg/g、71.17μg/g 以及 0.14μg/g。

表 8.1 武汉市周边土壤重金属数据集中八种重金属元素的描述性统计结果

单位：$\mu g \cdot g^{-1}$

统计特征	均值	最小值	最大值	标准差	变异系数/%
砷	10.15	0.24	82.07	6.00	59.10
镉	0.21	0.01	4.94	0.39	185.68
铬	57.49	11.13	171.21	24.64	42.87

续表

统计特征	均值	最小值	最大值	标准差	变异系数/%
铜	26.21	2.16	159.36	14.06	53.65
镍	28.22	3.32	77.67	12.04	42.65
铅	19.46	1.96	83.30	8.60	44.17
锌	71.17	15.16	293.73	29.29	41.16
汞	0.14	0.01	2.37	0.17	120.34

就标准差来看，铬和锌的标准差均较大，说明这两个重金属元素的数据分布离散程度大。就变异系数(Coefficient of Variance)来看，当变异系数大于100%时说明该元素数据具有强变异性，当变异系数介于10%到100%时说明该元素数据具有中等变异性，变异系数小于10%时说明该元素数据具有弱变异性。由表8.1可知，镉和汞的变异系数分别达到185.68%和120.34%，都属于强变异性，说明不同采样点含量差异大，可见有较大的空间差异性。其余重金属元素的变异系数均介于10%到100%之间，说明其余重金属元素在不同采样点的含量差异较大。

通过对该土壤重金属数据集的描述性统计结果的分析，可以看出武汉市周边区县的农田土壤的确存在不同程度的污染。仅凭对描述性统计结果的分析不足以对数据集中每个采样点的污染风险下结论。为了确定数据集中的每个采样点的污染风险，需要使用土壤污染评价方法。

《土壤环境质量农用地土壤污染风险管控标准(试行)》中规定的农用地土壤污染风险筛选值如表8.2所示。其中重金属和类金属砷均按元素总量计，且对于水旱轮作地，采用其中较严格的风险筛选值。

表8.2 《土壤环境质量农用地土壤污染风险管控标准(试行)》中规定的农用地土壤污染风险筛选值

序号	污染物项目		风险筛选值/$\mu g \cdot g^{-1}$			
			pH≤5.5	5.5<pH≤6.5	6.5<pH≤7.5	pH>7.5
1	镉	水田	0.3	0.4	0.6	0.8
		其他	0.3	0.3	0.3	0.6
2	汞	水田	0.5	0.5	0.6	1.0
		其他	1.3	1.8	2.4	3.4
3	砷	水田	30	30	25	20
		其他	40	40	30	25
4	铅	水田	80	100	140	240
		其他	70	90	120	170
5	铬	水田	250	250	300	350
		其他	150	150	200	250
6	铜	果园	150	150	200	200
		其他	50	50	100	100
7	镍		60	70	100	190
8	锌		200	200	250	300

将这八种重金属的均值与表 8.2 中的风险筛选值进行对比，以最宽松的风险筛选值为比较指标，可以得出这八种重金属的均值均低于最宽松的风险筛选值。但八种重金属含量的变化范围较大，其中类金属元素砷含量范围为 0.24～82.07μg/g，将其含量的最大值与表 8.2 中该元素最宽松的风险筛选值比较，可得出其含量的最大值是最宽松风险筛选值的 2.05 倍。重金属元素镉含量范围为 0.01～4.94μg/g，将其含量的最大值与表 8.2 中该元素最宽松和最严格的风险筛选值比较，可得其含量是最宽松风险筛选值的 16.46 倍、最严格风险筛选值的 6.18 倍。重金属元素铬含量范围为 11.13～171.21μg/g，将其含量的最大值与表 8.2 中该元素最宽松的风险筛选值比较，可得其含量是最宽松风险筛选值的 1.14 倍。重金属元素铜含量范围为 2.16～159.36μg/g，将其含量的最大值与表 8.2 中该元素最宽松的风险筛选值比较，可得其含量是最宽松风险筛选值的 3.19 倍。重金属元素镍含量范围为 3.32～77.67μg/g，将其含量的最大值与表 8.2 中该元素最宽松的风险筛选值比较，可得其含量是最宽松风险筛选值的 1.29 倍。重金属元素铅含量范围为 1.96～83.30μg/g，将其含量的最大值与表 8.2 中该元素最宽松的风险筛选值比较，可得其含量是最宽松风险筛选值的 1.19 倍。重金属元素锌含量范围为 15.16～293.73μg/g，将其含量的最大值与表 8.2 中该元素最宽松的风险筛选值比较，可得其含量是最宽松风险筛选值的 1.47 倍。重金属元素汞含量范围为 0.01～2.37μg/g，将其含量的最大值与表 8.2 中该元素最宽松的风险筛选值比较，可得其含量是最宽松风险筛选值的 4.74 倍。

因为内梅罗综合污染指数可以展示出高浓度污染物对土壤环境质量的影响，反映出各种污染物对土壤环境的作用，所以考虑使用内梅罗污染综合指数作为重金属数据集中每个样本的风险指数。要计算出内梅罗污染综合指数，需要用到八种重金属的单因子污染指数。因此需要首先计算出每种重金属的单因子污染指数。单因子污染指数和内梅罗综合污染指数的具体介绍可见第 6 章知识扩展小节。为了方便解释，列出了单因子污染指数和内梅罗综合污染指数的计算公式，如公式(8.1)与公式(8.2)所示。

$$P_i = C_i / S_i \tag{8.1}$$

其中，P_i 是土壤中重金属 i 的单因子污染指数；C_i 是重金属元素 i 在土壤中的实测含量值；S_i 是重金属元素 i 的评价标准值，一般为国家标准规定的污染风险筛选值或者土壤地球化学背景值等。

$$P = \sqrt{\frac{\max(P_i)^2 + \operatorname{avg}(P_i)^2}{2}} \tag{8.2}$$

其中，P 为采样点的综合污染指数；P_i 为采样点 i 的八种重金属的单因子评价指数，$\max(P_i)$ 为单因子评价指数中的最大值，$\operatorname{avg}(P_i)$ 为单因子评价指数中的平均值。

由公式(8.1)可知，要计算出单因子污染指数，需要使用重金属元素的评价标准值。在这里，评价标准值使用国家标准中规定的污染风险筛选值来代替。参考的国家标准是《土壤环境质量农用地土壤污染风险管控标准(试行)》2018 版。查询表 8.2 可以得出不同 pH 值范围内，水田、旱地或者果园中每种重金属元素的污染风险筛选值。有关单因子污染指数及内梅罗综合污染指数的具体计算过程可见 8.2 节。

在计算出单因子污染指数和内梅罗污染综合指数后，可以根据内梅罗污染综合指数分级表确定样本的污染程度，并能够统计出数据集中每个区县在不同综合污染指数下的分布情况。为了便于理解，列出内梅罗污染综合指数分级表，如表 8.3 所示。该土壤重金属数据集中每个区县在不同内梅罗综合污染指数下的样本统计情况如表 8.4 所示。

表 8.3 内梅罗综合污染指数分级表

内梅罗综合污染值	指数分级	污染程度
$P>3$	4	重度污染
$2<P\leqslant 3$	3	中度污染
$1<P\leqslant 2$	2	轻度污染
$P\leqslant 1$	1	清洁(安全)

表 8.4 武汉市土壤重金属数据集样本在不同内梅罗综合污染指数下的样本统计情况

区县名称	总样本数	综合污染指数=1	综合污染指数=2	综合污染指数=3	综合污染指数=4
蔡甸区	181	146	26	6	3
东西湖区	84	84	0	0	0
东湖高新区	58	57	1	0	0
汉南区	53	52	1	0	0
黄陂区	364	350	10	1	3
江夏区	266	232	21	2	11
新洲区	155	153	1	1	0

由表 8.4 可知，武汉市周边的七个区中，黄陂区所包含的样本数最多且在不同的综合污染指数下都有样本分布；江夏区所包含的样本数次之，且其中综合污染指数为 4，也就是有重度污染风险的样本最多，共有 11 个。蔡甸区的样本分布情况与黄陂区类似，在不同的综合污染指数下都有样本。东西湖区、东湖高新区以及汉南区和新洲区所包含的样本中大体上综合污染指数都为 1，说明绝大多数为无风险样本。这有可能是东西湖区、东湖高新区以及汉南区包含的样本总数较少造成的。

内梅罗综合污染指数分级分成了四个等级，但污染指数大于 2 的样本占总体样本数的极少部分。因此考虑将污染风险直接划分为两类，即有风险和无风险。也就是将内梅罗污染综合指数值为 1 的样本归为无风险样本，将内梅罗污染综合指数值为 2、3、4 的样本统一归为有风险样本。这样一来，便得到了一个二分类问题。为了方便分类算法实施分类，可以将目标值标记为−1 和 1，在内梅罗综合污染指数的计算过程中直接得出目标值。武汉市土壤重金属数据集中样本目标值标记具体规则如表 8.5 所示。

表 8.5 武汉市土壤重金属数据集中样本目标值标记规则

内梅罗综合污染值	目标值
$P>1$	有污染风险，目标值标记为 1
$P\leqslant 1$	无污染风险，目标值标记为−1

参考表 8.5 展示的目标值标记规则便能够完成重金属数据集目标值的标记。完成目标值标记后，土壤重金属数据集中每个区在不同目标值下的样本分布情况如表 8.6 所示。

由表 8.6 可知，武汉市周边的七个区中东西湖区、东湖高新区、汉南区和新洲区所包含的目标值为 1，即有污染风险的样本数目十分少。即使对这几个区使用上采样算法，由于有污染风险的样本数目太少，无论是使用随机上采样还是 SMOTE，新生成的样本可能是噪声或者重复样本。因此，考虑首先对蔡甸区数据集和江夏区数据集的土壤重金属污染情况进行风险评价，其次对武汉市整体数据集的土壤重金属污染情况做整体风险评价。

表 8.6　武汉市土壤重金属数据集中每个区县在不同目标值下的样本分布情况

区县名称	总样本数	目标值为－1 的样本数	目标值为 1 的样本数	少数类样本占比
蔡甸区	181	146	35	19.3%
东西湖区	84	84	0	0
东湖高新区	58	57	1	1.7%
汉南区	53	52	1	1.9%
黄陂区	364	350	14	3.8%
江夏区	266	232	34	14.7%
新洲区	155	153	2	1.3%

武汉市整体数据集中目标值为－1 和目标值为 1 的样本，以及少数类样本占比分布情况如表 8.7 所示。由表 8.7 可知，其中目标值为 1 的样本为少数类样本，其占比仅有 7.5%，合并后的武汉市土壤数据集显然为类别高度不平衡数据集。

表 8.7　武汉市整体数据集中目标值为－1 和 1 的样本，以及少数类样本占比分布情况

总样本数	目标值为－1 的样本数目	目标值为 1 的样本数目	少数类样本占比
1161	1074	87	7.5%

8.2　数据重采样与预处理

8.2.1　数据重采样

1. 采样算法的选择

为了从多种重采样算法中选出更符合风险评价要求的算法，从 UCI 数据库中又选取了四个类别不平衡的数据集，与第 7 章曾使用过的五个数据集共同参与本次实验。本次实验所使用的重采样算法有随机上采样、随机下采样、SMOTE、Borderline-SMOTE 以及 NearMiss，其中 NearMiss 选用第一种采样规则。分类算法选用第 7 章提出的基于真阳率加权投票的随机森林，评价指标依旧是准确率、召回率、精确率、F1-score、G-mean。

G-mean 与 F1-score 一样，都广泛用于评价分类器在不平衡数据集上的分类性能，其计算表达式如下所示：

$$\text{G-mean}=\sqrt{\frac{\mathrm{TP}}{\mathrm{TP}+\mathrm{FN}}\,\frac{\mathrm{TN}}{\mathrm{TN}+\mathrm{FP}}} \tag{8.3}$$

其中，TP 表示少数类样本中被归类为少数类的样本数；FP 表示少数类样本中被归类为多数类的样本数；TN 表示多数类样本中被归类为多数类的样本数；FN 表示少数类样本中被归类为多数类的样本数。G-mean 体现了少数类样本和多数类样本分类精度的几何平均值。G-mean 的范围为[0,1]。当分类器的分类精度偏向于某一类别时，G-mean 接近于 0；当分类器的分类精度偏向于所有类别时，G-mean 接近于 1。

实验中依然对每个实验数据集使用五折交叉验证法，取五折训练结果的平均值作为实验结果。使用基于真阳率加权投票的随机森林的超参数设置为：CART 的个数设置为 10，构建决策树模型时考虑的最大特征数采用原始特征数的开方值，不限制 CART 的最大深度，其余超参数取默认值。

下面简要介绍从 UCI 数据库中选取的四个类别不平衡数据集相关信息，这四个数据集分别是 Glass 数据集、Lymphography 数据集、Ecoli 数据集以及 Wine 数据集。

Glass 数据集是玻璃数据集。该数据集为多分类数据集，目的是对玻璃类型进行辨别。对玻璃类型分类的研究是基于犯罪学调查。在犯罪现场中正确地识别出玻璃的类型，也许可以作为破案的证据。由于本数据集为多分类数据集，需要对其进行一定的处理变成二分类数据集。对数据集观察可以发现在六种玻璃类型中，第六类中包含的样本数较少，只有九个。因此将第六类作为少数类，其余类别合并作为多数类。

Lymphography 数据集是淋巴影像数据集。该数据集为多分类数据集，共有四个类别。其中两个类别中所包含的样本数目非常少，将两个类别合并后也仅存在六个样本数据，将这六个样本数据视为少数类，其余类别合并后作为多数类。

Ecoli 数据集是大肠杆菌数据集。该数据集为多分类数据集。将该数据集特征空间中序号名称这一特征去掉后，针对目标值中的八个类别，omL、imL 和 imS 这三个类别共只有九个样本数据，将这三个类别合并作为少数类，其余类别合并作为多数类。

Wine 数据集是葡萄酒数据集。该数据集包含的内容是对意大利某一地区中三种不同的葡萄酒进行化学成分分析收集得到的。该数据集也是多分类数据集，共有三个类别，其中第一类有 59 个样本，进行下采样后仅保留 10 个样本作为少数类，其余类别合并后视作多数类。

由 7.2 节可知，少数类样本特别少的数据集被称为极端类别不平衡数据集，Glass 数据集、Lymphography 数据集、Ecoli 数据集以及 Wine 数据集中，少数类样本最多只有 10 个，因此都是极端类别不平衡数据集。由于这四个极端类别不平衡数据集少数类样本极端少，经过五折交叉后，每折子数据集中包含的少数类样本仅有 1～2 个，可学习的信息过少，容易造成欠拟合。所以，针对这四个极端类别不平衡数据集，仅使用上采样算法进行处理。以上 UCI 数据集的相关信息如表 8.8 所示。

表 8.8 UCI 数据集的相关信息

UCI 数据集	样本总数	维度(不计标签值)	少数类样本数	少数类占比
Cardio	1831	21	176	9.6%
Ionosphere	351	33	126	35.9%
Diabetes	768	8	268	34.9%
Sonar	208	60	97	46.6%

续表

UCI 数据集	样本总数	维度(不计标签值)	少数类样本数	少数类占比
Breast Cancer	277	9	81	29.2%
Glass	214	9	9	4.2%
Lymphography	148	18	6	4.1%
Ecoli	336	7	9	2.6%
Wine	129	13	10	7.7%

本节对比实验使用的计算机的操作系统为 Windows 10 家庭中文版 64 位操作系统，实验用计算机的主要硬件配置在 7.1.5 节已介绍过，见表 7.2。本次对比实验中使用的重采样算法均来自 Python 提供的专门处理类别不平衡数据集的 imblearn 库，重采样后的多数类样本与少数类样本比例为 1∶1。实验用计算机上安装的 Python 版本为 Python 3.8。实验均在 PyCharm 2020.3 上进行。

五种重采样算法在九个数据集上得出的分类准确率如表 8.9 所示。比较三种上采样算法在四个极端类别不平衡数据集上的分类准确率可以发现，经过随机上采样算法和 Borderline-SMOTE 算法处理后得出的分类准确率较高。在 Glass 数据集上，分类准确率从低到高的排序为 SMOTE、Borderline-SMOTE、随机上采样。在 Lymphography 数据集上，分类准确率从低到高的排序为随机上采样、SMOTE、Borderline-SMOTE。在 Ecoli 数据集上，分类准确率从低到高的排序为 SMOTE、Borderline-SMOTE、随机上采样。在 Wine 数据集上，得出的分类准确率最高的上采样算法是 Borderline-SMOTE。Borderline-SMOTE 上采样算法得出的分类准确率较高，可能是因为其解决了 SMOTE 产生的模糊边界问题。

表 8.9　五种重采样算法作用在九个数据集上得出的分类准确率

UCI 数据集	随机上采样	随机下采样	SMOTE	Borderline-SMOTE	NearMiss
Cardio	**0.998**	0.954	0.987	0.990	0.894
Ionosphere	**0.951**	0.896	0.891	0.929	0.892
Diabetes	**0.777**	0.666	0.705	0.701	0.672
Sonar	0.809	0.758	**0.818**	0.759	0.742
Breast Cancer	0.626	0.575	0.621	**0.670**	0.638
Glass	**0.995**	—	0.978	0.990	—
Lymphography	0.804	—	0.821	**0.846**	—
Ecoli	**0.992**	—	0.986	0.991	—
Wine	0.991	—	0.991	**0.996**	—

比较五种重采样算法在另外五个类别不平衡程度不同的数据集上得出的分类准确率可以发现，上采样算法得出的分类准确率均比下采样算法得出的分类准确率要高。在 Sonar 数据集上，SMOTE 上采样算法得出的准确率高于其他上采样算法。在其他数据集上随机上采样得出的准确率均高于 Borderline-SMOTE 得出的准确率。

五种重采样算法在九个数据集上的分类精确率如表 8.10 所示。比较三种上采样算法在四个极端类别不平衡数据集上的精确率可以发现，经过 Borderline-SMOTE 上采样处理后，分类算法得出的分类精确率普遍优于其他上采样算法得出的分类精确率。三种上采样算法在四个极端不平衡数据集上得出的分类精确率排序均相同，为 Borderline-SMOTE、SMOTE、随机上采样。

比较五种重采样算法在另外五个类别不平衡程度不同的数据集上得出的分类精确率可以发现，经过下采样算法处理得出的分类精确率低于经过上采样算法处理得到的分类精确率。比较上采样算法得出的精确率可以发现，在类别比例较平衡的 Sonar 数据集上，SMOTE 得出的分类精确率比随机上采样得出的分类精确率高出了 4.4%。除了 Sonar 数据集外，在其他数据集上都是随机上采样算法得出的分类精确率最高。

表 8.10 五种重采样算法作用在九个数据集上得出的分类精确率

UCI 数据集	随机上采样	随机下采样	SMOTE	Borderline-SMOTE	NearMiss
Cardio	**0.996**	0.957	0.988	0.989	0.899
Ionosphere	**0.937**	0.905	0.894	0.918	0.897
Diabetes	**0.747**	0.671	0.692	0.700	0.687
Sonar	0.760	0.754	**0.804**	0.758	0.715
Breast Cancer	**0.803**	0.593	0.680	0.680	0.642
Glass	0.990	—	0.964	**0.991**	—
Lymphography	0.732	—	0.751	**0.774**	—
Ecoli	0.985	—	0.997	**1.0**	—
Wine	0.983	—	**0.992**	**0.992**	—

五种重采样算法在九个数据集上得出的分类召回率如表 8.11 所示。比较在四个极端类别不平衡数据集上不同上采样算法得出的召回率可以发现，经过随机上采样处理后，分类算法得出的分类召回率全部为 1，都高于或者等于 Borderline-SMOTE 上采样得出的分类召回率，此外，Borderline-SMOTE 上采样处理后得到的分类召回率基本都高于 SMOTE。

比较五种重采样算法在另外五个类别不平衡程度不同的数据集上得出的分类召回率可以发现，随机上采样算法得出的召回率较高。经过下采样算法处理得出的分类召回率大部分都低于经过上采样算法处理得到的分类召回率。在类别不平衡程度较低的 Breast Cancer 数据集上，分类精确率从低到高的排序为随机上采样、随机下采样、SMOTE、Borderline-SMOTE、NearMiss。NearMiss 得出的分类精确率比 Borderline-SMOTE 得出的分类精确率高 5.7%，这可能是因为 NearMiss 选择了第一种采样策略，该采样策略更适合 Breast Cancer 数据集。比较上采样算法之间的分类召回率可以发现，在类别比例较为平衡的 Sonar 数据集上，SMOTE 上采样算法得出的分类召回率较高。

表 8.11 五种重采样算法作用在九个数据集上得出的分类召回率

UCI 数据集	随机上采样	随机下采样	SMOTE	Borderline-SMOTE	NearMiss
Cardio	**1.0**	0.954	0.986	0.990	0.891
Ionosphere	**0.969**	0.888	0.889	0.942	0.888
Diabetes	**0.838**	0.653	0.738	0.708	0.634

续表

UCI 数据集	随机上采样	随机下采样	SMOTE	Borderline-SMOTE	NearMiss
Sonar	0.818	0.779	**0.845**	0.764	0.811
Breast Cancer	0.549	0.550	0.554	0.646	**0.713**
Glass	**1.0**	—	0.995	0.990	—
Lymphography	**1.0**	—	0.986	**1.0**	—
Ecoli	**1.0**	—	0.975	0.982	—
Wine	**1.0**	—	0.991	**1.0**	—

五种重采样算法在九个数据集上得出的 F1-score 如表 8.12 所示。比较三种上采样算法在四个极端类别不平衡数据集上的 F1-score 可以发现，随机上采样算法和 Borderline-SMOTE 上采样算法得出的 F1-score 相对较高。在 Glass 数据集上，F1-score 从低到高的排序为 SMOTE、Borderline-SMOTE、随机上采样。在 Lymphography 数据集上，F1-score 从低到高的排序为随机上采样、SMOTE、Borderline-SMOTE。在 Ecoli 数据集上，F1-score 从低到高的排序为 SMOTE、Borderline-SMOTE、随机上采样。在 Wine 数据集上，得出 F1-score 最高的上采样算法是 Borderline-SMOTE。排序结果与分类准确率的排序结果表现一致。

比较五种重采样算法在另外五个类别不平衡程度不同的数据集上得出的 F1-score 可以发现，下采样算法得出的结果依然不占优势。在类别比例较为平衡的 Sonar 数据集上，NearMiss 得出的 F1-score 较高。在类别不平衡程度较低的 Breast Cancer 数据集上，SMOTE 得出的 F1-score 较高。除了 Sonar 数据集和 Breast Cancer 数据集，在其他数据集上，都是随机上采样算法得出的 F1-score 较高。

表 8.12　五种重采样算法在九个数据集上得出的 F1-score

UCI 数据集	随机上采样	随机下采样	SMOTE	Borderline-SMOTE	NearMiss
Cardio	**0.998**	0.955	0.987	0.990	0.894
Ionosphere	**0.952**	0.895	0.891	0.930	0.892
Diabetes	**0.790**	0.661	0.713	0.703	0.658
Sonar	0.809	0.763	**0.823**	0.759	0.757
Breast Cancer	0.594	0.555	0.579	0.637	**0.656**
Glass	**0.995**	—	0.979	0.990	—
Lymphography	0.841	—	0.850	**0.870**	—
Ecoli	**0.992**	—	0.986	0.991	—
Wine	0.991	—	0.991	**0.996**	—

五种重采样算法在九个数据集上得出的 G-mean 如表 8.13 所示。比较三种上采样算法在四个极端类别不平衡数据集上的 G-mean 可以发现，随机上采样算法和 Borderline-SMOTE 上采样得出的 G-mean 相对较高。

比较五种重采样算法在另外五个类别不平衡程度不同的数据集上得出的 G-mean 可以发现，下采样算法得出的结果始终要差于上采样算法的结果。在类别比例相对平衡的 Sonar 数据集上，SMOTE 得出的 G-mean 较高。

表 8.13 五种重采样算法在九个数据集上得出的 G-mean

UCI 数据集	随机上采样	随机下采样	SMOTE	Borderline-SMOTE	NearMiss
Cardio	**0.998**	0.954	0.987	0.990	0.894
Ionosphere	**0.951**	0.895	0.891	0.929	0.892
Diabetes	**0.774**	0.665	0.703	0.700	0.669
Sonar	0.808	0.754	**0.817**	0.758	0.735
Breast Cancer	0.615	0.547	0.580	**0.643**	0.603
Glass	**0.995**	—	0.978	0.990	—
Lymphography	0.770	—	0.800	**0.828**	—
Ecoli	**0.992**	—	0.986	0.991	—
Wine	0.991	—	0.991	**0.996**	—

使用五种重采样算法处理了九个数据集，并使用基于真阳率加权投票的随机森林对这九个数据集进行了分类。比较了不同重采样算法得出的分类准确率、精确率、召回率、F1-score 以及 G-mean 后，可以得到以下结论。

（1）不管数据集类别比例如何，下采样算法与基于真阳率加权投票的随机森林得出的结果均不如上采样算法得出的结果好。导致该情况可能的原因是下采样算法忽略了大量有助于分类算法进行分类的信息；

（2）在五种重采样算法中，随机上采样算法和 Borderline-SMOTE 上采样算法得出的结果是最好的。在分类准确率方面，这两种上采样算法差别不大。在分类精确率方面，Borderline-SMOTE 上采样算法得出的结果较好。在分类召回率方面，随机上采样算法得出的结果较好。在 F1-score 和 G-mean 方面，两种上采样算法差别不大。

由于土壤重金属风险评价的重点在于能否将有风险的样本全部查出来，也就是要求分类结果中分类召回率要尽量高，且同时具有较好的分类稳定性。分类稳定性由 F1-score 和 G-mean 体现，随机上采样与 Borderline-SMOTE 的表现不相上下。由表 8.11 可知在某些极端类别不平衡数据集上，随机上采样算法得出的分类召回率可以接近于 1。除此之外，随机上采样的采样过程简单易实现，不需要像 Borderline-SMOTE 那样计算近邻样本通过某种规则来选择。因此，最终选用随机上采样算法来处理土壤重金属数据。

2. 采样比例的选择

为了确定最佳采样比例，针对上面实验选出的随机上采样算法，本节继续使用 Glass 数据集、Lymphography 数据集、Ecoli 数据集以及 Wine 数据集进行实验。数据集中少数类样本占比分别为 20%、30%、40%、50%时，随机上采样算法得出的分类准确率如表 8.14 所示。

由表 8.14 可知，在四个极端类别不平衡的数据集上，比较不同占比情况下随机上采样算法得出的分类准确率可以发现，少数类样本占比为 50%时分类准确率最高。Glass 数据集和 Wine 数据集在少数类样本占比为 20%时与占比为 50%时分类准确率相同。

表 8.14 少数类样本占比分别为 20%、30%、40%、50%时随机上采样算法得出的分类准确率

UCI 数据集	占比 20%	占比 30%	占比 40%	占比 50%
Glass	**1.0**	**1.0**	0.996	0.997
Lymphography	0.593	0.622	0.662	**0.719**
Ecoli	0.987	0.995	0.991	**0.996**
Wine	**1.0**	0.993	0.994	**1.0**

数据集中少数类样本占比分别为 20%、30%、40%、50%时，随机上采样算法得出的分类精确率如表 8.15 所示。由表 8.15 可知，在四个极端类别不平衡的数据集上，比较不同采样比例下使用随机上采样算法得出的分类精确率可以发现，其与分类准确率相似的结果。只有在 Glass 数据集和 Wine 数据集上，少数类样本占比为 20%和 50%时分类精确率为最高，其他数据集是少数类样本占比为 50%时分类精确率最高。

表 8.15 少数类样本占比分别为 20%、30%、40%、50%时随机上采样算法得出的分类精确率

UCI 数据集	占比 20%	占比 30%	占比 40%	占比 50%
Glass	**1.0**	**1.0**	0.988	0.990
Lymphography	0.276	0.391	0.479	**0.595**
Ecoli	0.985	0.980	0.971	**0.988**
Wine	**1.0**	0.975	0.980	**1.0**

数据集中少数类样本占比分别为 20%、30%、40%、50%时，随机上采样算法得出的分类召回率如表 8.16 所示。由表 8.16 可知，在四个极端类别不平衡的数据集上，比较不同采样比例下使用随机上采样算法得出的分类召回率可以发现，从少数类样本占比为 30%以上开始，召回率都达到 1.0，可以对所有少数类样本实施正确分类。

表 8.16 少数类样本占比分别为 20%、30%、40%、50%时随机上采样算法得出的分类召回率

UCI 数据集	占比 20%	占比 30%	占比 40%	占比 50%
Glass	**1.0**	**1.0**	**1.0**	**1.0**
Lymphography	0.96	**1.0**	**1.0**	**1.0**
Ecoli	0.938	**1.0**	**1.0**	**1.0**
Wine	**1.0**	**1.0**	**1.0**	**1.0**

数据集中少数类样本占比分别为 20%、30%、40%、50%时，随机上采样算法得出的 F1-score 如表 8.17 所示。由表 8.17 可知，在四个极端类别不平衡的数据集上，比较不同采样比例下使用随机上采样算法得出的 F1-score 可以发现，其与分类准确率相似的结果。只有在 Glass 数据集和 Wine 数据集上，少数类样本占比为 20%和 50%时分类精确率最高，其他数据集是少数类样本占比为 50%时 F1-score 最高。

表 8.17 少数类样本占比分别为 20%、30%、40%、50%时随机上采样算法得出的 F1-score

UCI 数据集	占比 20%	占比 30%	占比 40%	占比 50%
Glass	**1.0**	**1.0**	0.994	0.998
Lymphography	0.425	0.556	0.640	**0.727**
Ecoli	0.960	0.990	0.985	**0.994**
Wine	1.0	0.987	0.989	**1.0**

数据集中少数类样本占比分别为 20%、30%、40%、50%时，随机上采样算法得出的 G-mean 如表 8.18 所示。由表 8.18 可知，在四个极端类别不平衡的数据集上，比较不同采样比例下使用随机上采样算法得出的 G-mean，在 Glass 数据集上，少数类样本占比为 20%和 30%时得出的 G-mean 最高。在 Wine 数据集上，少数类样本占比为 20%和 50%时得出的 G-mean 最高。在 Lymphography 数据集上，少数类样本占比为 50%时得出的 G-mean 最高。在 Ecoli 数据集上，少数类样本占比为 30%和 50%时得出的 G-mean 最高。使用基于不同采样比例的随机上采样算法处理了四个极端类别不平衡数据集后，用基于真阳率加权投票的随机森林对这四个数据集进行分类。比较不同采样比例下得出的分类准确率、精确率、召回率、F1-score 以及 G-mean 后可以得到结论：数据集中少数类样本占比越接近 50%，随机森林对其的分类效果越好。

表 8.18 少数类样本占比分别为 20%、30%、40%、50%时随机上采样算法得出的 G-mean

UCI 数据集	占比 20%	占比 30%	占比 40%	占比 50%
Glass	**1.0**	**1.0**	0.998	0.998
Lymphography	0.706	0.706	0.715	**0.746**
Ecoli	0.967	**0.997**	0.994	**0.997**
Wine	**1.0**	0.996	0.996	**1.0**

8.2.2 预处理

由 8.2.1 节确定了重采样算法为随机上采样算法，少数类样本占全部样本的比例为 50%。对蔡甸区、江夏区以及武汉市整体数据集进行随机上采样，经过随机上采样处理后三个数据集的情况如表 8.19 所示。

表 8.19 经过随机上采样处理后三个数据集的情况

数据集名称	总样本数	目标值为−1 的样本数	目标值为 1 的样本数
蔡甸区数据集	219	146	73
江夏区数据集	348	232	116
武汉市整体数据集	1611	1074	537

武汉市土壤重金属数据集中类别型特征信息如表 8.20 所示。由表 8.20 可知，在重金属数据集中不包含农田类型特征，仅有作物类型这一特征，且该特征仅包含少量缺失值。在该特征下，记录了当前样本点种植的作物，比如水稻、小麦、茶树以及莲藕等。因此，可以根据作物类型大致判断样本点所属农田的类型。根据表 8.2，可以根据作为类型

将农田分为三类，分别是旱地、水田以及果园。然后，根据经验和书本资料来估计每个样本点的农田类型。比如，作物类型标记为水稻或者莲藕时，表明该采样点为水田。因此可以把作物类型为水稻或莲藕的样本点的农田类型统一标记为水田。作物类型标记为空闲地或者草皮的，可以统一标记农田类型为旱地。由于作物类型众多且杂乱，为了避免错分，标记农田类型这一步骤是手工完成的。

表 8.20 武汉市土壤重金属数据集的类别型特征信息

特 征	定 义
省名	所有数据都来自湖北省
地市名	所有数据都来自武汉市
区县名	包含江夏、新洲、黄陂、汉南、东西湖、东湖高新和蔡甸共七个区
乡镇名	采样点所在的乡镇的名称，有大量缺失值
村名	采样点所在村庄的名称，有大量缺失值
作物类型	采样点种植的作物，有部分缺失值

对作物类型值未缺失的样本点标记好农田类型后，剩余的 142 个采样点由于没有标记作物类型，所以无法分辨农田类型。对于这 142 个采样点可以使用机器学习算法进行缺失值填充。使用已经标记好农田类型的样本点组成训练集，没有标记农田类型的 142 个采样点组成测试集，使用随机森林算法训练出一个以农田类型为目标值的分类模型。为了尽量降低该分类模型的泛化误差，使用网格搜索配合交叉验证完成了农田类型的标记。

武汉市土壤重金属数据集中数值型特征的信息如表 8.21 所示。由表 8.21 可知，该重金属数据集中并不包含样本点的 pH 值信息。但需要样本点的 pH 值和农田类型以配合表 8.2 查询出不同 pH 值范围内，水田、旱地或者果园中每种重金属元素的污染风险筛选值，并通过该筛选值计算出每个样本点的内梅罗综合污染指数。

针对采样点的 pH 值，由于无法通过特征分析进行确定，因此统一默认 pH 值范围为 6.5～7.5。至此，便可以通过 pH 值以及农田类型，查询出不同 pH 值范围内水田、旱地或者果园中每种重金属元素的污染风险筛选值。

表 8.21 武汉市土壤重金属数据集中数值型特征的信息

特 征	定 义	特 征	定 义
经度	采样点所处经度/°	铜	采样点中铜的含量/$\mu g \cdot g^{-1}$
纬度	采样点所处纬度/°	镍	采样点中镍的含量/$\mu g \cdot g^{-1}$
海拔	采样点所在海拔高度/m	铅	采样点中铅的含量/$\mu g \cdot g^{-1}$
砷	采样点中砷的含量/$\mu g \cdot g^{-1}$	锌	采样点中锌的含量/$\mu g \cdot g^{-1}$
镉	采样点中镉的含量/$\mu g \cdot g^{-1}$	汞	采样点中汞的含量/$\mu g \cdot g^{-1}$
铬	采样点中铬的含量/$\mu g \cdot g^{-1}$		

整理出武汉市土壤重金属数据集对应的八种重金属的污染风险筛选值，如表 8.22 所示。根据表 8.22 便可以计算出该数据集中每个样本点的单因子污染指数和内梅罗综合污染指数。在得出该数据集的农田类型后，可以将农田类型作为新特征添加到数据集的特征空间中。由表 8.20 可以看出，数据集中每个样本的省名和地市区这两个特征中的值

都是一样的,从这两个特征中无法学习到不同的信息。因此,从数据集的特征空间中删去省名和地市区特征。乡镇名和村名由于存在大量的缺失值也可以直接删去。作物类型这一特征虽然只存在较少的缺失值,但作物类型繁杂且不方便处理编码,所以该特征也考虑删去。最后类别型特征只保留了区县名和农田类型。由表 8.22 可以看出,数值型特征中不存在缺失值,可以保留所有的数值型特征。经过对数据集特征的分析,选择出以下 13 个特征构成了特征空间:区县名、农田类型、经度值、纬度值、海拔值以及八种重金属含量值。

表 8.22 武汉市土壤重金属数据集对应的重金属污染风险筛选值

重金属元素	风险筛选值/$\mu g \cdot g^{-1}$		
	农田类型=旱地	农田类型=水田	农田类型=果园
砷	30	25	30
镉	0.3	0.6	0.3
铬	200	300	200
铜	100	100	200
镍	100	100	100
铅	120	140	120
锌	250	250	250
汞	2.4	0.6	2.4

因为类别型特征一般是以字符串形式输入的,但大多数机器学习算法都不能直接处理字符串形式的输入,所以需要使用编码方法将特征空间中的类别型特征转换为数值型特征再输入机器学习算法中。

常用的类别型特征编码方法有独热编码(One-Hot Encoding)、二进制编码(Binary Encoding)以及序号编码(Ordinal Encoding)等。独热编码是使用稀疏向量来表示类别型特征,一般用来处理无序的(比如城市名、区县名等)类别型特征。序号编码一般用来处理有序的类别型特征,比如年龄特征就可以用序号编码方法来处理。把年龄特征分成不同的区间,给年龄大的区间更大的序号来编码。使用二进制编码处理数据一般分为两步:第一步是对待编码特征采用序号编码编成一个个序号;第二步是将这些序号处理成二进制形式。

因为农田类型和区县名这两个特征都是无序特征,所以选用独热编码来处理。对数据集特征空间中的农田类型进行独热编码,因为农田类型中包含有三个类别,所以处理后的三种农田类型会被处理成三个三维的稀疏向量:如果农田类型为旱地,则处理成(1,0,0);如果农田类型为水田,则处理成(0,1,0);如果农田类型为果园,则处理成(0,0,1)。对七个区县名特征进行独热编码处理,则处理成七个七维的稀疏向量:当区县名为蔡甸区时,处理为(1,0,0,0,0,0,0);当区县名为东西湖区时,处理为(0,1,0,0,0,0,0);当区县名为东湖高新区时,处理为(0,0,1,0,0,0,0);当区县名为汉南区时,处理为(0,0,0,1,0,0,0);当区县名为黄陂区时,处理为(0,0,0,0,1,0,0);当区县名为江夏区时,处理为(0,0,0,0,0,1,0);当区县名为新洲区时,处理为(0,0,0,0,0,0,1)。

在对类别型特征转换为数值型特征的过程中,可以借助 Scikit-Learn(也称为

sklearn)中的库来实现。sklearn 是针对 Python 编程语言的机器学习库,其中实现了各种机器学习算法以及数据处理模块。preprocessing 模块就是一个专门用于数据预处理的模块,其中的 OneHotEncoder 类便是用来实现独热编码的。

对类别型特征处理完成后,该土壤重金属数据集的特征空间由原来的 13 维扩展到 21 维。将类别型特征转换为数值型特征后。针对数值型特征的处理一般是进行特征缩放(Feature Scaling)。特征缩放的主要作用是,针对特征空间中不同特征之间的量纲属于不同数量级的情况,使处于不同量纲的特征缩放到一定的数值区间内。此举可以减少数值波动范围较大(也就是方差较大)的特征的影响,使机器学习算法在训练中使用更少的时间来计算,从而加快机器学习算法的收敛速度。特征缩放中最为常用的是标准化(Standardization)和归一化(Normalization),这两种变换都是对特征空间中的每列特征进行线性变换。最常见的归一化是把特征数据映射到[0,1]区间内,其变换表达式为:

$$x' = \frac{x - \min(x)}{\max(x) - \min(x)} \tag{8.4}$$

其中,x 表示线性变换前的数据;x'表示线性变换后的数据;$\min(x)$表示该列特征数据中的最小值;$\max(x)$表示该列特征数据中的最大值。依据该表达式进行的归一化可以称作最大最小归一化。

除了最大最小归一化,还有均值归一化,其变换表达式为:

$$x' = \frac{x - \text{mean}(x)}{\max(x) - \min(x)} \tag{8.5}$$

其中,x 表示线性变换前的数据;x'表示线性变换后的数据;$\min(x)$表示该列特征数据中的最小值;$\max(x)$表示该列特征数据中的最大值;$\text{mean}(x)$表示该列特征数据的平均值。

标准化则是将特征数据变换为均值为 0、标准差为 1 的分布。如果数据变换前是符合正态分布的,则标准化变换后的特征数据依然是符合正态分布的。标准化的变换表达式为:

$$x' = \frac{x - \text{mean}(x)}{\sigma} \tag{8.6}$$

其中,x 表示线性变换前的数据;x'表示线性变换后的数据;$\text{mean}(x)$表示该列特征数据的平均值;σ 表示该列特征数据的方差。

使用 sklearn 对特征数据实施归一化和标准化同样需要用到 preprocessing 模块,其中的 StandardScaler 类可以实现特征标准化,MinMaxScaler 类可以实现特征归一化。

并非所有的机器学习算法都依赖特征缩放来加快算法收敛,比如在 8.3 节构建污染风险智能评价模型中将要使用的随机森林算法。随机森林算法使用 CART 作为个体学习器,以基尼系数最小作为划分准则,选择基尼系数值最小的特征。随机森林不需要像 K-近邻算法等,通过特征值计算样本之间的距离再进行预测。虽然单纯使用随机森林算法时可以不对数值型数据进行特征缩放,但考虑到对比实验时用到的算法需要进行距离计算,因此对所有数值型特征进行归一处理。

最后一步预处理工作是特征选择。常用的特征选择法包括过滤法(Filter)、包裹法(Wrapper)以及嵌入法(Embedding)。过滤法中最常使用到的是方差过滤、皮尔逊相关系数法(Pearson Correlation)以及卡方检验等。其中,方差过滤法是用于类别型特征的选择,通过计算每个特征的方差,过滤掉方差低于设定值的特征。皮尔逊相关系数法是通过计算特征与目标值的线性相关性,过滤掉与目标值相关性低的特征。卡方检验常用于检验分类数据集中类别型特征对目标值的相关性,其计算表达式为:

$$x^2=\sum_{i=1}^{k}\frac{(A_i-E_i)^2}{E_i}=\sum_{i=1}^{k}\frac{(A_i-np_i)^2}{np_i} \tag{8.7}$$

其中,A_i 表示类别型特征 A 中第 i 类取值的特征数;E_i 表示类别型特征 A 中第 i 类取值的期望值,$E_i=np_i$;n 表示类别型特征 A 下的总特征数;p_i 表示该类别型特征取值为第 i 类的概率。

因为在随机森林算法的实施过程中,会使用随机子空间算法从特征空间中随机抽取一部分特征来构建 CART,所以每棵 CART 中包含的特征较少,这也使随机森林中 CART 之间相关度低,使随机森林更能适应高维数据集。由于土壤污染风险评价实验中需要使用随机森林算法,如果使用特征选择方法删去了一部分特征,可能会导致算法最终的结果欠拟合,因此在此保留土壤重金属数据集中的所有特征参与后续实验。

8.3 集成学习下的土壤污染风险评价结果

8.3.1 算法超参数设置

从本节开始,使用第 7 章提出的基于真阳率的随机森林算法,针对蔡甸区、江夏区以及武汉市整体的土壤重金属数据集进行土壤污染风险评价。用于污染风险评价的基于真阳率加权投票的随机森林算法是使用 Python 语言自主编写实现的。在使用该算法对土壤重金属数据集进行风险评价前,需要事先设置算法的超参数。

基于真阳率加权投票的随机森林算法的超参数分为两部分:一部分是 Bagging 过程的超参数;另一部分是 CART 的超参数。对于 Bagging 过程的超参数,CART 的数目(即 n_estimators 值)的大小会影响到模型的整体分类精度。对于 CART 的超参数,更重要的超参数是最大特征数量 max_features 以及最大深度 max_depth,最大特征数量 max_features 是指随机特征选择过程中选择的特征数量,树的最大深度 max_depth 是指在生成 CART 时每棵树的最大深度。假设输入到随机森林的数据集共有 N 个特征。基于真阳率加权投票的随机森林的超参数相关信息如表 8.23 所示。由表 8.23 可知,基于真阳率加权投票的随机森林算法中可设置的超参数共有四个,其中 n_estimators 默认取值为 100。当 n_estimators 取值太小时容易造成模型欠拟合,分类性能不佳;当 n_estimators 取值太大时,又会导致计算量过大,并且当 n_estimators 达到一定数目时 n_estimators 再增加也很难对算法的性能有大的提升,所以针对基于真阳率加权投票的随机森林算法,设置 n_estimators 的值为 50。

表 8.23 基于真阳率加权投票的随机森林的超参数相关信息

超参数名称	默认取值	含义说明
n_estimators	100	个体学习器的数量，即随机森林中 CART 的个数
min_samples_split	2	节点划分时需要的最少的样本个数
max_features	sqrt，表示对特征数取开方($\sqrt{N}$)	构建 CART 时保留的最大特征数
max_depth	None，表示不限制深度	个体学习器，即 CART 的最大深度

关于构建 CART 时保留的最大特征数 max_features，可以使用多种类型的值，默认是 sqrt，表示构建 CART 时最多考虑 $\sqrt{N}$ 个特征；如果将 max_features 设置为 log2，表示着构建 CART 时最多考虑 $\text{lb}N$ 个特征。针对基于真阳率加权投票的随机森林算法，选择不设置 max_features，即选择默认值 sqrt，构建 CART 时最多考虑 $\sqrt{N}$ 个特征。

关于 CART 的最大深度 max_depth，一般可以选择不限制最大深度。由于土壤重金属数据集中包含的数据量不大，并且特征数量也不多，针对基于真阳率加权投票的随机森林算法，选择不设置 max_depth，即默认取值为 None，即不限制 CART 的最大深度。

关于 CART 中内部节点再划分所需最小样本数 min_samples_split，这个超参数的默认取值为 2，表示决策树中某个节点的样本数小于 2 时则不再继续分裂节点。针对基于真阳率加权投票的随机森林算法，选择不设置 min_samples_split，即选择默认值 2，当样本数小于 2 时不再继续分裂节点。

8.3.2 蔡甸区风险评价实验

为了验证基于真阳率加权投票的随机森林算法用于土壤重金属污染评价的可靠性，将该算法与随机森林、逻辑回归、K-近邻、朴素贝叶斯以及支持向量机算法针对相同的土壤重金属数据集进行比较实验，将准确率、精确率、召回率、F1-score、G-mean 以及 ROC 曲线作为评价指标。准确率、精确率、召回率、F1-score 和 G-mean 以及 ROC 曲线的计算方式和含义都已经在前面的章节中介绍过，这里不做多的解释。

对比实验中选用的机器学习算法的超参数设置情况如表 8.24 所示。其中，随机森林算法的 CART 个数 n_estimators 设置为 50，与基于真阳率从加权投票的随机森林算法保持一致，其余参数选择默认值。逻辑回归算法的学习率 Learning rate 设置为 0.05，迭代次数 iterations 设置为 500。K-近邻算法的 K 个近邻样本的个数设置为 5。朴素贝叶斯算法不存在需要调试的超参数。支持向量机算法的超参数中，核函数选用径向基核函数，径向基核函数的系数 gamma 设置为 0.1，惩罚系数 C 设置为 1，其余超参数选择默认值。

表 8.24 对比实验中机器学习算法的超参数设置情况

机器学习算法	超参数设置
随机森林	n_estimators=50
逻辑回归	Learning rate=0.05，iterations=500
K-近邻	$K=5$
朴素贝叶斯	—
支持向量机	gamma=0.1，$C=1$

针对用于风险评价的数据集,使用五折交叉验证法。将蔡甸区、江夏区以及武汉市整体数据集都分别划分为五个子数据集。给定原始数据集为 D,则五个子数据集分别为 D_1, D_2, D_3, D_4, D_5。每次训练时,从五个子集中选取 D_i 作为测试集,其他四个子集合并作为训练集,且 $i=1,2,\cdots,5$,将训练五个子数据集得出的准确率、精确率、召回率、F1-score 以及 G-mean 取平均值,将五个子训练集的 ROC 曲线及对应的面积分别绘制并展示出来。

将经过随机上采样处理的蔡甸区数据集划分为五个子数据集,分别称为蔡甸 1、蔡甸 2、蔡甸 3、蔡甸 4 以及蔡甸 5。使用随机森林、逻辑回归、K-近邻、朴素贝叶斯、支持向量机以及基于真阳率加权投票的随机森林算法,对蔡甸 1 到蔡甸 5 这五个子数据集进行污染风险评价。

六种算法在蔡甸 1 到蔡甸 5 数据集上取得的五种评价指标的平均结果如表 8.25 所示。由表 8.25 可知,在准确率方面,不同算法得出的准确率从小到大排序为逻辑回归、K-近邻、朴素贝叶斯、支持向量机、随机森林以及基于真阳率加权投票的随机森林算法。且基于真阳率加权投票的随机森林算法与随机森林算法相比,得出的准确率高出了 2.3%。在精确率方面,不同算法得出的精确率从小到大排序为 K-近邻、逻辑回归、朴素贝叶斯、随机森林、基于真阳率加权投票的随机森林以及支持向量机。支持向量机算法进行分类得出的精确率最高,基于真阳率加权投票的随机森林算法得出的精确率仅为第二高。这是由于基于真阳率的加权投票的随机森林算法为了避免对少数类样本出现漏分的情况,倾向于将少数类样本区分为多数类样本。

表 8.25 对蔡甸区数据集中使用不同算法进行风险评价得出的评价指标结果

机器学习算法	准确率	精确率	召回率	F1-score	G-mean
随机森林	0.930	0.880	0.914	0.896	0.926
逻辑回归	0.707	0.732	0.486	0.445	0.548
K-近邻	0.814	0.690	0.800	0.736	0.807
朴素贝叶斯	0.870	0.764	0.871	0.811	0.868
支持向量机	0.916	**1.0**	0.743	0.851	0.861
基于真阳率加权投票的随机森林	**0.953**	0.897	**0.971**	**0.932**	**0.958**

在召回率方面,基于真阳率加权投票的随机森林算法得出的召回率明显最高,与随机森林算法得出的召回率相比,高出了 5.7%。在 F1-score 和 G-mean 方面,同样是基于真阳率加权投票的随机森林算法得出的结果更高,随机森林算法得出的结果第二高。这说明集成学习算法针对类别不平衡数据集的分类稳定性优于其他的机器学习算法,且基于真阳率的加权投票的随机森林算法可以使随机森林算法的分类稳定性更好。

除此之外,六种算法在蔡甸 1 数据集上得出的 ROC 曲线以及 AUC 值如图 8.1 所示。比较 AUC 值可知,基于真阳率加权投票的随机森林算法得出的 ROC 曲线的面积最大，随机森林算法得出的 ROC 曲线面积第二大。

六种算法在蔡甸 2 数据集上得出的 ROC 曲线以及 AUC 值如图 8.2 所示。比较 AUC 值可知，基于真阳率加权投票的随机森林算法得出的 ROC 曲线的面积最大，随机森林算法得出的 ROC 曲线面积相对较小。朴素贝叶斯算法和支持向量机算法得出的结果相对随机森林更好一些。

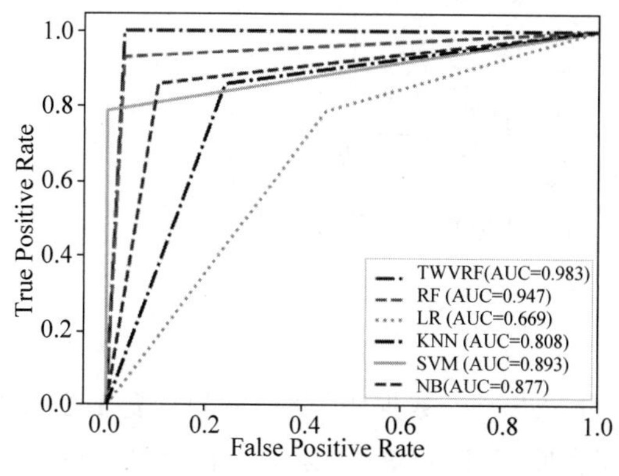

图 8.1 六种算法在蔡甸 1 数据集上得出的 ROC 曲线及 AUC 值

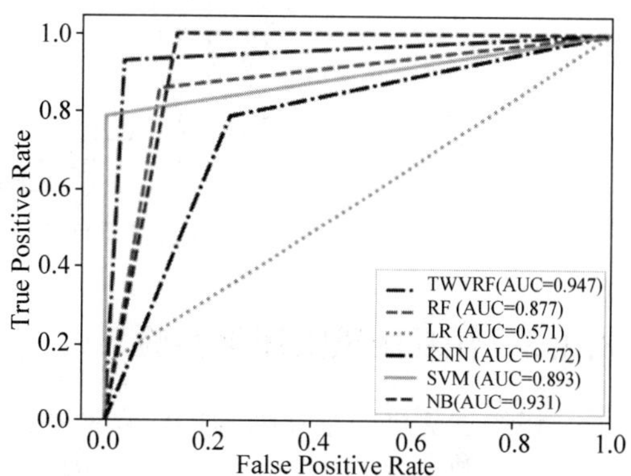

图 8.2 六种算法在蔡甸 2 数据集上得出的 ROC 曲线及 AUC 值

六种算法在蔡甸 3 数据集上得出的 ROC 曲线以及 AUC 值如图 8.3 所示。比较 AUC 值可知，在该数据集上基于真阳率加权投票的随机森林算法得出的 AUC 值与随机森林算法得出的 AUC 值较为接近，且都比其他机器学习算法得出的 AUC 值大。

六种算法在蔡甸 4 数据集和蔡甸 5 数据集上得出的 ROC 曲线以及 AUC 值如图 8.4 和图 8.5 所示。比较 AUC 值可以得出，很明显，在两个数据集上基于真阳率加权投票的随机森林算法得出的 AUC 值都是最大的，证明了基于真阳率加权投票的随机森林算法具有更优的分类性能。

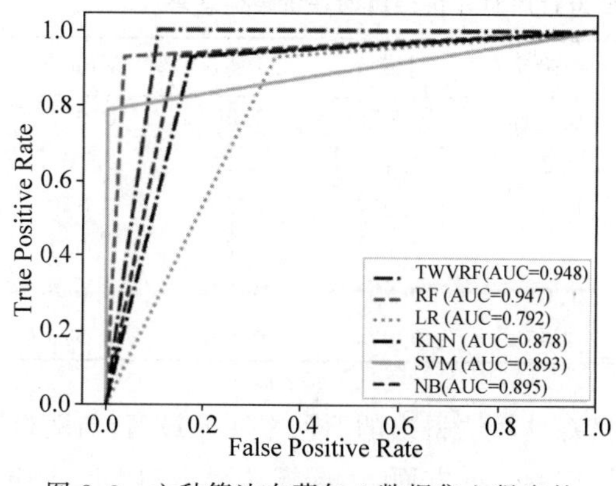

图 8.3 六种算法在蔡甸 3 数据集上得出的 ROC 曲线及 AUC 值

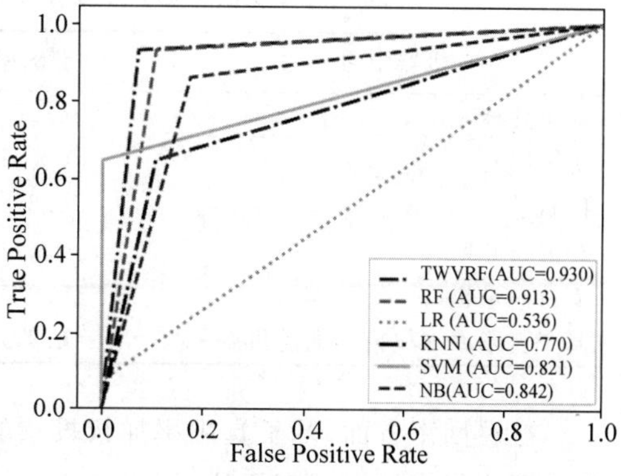

图 8.4 六种算法在蔡甸 4 数据集上得出的 ROC 曲线及 AUC 值

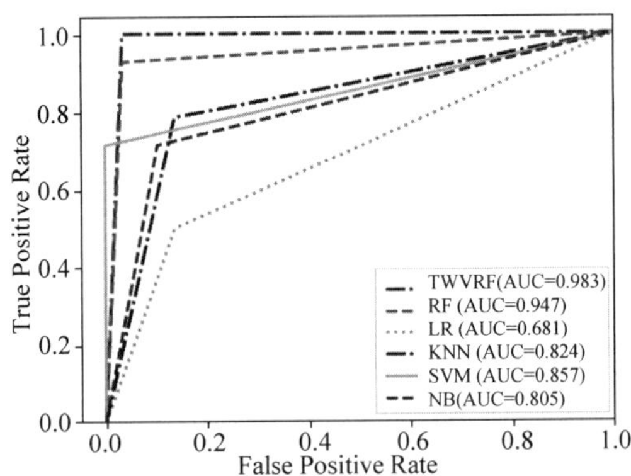

图 8.5　六种算法在蔡甸 5 数据集上得出的 ROC 曲线及 AUC 值

8.3.3　江夏区风险评价实验

将经过随机上采样处理的江夏区数据集划分为五个子数据集，分别称为江夏 1、江夏 2、江夏 3、江夏 4 以及江夏 5。使用随机森林、逻辑回归、K-近邻、朴素贝叶斯、支持向量机以及基于真阳率加权投票的随机森林算法，对江夏 1 到江夏 5 等五个子数据集进行污染风险评价。

六种算法在江夏 1 到江夏 5 数据集上取得的五种评价指标的平均结果如表 8.26 所示。由表 8.26 可知，在准确率方面，不同算法得出的准确率从小到大排序为逻辑回归、K-近邻、朴素贝叶斯、支持向量机、随机森林、基于真阳率加权投票的随机森林算法。基于真阳率加权投票的随机森林算法与随机森林算法相比，得出的准确率十分接近。在精确率方面，不同算法得出的精确率从小到大排序为 K-近邻、朴素贝叶斯、逻辑回归、随机森林、基于真阳率加权投票的随机森林以及支持向量机。支持向量机算法进行分类得出的精确率最高，基于真阳率加权投票的随机森林算法得出的精确率仅为第二高。

表 8.26　对江夏区数据集中使用不同算法进行风险评价得出的评价指标结果

机器学习算法	准确率	精确率	召回率	F1-score	G-mean
随机森林	0.971	0.945	0.956	0.950	0.947
逻辑回归	0.739	0.839	0.400	0.475	0.568
K-近邻	0.835	0.694	0.904	0.784	0.850
朴素贝叶斯	0.841	0.833	0.661	0.730	0.781
支持向量机	0.965	**1.0**	0.896	0.944	0.946
基于真阳率加权投票的随机森林	**0.977**	0.958	**0.974**	**0.966**	**0.976**

在召回率方面，基于真阳率加权投票的随机森林算法得出的召回率明显最高，与随机森林算法得出的召回率相比，高出了 1.8%。在 F1-score 方面，不同算法得出的 F1-score 从小到大排序为逻辑回归、朴素贝叶斯、K-近邻、支持向量机、随机森林以及基于真阳率加权投票的随机森林。使用逻辑回归算法进行分类得出的 F1-score 最小，基于真阳率加权投票的随机森林算法得出的 F1-score 与之相比，高出了 4.91%。可见逻辑回归算法面

对类别不平衡数据集时，分类稳定性较差。在 G-mean 方面，同样是基于真阳率加权投票的随机森林算法得出的 G-mean 最高，随机森林算法得出的结果第二高。支持向量机算法、随机森林算法以及基于真阳率加权投票的随机森林算法得出的 G-mean 均在 90%以上，逻辑回归算法得出的 G-mean 最低，仅为 56.8%。由此可见，当面对类别不平衡数据集时，使用集成学习算法或者支持向量机算法进行分类，容易得到较为理想的分类效果。

六种算法在江夏 1、江夏 2、江夏 3、江夏 4、江夏 5 数据集上得出的 ROC 曲线以及 AUC 值如图 8.6～图 8.10 所示。比较 AUC 值可知，在江夏 1 数据集上支持向量机得出的 AUC 值与基于真阳率加权投票的随机森林算法得出的 AUC 值相同，且跟其他算法相比是最高的。在江夏 4 数据集上支持向量机算法得出的 AUC 值略高于基于真阳率加权投票的随机森林算法得出的 AUC 值。在江夏 2、江夏 3、江夏 5 数据集上基于真阳率加权投票的随机森林算法得出的 AUC 值均为最高，可见基于真阳率加权投票的随机森林整体算法分类性能较好。

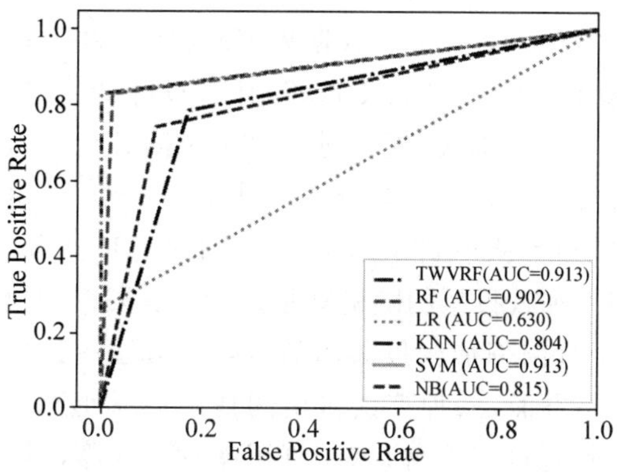

图 8.6 六种算法在江夏 1 数据集上得出的 ROC 曲线及 AUC 值

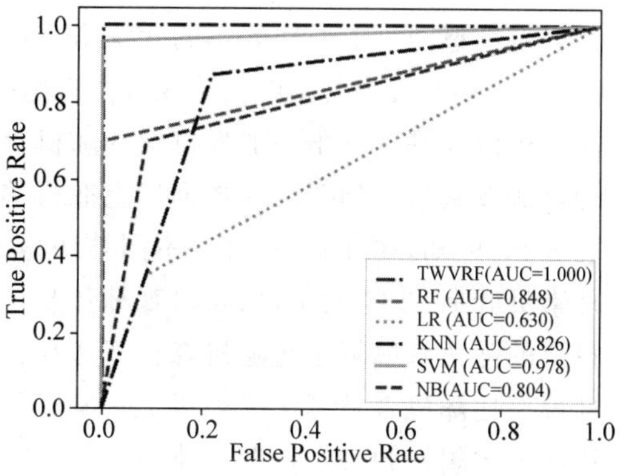

图 8.7 六种算法在江夏 2 数据集上得出的 ROC 曲线及 AUC 值

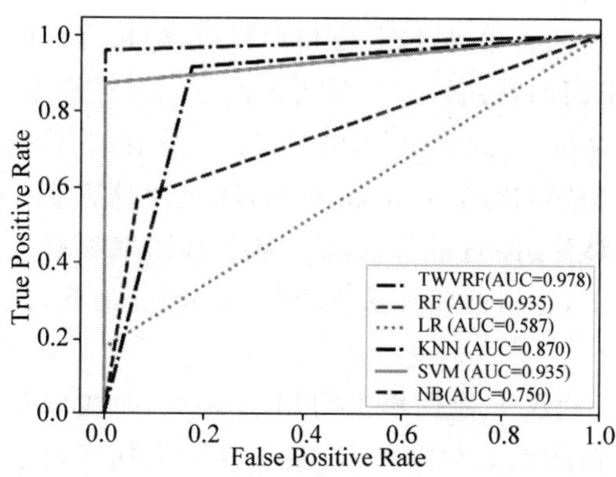

图 8.8 六种算法在江夏 3 数据集上得出的 ROC 曲线及 AUC 值

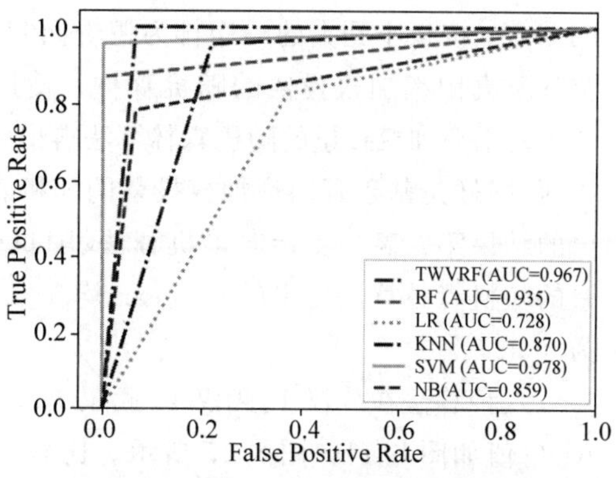

图 8.9 六种算法在江夏 4 数据集上得出的 ROC 曲线及 AUC 值

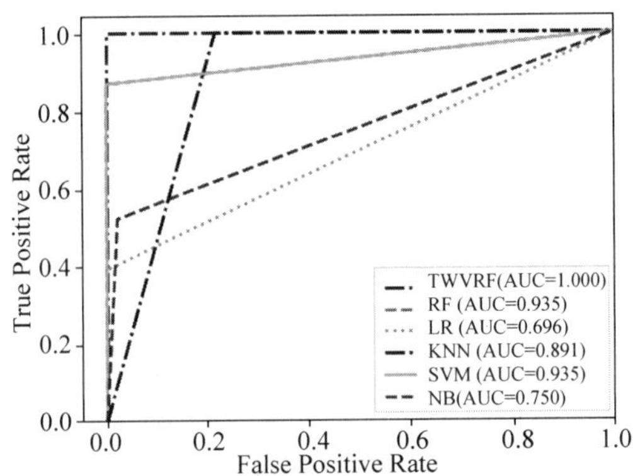

图 8.10 六种算法在江夏 5 数据集上得出的 ROC 曲线及 AUC 值

8.3.4 武汉市整体风险评价实验

将经过随机上采样处理的武汉市整体数据集划分为五个子数据集，分别称为武汉 1、武汉 2、武汉 3、武汉 4 以及武汉 5。使用随机森林、逻辑回归、K-近邻，朴素贝叶斯、支持向量机以及基于真阳率加权投票的随机森林五个子数据集，通过进行污染风险评价。六种算法在武汉 1 到武汉 5 数据集上取得的五种评价指标的平均结果如表 8.27 所示。由表 8.27 可知，在准确率方面，不同算法得出的准确率从小到大排序为逻辑回归、K-近邻、朴素贝叶斯、支持向量机、随机森林和基于真阳率加权投票的随机森林。基于真阳率加权投票的随机森林算法与随机森林算法相比，基于真阳率加权投票的随机森林算法得出的准确率比随机森林算法高出了 2.8%。在精确率方面，六种算法得出的精确率从小到大排序为逻辑回归、K-近邻、朴素贝叶斯、支持向量机、随机森林、基于真阳率加权投票的随机森林。基于真阳率加权投票的随机森林算法得出的精确率最高，比随机森林算法得出的精确率高出了 6.1%。在召回率方面，基于真阳率加权投票的随机森林算法得出的召回率明显最高，K-近邻算法得出的召回率第二高。在 F1-score 方面，不同算法得出的 F1-score 按从小到大的顺序排为逻辑回归、K-近邻、朴素贝叶斯、支持向量机、随机森林以及基于真阳率加权投票的随机森林。使用逻辑回归算法进行分类得出的 F1-score 最小。基于真阳率加权投票的随机森林算法得出的 F1-score 与之相比，高出了 68.4%。在 G-mean 方面，同样是基于真阳率加权投票的随机森林算法得出的 G-mean 更高，随机森林算法得出的结果第二高。支持向量机算法、随机森林算法、K-近邻算法以及基于真阳率加权投票的随机森林算法得出的 G-mean 均在 0.9 以上，逻辑回归算法得出的 G-mean 最低，仅为 0.377。

六种算法在武汉 1、武汉 2、武汉 3、武汉 4、武汉 5 数据集上得出的 ROC 曲线以及 AUC 值如图 8.11～图 8.15 所示。比较可知，在武汉 3 数据集上，基于真阳率加权投票的随机森林算法得出的 ROC 曲线面积最大，其 AUC 值为 1.0。在武汉 1 数据集上，基于真阳率加权投票的随机森林算法得出的 AUC 值相比该算法在其他数据集上得出的 AUC 值较低，但相比其他算法得出的 AUC 值仍然是最高的。

表 8.27　对武汉市整体数据集中使用不同算法进行风险评价得出的评价指标结果

机器学习算法	准确率	精确率	召回率	F1-score	G-mean
随机森林	0.966	0.921	0.903	0.911	0.934
逻辑回归	0.673	0.568	0.338	0.307	0.377
K-近邻	0.895	0.791	0.931	0.854	0.903
朴素贝叶斯	0.904	0.837	0.886	0.860	0.899
支持向量机	0.931	0.880	0.902	0.887	0.904
基于真阳率加权投票的随机森林	**0.994**	**0.982**	**1.0**	**0.991**	**0.995**

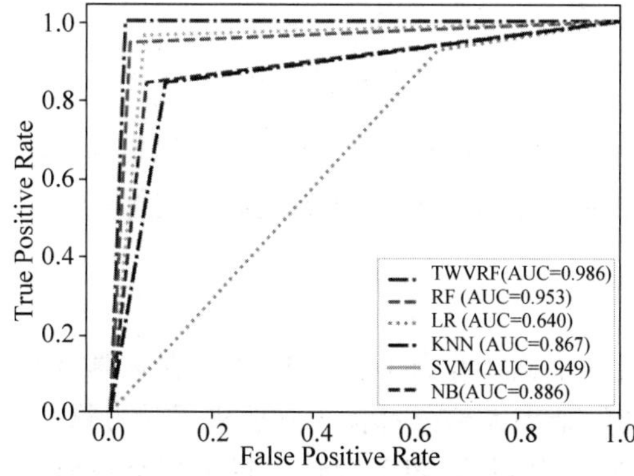

图 8.11　六种算法在武汉 1 数据集上得出的 ROC 曲线及 AUC 值

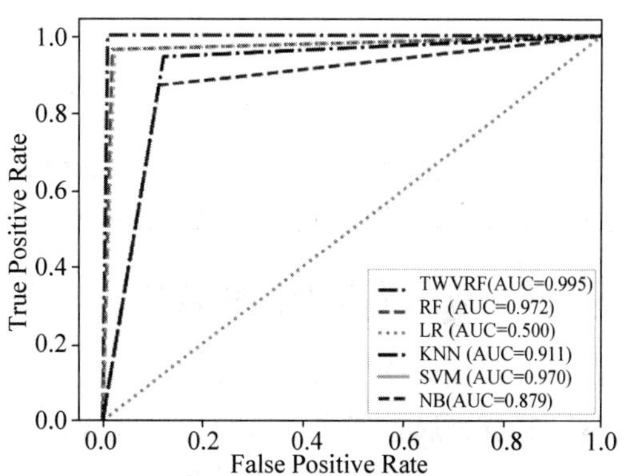

图 8.12　六种算法在武汉 2 数据集上得出的 ROC 曲线及 AUC 值

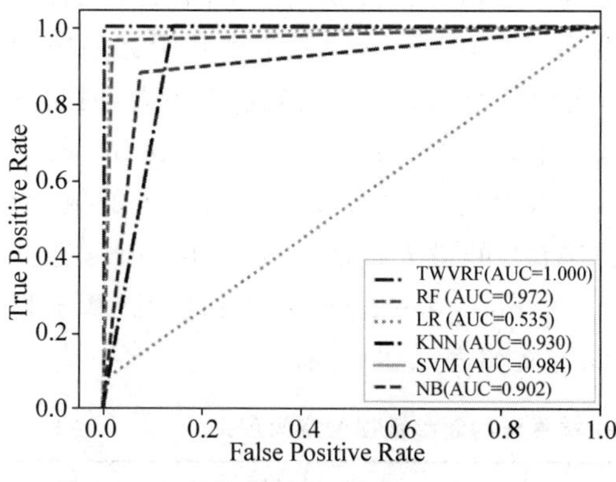

图 8.13　六种算法在武汉 3 数据集上得出的 ROC 曲线及 AUC 值

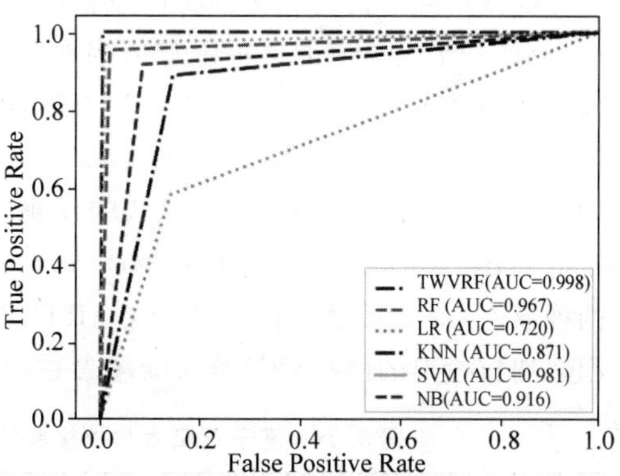

图 8.14　六种算法在武汉 4 数据集上得出的 ROC 曲线及 AUC 值

根据基于真阳率加权投票的随机森林、随机森林、支持向量机、K-近邻、逻辑回归以及朴素贝叶斯等六种算法在蔡甸区数据集、江夏区数据集以及武汉市整体数据集的分类情况，可以得出以下结论：基于真阳率加权投票的随机森林算法得出的召回率在六种算法中始终最高，且得出的 F1-score、G-mean 以及 ROC 曲线的面积也基本最高。这说明基于真阳率加权投票的随机森林算法在提高对少数类样本的分类性能时，还能够保持一定

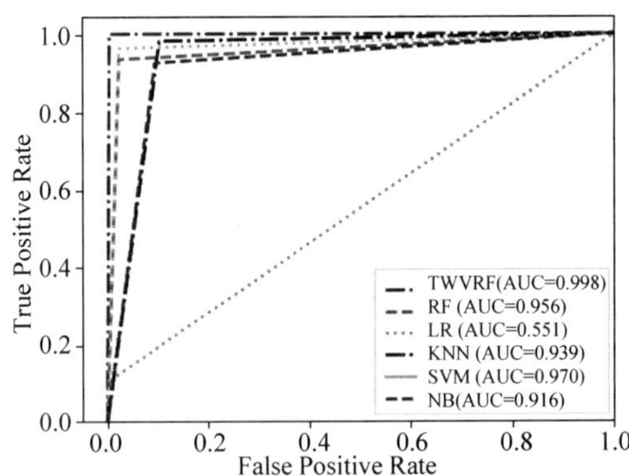

图 8.15 六种算法在武汉 5 数据集上得出的 ROC 曲线及 AUC 值

的精确率。基于真阳率加权投票的随机森林算法不仅可以用于土壤重金属数据集的污染风险评价，还适用于其他的以召回率和分类稳定性为要求的问题，比如地震预测等。

8.3.5 应用贝叶斯优化调参

由 8.3.4 节的污染风险评价实验可知，使用基于真阳率加权投票的随机森林算法在不同的重金属数据集上进行污染风险评价，得到的结果大部分都优于其他机器学习算法。但得到的结果均是在事先设置的超参数下进行训练得到的，超参数设置得不当会影响到算法的预测性能。为了找到使算法预测性能更优秀的超参数组合，使用贝叶斯优化算法对基于真阳率加权投票的随机森林算法进行超参数调优。

根据贝叶斯优化算法的实施流程可知，首先需要从超参数搜索空间中随机采集若干点，根据若干点对应的目标函数值构建一个数据集。8.3.1 节已经介绍了基于真阳率加权投票的随机森林算法可设置的超参数，由于本次训练使用的数据集规模都不大，因此只调整 n_estimators、max_features、max_depth 这三个超参数。因为当 n_estimators 的值增大到一定程度时，随机森林算法的预测性能不会再提高，所以不需要设置太大的值，给定 n_estimators 的取值范围为[50,150]。生成 CART 的最大特征数 max_features 选择两种取值，即 sqrt 和 log2。生成 CART 的最大深度 max_depth 限制为[1,10]。基于真阳率加权投票的随机森林算法的超参数搜索空间定义如表 8.28 所示。

表 8.28 基于真阳率加权投票的随机森林算法的超参数搜索空间定义

模型参数	取值范围
n_estimators	[50,150]
max_features	sqrt、log2
max_depth	[1,10]

确定了基于真阳率加权投票的随机森林算法的超参数取值范围后，需要设置优化的目标函数。也就是选择某项评价指标，以最大化该评价指标作为贝叶斯优化的目标函数。在这里，选择将 G-mean 值作为用于优化的目标函数，因为 G-mean 值适用于评价一个分类算法对类别不平衡数据集的分类稳定性。

有了优化目标函数和超参数搜索空间，贝叶斯优化从超参数空间中选取若干点作为初始化超参数，根据初始化超参数和目标函数计算出目标函数值，从而可以构建出相应的数据集。贝叶斯优化需要选择一个概率模型来代理这个数据集在目标函数上的分布。根据该数据集的概率分布情况确定下一次迭代可选择的评估点，通过最大化采集函数即可获取到下一个评估点，最后，把该评估点与该评估点计算得出的目标函数值同原本的数据集合并，更新概率代理模型并重复以上步骤，当达到预先设定的迭代次数时，贝叶斯优化算法会停止寻找下一个评估点，返回迭代过程中使目标函数最大的超参数组合。此处设置贝叶斯优化算法的迭代次数为50。

使用Python进行贝叶斯优化可以使用Hyperopt库或者bayesian-optimization库。其中，Hyperopt库提供了一个优化接口，通过给定优化问题的超参数搜索空间、目标函数、迭代次数以及搜索算法便可以进行优化调参。Hyperopt中提供的搜索算法有TPE等。需要注意的是，Hyperopt库中是以最小化目标函数来进行优化的。因此，在以最大化G-mean值为目标函数时，需要给目标函数添加一个负号。bayeisan-optimization库调参过程与Hyperopt库类似，同样是需要设置目标函数、超参数搜索空间等，其不同之处在于bayeisan-optimization库仅支持最大化目标函数。

在这里使用Hyperopt库对武汉市整体数据集的风险评价问题进行贝叶斯优化，并选择TPE作为搜索算法。最终得出的参数组合为：CART的数目n_estimators=67，生成CART的最大特征数max_features选择sqrt，生成CART决策树的最大深度max_depth=4，此时的分类得出的G-mean值为0.988。

8.4 知识扩展

8.4.1 贝叶斯分类算法

贝叶斯分类算法是指一类以贝叶斯定理为基础的分类算法，其中包括了朴素贝叶斯分类器、半朴素贝叶斯分类器以及贝叶斯网络等。

1. 朴素贝叶斯分类器与半朴素贝叶斯分类器

朴素贝叶斯分类器（Naive Bayesian Classifier，NBC）是机器学习领域非常经典的分类模型。朴素贝叶斯分类器以贝叶斯定理为基础并且假设特征条件之间相互独立，先通过已给定的训练集，以特征之间相互独立作为前提假设，学习从输入到输出的联合概率分布并得出模型，贝叶斯定理计算公式如公式(8.8)所示。

$$P(B \mid A)=\frac{P(A \mid B)P(B)}{P(A)} \tag{8.8}$$

其中，$P(B|A)$表示后验概率；$P(A|B)$表示联合概率；$P(B)$表示先验概率。

假设有训练集D有n个样本，每个样本有d个特征，类别空间$y=\{c_1,c_2,\cdots,c_m\}$，根据贝叶斯公式(8.9)可以得出某样本属于某一类别的概率。

$$P(c \mid x)=\frac{P(x \mid c)P(c)}{P(x)}=\frac{P(c)}{P(x)}\prod_{i=1}^{d}P(x_i \mid c) \tag{8.9}$$

其中，c 为样本可取类别；d 为样本特征数目；$P(x|c)$表示某一类别情况下某样本在所有特征上的联合概率。

根据公式(8.10)，选择样本 x 属于某类别概率值最大的类别作为输出。

$$h(x)=\mathrm{argmax}P(c \mid x) \tag{8.10}$$

为了避免其他特征所包含的信息受到训练集中未出现的特征的影响，在估计概率值时需要使用“拉普拉斯修正”。也就是，令 N 表示训练集 D 中可能的类别数，N_i 表示第 i 个特征可能的取值数，则公式(8.9)可修正为公式(8.11)和公式(8.12)：

$$P(x_i \mid c)=\frac{|D_c|+1}{|D|+N} \tag{8.11}$$

$$P(c)=\frac{|D_{c,x_i}|+1}{|D_c|+N_i} \tag{8.12}$$

拉普拉斯修正避免了因训练集样本不充分而概率估值为零的问题。

因为其将样本的特征之间相互独立作为前提，导致朴素贝叶斯分类器具有一些明显的缺点。当样本的特征之间具有明显的相关性时，可能会加大朴素贝叶斯分类器错误分类的概率。除此之外，输入数据的形式也会影响到朴素贝叶斯分类器的性能。改进朴素贝叶斯分类器的方法有很多，比如结构扩展方法、特征选择方法、局部学习方法、特征加权方法以及样本加权方法等。其中，基于特征选择方法改进的朴素贝叶斯分类器可以称为选择的朴素贝叶斯分类器(Selective Naive Bayesian Classifier，SNB)，其主要思路是在当前给定数据集的特征空间中使用特征选择方法选出一个新的特征子集，在新的特征自己上学习出一个贝叶斯分类器用于测试集的分类。特征选择方法在 8.2.3 节有过介绍，主要有过滤法、包裹法以及嵌入法等。特征加权方法的主要思想是在训练阶段给每个特征赋一个权值，在经过特征加权的训练数据集上学习出一个基于特征加权的朴素贝叶斯分类器。而样本加权方法的主要思想是在朴素贝叶斯分类器的训练阶段给每个样本赋一个权值，然后在样本加权的训练数据集上学习出一个基于样本加权的朴素贝叶斯分类器。

总体来说，朴素贝叶斯分类器由古典数学理论发展而来，其在小规模数据集和大规模数据集上都有良好的表现，且能够处理多分类问题。由于对缺失数据不敏感，朴素贝叶斯分类器常用于自然语言处理领域，处理文本分类等问题。

通过前面的叙述可以看出，朴素贝叶斯分类器通过贝叶斯公式可以很容易地计算出后验概率值。朴素贝叶斯分类器的计算过程之所以很简单，是因为其建立在一定条件的基础之上，即假设各特征之间相互独立，这无疑忽略了在实际情况中普遍存在的特征之间的依赖关系。因此，有学者在朴素贝叶斯分类器的基础上添加了一项限制条件，即允许一些特征之间存在一些依赖关系，由此便引出了半朴素贝叶斯分类器(Semi-naive Bayesian Classifier)。根据特征之间依赖关系的不同，可以得出几种不同半朴素贝叶斯分类器模型，其中最为常见的模型是 SPODE、AODE 以及 TAN 模型等。

2. 贝叶斯网络分类

贝叶斯网络(Bayesian Network，BN)的相关理论由 Pearl 于 1986 年首次提出，是概率论与图论结合的产物。贝叶斯网络是一种不确定性推理方法，其使用基于图形化的方式来表示知识。虽然关于贝叶斯学派中的许多理论目前还存在不少争议,但因为贝叶斯网络具备快速获取领域内知识的能力,所以应用于解决各种领域的问题。

贝叶斯网络也被称为信念网络(Belif Network)或者因果网络(Causal Network)。贝叶斯网络描述了数据变量之间依赖关系,其结构是一个有向无环图(Directed Acyclic Graph,DAG)。贝叶斯网络中的每个节点都表示了特征空间中的一个特征,有向弧表示了其连接的两个节点特征的概率依赖关系。有向弧通常由一个节点 a 指向另一个节点 b,这说明了节点 a 的取值可以影响到节点 b 的取值。同时,由于贝叶斯网络是一个有向无环图,所以节点 a 和节点 b 不会出现有向回路,且节点 a 被称为节点 b 的父亲节点,节点 b 被称为节点 a 的孩子节点。没有父亲节点的节点被称为根节点。通过贝叶斯网络的结构,可以得出实际应用中特征与特征之间的依赖关系。

构建一个指定领域的贝叶斯网络需要三步:第一步,标识该领域问题的特征以及特征取值;第二步,标识特征与特征之间的依赖关系,并画出相应的有向无环图;第三步,学习特征之间的分布参数,获取局部概率分布表。

实施第一步时,需要指定领域的专家来指导特征的选取,或者通过某种特征选择方法完成特征的选取。特征选取完成后,便可以开始构建贝叶斯网络。贝叶斯网络的构建方式有三种。第一种方式是由该领域的专家来确定贝叶斯网络的节点,节点有时也被称为影响因子。随后也是依靠该领域专家的知识库来确定贝叶斯网络的结构,指定其分布参数。通过专家指导生成的贝叶斯网络一般不太稳定,当专家的经验积累较少且知识储备不够丰富时,贝叶斯网络可能不能完整地反映原始数据的结构。第二种方式是先通过该领域专家来确定贝叶斯网络的节点,随后通过大量的训练数据来学习得出贝叶斯网的结构和参数。这种方式完全是一种数据驱动的方法,具有很强的适应性。如何从数据中学习贝叶斯网的结构和参数已经成为贝叶斯网络研究的热点。第三种方式是通过该领域专家确定贝叶斯网络的节点,并通过该专家的知识库来生成贝叶斯网络的结构,最后利用机器学习算法从数据中学习出贝叶斯网络的参数。这种方式是第一种和第二种的折中选择,当该领域的数据集中特征与特征之间的关系很容易得出的情况下,使用该方法能够明显提升学习的效率。

根据以上三种方法可以确定的是,领域专家确定了贝叶斯网络的节点之后,构造贝叶斯网络的主要任务就是学习其结构和参数。学习结构和参数不是完全独立的:一方面,节点的条件概率很大程度上依赖于网络的拓扑结构;另一方面,网络的拓扑结构直接由联合概率分布的函数来决定。然而,一般情况下需要把这两方面分开来进行。因为带有太多连接的复杂网络结构往往有大量的参数需要学习观测,为了使获得这些参数达到某种信任程度所需的数据量随着参数数目的增加而迅速增长。并且,复杂的结构往往也需要占据大量的存储空间。因此,为使贝叶斯网作为知识模型是可用的,在学习过程中通常会选择稀疏网络这一结构模型,因为其包含最少可能的参数和依赖关系。

贝叶斯网络的参数学习是指在已知网络结构的情况下,学习每个节点的概率分布表。最早期的贝叶斯网络的概率分布表是由专家的知识指定的。但由于专家的知识储备水平不同,得出的概率分布表可能无法较好地表示当前数据的特征。当数据集不存在缺失值时,参数学习首先需要选择一种概率分布,比如泊松分布、正态分布等,通过一定的策略估计这些分布的参数。当数据集存在缺失值时，可以通过期望最大化算法来求出极大似然或者极大后验估计等。

贝叶斯网络中结构学习的目的是找到与当前数据集拟合程度最好的结构。贝叶斯网络中结构学习的方法有两种：基于评分(Based on Scoring)的方法和基于条件独立性(Based on Conditional Independence)的方法。其中，基于评分的方法是把贝叶斯网络看成是包含特征之间联合概率分布的结构，通常是通过贝叶斯后验概率或者最小描述长度给出评价网络的评分函数。通过评分函数和相应的搜索算法就可以找出评分最好的网络结构。基于条件独立性的方法则是把贝叶斯网络视作对特征之间独立性关系进行了编码的结构。

最后，可以用两种方法来理解贝叶斯网络：首先，贝叶斯网络表达了各个节点之间的条件独立关系；其次，可以认为贝叶斯网络用另一种形式表示出了事件的联合概率分布，根据贝叶斯网络的结构以及条件概率表可以快速查询得出每个基本事件(所有特征值的一个组合)的概率。

8.4.2 梯度提升树算法

梯度提升树(Gradient Boosting Decision Tree，GBDT)算法与 Boosting 算法有些不同，它同时也被称为 MART(Multiple Additive Regression Tree)算法，是一种迭代的决策树算法，该算法由多棵决策树组成，并对所有决策树的预测结果进行集成得出最终预测结果。

梯度提升树算法中的树是指回归树。梯度提升树算法常用来进行回归预测，经过调整后也可以应用于分类问题。梯度提升树算法的基本思想是 Boosting 算法，但是其与 Boosting 算法的思路有很大的不同。Boosting 算法是通过利用前一轮迭代弱学习器的误差来更新训练集的权重，而梯度提升树算法是使用前向分布算法来进行迭代，并且其中的个体学习器只能使用 CART。

梯度提升树算法主要由三个基本要素组成：残差树、梯度提升和缩减算法。它是一种组合算法，其个体学习器是回归树，每棵新的回归树拟合学习的都是前一棵回归树学习后的残差，用梯度提升的方法不断降低残差，对残差的学习也使得回归树变成了残差树。为了使学习更充分，用缩减算法思想来调节学习速度，提升学习效果。

残差树本质上是回归树，是利用回归树对前一棵回归树学习后的残差进行学习，从而被称为残差树。回归树模型是一种树状层次结构模型，回归树模型中的局部区域通过少数几步递归分裂确定，而回归树本身由一些内部决策节点和叶节点组成。回归树总体流程类似于分类树，其区别在于，回归树的每个节点都会得到一个预测值，以年龄为例，该预测值等于属于这个节点的所有人年龄的平均值。分枝时穷举每个特征的每个阈值找最好的分割点，但衡量最好的标准不再是最大熵，而是最小化平方误差。也就是被预测出错的数目越多，错得越离谱，平方误差就越大，通过最小化平方误差能够找到最可靠的分枝依据。分枝直到每个叶子节点上人的年龄都唯一，或者达到预设的终止条件(如叶子个数上限)，若最终叶子节点上人的年龄不唯一，则以该节点上所有人的平均年龄作为该叶子节点的预测年龄。

回归树算法的主要思想是从根节点开始按照分裂后均方误差下降最大的准则选择当前节点上的最佳分裂特征和相应的分裂节点，将训练样本一分为二，形成两个内部决策节点，再在这两个内部决策节点上进行特征空间分裂，如此重复，直到内部所有内部决策节点不能再分裂，形成叶节点，生成一棵完全生长的回归树。但是实践证明，完全生长的回归树容易出现过拟合现象，在新样本上的预测效果较差，于是需要对完全生长的回归树利用剪枝准则进行剪枝操作，从而得到最优的回归树模型。整个回归树算法过程中主要有四个核心要素：第一是节点的预测值表示；第二是训练样本的不纯度度量；第三，是每个内部决策节点的分裂特征选择；第四是回归树的剪枝。

在梯度提升树的迭代过程中，假如前一轮迭代得到的强学习器是 $f_{t-1}(x)$，损失函数为 $\text{Loss}(y,f_{t-1}(x))$。本轮迭代的目标是找到一个 CART $h_t(x)$，使得本轮迭代的损失函数 $\text{Loss}(y,f_t(x))=L(y,f_{t-1}(x)+h_t(x))$最小。梯度提升树算法在每次建立的新模型的损失都是在上一个模型的损失函数的梯度下降的方向上。损失函数描述了梯度提升树算法的不可靠程度，损失函数的值越大，说明该算法不可靠程度越大。当损失函数值持续下降时，说明该算法在向好的方向优化。当采用平方误差损失函数时，每棵回归树学习的是之前所有树的结论和残差，拟合得到一个当前的残差回归树，残差表示的是真实值与预测值的差值。提升树是整个迭代过程生成的回归树的累加。提升树通过加法模型和前向分步算法实现学习的优化过程。当损失函数选择平方损失函数和指数损失函数时，每步的优化很简单，如平方损失函数学习残差回归树。

缩减算法的基本思想认为每次迭代中逐步慢慢地逼近得出的结果要比快速逼近得出的结果好，其认为梯度提升树中的每棵决策树都只学习到结果的一部分，真实的结果依赖所有决策树的累加得出。缩减的步长控制着算法对残差的拟合速度。以训练样本输出的残差作为学习的目标，但是只选取残差学习得到的部分结果进行累加来逼近目标值，且步长一般选择得较小。其本质是给梯度提升树中的每棵残差树设置一个权重，在通过累加得出最终预测结果时，每棵残差树的预测值都需要乘以这个权重后再进行累加。

梯度提升树算法如算法 8.1 所示。

算法 8.1　梯度提升树算法

输入：训练数据集 $D=\{(x_i,y_i)=(x_{i1},x_{i2},\cdots,x_{ip},y_i)\}$，其中$\{i=1,2,\cdots,n\}$；测试数据集 $(x_0,y_0)=(x_{01},x_{02},\cdots,x_{0p},y_0)$；残差树的训练次数 M；缩减步长 λ；复杂度参数 cp

初始化训练样本 $D_1=D$，其中 $y^1=(y_1,y_2,\cdots,y_n)$

for $j=1,2,\cdots,M$

　基于复杂度参数 cp，在训练样本 D_j 上训练出第 j 棵残差树

　基于第 j 棵残差树给出训练样本的预测值 $y'^j=(y'^j_1,y'^j_2,\cdots,y'^j_n)$

　更新训练样本 D_j 上输出的特征值 $y^{j+1}=y^j-\lambda y'^j$，得到 D_{j+1}

end for

输出：$y'_0=y'^M_0+\lambda\sum_{j=1}^{M-1}y'^j_0$

梯度提升树算法的思想使其具有天然的优势来发现多种可用于划分的特征以及特征组合。梯度提升树算法具有以下几个优点：第一，梯度提升树可以处理任何类型的数据，包括连续型数据和类别型数据。第二，与支持向量机算法进行对比，梯度提升树算法在调参时间不足的情况下，预测准确率更高。第三，如果对梯度提升树算法使用一些健壮的损失函数，比如 Huber 损失函数和 Quantile 损失函数，其对异常值的健壮性非常强。第三，相较提升树算法，梯度提升树算法利用损失函数的负梯度在当前模型的值作为提升树算法中残差值的近似值，即对于回归和分类问题找到了一种通用的拟合误差损失的方法。梯度提升树算法的主要缺点有：第一，梯度提升树算法的弱学习器之间存在依赖关系，无法像随机森林算法那样并行训练数据。第二，不适用于高维稀疏数据的预测。

8.5 本章小结

本章在 8.1 节首先介绍了需要用到的武汉市周边农田土壤重金属数据统计性分析情况以及土壤重金属污染风险的筛选标准。依据国家提出的标准，使用单因子指数法得出了武汉市土壤重金属数据集中八种重金属的单因子指数，并通过单因子指数的情况，使用内梅罗综合污染指数法确定出武汉市土壤重金属数据集中每个样本点的综合污染指数。通过对武汉市土壤重金属数据集中每个区的样本分布情况的分析，可以发现某些区在不同综合污染指数下样本的分布高度不均匀。因此，改变了综合污染指数的确定方法，使原本综合污染指数划分为两个等级，分别代表有综合污染风险和没有综合污染风险，从而完成了对土壤重金属数据集目标值的标记。

在 8.2 节中，对蔡甸区、江夏区以及武汉市整体土壤重金属数据集，使用随机上采样算法进行了处理，增加了数据集中少数类样本的数目。随后，删去了数据集中具有大量缺失值的特征，通过已有特征生成了新的特征。对量纲不同的连续型数据进行了归一化处理，对于类别型数据使用独热编码进行量化。最后，选择对蔡甸区数据集、江夏区数据集以及武汉市整体数据集进行风险评价实验。

在 8.3 节中，选择了支持向量机、朴素贝叶斯、逻辑回归、随机森林、K-近邻等机器学习分类算法于基于真阳率加权投票的随机森林算法分别在三个土壤重金属数据集上进行了风险评价的对比实验。实验证明，基于真阳率加权投票的随机森林算法在面对类别不平衡数据集时拥有更好的分类性能，且该算法可以正确识别数据集中的少数类样本。

在 8.4 节中，介绍了 8.3 节的风险评价实验中使用到的贝叶斯分类算法和梯度提升树算法。对贝叶斯分类算法主要介绍了朴素贝叶斯分类器、半朴素贝叶斯分类器以及贝叶斯网络的基本原理。

参 考 文 献

本书参考文献以电子版提供,请读者扫描下方二维码获取。

参考文献